中国轻工业"十四五"规划立项教材

大学物理实验

（数字化版）

主　编　吕桓林　郑　丽　邹爱玲
刘玉洁　赵璐璐

副主编　石　瑛　王　琳　黄　艳
王午登　丁明嵩　赵海[illegible]
张红玉　杨珺雅

主　审　王永良　王雅红

本书资源使用说明

北京邮电大学出版社

·北京·

内容简介

本书是大连工业大学实验室建设及课程改革成果的提炼和总结。

本书共分为9章。第一章为绪论;第二章为测量不确定度及数据处理基础;第三、四、五、六、七章分别为演示与探索、基础性实验、综合性实验、设计性实验、研究性实验,并精心设计各层次实验项目的比例和实验内容,共31个实验项目;第八章为大学物理虚拟仿真实验;第九章为大学生物理实验竞赛优秀作品介绍。本书将"互联网+"思维融入教材,可使学习场景更加丰富、学习体验更加直观。

本书可作为高等学校理工科类各专业大学物理实验课程的教材或参考书,也可供广大物理爱好者、工程技术人员、实验人员等参考。

图书在版编目(CIP)数据

大学物理实验 : 数字化版 / 吕桓林等主编.
北京 : 北京邮电大学出版社, 2025. -- ISBN 978-7
-5635-7498-8

Ⅰ. O4-33

中国国家版本馆 CIP 数据核字第 2025AU1955 号

策划编辑: 刘国辉　　**责任编辑**: 刘国辉　　**封面设计**: 七星博纳

出版发行: 北京邮电大学出版社
社　　址: 北京市海淀区西土城路10号(100876)
电话传真: 010-82333010　62282185(发行部)　010-82333009　62283578(传真)
网　　址: www.buptpress3.com
电子信箱: buptpress3@163.com
经　　销: 各地新华书店
印　　刷: 鸿博睿特(天津)印刷科技有限公司
开　　本: 787 mm×1 092 mm　1/16
印　　张: 19.25
字　　数: 477 千字
版　　次: 2025年1月第1版
印　　次: 2025年1月第1次印刷

ISBN 978-7-5635-7498-8　　定价: 59.80 元

前　言

本书是在教育数字化和“新工科”背景下，以教育部高等学校大学物理课程教学指导委员会编制的《理工科类大学物理实验课程教学基本要求》(2023 年版)为依据，结合大连工业大学多年来开设工科物理实验的教学实践编写而成的。大连工业大学作为辽宁省大学物理实验教学示范中心，为提高实验课程的教学质量，在教学内容和教学方法等方面进行了一系列的探索和改革，打造了一流本科课程“大学物理实验”；同时，在新时代教材建设方面也进行了诸多尝试，对近几年实验室建设和课程改革成果进行了提炼和总结。

本书共分为 9 章。第一章为绪论；第二章为测量不确定度及数据处理基础；第三、四、五、六、七章以现代教育理论为依据，打破传统的按力学、热学、电学、磁学、光学和近代物理学顺序进行教学的体系，构建以能力培养为主线，分层次、多模块、相互衔接的实验教学内容体系，将教学内容分为演示与探索、基础性实验、综合性实验、设计性实验、研究性实验，并精心设计了各层次实验项目的比例和实验内容，将实验教学内容与科研、社会应用实践密切联系，实现基础与前沿、经典与现代的有机结合；第八章为大学物理虚拟仿真实验，为改革教学方法、营造多元化的教学模式创造了条件；第九章为大学生物理实验竞赛优秀作品介绍，可培养学生的创新思维、实践能力和科学素养。

随着互联网、移动终端技术的高速发展，数字化技术也全面融入教学活动中。在本书每个实验中，以二维码的方式给出了实验原理、实验步骤、实验拓展等微课视频，并制作了丰富的 AR 动画资源，可使学习场景更加丰富、学习体验更加直观，实现了教材的多元化、立体化。

实验教学是一项集体工作，本书凝聚了大连工业大学所有从事物理实验课程教学工作的教师和技术人员的智慧结晶和劳动成果。参加本书编写的教师有：吕桓林(编写实验六、七、八、九、十二、三十，第八章、第九章)、郑丽(编写实验二十、二十一、二十六)、邹爱玲(编写实验二十三、二十五、三十一)、刘玉洁(编写实验二、五、二十八)、赵璐璐(编写实验十七、十八)、石瑛(编写第一章，实验三、十一、十九、二十二)、王琳(编写第二章、第三章及实验十)、黄艳(编写实验四、十六)、王午登(编写实验十五、二十四)、丁明嵩(编写实验十三)、赵海南(编写实验二十七)、张红玉(编写实验十四)、杨珺雅(编写实验二十九)。除此之外，还邀请了王永良、王雅红教授对本书进行审读；熊力、臧淑杰、王英辉等充分发挥其专业和教学优势，对本书提出了非常宝贵的修改建议。

本书获批中国轻工业“十四五”规划教材，并获得学校出版基金的资助。在本书编写过程中，编者参阅了兄弟院校的有关教材，借鉴了不少宝贵的教学实践经验，在此对关心、支持本书编写工作的所有同人表示衷心的感谢！

由于编写时间仓促，本书不足之处在所难免，恳请不吝指正！

编　者

2024 年 9 月于大连工业大学

目　　录

第一章　绪论 …… 1

1.1　物理实验在科技发展中的地位和作用 …… 1

1.2　“大学物理实验”在理工科院校教学中的地位 …… 1

1.3　“大学物理实验”的任务 …… 2

1.4　实验的基本环节 …… 3

1.5　实验报告评分标准 …… 4

1.6　实验规则 …… 5

1.7　物理实验教学网络平台 …… 6

第二章　测量不确定度及数据处理基础 …… 7

2.1　物理量的测量 …… 7

一、测量 …… 7

二、测量的分类 …… 7

三、等精度测量和不等精度测量 …… 7

四、物理实验中常用的几种测量方法 …… 8

2.2　测量误差的基本知识 …… 11

一、真值 …… 11

二、测量误差 …… 11

三、误差的分类 …… 12

四、随机误差的正态分布规律 …… 14

2.3　测量误差的估计 …… 16

一、单次测量结果的误差估计 …… 16

二、多次测量结果的误差估计 …… 17

三、间接测量结果的误差估计 …… 18

2.4　测量的不确定度 …… 20

一、A 类不确定度和 B 类不确定度 …… 20

二、直接测量的不确定度 …… 21

三、间接测量的不确定度 …… 22

四、测量结果的表示 …… 23

2.5　测量结果的有效数字及其运算规则 …… 25

一、有效数字的一般概念 …… 26

二、关于有效数字的几点说明 …… 26

三、确定测量结果的有效数字的方法 …… 27
四、有效数字的运算规则 …… 28
五、测量结果的有效数字位数 …… 30
2.6　物理实验的数据处理方法 …… 30
一、列表法 …… 30
二、作图法 …… 31
三、逐差法 …… 33
四、最小二乘法 …… 35
2.7　有效数字及不确定度练习题 …… 38

第三章　演示与探索 …… 40

实验一　演示与探索性实验 …… 40
实验 1.1　力学演示实验 …… 40
实验 1.2　热学演示实验 …… 44
实验 1.3　电学演示实验 …… 46
实验 1.4　磁学演示实验 …… 49
实验 1.5　光学演示实验 …… 54
实验 1.6　PASCO 力学实验 …… 57
实验 1.7　PASCO 机械波实验 …… 64
实验 1.8　PASCO 电学实验 …… 74
实验 1.9　PASCO 磁学实验 …… 75

第四章　基础性实验 …… 80

实验二　液体表面张力系数的测定 …… 80
实验三　光杠杆法测定金属丝的杨氏模量 …… 85
实验四　落球法测定液体在不同温度下的黏度 …… 92
实验五　声速的测量 …… 97
实验六　薄透镜焦距的测量 …… 103
实验七　用牛顿环测量透镜的曲率半径 …… 108
实验八　分光计的调整与使用 …… 112
实验九　用模拟法测绘静电场 …… 121
实验十　光电效应测普朗克常量 …… 127

第五章　综合性实验 …… 135

实验十一　气垫导轨力学综合实验 …… 135
一、验证牛顿第二定律 …… 135
二、验证弹性碰撞时动量守恒 …… 139
三、研究简谐振动 …… 141
实验十二　受迫振动实验 …… 143
实验十三　多普勒效应综合实验 …… 152

实验十四　理想气体状态方程综合实验…… 161
实验十五　密立根油滴实验…… 166
实验十六　霍尔效应综合实验…… 176
实验十七　共轴线圈磁场分布测量综合实验…… 183
实验十八　巨磁电阻效应实验…… 189
实验十九　法拉第磁光效应实验…… 192
实验二十　液晶电光效应综合实验…… 199
实验二十一　LED 综合特性及应用实验…… 208
实验二十二　铁磁材料居里温度的测定…… 212
实验二十三　太阳能电池特性综合实验…… 217

第六章　设计性实验 …… 223

实验二十四　双棱镜干涉法测量光的波长…… 223
实验二十五　自组望远镜和显微镜实验…… 228
实验二十六　温度传感器的特性研究与应用…… 233
实验二十七　数字电表原理及万用表的设计…… 236

第七章　研究性实验 …… 248

实验二十八　双光栅衍射成像实验…… 248
实验二十九　PASCO 法拉第电磁感应定律实验…… 255
实验三十　高温超导体转变温度的测量与研究…… 260
实验三十一　光纤特性及传输实验研究…… 265

第八章　大学物理虚拟仿真实验 …… 273

8.1　仿真实验预习系统…… 273
8.2　虚拟仿真实验内容…… 276

第九章　大学生物理实验竞赛优秀作品介绍 …… 292

9.1　基于电容储能的电磁发射演示仪…… 292
9.2　无弦激光竖琴…… 294
9.3　电磁风火轮…… 295
9.4　脚踏发电装置…… 296
9.5　地球公转演示仪…… 297
9.6　火花间隙电报机演示仪…… 298
9.7　电磁弹射那些事…… 299
9.8　基于阻尼原理不倒杆的设计与制作…… 299

第一章　绪　　论

“大学物理实验”是高等院校理工科学生必修的一门重要基础课，是所有理工科学生进入大学后较早接触的一门比较系统、全面的实验课程。它是一门综合性课程，涉及力学、热学、电学、光学及近代物理学领域的内容，能够为理工科学生学习“大学物理”课程提供实验基础，同时能够提供基本的实验技能训练，有助于培养学生的科学实验能力，提高学生的科学素养。

1.1　物理实验在科技发展中的地位和作用

物理学研究的是物体运动的基本规律，它在探索和揭示自然的奥秘、认识和掌握自然界的规律、推动人类历史的前进和社会的发展等方面都有巨大的作用。物理学是自然科学的基础，而物理实验又是物理学的基础。回顾物理学的发展史，可以发现，经典物理学的规律是从物理实验中总结出来的，近代物理学也是从实验事实与经典物理学的矛盾中发展起来的。所以，没有物理实验，就没有物理学的发展。伽利略被认为是近代科学实验的奠基人之一，他首先创立了观察实验和量化方法，将实验和数学结合，将真实实验与理想实验结合。爱因斯坦在《物理学的进化》中提出：“伽利略的发现和他所应用的科学推理方法是人类思想史上的最伟大的成就之一，标志着物理学的真正开端。”每一个物理规律的发现和诞生，都离不开实验物理学家所付出的辛勤劳动和汗水。正是依靠实验物理学家锲而不舍的努力，人类才能在认识自然的历程中不断探索、发现，进而攀登上新的高峰。例如，托马斯・杨的双缝干涉实验、密立根的油滴实验、卡文迪什的扭秤实验、埃拉托色尼测量地球圆周的实验、卢瑟福的粒子散射与原子有核模型实验、迈克耳孙-莫雷实验等，都挑战了前人的理论，建立了新的理论，引发了人们对世界的新思考。

随着社会的发展和科技的进步，新材料和新方法不断地被物理实验验证并应用于不同领域，物理学所探索的领域也随之不断扩大。例如，纳米材料、超导材料为新一代电子器件、储能材料提供了基础；太阳能光伏技术、核技术为能源转型和可持续发展提供了支持；量子科技在量子计算、量子通信、量子精密测量中的应用，为新信息时代的到来带来了机遇。如今，物理实验已经广泛应用于各个领域，尤其是在天体宇宙、微观粒子、生命科学、材料科学、信息技术等领域都充分显示了物理实验强大的生命力。

1.2　“大学物理实验”在理工科院校教学中的地位

“大学物理实验”是一门重要的基础实践课程，该课程覆盖面广，涵盖丰富的实验思想和方法。在理工科院校的教学中，为满足现代社会发展的需要，应培养各类人才，并提高学生的核心素养。“大学物理实验”主要以实践教学为手段，其目标是在传授实验基本知识和方法的同时，增强学生的动手能力，加深学生对现代物理实验新技术的了解，从而提高学生的逻辑思维能力、自主创新能力，培养严谨的工作作风。严格、系统的实验技能训练，不仅能使学生掌握实验研究的方法和技巧，更重要的是可以培养学生实事求是的科学态度、钻研科学的探索精神和理论联系实际的能力，从而为后继课程的学习以及将来工作中需要具备的独立工作能力和创新能力的提高打下良好的基础。因此，“大学物理实验”应该是理工科院校的一门独立的必修基础课程。

“大学物理实验”和“大学物理”是相辅相成的，具有同等重要的地位。“大学物理”注重对物理概念及规律的学习，注重于训练学生科学的思维方法。“大学物理实验”是将“大学物理”所介绍的理论知识应用于实验中，通过物理实验的思想设计、构造过程来培养学生观察、分析、解决实际问题的能力，提高学生的科学实验能力，也为学生将来从事相关科学研究打下一定的基础。

1.3 “大学物理实验”的任务

“大学物理实验涉及力学、热学、电磁学、光学及近代物理等多个领域，开设了演示与探索实验、基础性实验、综合性实验、设计性实验、研究性实验及虚拟仿真实验。演示与探索实验将抽象的物理概念以实验的形式直观地展示出来，引导学生观察、思考，提出问题，并穿插讨论等方式来完成的实验；基础性实验主要强化学生基本实验技能的训练和基本的科学实验方法的学习，如基础物理量的测量、常见实验仪器的使用以及误差和不确定度的数据处理方法，为综合性、设计性、研究性实验打下良好基础；综合性实验是在基础性实验的基础上开阔学生思路、提高学生综合应用多种实验技能而开设的实验；设计性实验是为激发学生学习的主动性和创新意识，培养学生独立思考、综合运用知识、提出问题和解决复杂问题而开设的实验；研究性实验注重学生亲身参与研究探索的体验，并在过程中形成善于质疑、乐于探究、勤于动手、努力求知的学习态度，培养学生解决实际问题的能力；虚拟仿真实验是为了提升教学效果，使学生了解现代物理实验新技术，实现互动教学，借助多媒体技术、虚拟仿真技术、传感技术等构建的高度仿真的实验。综合上述实验教学的要求，“大学物理实验”的主要任务包括三个方面。

（1）学习物理实验知识，加深对物理原理的理解。物理概念和规律不是凭空产生的，它们的发现和确立是经过严格的实验证实的。通过实验的观察、分析和测量，学生可以直观地了解实验现象中包含的物理概念和规律。

（2）培养学生的基本科学实验技能。这些技能主要包括：通过阅读实验教材或查找相关资料，做好实验前的准备工作；借助教材或仪器说明书正确使用常用实验仪器；掌握基本物理量的测量方法和常用的物理实验方法；运用理论知识初步分析实验现象；正确记录和处理数据，绘制曲线，得出实验结论，撰写实验报告；根据给定的实验题目和条件设计简单的实验方案并独立完成实验；在实验中发现问题、分析问题并解决问题。

（3）培养学生的科学态度。科学的发展要求人们必须具备严谨的科学作风和坚韧不拔的苦干精神，也就是实事求是和百折不挠的科学精神。在实验过程中，要求学生认真并重视观察实验现象，一丝不苟地记录实验数据；记录数据要原始、完整、全面、清楚，要有必要的说明、注解等。科学实验包含多次实验、失败、修改、再实验的过程，最后才可能得出正确的结果而取得成功。在实验教学中，也会遇到某些困难和问题，引导学生解决问题、克服困难，正是培养其严谨的科学作风和坚韧不拔的苦干精神的好途径。

1.4 实验的基本环节

一般完成一个实验要经过四个基本环节。

1. 课前预习并撰写预习报告

课前预习的目的是明确实验任务，了解实验原理和要用到的实验仪器，并大体上了解仪器的功能和实验应采取的步骤。可通过阅读教材、完成线上课任务点、完成前期预习测验等进行预习。预习报告内容应包括实验名称、实验原理、原理图、测量公式、操作步骤及实验数据记录表。预习报告不拘格式，以有利于指导操作为原则，充分尊重学生的首创精神。

2. 对照实验仪器预习

学生来到实验室熟悉仪器，需要检查实验仪器是否齐全，了解仪器的结构原理、操作方法和注意事项，做到对整个实验能统揽全局，心中有数，方可进行实验。

3. 课堂操作

这是“大学物理实验”最基本的教学环节，这一环节完成的好坏将决定整个实验的成败。学生需要正确使用仪器，观察实验现象，正确记录数据，并根据测量数据进行数据处理，绘制图形。实验结束后，应整理好仪器，经教师检查无误后方可离开实验室。

4. 课后撰写实验报告

用 Origin 软件处理实验数据

实验报告是检验学生对实验的掌握程度，以及评价学生实验课成绩的重要依据，同时也是实验教学的重要文件。撰写实验报告必须在科学实验的基础上进行。真实地记录实验过程，有利于不断积累研究资料，总结、研究实验结果，可以提高学生的观察能力、实践能力、创新能力，以及分析问题和解决问题的综合能力；还可以培养学生理论联系实际的能力和实事求是的科学态度。

实验报告一般应包含以下几项内容。

(1) 实验报告封面信息：反映实验名称，学生姓名、所在班级、学号等信息。

(2) 实验目的和要求：明确实验的内容和具体任务。

(3) 实验内容和原理：写出简要原理、公式及其应用条件。

(4) 实验主要仪器：记录主要仪器的名称、型号和主要性能参数。

(5) 操作方法与实验步骤：写出实验操作的总体思路、操作规范和操作中的主要注意事项。

(6) 实验数据记录和处理：科学、合理地设计数据记录表格，准确无误地记录原始数据，按规范处理数据。

(7) 实验结果与分析：明确地写出实验结果，并对得出的结果进行具体、定量的分析，说明其可靠性，杜绝只罗列不分析；对结果进行误差分析。

总体上，要求实验报告字迹工整，文字简练，数据齐全，图表规范(用尺子等工具作图、作表，严禁徒手画),计算正确,分析充分、具体、定量。对抄袭实验报告或编造原始数据的行为,一经发现,以零分处理。

1.5 实验报告评分标准

为加强实验教学中学生实验报告的管理,特制订大连工业大学“大学物理实验”报告评分标准,如表 1-5-1 所示。

表 1-5-1 “大学物理实验”报告评分标准

<table>
<tr><th rowspan="2">权重</th><th rowspan="2">报告内容</th><th rowspan="2">评分指标</th><th colspan="3">等级标准</th></tr>
<tr><th>优秀</th><th>合格</th><th>不合格</th></tr>
<tr><td>20%</td><td>线上课任务点、预习测验</td><td>2.0 分</td><td>任务点完成,且问题回答正确</td><td>任务点完成 80%,问题回答有误</td><td>无</td></tr>
<tr><td rowspan="4">50%</td><td>报告封面
实验目的
实验原理
实验仪器</td><td>2.0 分</td><td>概括性强,必要过程有附图</td><td>无概括性,照抄书本,完整准确</td><td>无,或要点遗漏</td></tr>
<tr><td rowspan="2">实验内容</td><td>实验步骤(1.0 分)</td><td>—</td><td>描述简明清楚</td><td>无,或要点遗漏</td></tr>
<tr><td>数据记录(1.0 分)</td><td>—</td><td>完整准确,格式正确,表格设计规范合理</td><td>无,不列表格,或要点遗漏</td></tr>
<tr><td>报告格式</td><td>报告格式(1.0 分)</td><td>—</td><td>按规定格式书写</td><td>不按规定格式</td></tr>
<tr><td rowspan="5">20%</td><td rowspan="5">数据分析</td><td>数据处理的方法、过程和结果</td><td>方法正确(作图法、逐差法、最小二乘法等),过程详细,结果正确</td><td>方法正确,过程简略(无计算过程、作图不用坐标纸等),结果正确(或有部分计算错误)</td><td>方法错误,过程简略</td></tr>
<tr><td>不确定度的分析计算(0.5 分)</td><td>过程详细,结果正确</td><td>过程简略,结果正确;或过程详细,结果错误</td><td>过程简略,结果错误</td></tr>
<tr><td>结果表达式(0.5 分)</td><td>完整规范</td><td>不规范</td><td>无</td></tr>
<tr><td>实验与理论的对比分析(0.5 分)</td><td>无论偏差大小,都有原因分析,且合理</td><td>偏差过大,有原因分析,但不甚合理</td><td>偏差过大,且无原因分析</td></tr>
<tr><td>实验结论(0.5 分)</td><td>简明正确</td><td>不正确</td><td>无</td></tr>
</table>

续表

<table>
<tr><th rowspan="2">权重</th><th rowspan="2">报告内容</th><th rowspan="2">评分指标</th><th colspan="3">等级标准</th></tr>
<tr><th>优秀</th><th>合格</th><th>不合格</th></tr>
<tr><td>10%</td><td>思考题</td><td>思考题
(1.0分)</td><td>思路清晰，逻辑合理，回答全面，基本正确</td><td>思路基本清晰，逻辑无明显混乱，回答不够全面，有部分错误</td><td>思路不清，逻辑混乱，回答很不全面，且多半错误</td></tr>
<tr><td rowspan="4">—</td><td rowspan="3">讨论和小结(有则加分，无不减分)</td><td>异常现象的分析和解释</td><td>记录实验中观察到的异常现象，且给出合理解释</td><td>记录实验中观察到的异常现象，但解释不合理或没有解释</td><td>—</td></tr>
<tr><td>个人建议</td><td>有对实验的合理建议</td><td>有建议，但不甚合理</td><td>—</td></tr>
<tr><td>收获和体会</td><td>—</td><td>有对实验关键问题的研究收获和体会</td><td>—</td></tr>
<tr><td>迟交</td><td>迟交报告</td><td colspan="3">若不按规定时间上交报告，则扣1.0分</td></tr>
<tr><td colspan="2">总分(10分制)</td><td colspan="4"></td></tr>
</table>

需要注意的是，数据处理中的作图，可以用计算机软件处理，但作图规则必须按如下要求。

(1) 用坐标纸(计算机作图时需添加网格线)，且其大小和坐标轴的比例要合适，以保证作图精度。

(2) 标明坐标轴的方向，以及其所代表的物理量和单位；标明数据点(用“×”等符号)；标明图名。

(3) 依据实验点的规律，连成平滑曲线，曲线不必通过每个实验点，实验点应对称分布在曲线两侧。

(4) 若是仪表的校准曲线，则应以折线(而非平滑曲线)连接每个实验点。

1.6　实验规则

学生进入实验室进行实验时，要严格遵守学生实验守则和实验室规则，听从指导教师的安排。具体实验规则如下。

(1) 学生进入实验室应衣冠整洁，穿拖鞋、背心者不准进入实验室。

(2) 进入实验室后，应按照指导教师要求签到，并按实验分组和仪器编号就座，未经指导教师许可不得动用实验仪器。

(3) 实验开始前和结束后应检查仪器的状态，并在仪器使用记录本上登记有关情况。仪器有任何故障问题，应及时向指导教师反映。

(4) 认真听从指导教师讲解实验目的、仪器性能、实验步骤、操作方法和注意事项，严格按照实验要求进行操作。

(5) 实验过程需独立完成，并遵守课堂纪律，爱护仪器设备，注意人身安全和实验仪器安全。

(6) 严禁进行与实验无关的任何操作，一经发现，严肃处理。

(7) 不按实验要求进行仪器操作而造成仪器损坏的,应按实验室的赔偿制度进行赔偿。

(8) 实验完毕,应整理仪器和桌面,实验凳应放回原位,保持实验室整洁,经指导教师同意后方可离开实验室。实验物品不得带出实验室,丢失和损坏仪器时应如实向指导教师报告。

1.7 物理实验教学网络平台

为建立全面科学的实验教学质量保证体系,大学物理实验中心通过建立网络化实验教学管理系统,实现了网上辅助教学和智能化管理;利用现代化先进技术设备和实验软件进行教学改革和创新,推广使用虚拟仿真实验技术,树立以学生为本,知识传授、能力培养、素质提高的教育理念和以能力培养为核心的教学理念;通过制订严格的实验教学质量考评办法,加强实验教学质量监控,规范实验教学管理工作,提高整体实验教学质量。

物理实验教学中心提供了"DPU 物理实验教学中心"微信公众平台。"DPU 物理实验教学中心"能够打破教学时空约束,实现 3A(anytime、anywhere、anyone) 交互,包括实验项目介绍、报告撰写规范、实验考核标准、教师实验教学视频、课表查询、教师信息查询、学生竞赛引导、虚拟仿真平台介绍等功能。此外,大连工业大学物理实验中心网站也提供了在线虚拟仿真实验平台,可利用该平台进行虚拟仿真实验,解剖各个教学环节,从而实现真实实验不具备或难以完成的教学功能。

"DPU 物理实验教学中心"微信公众平台

第二章　测量不确定度及数据处理基础

2.1　物理量的测量

物理量的测量

一、测量

物理实验离不开对物理量的测量，测量是物理实验的基础。测量就是用实验的方法将待测物理量与规定作为标准单位的同类物理量进行比较的过程，得到的比值称为测量值。任何一个测量值都由数值和单位两部分组成。没有单位的测量值是没有物理意义的。对于同一待测物理量，选择不同的单位，可得到不同的测量值。为了便于交流，对于基本单位，国际上有一个统一的标准 —— 国际单位制(SI)。

能否获得正确的测量值是物理实验成败的关键。只有选择正确的测量方法，满足必要的实验条件，正确使用实验仪器和准确读数，才能得到正确的测量值。

二、测量的分类

按测量方法可将测量分为两大类：直接测量和间接测量。

1. 直接测量

直接测量是指把待测物理量直接与作为标准的物理量进行比较，即可以用仪器、仪表直接读数。例如，用米尺测量长度，用秒表测量时间等。按测量次数，直接测量可进一步分为单次(一次)测量和多次测量。

2. 间接测量

间接测量是指按一定的函数关系，由一个或多个直接测量值计算出待测物理量的测量值。例如，直接测量一个圆柱体的直径 d、高度 h 和质量 m，然后利用公式 $\rho=\dfrac{4m}{\pi d^2 h}$ 计算出该圆柱体的密度。

三、等精度测量和不等精度测量

1. 等精度测量

由同一测量者，采用同样的方法，使用同样的仪器，并在相同的实验条件下对同一个物理量进行多次测量，称为等精度测量。

2. 不等精度测量

在对某一物理量进行多次测量时,测量条件完全不同或部分不同,各测量结果的可靠程度也不同的一系列测量称为不等精度测量。例如,在对某一物理量进行多次测量时,选用的仪器不同、测量方法不同或测量人员不同等都属于不等精度测量。

一般来讲,在多次测量中,保持测量条件完全相同是极其困难的。但当某一条件的变化对测量结果的影响不大时,仍可视这种测量为等精度测量。等精度测量的数据处理比较容易,所以绝大多数实验都采用等精度测量。

四、物理实验中常用的几种测量方法

随着科学技术的飞速发展,测量涉及的领域越来越广,测量方法和手段也越来越丰富、越来越先进。下面对物理实验中常用的几种测量方法进行简单介绍。

1. 比较法

比较法是物理实验中基本、主要的测量方法之一。比较法可分为直接比较法和间接比较法两种。

(1) 直接比较法:将待测物理量 x 与已知标准量(或同类物理量) s 直接比较,然后根据待测物理量 x 与标准量 s 的关系 $x = ks$(k 为比例系数,由实验确定),得到待测物理量的测量值。这种测量方法在物理实验中应用较广泛。例如,用米尺、游标卡尺测量长度,用等臂天平称重,用惠更斯电桥测电阻,用电位差计测电压,用卡文迪什扭秤法测万有引力等,都是将待测物理量与选作标准单位的同类物理量进行比较。

(2) 间接比较法:当一个物理量难以用直接比较法测量时,可以用物理量之间的函数关系,将待测物理量与同类标准量进行间接比较。图 2-1-1 所示是一个利用间接比较法测量电阻的示意图,将一个可调标准电阻 R_s 与待测电阻 R_x 连接,使开关 K 在 1 和 2 两个位置时,电流表的读数不变,则 $R_x = R_s = \frac{U}{I}$。

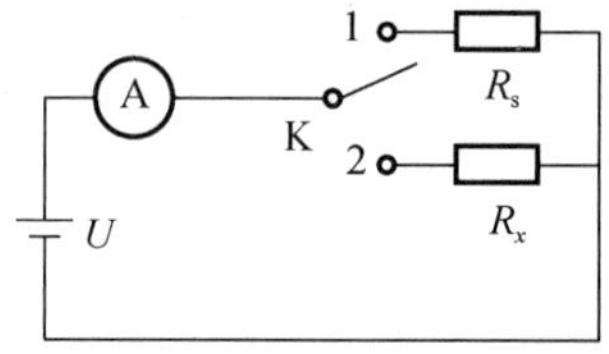

图 2-1-1 间接比较法测量电阻

2. 放大法

把实验中的待测物理量进行积累或放大,以提高测量的分辨率和灵敏度的方法称为放大法。放大法可分为积累放大法、机械放大法、电信号放大法和信噪比提高法及光学放大法等。

(1) 积累放大法:在物理实验中,常常会遇到这样一些问题,即受实验仪器精度的限制,存在很强的干扰,或受人的反应时间的限制,单次测量的误差可能很大或无法得到有效信息。采取积累放大法进行测量,可以减小测量误差,降低干扰,获得有效信息。例如,在单摆实验中对周期进行测量时,假定单摆的周期为 $T = 1.50$ s,人开启和关闭秒表的平均反应时间为

$\Delta T=0.3\ \mathrm{s}$，则单次测量周期的相对误差为$\dfrac{\Delta T}{T}=20\%$。如果一次测量 50 个周期，则由人开启和关闭秒表的平均反应时间所引起的相对误差降为$\dfrac{\Delta T}{T}=0.4\%$。

(2) 机械放大法：最直观的一种放大方法。例如，用游标卡尺可以提高测量的细分程度，分度值为 A 的主尺搭配一个 n 等分的游标，组成的游标卡尺的分度值变为 $\Delta A=\dfrac{A}{n}$，即将 A 细分成了 n 份，这对直游标和角游标都是适用的。机械杠杆可以把力和位移放大，将螺距(螺母旋进一圈推进的距离)通过螺母上的圆周来进行放大，放大率为 $\beta=\dfrac{\pi D}{d}$，其中，d 是螺距，D 是与螺母连接在一起的微分套筒的直径。

(3) 电信号放大法和信噪比提高法：电信号可以是直流的，也可以是交流的；电信号的放大可以是电压放大、电流放大或功率放大。

随着微电子技术和电子器件的发展，各种电信号的放大变得非常普遍且容易，其应用范围十分广泛。例如，三极管是电子线路中必不可少的元件，因为栅极电压 U_g 的微小变化会使板极电流 I_p 产生很大的变化，所以三极管通常作为放大器使用。现在各种各样的新型高集成度的运算放大器不断出现，把弱电信号放大几个甚至几十个数量级已不再是难事。因此，在物理实验中经常把其他物理量转化为电信号进行放大，然后再转化成待测物理量，如压电转换、光电转换、电磁转换等。在把电学量放大、提高物理量本身量值的同时，还必须注意减小本底信号，提高所测物理量的信噪比和灵敏度，降低信号的噪声。

(4) 光学放大法：光学放大的仪器有放大镜、显微镜和望远镜。在观测中，这类仪器只用于放大视角，而待测物体的实际尺寸并没有发生变化，所以不会增加误差。因此，许多精密仪器都会在最后的读数装置上加一个视角放大装置以提高测量精度。

微小变化量的放大原理常用于检流计、光杠杆等实验仪器中。例如，光杠杆镜尺就是通过放大测量长度来测量微小变化量的。

3. 转换测量法

不同物理量之间总是存在着这样或那样的关系，它们既相互关联、相互依存，又可以在一定的条件下相互转化。因此，寻求物理量之间的相互关系，是物理学研究的主要方法之一，也是物理学中常见的课题。当已知物理量之间的相互关系和函数形式时，就可以将一些不易测量的物理量转化成容易测量的物理量进行测量，这就是转换测量法，这是物理实验中常用的方法之一。转换测量法可以通过以下两种途径来实现。

(1) 寻求物理量之间的相互关系：物理量之间的相互关系可以分为定性描述和定量描述两种。定性描述以实验观察为主，旨在了解各相关物理量间相互依赖、相互转化的过程和变化规律等；定量描述是在定性描述的基础上，精确测量各物理量间的变化关系，经过数学和逻辑推理过程，用严格的数学公式表示出来，并使之具有普适性。

物理量之间的定量寻求又可以分为直接寻求和间接寻求两种。直接寻求是在寻求两个物理量之间的定量关系时，直接改变其中一个物理量，测量另一个物理量随之变化的值；间接寻求是在实验过程中，有的物理量不能直接测量或者测量不准，就需要采取间接迂回的方法另辟蹊径。因为在实际测量过程中可以改变的条件很多，所以可以在一定范围内找出那些容易测量或者易于测准的物理量，这样就可以绕开不可测量或不易测准的物理量，实现变量代换。我国古代曹冲称象的故事就是一个变量代换的例子,曹冲把当时无法测量的大象的重量转换成可以测量的石头的重量。另一个变量代换的典型例子是用阿基米德原理测不规则物体的密度,即把不易测准的不规则物体的体积转换成易于测准的液体的体积,只需一个量筒即可。

(2) 传感器转换法:随着各种新型功能材料(如热敏、光敏、磁敏、气敏、湿敏材料等)的不断出现及其性能的不断提高,各种各样的敏感器件和传感器也应运而生,为科学实验和物理测量方法的改进提供了更为便利的条件。由于电学参量具有测量方便、快捷的特点,电学仪表也较容易生产制造且具有通用性,所以许多转换法都是将待测物理量通过各种传感器或者敏感器件转换成电学参量来进行测量的,最常见的转换有以下几种。

① 光电转换:利用光敏元件将光信号转换成电信号进行测量。物理实验中常用的光敏元件有光敏三极管、光电倍增管、光电管等。

② 磁电转换:利用磁敏元件(或电磁感应组件)将磁学参量转换成电压、电流或电阻进行测量。物理实验中常用的磁敏元件有霍尔元件、磁记录元件(如磁头、磁带、磁盘等)、巨磁阻元件等。

③ 热电转换:利用热敏元件,将温度的测量转换成电压或电阻的测量。物理实验中常用的热敏元件有半导体热敏元件、热电偶等。

④ 压电转换:利用压敏元件或压敏材料的压电效应,将压力转换成电信号进行测量;反过来,也可以用某一特定频率的电信号去激励压敏材料使之产生共振,以进行其他物理量的测量。物理实验中常用的压敏材料有压电陶瓷、石英晶体等。

⑤ 几何变量与电学参量的转换:利用光学元件或电学参量(如电容、电感、电阻等)对几何变量敏感的特征来进行长度、厚度或微小位移等几何量的测量。

4. 模拟法

不直接研究某物理现象或过程本身,而是用与该物理现象或过程相似的模型来进行研究的方法称为模拟法。模拟法是以相似性原理为基础,从模型实验发展起来的一种实验方法。其本质是用一种易于实现、便于测量的物理状态或过程模拟不易实现、不便测量的状态或过程,这两种状态或过程有一一对应的两组物理量,而且这两组物理量具有相同形式的方程和边界条件。模拟法按其性质和特点分为两类:物理模拟和计算机模拟(这里不作介绍)。

物理模拟可以分为三类:几何模拟、动力相似模拟、代替或类比模拟(包括电路模拟)。

(1) 几何模拟:将实物按一定比例放大或缩小,从而对其物理性质及功能进行试验。例如,流体力学实验室就是采用水泥造出河流的落差、弯道、河床的形状,以及不同形式的挡水状物,用来模拟河水的流向、泥沙的沉积、沙洲水坝对河流运动的影响。再如,研究建筑材料及结构的承受能力,可将原材料或建筑群体的设计按比例缩小至原来的几分之一到几十分之一,从而进行实验模拟。

(2) 动力相似模拟:由于物理系统常常不具有标度不变性,即一般来说,几何上的形似性并不等于物理上的相似性。因而在工程技术的模拟实验中,如何保证缩小的模型与实物在物理上保持相似性是一个关键问题。为了保证模型与原型在物理性能和规律上的相似性,模型的外观往往和原型外观有很大的不同。例如,1943 年,美国波音公司用于试验的模型飞机,其外形根本不像一架飞机,然而风对它翼部的压力却与风对原型机翼的压力相似;又如,在航空技术研究中,人们不得不建造压缩空气做高速循环的密封型风洞来作为模型实验的条件,使实验条件更符合实验自然状态的形式。

(3) 代替或类比模拟：利用物质材料的形似性或类比性进行实验模拟，它可以用别的物质、材料或者别的物理过程来模拟所研究的材料或物理过程。例如，在用模拟法描绘静电场的实验中，就是用电流场模拟静电场的；又如，在地震研究中，常常用超声波代替地震波，用岩石、塑料、有机玻璃做成各种建筑模型来进行地震模拟实验。

2.2　测量误差的基本知识

测量误差的基本知识

人类的一切生产活动都离不开测量，而测量结果的质量如何，要用误差理论来计算和评定。必须正确计算和评定测量误差，若误差评定过大，则会错误地夸大误差范围，使本来合格的产品被判为废品，或者使本来合格的工程增加不必要的再投资；若误差评定过小，则会使本来不合格的产品和工程投入使用，给国家财产和人民生命安全带来损失和危害。误差理论是一门专门的学科，需要丰富的实验经验和数学知识。下面介绍有关测量误差的基本知识，希望读者着重了解它的物理内容，学会简单的计算，领会误差分析对实验的意义。

一、真值

在一定条件下，任何一个物理量的大小都是客观存在的，都有一个不以人的意志为转移的客观量值，称为真值。由于任何系统都不可避免地存在不稳定的因素，所以无论多么完美的测量，都无法断定其所获得的数据等于真值，也就是说，真值是不可知的。

二、测量误差

在测量过程中，人们总希望准确地测得待测物理量的真值。但是，任何测量总是依据一定的理论和方法，使用一定的仪器，在一定的环境中，由一定的人员进行的。由于实验理论的近似性，实验仪器的灵敏度和分辨能力的局限性，实验环境的不稳定性以及人的实验技能和判断能力的影响等，测量值与待测物理量的真值之间总存在差异，这种差异称为测量误差。若某物理量的测量值为 x，真值为 A，则测量误差定义为

$$\Delta x = x - A \tag{2-2-1}$$

式中，Δx 称为绝对误差。

绝对误差的大小反映了测量结果接近真值的程度，可以表示某一测量结果的优劣。对同一物理量的测量，其测量的绝对误差越小，表明测量的准确度越高。然而，当对不同的物理量进行测量时，就不能用绝对误差来衡量测量的准确度了。为了能够反映不同测量结果的好坏，需要用相对误差表示。相对误差就是绝对误差与测量值之比，即

$$E = \frac{\Delta x}{x} \times 100\% = \frac{x - A}{x} \times 100\% \tag{2-2-2}$$

由于相对误差用百分数表示，所以又称为百分误差。

相对误差没有单位，相对误差越小，表明测量的质量越好。对于两个测量结果，绝对误差大的，其相对误差不一定大；相对误差大的，其绝对误差也不一定大。例如，测量 10 m 相差 1 mm 与测量 1 m 相差 1 mm，两者的绝对误差相同，但相对误差不同。显然，前者的测量质量高于后者。

由前述定义可知,绝对误差与相对误差的关系为 $\Delta x = xE$,两者的互换运算在实际工作中会经常遇到,必须熟练掌握。

三、误差的分类

误差是由多方面原因造成的,根据误差产生的原因及性质,可将误差分为三类:系统误差、随机误差和粗大误差。

1. 系统误差

修正公式

在一定条件下,对同一物理量进行多次重复测量(等精度测量)时,误差的大小和符号均保持不变,而当条件改变时,误差按某种确定的规律变化(如递增、递减、周期性变化等),这类误差称为系统误差,其特点是具有确定性、规律性和可修正性。根据误差产生的原因,系统误差可分为仪器误差、理论误差、环境误差和人员误差。

(1) 仪器误差:由于仪器及附件制造上的缺陷,仪器没有校准或没有按规定条件使用而产生的误差。例如,仪器标尺分度不均匀、仪器零点不准、放大器具有非线性、照相底板收缩、在 20 ℃ 下标定的标准电阻在 30 ℃ 下使用等。

(2) 理论误差:由于测量所依据的理论公式本身的近似性,实验条件达不到理论公式的要求或测量方法不符合要求而产生的误差。例如,理论公式中没有考虑散热,没有考虑接线电阻和接触电阻;单摆的周期公式 $T = 2\pi\sqrt{\dfrac{l}{g}}$ 成立的条件是摆角趋于零,这实际上是无法做到的;在用伏安法测电阻时,电表内阻的影响等。

(3) 环境误差:在测量过程中,由于湿度、温度、压力、电源压力和电磁场等外界条件按一定规律变化所产生的误差。例如,在高原地区测水的沸点、用受热的钢板尺测量长度等。

(4) 人员误差:由于观测者的感觉器官和运动器官不完善,或者由于观测者的主观因素而产生的误差。例如,用秒表测时间,有的人失之过长,有的人失之过短;测量时,标尺读数习惯偏左或偏右。

系统误差有些是定值,如游标卡尺的零点不准;有些是积累性的,如用受热膨胀的铁尺进行测量,其测量值总比真实值小,误差值随待测长度成比例增加;还有一些是周期性变化的,如仪器的转动中心与刻度盘的几何中心不重合造成的偏心差。要发现系统误差,就必须全面分析影响实验的各种因素,常用的寻求系统误差的方法有以下三种。

(1) 数据分析法:当随机误差较小时,若待测物理量的绝对误差不是随机变化而是呈规律性变化,如线性增大或减小、周期性变化等,则测量中一定存在系统误差。

(2) 理论分析法:分析实验依据的理论公式所要求的条件在实验测量过程中是否得到满足;分析实验仪器要求的条件是否得到满足。实验不满足仪器的使用条件时也会产生系统误差。

(3) 实验对比法:适合于固定的系统误差,可从以下三个方面进行对比。

① 实验方法对比:用不同方法测量同一物理量,在随机误差允许的范围内观察结果是否一致。

② 实验仪器对比:例如,将两个电表接入同一电路,对比两个电表的读数,如果其中一个

是标准表，就可得出另一个表的修正值。

③ 改变测量条件进行对比：例如，电流正向与电流反向读数；在增加砝码与减少砝码的过程中读数，观察结果是否一致。

由于系统误差的确定性，系统误差总是使测量结果偏向一边，即偏大或者偏小，因此多次测量求平均值并不能消除系统误差。减小系统误差的主要途径有以下三种。

(1) 消除产生系统误差的根源。如果能够找到产生系统误差的根源，无论是理论模型、实验仪器，还是实验条件，都可以使其更完善，从而减小系统误差的影响。

(2) 用修正值对测量结果进行修正。用标准仪器对实验仪器进行校准，找出修正值或校准曲线，对结果进行修正；对由理论公式的近似造成的误差，找出修正值进行修正。例如，记下螺旋测微器的零点读数，将螺旋测微器的读数减去零点读数得到准确的测量值。

(3) 选择适当的测量方法减小或消除系统误差的影响。例如，采用复称法可以消除天平不等臂产生的系统误差。

2. 随机误差

在测量过程中，即使消除了系统误差，在相同条件下，重复测量(等精度测量)同一物理量时，仍然不会得到完全相同的结果，其测量值会分散在一定的范围内，所得误差时正时负，绝对值时大时小，既不能预测，也无法控制，呈现无规则的起伏，这类误差称为随机误差，又称为偶然误差。

在实际测量时，即使排除了产生系统误差的因素，进行了精心的观测，仍然会存在着一定的误差。这种误差受人的感官灵敏度及实验仪器的精密度的限制，也受周围环境的干扰及随测量而来的其他不可预测的随机因素的影响。

随机误差和系统误差从其来源、性质和处理方法上都是有实质区别的。随机误差一方面是由测量过程中一些随机的未能控制的可变因素或不确定因素引起的，另一方面是由被测对象本身的不稳定性引起的，如加工零件或被测样品本身存在微小差异，这时被测量量就没有明确的定义值。

综上所述，产生随机误差的原因有以下四种。

(1) 仪器误差：由于测量仪器的精度起伏而产生的误差。

(2) 人员误差：由于观测者的感觉器官和运动器官不完善，或者由于观测者的主观因素而产生的误差。

(3) 环境误差：在测量过程中，由于湿度、温度、压力、电源压力和电磁场等外界条件的变化所产生的误差。

(4) 被测对象本身的不稳定性引起的误差。

随机误差和系统误差之间虽有本质区别，但又有必然联系，并在一定条件下可以相互转化。实际上，随机误差本身就是大量的、独立的、微小的系统误差按照某种方式的统计组合。某一次测量结果，在测量之前预测误差是随机的，而一经测量，就变为确定的了。

随机误差就个体而言是不确定的，但其总体(大量个体的总和)服从一定的统计规律，因此，可以用统计方法估算其对测量结果的影响。

3. 粗大误差

明显地歪曲了测量结果的误差称为粗大误差。它是由于实验者使用实验仪器的方法不正确,粗心大意读错、记错、标错测量数据,或实验条件的突变,以及外部的强突发性干扰等原因造成的。含有粗大误差的测量值称为坏值或异常值,正确的结果中不应包含粗大误差。在实验测量中要极力避免过失错误,在数据处理中要尽量剔除坏值。

四、随机误差的正态分布规律

对一个物理量进行单次(一次)测量时,其随机误差的大小、正负没有任何规律,但在相同的条件下进行多次测量时,随机误差的分布就表现出明显的统计规律性。常见的一种是比真值大或者比真值小的测量值出现的概率相同,而且误差较小的数据比误差较大的数据出现的概率大,同时绝对值很大的误差出现的概率趋于零,这种统计规律称为正态分布。服从正态分布的随机误差有以下四个特征。

(1) 单峰性:绝对值小的误差出现的概率比绝对值大的误差出现的概率大。

(2) 对称性:绝对值相同的正、负误差出现的概率相同。

(3) 有界性:绝对值很大的误差出现的概率接近于零。

(4) 抵偿性:随机误差的算术平均值随着测量次数的增加而减小,最后趋于零。

从理论上说,对物理量 x 进行 n 次等精度测量,得到包含 n 个测量值 $x_1, x_2, \cdots, x_n$ 的一个测量列。由于是等精度测量,无法判定哪个值更可靠。由概率论知识可以证明,其平均值

$$\overline{x} = \frac{1}{n}(x_1 + x_2 + \cdots + x_n) = \frac{1}{n}\sum_{i=1}^{n} x_i \tag{2-2-3}$$

是真值的最好近似,称为最佳值或期望值,是可以信赖的。其中,第 i 次测量的绝对误差为

$$\Delta x_i = x_i - \overline{x} \tag{2-2-4}$$

当 $n \to \infty$ 时,物理量 x 称为连续型随机变量,其概率密度为正态函数(其图形见图 2-2-1),形式为

$$f(x-\overline{x}) = \frac{1}{\sqrt{2\pi}\sigma}\mathrm{e}^{-\frac{(x-\overline{x})^2}{2\sigma^2}} \tag{2-2-5}$$

或

$$f(\delta) = \frac{1}{\sqrt{2\pi}\sigma}\mathrm{e}^{-\frac{\delta^2}{2\sigma^2}} \tag{2-2-6}$$

式(2-2-6)中

$$\sigma = \sqrt{\frac{\sum_{i=1}^{n}(x_i - \overline{x})^2}{n-1}} \tag{2-2-7}$$

称为测量列的标准误差。σ 是测量系统的一个特殊量,由正态函数积分表可以得出

$$\int_{-\infty}^{+\infty} f(\delta)\,\mathrm{d}\delta = 1$$

$$\int_{-\sigma}^{\sigma} f(\delta)\,\mathrm{d}\delta = p(\sigma) = 0.683$$

$$\int_{-2\sigma}^{2\sigma} f(\delta)\mathrm{d}\delta = p(2\sigma) = 0.954$$

$$\int_{-3\sigma}^{3\sigma} f(\delta)\mathrm{d}\delta = p(3\sigma) = 0.997$$

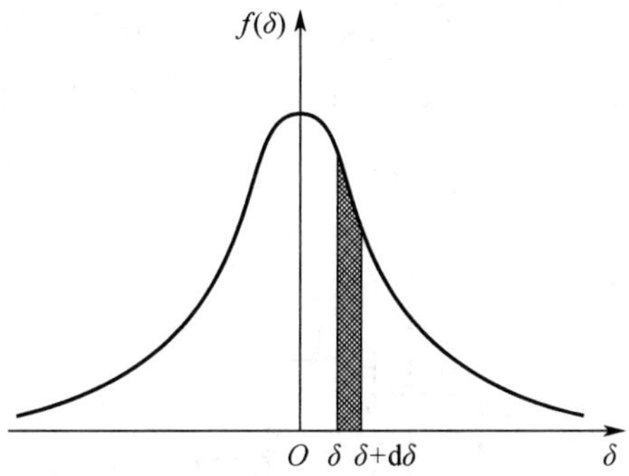

图 2-2-1　正态分布曲线

以上各式表明，当 $n \to \infty$ 时，任何一次测量值与平均值之差落在区间$(-\infty, +\infty)$内的概率为 1，即正态函数满足归一化条件；落在区间$[-\sigma,\sigma]$上的概率为 0.683，表示置信概率为 68.3%，记作 $p = 0.683$；落在区间$[-2\sigma,2\sigma]$上的概率为 0.954，表示置信概率为 95.4%，记作 $p = 0.954$；落在区间$[-3\sigma,3\sigma]$上的概率为 0.997，表示置信概率为 99.7%，记作 $p = 0.997$。这就是标准误差 σ 的统计意义。换句话说，当 $n \to \infty$ 时，n 个数据中有 99.7% 的数据分布在$[-3\sigma,3\sigma]$区域之内；有 95.4% 的数据分布在$[-2\sigma,2\sigma]$区域之内；有 68.3% 的数据分布在$[-\sigma,\sigma]$区域之内，如图 2-2-2 所示。

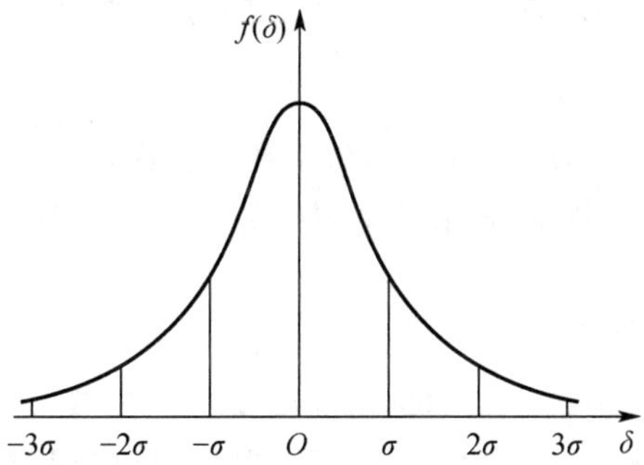

图 2-2-2　三种置信概率下的正态分布曲线

由以上研究可以看出，当测量次数无限多时，测量误差的绝对值大于 3σ 的概率仅为 0.3%，对于有限次测量，这种可能性是非常小的。因此，可以把超过 3σ 的误差看作粗大误差，给予剔除。在分析多次测量的数据时，3σ 是很有用的判据。

正态分布是连续型随机变量中最重要、最常用的分布。实际上，对于大量生产的同类产品，当设备、技术、原料、工艺、操作等可控制的生产条件都相对稳定，不存在明显的系统误差影响时，产品的质量近似服从正态分布。

例如，对某一长度连续测量 62 次，具体数据如表 2-2-1 所示。

表 2-2-1　测量数据表

测量值 x_i/cm	1.01	1.02	1.03	1.04	1.05	1.06	1.07	1.08	1.09	1.10	1.11
出现次数 n	1	3	6	10	15	11	8	4	3	0	1

以测量值 x_i 为横坐标,以测量次数 n 为纵坐标,作如图 2-2-3 所示的直方图,可以得到一个近似对称的图形。实践证明,当测量次数不断增加时,图形的对称性越来越好。

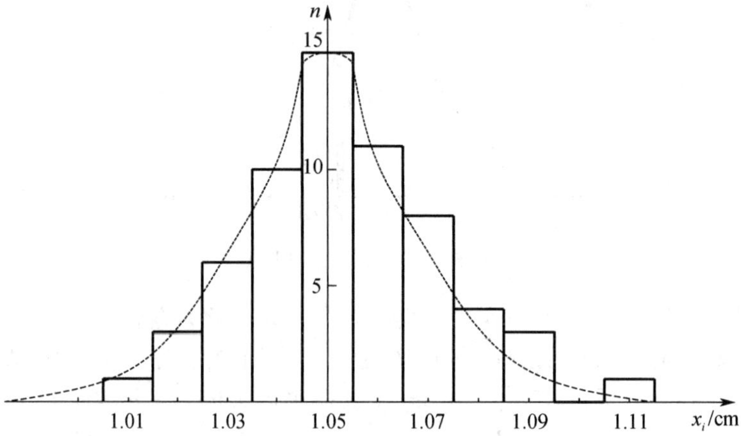

图 2-2-3　测量值与测量次数的关系曲线

2.3　测量误差的估计

测量误差的估计

根据误差的定义可知,由于真值不能确定,从理论上讲误差是不能计算的,所以误差也只能估计。估计误差的方法有很多种,通用的是用标准误差 σ 来表示误差。

一、单次测量结果的误差估计

在实验中,常常由于条件不允许或测量精确度要求不高等,对待测物理量只进行一次(单次)测量。单次测量的误差来源于仪器误差、人员误差、环境误差和测量对象的起伏不稳定。如果在稳定的实验条件下进行测量,而且人员误差可以忽略,待测对象比较稳定,这时单次测量的误差主要是仪器误差。

一般情况下,可以取仪器的最大允许误差作为单次测量的最大绝对误差,即$\Delta x=\Delta_{仪}$。

常用仪器的最大允许误差可以在产品说明书及仪器手册中查到。当没有给出最大允许误差时,可按下列原则估算。

(1) 对于一般分度仪器,可用仪器的分度值(或分度值的一半)作为单次测量的最大绝对误差。

(2) 对于一般的数字仪表,可取末位的一个单位作为单次测量的最大绝对误差。

例 1　用分度值为 0.01 mm 的一级螺旋测微器测得某物体的长度 $l=12.532$ mm。$\Delta_{仪}=\pm 0.005$ mm,则 $\Delta l=\pm 0.005$ mm,该单次测量的结果为

$$l \pm \Delta l = (12.532 \pm 0.005)\ \text{mm}$$

例 2　用准确度等级为 1.5 级、量程为 0～5 mA 的电流表测得某电流 $I = 4.38$ mA。电流表的最大允许误差为 $\Delta I = 1.5\% \times 5\ \text{mA} = 0.08$ mA，该单次测量的结果为

$$I \pm \Delta I = (4.38 \pm 0.08)\ \text{mA}$$

单次测量的标准误差与最大绝对误差的关系为

$$\sigma = \frac{\Delta x}{\sqrt{3}} \quad \text{或} \quad \sigma = \frac{\Delta_{\text{仪}}}{\sqrt{3}} \tag{2-3-1}$$

例 3　用分度值为 0.02 mm 的游标卡尺测得某物体的长度 $l = 25.68$ mm。$\Delta_{\text{仪}} = \pm 0.02$ mm，则标准误差 $\sigma = \dfrac{\Delta_{\text{仪}}}{\sqrt{3}} = \dfrac{\pm 0.02}{\sqrt{3}}\ \text{mm} = \pm 0.01$ mm，该单次测量的结果为

$$l \pm \sigma = (25.68 \pm 0.01)\ \text{mm}$$

例 4　图 2-3-1 所示为一准确度等级为 5.0 级、量程为 0～20 V、分度值为 1 V 的电压表。该电压表的最大绝对误差 $\Delta U = 5.0\% \times 20\ \text{V} = 1$ V，标准误差 $\sigma = \dfrac{\Delta U}{\sqrt{3}} = \dfrac{\pm 1}{\sqrt{3}}\ \text{V} \approx \pm 0.6$ V，该单次测量的结果为

$$U \pm \Delta U = (16 \pm 1)\ \text{V}$$
$$U \pm \sigma = (16.0 \pm 0.6)\ \text{V}$$

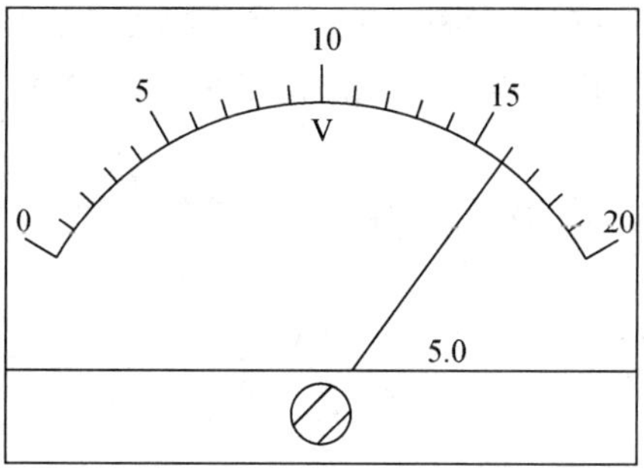

图 2-3-1　电压表指示

注：在记录仪器读数时，应使测量值的最后一位恰好是误差所在的位置。

二、多次测量结果的误差估计

为了减小误差，在可能的情况下，总是采取多次测量。在相同的条件下，对某物理量 x 进行 n 次等精度重复测量，其测量值分别为 $x_1, x_2, \cdots, x_n$。

(1) 测量的算术平均值为

$$\bar{x} = \frac{1}{n}(x_1 + x_2 + \cdots + x_n) = \frac{1}{n}\sum_{i=1}^{n} x_i$$

(2) 测量列的标准误差为

$$\sigma = \sqrt{\frac{\sum_{i=1}^{n}(x_i - \bar{x})^2}{n-1}}$$

(3) 算术平均值的标准误差为

$$\sigma_{\bar{x}} = \sqrt{\frac{\sum_{i=1}^{n}(x_i - \bar{x})^2}{n(n-1)}} = \frac{\sigma}{\sqrt{n}} \tag{2-3-2}$$

$\sigma_{\bar{x}}$ 的统计意义:在某次测量中,待测物理量落在区间$[\bar{x}-\sigma_{\bar{x}},\bar{x}+\sigma_{\bar{x}}]$上的概率为68.3%,落在区间$[\bar{x}-2\sigma_{\bar{x}},\bar{x}+2\sigma_{\bar{x}}]$上的概率为95.4%,落在区间$[\bar{x}-3\sigma_{\bar{x}},\bar{x}+3\sigma_{\bar{x}}]$上的概率为99.7%。

例5 用螺旋测微器测量一钢管的直径,其测量值为42.350 mm、42.450 mm、42.350 mm、42.370 mm、42.330 mm、42.300 mm、42.400 mm、42.480 mm、42.290 mm。计算测量结果$\bar{x}\pm\sigma_{\bar{x}}$。

解 平均值
$$\bar{x} = \frac{1}{9}\sum_{i=1}^{9}x_i = 42.369 \text{ mm}$$

$$\sigma_{\bar{x}} = \sqrt{\frac{\sum_{i=1}^{n}(x_i - \bar{x})^2}{n(n-1)}} = \sqrt{\frac{\sum_{i=1}^{9}(x_i - 42.369)^2}{9\times(9-1)}} = 0.02 \text{ mm}$$

故该测量结果为
$$\bar{x}\pm\sigma_{\bar{x}} = (42.37 \pm 0.02) \text{ mm}$$

(4) 算术平均误差为

$$\overline{\Delta x} = \frac{1}{n}\sum_{i=1}^{n}|x_i - \bar{x}| \tag{2-3-3}$$

算术平均误差的物理意义:在某次测量中,待测物理量落在区间$[\bar{x}-\overline{\Delta x},\bar{x}+\overline{\Delta x}]$上的概率为57.5%。用算术平均误差进行误差估算比较方便,但当测量次数较少时,其精度较差,因此在实验中很少使用。

经过计算可知,当测量次数足够多时,算术平均值的标准误差$\sigma_{\bar{x}}$与算术平均误差$\overline{\Delta x}$的关系为

$$\sigma_{\bar{x}} = \frac{5\,\overline{\Delta x}}{4\sqrt{n}} \tag{2-3-4}$$

用例5的数据计算,有

$$\overline{\Delta x} = \frac{1}{9}(0.019+0.081+0.019+0.001+0.039+0.069+0.031+0.111+0.079) \text{ mm} = 0.05 \text{ mm}$$

故该测量结果为

$$\bar{x}\pm\overline{\Delta x} = (42.37 \pm 0.05) \text{ mm}$$

三、间接测量结果的误差估计

1. 最大误差的传递公式

有些物理量无法进行直接测量,而需要依据待测物理量与若干个直接测量值的函数关系求出。由于直接测量值有误差,因此由直接测量值经过运算而得到的间接测量值也必然存在误差,这就是误差的传递。

设间接测量值N是由直接测量值$x,y,z,\cdots$通过函数关系$N=f(x,y,z,\cdots)$计算得到的,其中$x,y,z,\cdots$是彼此独立的直接测量值。设$x,y,z,\cdots$的最大误差分别为$\Delta x,\Delta y,\Delta z,\cdots$,它们必然影响间接测量结果,使$N$也有相应的误差。由于误差是微小的量,相当于数学中的增

量，因此间接测量值的误差计算公式与数学中的全微分公式类似，可以用下面两式来简单地计算间接测量值 N 的最大误差 ΔN，即

$$\Delta N = \left|\frac{\partial f}{\partial x}\Delta x\right| + \left|\frac{\partial f}{\partial y}\Delta y\right| + \left|\frac{\partial f}{\partial z}\Delta z\right| + \cdots \tag{2-3-5}$$

相对最大误差的传递公式为

$$E = \frac{\Delta N}{N} = \left|\frac{\partial \ln f}{\partial x}\Delta x\right| + \left|\frac{\partial \ln f}{\partial y}\Delta y\right| + \left|\frac{\partial \ln f}{\partial z}\Delta z\right| + \cdots \tag{2-3-6}$$

注：对于和、差形式的函数，用式(2-3-5)比较方便；对于积、商形式的函数，用式(2-3-6)比较方便。

2. 标准误差的传递公式

如果各直接测量值的误差是以标准误差形式给出的，则直接测量值的误差将以平方和的方根形式传递到间接测量值中。

(1) 间接测量值的标准误差为

$$\sigma_N = \sqrt{\left(\frac{\partial f}{\partial x}\right)^2 \cdot \sigma_x^2 + \left(\frac{\partial f}{\partial y}\right)^2 \cdot \sigma_y^2 + \left(\frac{\partial f}{\partial z}\right)^2 \cdot \sigma_z^2 + \cdots} \tag{2-3-7}$$

(2) 间接测量值的相对标准误差为

$$E = \frac{\sigma_N}{N} = \sqrt{\left(\frac{\partial \ln f}{\partial x}\right)^2 \cdot \sigma_x^2 + \left(\frac{\partial \ln f}{\partial y}\right)^2 \cdot \sigma_y^2 + \left(\frac{\partial \ln f}{\partial z}\right)^2 \cdot \sigma_z^2 + \cdots} \tag{2-3-8}$$

式中，$\sigma_x, \sigma_y, \sigma_z, \cdots$ 分别表示直接测量值 $x, y, z, \cdots$ 的标准误差；σ_N 表示间接测量值 N 的标准误差。

注：对于和、差形式的函数，用式(2-3-7)比较方便；对于积、商形式的函数，用式(2-3-8)比较方便。

由于误差本身是一个估算值，所以其结果一般只取一位或两位有效数字(有效数字的概念将在2.5节详细介绍)，为了简单起见，通常只取一位有效数字。

例6　已知圆柱体的质量为 $m \pm \Delta m$，直径为 $d \pm \Delta d$，高度为 $h \pm \Delta h$，求圆柱体密度的最大误差公式。

解　圆柱体密度的计算公式为

$$\rho = \frac{4m}{\pi d^2 h}$$

由式(2-3-5)可得最大误差为

$$\begin{aligned}\Delta\rho &= \left|\frac{\partial \rho}{\partial m}\Delta m\right| + \left|\frac{\partial \rho}{\partial d}\Delta d\right| + \left|\frac{\partial \rho}{\partial h}\Delta h\right| \\ &= \frac{4}{\pi d^2 h}\Delta m + \frac{8m}{\pi d^3 h}\Delta d + \frac{4m}{\pi d^2 h^2}\Delta h\end{aligned}$$

由式(2-3-6)可得相对最大误差为

$$E = \frac{\Delta\rho}{\rho} = \frac{\Delta m}{m} + 2\frac{\Delta d}{d} + \frac{\Delta h}{h}$$

例7　用流体静力称衡法测量固体密度的公式为 $\rho = \dfrac{m}{m - m_0}\rho_0$，实验测得 $m = m \pm \sigma_m = (27.06 \pm 0.02)$ g，$m_0 = m_0 \pm \sigma_{m_0} = (17.03 \pm 0.02)$ g，$\rho_0 = \rho_0 \pm \sigma_{\rho_0} = (0.9997 \pm 0.0030)\ \mathrm{g/cm^3}$，求 σ_ρ。

解　由式(2-3-8)可得相对标准误差为

$$E=\frac{\sigma_\rho}{\rho}=\sqrt{\left(\frac{\partial\ln\rho}{\partial m}\right)^2\cdot\sigma_m^2+\left(\frac{\partial\ln\rho}{\partial m_0}\right)^2\cdot\sigma_{m_0}^2+\left(\frac{\partial\ln\rho}{\partial\rho_0}\right)^2\cdot\sigma_{\rho_0}^2}$$

$$=\sqrt{\left[\frac{m}{m(m-m_0)}\right]^2\cdot\sigma_m^2+\left(\frac{1}{m-m_0}\right)^2\cdot\sigma_{m_0}^2+\left(\frac{1}{\rho_0}\right)^2\cdot\sigma_{\rho_0}^2}$$

$$\sigma_\rho=\rho E=2.7\times\sqrt{1.5\times10^{-6}+4\times10^{-6}}\ \mathrm{g/cm^3}=0.006\ \mathrm{g/cm^3}$$

根据误差的合成公式可知,在误差合成时起主要作用的常常只有第一、二项。当某一项的误差对总误差的贡献很小,通常占总误差的$\frac{1}{10}$以下时,就可以把这项误差忽略不计。在计算标准误差时,由于总误差来自各项分误差的平方之和,因此当某一项的分误差在最大分误差的$\frac{1}{3}$以下时,就可以忽略不计。这一点在计算误差时有很大的实际意义,可以大大减少计算量。

2.4　测量的不确定度

测量的不确定度

前面明确了误差的概念,了解了什么是系统误差、随机误差和粗大误差。但是,误差是一个理想的概念,它本身就是不确定的。根据误差的定义,由于真值一般不可能准确地知道,因而测量误差也不可能确切获知。既然误差无法按照定义式精确求出,那么现实可行的办法就是根据测量数据和测量条件进行估算(包括统计估算和其他估算),从而求得误差的估计值。显然,由于误差是未知的,因此不应再将任何一个确定的已知值称为误差。误差的估计值应采用一个专门名称,这个名称就是不确定度。

引入不确定度可以对测量结果的准确程度进行科学合理的评价。不确定度越小,表示测量结果与真值越靠近,测量结果越可靠;反之,不确定度越大,表示测量结果与真值的差别越大,测量的质量越低,测量结果的可靠性越差,使用价值就越低。不确定度是误差理论发展的必然产物,它建立在概率论和统计学的基础上。测量不确定度分为 A 类不确定度和 B 类不确定度两种。

一、A 类不确定度和 B 类不确定度

1. A 类不确定度

由测量列统计分析评定的不确定度分量称为 A 类不确定度,又称为统计不确定度,用 U_A 表示。通常情况下,A 类不确定度对应随机误差分量。

2. B 类不确定度

由不同于测量列统计分析所得的不确定度分量称为 B 类不确定度,又称为非统计不确定度,用 U_B 表示。通常情况下,B 类不确定度对应系统误差分量。

3. 合成不确定度

在同一次测量中,U_A 可用统计学方法计算,U_B 可用非统计学方法估算,而合成不确定度是这两个分量的方和根,用 U 表示,即

$$U = \sqrt{U_A^2 + U_B^2} \tag{2-4-1}$$

二、直接测量的不确定度

1. 直接测量的 A 类标准不确定度

对于多次测量，其平均值 $\bar{x}$ 的 A 类标准不确定度（$p = 0.683$）U_A 等于平均值 $\bar{x}$ 的标准误差 $\sigma_{\bar{x}}$，即

$$U_A = \sigma_{\bar{x}} = \sqrt{\frac{\sum_{i=1}^{n}(x_i - \bar{x})^2}{n(n-1)}} \tag{2-4-2}$$

2. 直接测量的 B 类标准不确定度

B 类不确定度 U_B 的估算是比较复杂的工作。作为一种简化，在物理实验中常把一些常用仪器的最大允许误差 $\Delta_{仪}$ 作为测量结果的 B 类不确定度。因此，B 类标准不确定度为

$$U_B = \sigma = \frac{\Delta_{仪}}{\sqrt{3}} \tag{2-4-3}$$

3. 直接测量的总标准不确定度

将式(2-4-2) 和式(2-4-3) 代入式(2-4-1)，即可得到平均值 $\bar{x}$ 的总标准不确定度为

$$U_{\bar{x}} = \sqrt{U_A^2 + U_B^2} = \sqrt{\sigma_{\bar{x}}^2 + \sigma^2} \quad (p = 0.683) \tag{2-4-4}$$

直接测量结果表示为

$$x = \bar{x} \pm U_{\bar{x}} \quad (\text{置信概率为 } 68.3\%) \tag{2-4-5}$$

4. 展伸不确定度

展伸不确定度是定义测量结果区间的量，合理地赋予被测量的值的分布大部分落入该区间，故也称为扩展不确定度。

将标准不确定度乘以一个与一定置信概率相联系的置信因子（或称覆盖因子）K，得到增大置信概率的不确定度 —— 展伸不确定度。

在普通物理实验中，一般多取置信概率为 95.5%。对于正态分布，置信因子 $K = 2$，由式(2-4-4) 得展伸不确定度为

$$U_{0.955} = 2U_{0.683} = 2\sqrt{U_A^2 + U_B^2} = 2\sqrt{\sigma_{\bar{x}}^2 + \sigma^2} \quad (p = 0.955) \tag{2-4-6}$$

若置信概率为 99.7%，对于正态分布，置信因子 $K = 3$，则展伸不确定度为

$$U_{0.997} = 3U_{0.683} = 3\sqrt{U_A^2 + U_B^2} = 3\sqrt{\sigma_{\bar{x}}^2 + \sigma^2} \quad (p = 0.997) \tag{2-4-7}$$

例 8 用 $\Delta_{仪} = 0.008$ g 的天平称量某一物体的质量，共称 5 次，测量值为 57.161 g、57.164 g、57.168 g、57.165 g、57.165 g，求 $m = \bar{m} \pm U_{0.955}$（置信概率为 95.5%）。

解 平均值

$$\bar{m} = \frac{1}{5}\sum_{i=1}^{5} m_i = 57.165 \text{ g}$$

$$\sigma_{\bar{m}} = \sqrt{\frac{0.004^2 + 0.001^2 + 0.003^2}{5 \times (5-1)}} \text{ g} = 0.001 \text{ g}$$

$$\sigma = \frac{\Delta_{仪}}{\sqrt{3}} = \frac{0.008}{\sqrt{3}} \text{ g} = 0.005 \text{ g}$$

$$U_{0.955}=2U_{0.683}=2\sqrt{\sigma_{\bar{m}}^2+\sigma^2}\approx 2\sigma=0.01\ \text{g}$$

故测量结果为 $m=(57.17\pm 0.01)$ g(置信概率为 95.5%)。

三、间接测量的不确定度

在间接测量时,待测物理量是由直接测量值通过一定的函数关系计算得到的。由于直接测量值存在不确定度,因此由直接测量值经过运算而得到的间接测量值也必然存在不确定度,这就是不确定度的传递。

设间接测量值 N 是由直接测量值 $x,y,z,\cdots$ 通过函数关系 $N=f(x,y,z,\cdots)$ 计算得到的,其中 $x,y,z,\cdots$ 是彼此独立的直接测量值。设 $x,y,z,\cdots$ 的不确定度分别为 $U_x,U_y,U_z,\cdots$,则它们必然影响间接测量结果,使 N 也有相应的不确定度。由于不确定度是微小的量,相当于数学中的增量,因此间接测量值的不确定度的计算公式与数学中的全微分公式类似,可以用下式来简单地计算间接测量值 N 的标准不确定度 U_N,即

$$U_N=\sqrt{\left(\frac{\partial f}{\partial x}\right)^2U_x^2+\left(\frac{\partial f}{\partial y}\right)^2U_y^2+\left(\frac{\partial f}{\partial z}\right)^2U_z^2+\cdots}\tag{2-4-8}$$

于是测量结果表示为

$$N\pm U_N\quad(\text{置信概率为 }68.3\%)\tag{2-4-9}$$

间接测量值 N 的展伸不确定度为

$$U_{0.955}=2U_{0.683}=2U_N\quad(\text{置信概率为 }95.5\%)\tag{2-4-10}$$

$$U_{0.997}=3U_{0.683}=3U_N\quad(\text{置信概率为 }99.7\%)\tag{2-4-11}$$

于是测量结果还可以表示为

$$N\pm 2U_N\quad\text{或}\quad N\pm 3U_N\tag{2-4-12}$$

有时为了计算方便,还可以先求间接测量值的相对标准不确定度,即

$$E=\frac{U_N}{N}=\sqrt{\left(\frac{\partial\ln f}{\partial x}\right)^2U_x^2+\left(\frac{\partial\ln f}{\partial y}\right)^2U_y^2+\left(\frac{\partial\ln f}{\partial z}\right)^2U_z^2+\cdots}\tag{2-4-13}$$

得

$$U_N=NE\tag{2-4-14}$$

以上就是间接测量不确定度的传递公式。

常用函数的标准不确定度传递公式如表 2-4-1 所示。

表 2-4-1 常用函数的标准不确定度传递公式

函数表达式	绝对标准不确定度	相对标准不确定度
$N=x+y$	$\sqrt{U_x^2+U_y^2}$	$\sqrt{\dfrac{U_x^2+U_y^2}{(x+y)^2}}$
$N=x-y$	$\sqrt{U_x^2+U_y^2}$	$\sqrt{\dfrac{U_x^2+U_y^2}{(x-y)^2}}$
$N=xy$	$\sqrt{y^2U_x^2+x^2U_y^2}$	$\sqrt{\left(\dfrac{U_x}{x}\right)^2+\left(\dfrac{U_y}{y}\right)^2}$

续表

函数表达式	绝对标准不确定度	相对标准不确定度
$N=\frac{x}{y}$	$\sqrt{\frac{U_x^2}{x^2}+\frac{x^2U_y^2}{y^4}}$	$\sqrt{\left(\frac{U_x}{x}\right)^2+\left(\frac{U_y}{y}\right)^2}$
$N=\frac{x^k\cdot y^m}{z^n}$（$k,m,n$ 均为常数）	$\sqrt{\left(\frac{kx^{k-1}\cdot y^m}{z^n}\right)^2U_x^2+\left(\frac{mx^k\cdot y^{m-1}}{z^n}\right)^2U_y^2+\left(\frac{nx^k\cdot y^m}{z^n}\right)^2U_z^2}$	$\sqrt{k^2\left(\frac{U_x}{x}\right)^2+m^2\left(\frac{U_y}{y}\right)^2+n^2\left(\frac{U_z}{z}\right)^2}$
$N=kx$（k 为常数）	kU_x	$\frac{U_x}{x}$
$N=\sqrt[k]{x}$（k 为常数）	$\frac{1}{k}\cdot x^{\frac{1}{k}-1}\cdot U_x$	$\frac{1}{k}\cdot\frac{U_x}{x}$
$N=x^n$（n 为常数）	$nx^{n-1}\cdot U_x$	$n\cdot\frac{U_x}{x}$
$N=\ln x$	$\frac{U_x}{x}$	$\frac{U_x}{x\ln x}$
$N=\cos x$	$\lvert\sin x\rvert U_x$	$\lvert\tan x\rvert U_x$
$N=\sin x$	$\lvert\cos x\rvert U_x$	$\lvert\cot x\rvert U_x$

四、测量结果的表示

1. 单次测量结果的表示

$$x\pm\Delta_{仪}(单位),\quad E=\frac{\Delta_{仪}}{x}\times100\% \tag{2-4-15}$$

$$x\pm\sigma(单位),\quad E=\frac{\sigma}{x}\times100\% \tag{2-4-16}$$

$$x\pm U_x(U_x=\sigma)(单位),\quad E=\frac{U_x}{x}\times100\% \tag{2-4-17}$$

2. 多次测量结果的表示

$$\bar{x}\pm\Delta_{仪}(或\overline{\Delta x};取两者较大的)(单位),\quad E=\frac{\Delta_{仪}}{x}\times100\% \tag{2-4-18}$$

$$\bar{x}\pm\sigma_{\bar{x}}(单位),\quad E=\frac{\sigma_{\bar{x}}}{\bar{x}}\times100\% \tag{2-4-19}$$

$$\bar{x}\pm U_{\bar{x}}(单位),\quad E=\frac{U_{\bar{x}}}{\bar{x}}\times100\% \tag{2-4-20}$$

3. 间接测量结果的表示

$$N\pm\Delta N(单位),\quad E=\frac{\Delta N}{N}\times100\% \tag{2-4-21}$$

$$N \pm \sigma_N(\text{单位}),\quad E = \frac{\sigma_N}{N} \times 100\% \tag{2-4-22}$$

$$N \pm U_N(\text{单位}),\quad E = \frac{U_N}{N} \times 100\% \tag{2-4-23}$$

例 9 被测量量 $N = x + y$,已知 $x = (400 \pm 4)$ mm,$y = (32.1 \pm 0.3)$ mm,求 $N \pm U_N$。

解
$$N = x + y = (400 + 32.1)\ \text{mm} = 432.1\ \text{mm}$$

$$U_N = \sqrt{\left(\frac{\partial N}{\partial x}\right)^2 U_x^2 + \left(\frac{\partial N}{\partial y}\right)^2 U_y^2} = \sqrt{U_x^2 + U_y^2} = \sqrt{16 + 0.09}\ \text{mm} \approx 4\ \text{mm}$$

(由于 $0.3 \ll 4$,因此可以忽略不计)结果为

$$N \pm U_N = (432 \pm 4)\ \text{mm}$$

例 10 被测量量 $N = \frac{xy}{z}$,已知 $x = (200 \pm 4)$ mm,$y = (25 \pm 3)$ mm,$z = (10 \pm 1)$ mm,求$N \pm U_N$。

解
$$N = \frac{xy}{z} = \frac{200 \times 25}{10}\ \text{mm} = 500\ \text{mm}$$

$$\begin{aligned} E = \frac{U_N}{N} &= \sqrt{\left(\frac{\partial \ln N}{\partial x}\right)^2 U_x^2 + \left(\frac{\partial \ln N}{\partial y}\right)^2 U_y^2 + \left(\frac{\partial \ln N}{\partial z}\right)^2 U_z^2} \\ &= \sqrt{\left(\frac{U_x}{x}\right)^2 + \left(\frac{U_y}{y}\right)^2 + \left(\frac{U_z}{z}\right)^2} \\ &= \sqrt{\left(\frac{4}{200}\right)^2 + \left(\frac{3}{25}\right)^2 + \left(\frac{1}{10}\right)^2} \approx 0.16 = 16\% \end{aligned}$$

则
$$U_N = NE = 500 \times 16\%\ \text{mm} = 80\ \text{mm} = 0.8 \times 10^2\ \text{mm}$$

故结果表示为

$$N \pm U_N = (5.0 \pm 0.8) \times 10^2\ \text{mm}$$

例 11 已知质量为 $m = (213.04 \pm 0.05)$ g 的铜圆柱体,用分度值为 0.02 mm 的游标卡尺测得其高度 h 为 80.38 mm、80.37 mm、80.36 mm、80.37 mm、80.36 mm、80.38 mm;用一级螺旋测微器测得其直径 d 为 19.465 mm、19.466 mm、19.465 mm、19.464 mm、19.467 mm、19.466 mm。求该铜圆柱体的密度及其标准不确定度。

解 (1) 求高度的平均值及标准不确定度,分别为

$$\bar{h} = \frac{1}{6}\sum_{i=1}^{6} h_i = 80.37\ \text{mm}$$

$$\sigma_{\bar{h}} = \sqrt{\frac{\sum_{i=1}^{6}(h_i - 80.37)^2}{6 \times (6-1)}} = 0.004\ \text{mm}$$

h 的 A 类标准不确定度为

$$U_A = \sigma_{\bar{h}} = 0.004\ \text{mm}$$

游标卡尺的最大允许误差为 0.02 mm,即 h 的 B 类标准不确定度为

$$U_B = \frac{\Delta_{\text{仪}}}{\sqrt{3}} = 0.01\ \text{mm}$$

用比重瓶测小块固体和液体的密度

因此,h 的总标准不确定度为

$$U_h = \sqrt{U_A^2 + U_B^2} = \sqrt{0.004^2 + 0.01^2}\ \text{mm} \approx 0.01\ \text{mm}$$

故 h 的最终测量结果为

$$h = (80.37 \pm 0.01)\ \text{mm} \quad (p = 0.683)$$

(2) 求直径的平均值及标准不确定度，分别为

$$\bar{d} = \frac{1}{6}\sum_{i=1}^{6} d_i = 19.465\ 5\ \text{mm}$$

$$\sigma_{\bar{d}} = \sqrt{\frac{\sum_{i=1}^{6}(d_i - 19.465\ 5)^2}{6 \times (6-1)}} = 0.000\ 4\ \text{mm}$$

则 d 的 A 类标准不确定度为

$$U_A = \sigma_{\bar{d}} = 0.000\ 4\ \text{mm}$$

一级螺旋测微器的最大允许误差为 0.005 mm，则 d 的 B 类标准不确定度为

$$U_B = \frac{\Delta_{仪}}{\sqrt{3}} = 0.003\ \text{mm}$$

因此，d 的总标准不确定度为

$$U_d = \sqrt{U_A^2 + U_B^2} = \sqrt{0.000\ 4^2 + 0.003^2}\ \text{mm} \approx 0.003\ \text{mm}$$

故 d 的最终测量结果为

$$d = (19.466 \pm 0.003)\ \text{mm} \quad (p = 0.683)$$

(3) 求密度及其标准不确定度，分别为

$$\rho = \frac{4m}{\pi \bar{d}^2 \cdot \bar{h}} = \frac{4 \times 213.04}{\pi \times 19.466^2 \times 80.37}\ \text{g/mm}^3$$

$$= 0.008\ 906\ 8\ \text{g/mm}^3 = 8.906\ 8\ \text{g/cm}^3 \quad (\text{多取一位有效数字})$$

$$E = \frac{U_\rho}{\rho} = \sqrt{\left(\frac{U_m}{m}\right)^2 + \left(2 \times \frac{U_d}{\bar{d}}\right)^2 + \left(\frac{U_h}{\bar{h}}\right)^2}$$

$$= \sqrt{\left(\frac{0.05}{213.04}\right)^2 + \left(2 \times \frac{0.003}{19.466}\right)^2 + \left(\frac{0.01}{80.37}\right)^2}$$

$$= 6.77 \times 10^{-4} \approx 0.07\%$$

$$U_\rho = \rho \cdot E = 8.906\ 8 \times 0.07\%\ \text{g/cm}^3 = 0.006\ \text{g/cm}^3$$

故 ρ 的最终测量结果为

$$\rho = (8.907 \pm 0.006)\ \text{g/cm}^3 \quad (p = 0.683)$$

2.5　测量结果的有效数字及其运算规则

测量结果的有效数字及其运算规则

由于物理测量中总存在误差，因而直接测量值只能是一个近似值，并具有某种不确定性；由直接测量值通过计算求得的间接测量值也是一个近似值，也具有某种不确定性。而测量不确定度决定了测量值的数字只能是有限位数，不能随意取舍。因此，在物理测量中，必须按照有效数字的表示

方法和运算规则来正确表达和计算结果。

一、有效数字的一般概念

测量结果都是含有误差的,因此表示测量结果的数都是有一定准确度的近似数,对这些数值的记录和计算,应当与一般的数字运算有所区别。表示测量结果的数字是有严格要求的,在测量中,判断哪些位的数字应当记录而哪些位的数字不应当记录的根据就是误差。在有误差的那位数之前的各位数字叫作可靠数字,都应当记录;有误差的那位数叫作欠准数字(或存疑数字),也应当记录;而误差所在位之后的数字是不可靠的,用任何数字表示都是无效的,这些数字就不应当记录。因此,把测量结果中可靠的几位数字加上欠准的一位数字,称为测量结果的有效数字。有效数字的个数称为有效数字的位数。例如,4.35 cm 是三位有效数字,而 4.350 cm 是四位有效数字。

需要指出的是,一个物理量的数值和数学上的一个数有不同的意义。在数学上,4.35 和 4.350 是没有区别的,但从测量的意义上来看,4.35 mm 和 4.350 mm 是不同的。前者表示毫米的百分位上的数字"5"是估读的欠准数字,它会存在误差,有可能不是 5;后者表示毫米的百分位上的数字"5"是准确测量出来的,而毫米的千分位上的数字"0"才是欠准的。可见,对同一个物理量的测量来说,有效数字的位数越多,表示测量精度越高。

二、关于有效数字的几点说明

1. 有效数字的位数与单位的关系

有效数字的位数与十进制单位的变换无关,即与小数点的位置无关。例如,1.36 mm 是三位有效数字,写成 0.001 36 m,仍是三位有效数字。

2. 有效数字中的"0"

关于"0"是否有效的问题:运算过程中添加的"0"无效,改变单位时加的"0"无效,为定位而在数字前加的"0"无效。无效的"0"不计入有效数字的位数。例如,0.001 36,"136"前面的三个"0"不是有效数字。但是在数字之间和数字之末的"0"均是有效数字,不得任意取舍。例如,1 034 是四位有效数字,0.001 034 0 是五位有效数字。

3. 有效数字的科学表示法

在记录很大或很小的数字,而数字的有效位数又不多时,数字大小将和有效位数发生矛盾,此时通常写成"$\times 10^n$"(n 可正可负)的标准形式,称为有效数字的科学表示法(科学记数法)。例如,某时期我国的人口为十二亿七千万,统计误差为二千万,此时的有效数字只有三位,但是由于该数字本身很大,写成(1 270 000 000 ± 20 000 000)人是不妥当的,因为这样就把有效数字的位数写多了,可写成 $(1.27 \pm 0.02) \times 10^9$ 人。又如,(0.000 123 ± 0.000 005) m 可写成 $(1.23 \pm 0.05) \times 10^{-4}$ m。这种写法不仅简单明了,而且可以使数字计算及定位更为简便。

4. 有效数字的尾数处理

为了简化运算过程,在进行运算之前,需要对各直接测量值的有效数字进行适当的取位和修约。数字的修约基本上不应增大测量最后结果的误差。对于测量值的舍入,首先要确定需要保留的有效数字和位数,保留数字的位数确定以后,后面多余的数字就应予以舍入修约。根据《数值修约规则与极限数值的表示和判定》(GB/T 8170—2008),对尾数采取“四舍六入五凑偶”的规则处理,具体要求如下。

(1) 拟舍弃数字的最左一位数字小于 5 时,则舍弃,即保留的各位数字不变。

(2) 拟舍弃数字的最左一位数字大于 5,或者是 5 而其后跟有并非 0 的数字时,则进 1,即保留的末位数字加 1。

(3) 拟舍弃数字的最左一位数字为 5,而右边无数字或皆为 0 时,若所保留的末位数字为奇数则进 1,为偶数或 0 则舍弃,即“单进双不进”。

(4) 对于负数,应先取绝对值,再按上述规则修约,最后加上负号。

(5) 不能连续修约。在确定舍弃位后,应当一次修约获得结果,不得逐次修约。

例如,可疑位为 1 mm,则舍弃位应为 0.1 mm,对 15.454 6 mm 进行修约。

正确做法:15.454 6 mm 一次修约为 15 mm。

错误做法:15.454 6 mm → 15.455 mm → 15.46 mm → 15.5 mm → 16 mm。

可见,错误做法会导致结果错误。

根据上述规则,将下列各数保留四位有效数字:

①3.141 59 → 3.142

(拟舍弃的第五位为 5,但其后有不为 0 的数字,故进 1。)

②2.717 29 → 2.717

(拟舍弃的第五位为 2,小于 5,舍弃。)

③4.510 50 → 4.510

(拟舍弃的第五位为 5,其后全为 0,且第四位为 0,舍弃。)

④3.215 50 → 3.216

(拟舍弃的第五位为 5,其后全为 0,但第四位为 5,是奇数,应进 1,即第四位加 1。)

⑤6.378 501 → 6.379

(拟舍弃的第五位为 5,但其后有不为 0 的数字,故进 1,即第四位加 1。)

⑥7.691 499 → 7.691

(拟舍弃的第五位为 4,小于 5,应舍弃。)

三、确定测量结果的有效数字的方法

根据有效数字的定义,有效数字的最后一位是有误差的。由于误差本身只是一个估计的范围,因此在一般情况下,误差的有效数字只取一位,特殊情况下最多不超过两位。本书中,测量结果的绝对误差(不确定度)和相对误差(不确定度)都取一位,而在其计算过程中都取两位。

将有效数字的定义和误差(不确定度)仅取一位结合起来,就能写出测量结果的数值了,即任意测量结果,其最后一位应与绝对误差(不确定度)所在的位对齐。例如,$L=(10.12\pm 0.05)$ m 是正确的,而 $L=(10.123\pm 0.05)$ m,$V=(10.1\pm 0.05)$ mV 都是错误的。

由此可知,测量结果的有效数字位数完全取决于绝对误差(不确定度)。单次直接测量结果的有效数字位数由估计的绝对误差来确定;多次直接测量结果的有效数字位数,可以先通过计算得到绝对误差(不确定度)的数值,再由绝对误差(不确定度)来确定;间接测量结果的有效数字,也是先通过计算得到绝对误差(不确定度)的数值,再由绝对误差(不确定度)来确定。

由绝对误差(不确定度)确定有效数字的位数,是处理一切有效数字问题的依据,前面讲过的所有问题及后面要讲的有效数字运算规则,无论是写出误差,还是不写出误差,有效数字的位数都是由绝对误差(不确定度)确定的。因此,在对实验仪器进行读数时,必须记到估读的一位,即数据的最后一位是估读的、有误差的。例如,用米尺测量某一钢丝长度刚好为 1 m 时,要记为 $l = 1.000\,0$ m,表示读数误差在最后一位上。

有效数字的定义已经反映了其与测量误差之间的本质联系,并说明了由绝对误差(不确定度)确定有效数字的位数。但是绝对误差(不确定度)的大小与有效数字位数的多少没有关系,而相对误差(不确定度)的大小与有效数字位数的多少有一定的对应关系。例如,三位有效数字最小为1.00,最大为9.99,绝对误差(不确定度)只取一位有效数字,即0.01到0.09,因此其相对误差(不确定度)最小为$\frac{0.01}{9.99} \approx 1 \times 10^{-3}$,最大为$\frac{0.09}{1.00} \approx 1 \times 10^{-1}$。也就是说,三位有效数字对应的相对误差(不确定度)为$10^{-3} \sim 10^{-1}$。一般来说,有效数字的位数越多,相对误差(不确定度)越小;有效数字的位数越少,相对误差(不确定度)越大。但是也不能理解为三位有效数字对应的相对误差(不确定度)一定小于两位有效数字对应的相对误差(不确定度)。例如,(1.02 ± 0.05) cm与(0.98 ± 0.01) cm相比,前者的相对误差(不确定度)为5%,而后者的相对误差(不确定度)仅为1%。因此,在进行误差分析时,误差与有效数字是密切相关的。

四、有效数字的运算规则

在有效数字的运算过程中,参加运算的分量可能很多,各分量的大小和有效数字位数一般不相同,这就要求对有效数字的运算有一个统一的规则,使得不同的人在处理同一组数据时,可以得到相同的结果。为了不因计算而引入误差,影响实验结果,特进行如下规定:有效数字运算取舍的原则是运算结果保留一位欠准数字。

1. 加减运算

加减运算规则:几个有效数字相加减时,运算结果的有效数字位数以参与加减运算的分量中有效数字的最后一位在位数上最高,即绝对误差最大的为准,也就是最后结果的欠准数字与各数之中最先出现的欠准数字对齐。也可以简单地理解为其运算结果在小数点后的位数与参与运算的几个数中小数点后位数最少的一致。

例 12　求 $Y = A + B - C$,其中 $A = 103.\underline{3}$,$B = 13.56\,\underline{1}$,$C = 1.65\,\underline{2}$。

解

$$A + B = 103.\underline{3} + 13.56\,\underline{1} = 116.\underline{86}\,\underline{1} \approx 116.\underline{9}$$

$$Y = A + B - C = 116.\underline{9} - 1.65\,\underline{2} = 115.\underline{24}\,\underline{8} \approx 115.\underline{2}$$

2. 乘除运算

乘除运算规则:几个有效数字相乘除时,以参与运算的几个分量中有效数字位数最少的分量为准,在运算过程中,其他量比它多保留一位有效数字,最后结果与它对齐。也可以简单地理解为其运算结果的有效数字位数与参与运算的几个数中有效数字位数最少的一致。

例 13　计算 $1.111\,\underline{1} \times 1.1\underline{1}$。

解　用计算器计算的结果为 1.233 321。因为一个数字与一个可疑数字相乘,其结果必然是可疑数字,所以上述结果为 $1.2\,\underline{3}\,\underline{3}\,\underline{3}\,\underline{2}\,\underline{1}$,根据有效数字的修约规则为 $1.2\,\underline{3}$,即计算结果为三位有效数字。

3. 常数与有效数字的运算

计算公式中的常数，如 π、e、$\sqrt{2}$、$\sqrt{3}$ 等，它们的有效位数可以认为是无限多位，在运算过程中，一般应比参加运算的各分量中有效数字位数最少的多取一位。通常直接利用计算器上的相应按键计算更为方便。

例 14　计算圆面积 $S = \pi R^2$，已知 $R = 3.22$ mm。

解
$$S = \pi R^2 = 3.142 \times 3.22 \times 3.22\ \text{mm}^2 = 32.8\ \text{mm}^2$$

4. 函数运算

在进行函数运算时，不能搬用四则运算的有效数字运算规则，而应对函数取全微分，由直接测量值的误差或不确定度来计算函数的全微分。在取函数的全微分的有效数字为一位的前提下，修约函数值的有效数字位数。若直接测量值没有标明误差或不确定度，则将其最后一位取为 1，作为误差或不确定度代入公式运算。

(1) 对数运算。

例 15　已知 $x = 25.4$，求 $y = \ln x$。

解
$$\Delta(\ln x) = \frac{\Delta x}{x}$$

取直接测量值 x 的最后一位为 1，作为 Δx，即 $\Delta x = 0.1$，则

$$\Delta(\ln x) = \frac{0.1}{25.4} = 0.004$$

故 $\ln x$ 的尾数应保留到小数点后三位，即 $y = \ln x = \ln 25.4 = 3.235$。

(2) 指数运算。

例 16　已知 $x = 9.34$，求 $y = e^x$。

解
$$\Delta y = e^x \cdot \Delta x$$

取 $\Delta x = 0.01$，则

$$\Delta y = e^{9.34} \times 0.01 = 113.844\,082\,4 \approx 1 \times 10^2$$

而

$$y = e^x = 11\,384.408\,24$$

故 e^x 的尾数应保留到小数点前第三位，即 $y = 114 \times 10^2 = 1.14 \times 10^4$，共三位有效数字。

(3) 开方运算。

例 17　已知 $n = 14$，$x = 9.34$，求 $y = x^{\frac{1}{n}}$。

解　取 $\Delta x = 0.01$，则

$$\Delta y = \frac{1}{14} \times 9.34^{-\frac{13}{14}} \times 0.01 = 0.000\,09$$

而
$$y = 9.34^{\frac{1}{14}} = 1.173\,033\,706$$

故 $x^{\frac{1}{n}}$ 的尾数应保留到小数点后五位，即 $y = 1.173\,03$，共六位有效数字。

(4) 三角函数运算。

例 18　已知 $x = 9°24'$，求 $y = \cos x$。

解　x 的最小单位为分，取 $\Delta x = 1' = \frac{\pi}{180} \times \frac{1}{60} = 0.000\,3$，则

$$\Delta y = |-\sin x \cdot \Delta x| = \sin 9°24' \times 0.000\,3 = 0.000\,048\,997 \approx 0.000\,05$$

$$y = \cos x = \cos 9°24' = 0.986\,572\,161$$

故 $\cos x$ 的尾数应保留到小数点后五位,即 $y = 0.986\,57$。

需要说明的是,上述有效数字的运算规则只适用于物理实验的数据处理过程中,最终的结果表示还要取决于误差或不确定度。

五、测量结果的有效数字位数

1. 测量结果的表示

测量结果通常表示为

(测量结果的值 ± 不确定度的值) 单位

或

(测量结果的值 ± 标准误差的值) 单位

2. 不确定度和误差的有效数字位数

不确定度和误差的值通常只取一位(最多取两位)有效数字。本书中的不确定度和误差只取一位有效数字。

不确定度和误差在计算过程中可以多保留一位,即运算过程中的数值取两位有效数字,最终的不确定度或误差修约成一位有效数字。

3. 测量结果的有效数字位数

国际上规定,测量结果的修约与其不确定度或误差的修约一致,测量结果的取位与不确定度的取位对齐。通俗的说法是,测量结果的有效数字的位数由合成不确定度或误差来确定。

在数据处理过程中,计算过程中可能不知道测量不确定度或误差的大小,因此事先无法确定测量结果给到哪一位。此时就先按有效数字的运算处理,直到计算出测量的不确定度或误差,再对运算结果进行有效数字的修约。

2.6 物理实验的数据处理方法

物理实验的数据处理不单是取得数据后的数学运算,还要以一定的物理模型为基础,以一定的物理条件为依据,通过对数据的整理、分析和归纳计算,得出明确的实验结论。

物理实验中常用的数据处理方法有列表法、作图法、逐差法和最小二乘法。

物理实验的数据处理方法

一、列表法

直接从实验仪器或量具上读出的、未经任何数学处理的数据称为实验测量的原始数据,它是实验的宝贵资料,是获得实验结果的依据。正确、完整地记录原始数据是顺利完成实验的重要保证。做实验记录时,常常要将数据列成表格的形式,简单、明确地表示出有关物理量之间的对应关系。

1. 列表法的作用

数据列表可以随时检查测量结果的合理性，及时发现问题和分析问题；有利于分析计算，找出有关量之间的规律，求出经验公式；可以提高数据处理的效率，减少和避免错误。

此外，根据需要，也可以把计算的某些中间数据列在表中，随时进行有效数字的合理简化，避免重复计算，有利于误差分析计算。计算结果也可以列在表中。

数据列表也是作图法、逐差法、最小二乘法的数值基础。

2. 列表的具体要求

(1) 表格设计合理，便于找出相关量之间的对应关系，也便于分析数据之间的函数关系和进行数据处理。

(2) 标题栏必须注明表中各符号所代表的物理量及其单位。单位不要重复记在各数据上。

(3) 表中记录的数据必须忠实于原始测量结果，符合有关标准和规则。应正确地反映测量值的有效位数，尤其不能忘记有效数字末位的"0"。

(4) 在表的上方中部应当写出表名。

(5) 必要时，在表名下方给出主要实验仪器的型号、量程、级别等，还要注明与测量有关的环境参数、引用的常量和物理量等。

(6) 对于各计算的中间量，应在标题栏给出计算公式。

3. 列表举例

用伏安法测量电阻的实验数据如表 2-6-1 所示。

表 2-6-1　用伏安法测量电阻的实验数据

测量次数 n	1	2	3	4	5	6	7	8	9
电压 U/V	1.00	2.00	3.00	4.00	5.00	6.00	7.00	8.00	9.00
电流 I/mA	2.00	4.01	6.05	7.85	9.70	11.83	13.75	16.02	17.86
电阻 R/Ω	500	499	496	510	515	507	509	499	504

二、作图法

作图法是用几何手段寻找与表示待求函数关系的方法，它是研究物理量之间的变化规律，找出对应的函数关系，求经验公式的常用方法之一。

1. 作图法的作用

(1) 可以将一系列数据之间的关系或其变化情况用图线直观地表示出来。

(2) 如果图线是依据许多测量数据点描绘出的光滑曲线，则作图法有多次测量取其平均值的效果。

(3) 能简单地从图线中求出实验所需的某些结果，如直线 $y = ax + b$ 的斜率 a 和截距 b 的值等。

(4) 能简便地通过图线给出的结果绘出仪器的校准曲线。

(5) 在图线范围内可以直接读出没有进行观测的对应于某 x 的 y 值(内插法)；在一定条件下，也可以从图线的延伸部分读到测量范围以外无法测量的点的值(外推法)。

(6) 由图线还可以帮助发现实验中的测量错误,并可通过图线进行系统误差分析。

(7) 当函数为非线性关系时,可以进行置换变量处理,把非线性关系变为线性关系后作图,从而大大简化计算过程,提高计算效率。

虽然作图法有简便、形象、直观等许多优点,但它只是一种粗略的数据处理方法。因为它不是建立在严格的统计理论的基础上的,而且还受坐标纸及人为因素的影响。尽管如此,作图法仍不失为一种重要且常用的数据处理方法。

2. 作图的规则和要求

(1) 选用合适的坐标纸。

应根据物理量之间的函数性质合理选用坐标纸的类型。例如,函数关系为线性关系时可选用直角坐标纸,为对数关系时可选用对数坐标纸。

(2) 合理确定坐标轴的比例与标度。

① 坐标纸的大小及坐标轴的比例,应根据测量数据的有效数字位数及测量结果的需要来确定。原则上,数据中的可靠数字在图中也应是可靠的;数据中有误差的一位,即不确定度所在位,在图中应是估计的。也就是说,坐标中的最小格对应测量值可靠数字的最后一位。

② 以横轴表示自变量,纵轴表示因变量,并标明所代表的物理量名称(或符号)及单位。

③ 按简单和便于读数的原则选择图上的读数与测量值之间的比例,一般选用 1∶1、1∶2、1∶5、2∶1 等为宜。用选好的比例,在轴上等间距地按图上所能读出的有效数字位数表示分度(坐标轴所代表的物理量数值)。

为使图线布局合理,应当合理选取比例,使图线比较对称地充满整个图纸,而不是偏向一边。横、纵两坐标轴的比例可以不同,坐标轴的起点也不一定从零开始。对于数据特别大的或特别小的,则可以写成数量级的形式,如 $\times 10^{m}$ 或 $\times 10^{-n}$,并放在坐标轴最大值的右边(或上方)。

(3) 标点。

根据测量数据,用铅笔在坐标纸上以“+”“×”“●”“○”等符号标出实验点,应使各测量数据对应的坐标准确地落在所标符号的中心,一条实验曲线用同一种符号。当一张图纸上要画几条曲线时,各条曲线应分别用不同的符号标记,以便区分。

(4) 连线。

各实验点的连线绝不能徒手画,而要用直尺或曲线板等作图工具,根据不同情况把点连成直线或光滑曲线。由于测量存在不确定度,因此图线并不一定通过所有点,而要求数据点均匀地分布在图线两旁。如果个别点偏离太大,应仔细分析后决定取舍或重新测定。连线要细而清晰,连线过粗会因作图带来附加误差。对仪表进行校准时使用的校准曲线要通过校准点连成折线。

(5) 选择取用点。

在所作图线上选择两个点,根据这两个点进行回归计算。取用点的横坐标应取整数,两个点的距离应尽可能大一些,以减小误差。取用点的符号应与实验点的符号有所区别。

(6) 标出图名。

在图纸下方或空白位置写出图线的名称及某些必要的说明,要使图纸尽可能全面反映实验的情况。最后写上实验者姓名、实验日期,将图纸与实验报告订在一起。

3. 作图举例

用伏安法测量电阻的实验数据如表 2-6-2 所示。

表 2-6-2　用伏安法测量电阻的实验数据

测量次数	1	2	3	4	5	6	7	8	9	10	11
电压 U/V	0.00	1.00	2.00	3.00	4.00	5.00	6.00	7.00	8.00	9.00	10.00
电流 I/mA	0.00	2.00	4.01	6.05	7.85	9.70	11.83	13.75	16.02	17.86	19.94

用直角坐标纸作图，如图 2-6-1 所示。

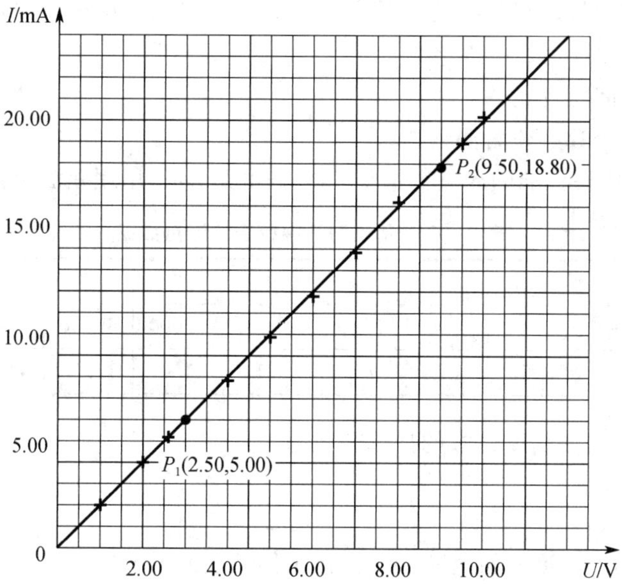

图 2-6-1　伏安特性曲线

可在直线上选两点 $P_1(2.50,5.00)$ 和 $P_2(9.50,18.80)$，由关系式 $U=IR$ 可得

$$R=\frac{U_2-U_1}{I_2-I_1}=\frac{9.50-2.50}{(18.80-5.00)\times 10^{-3}}\ \Omega=5.07\times 10^2\ \Omega$$

三、逐差法

如果两个物理量之间满足线性关系，而且自变量是等间距变化的，为了避免作图的随意性，可采用逐差法处理实验数据。

由误差理论可知，算术平均值是若干次重复测量的物理量的近似值。为了减小随机误差，在实验中一般都采用多次测量。但是在等间隔线性变化测量中，若仍采用一般的求平均值的方法，则会发现只有第一次的测量值和最后一次的测量值起作用，中间所有测量值全部抵消了。因此，这种测量无法反映多次测量的特点。

逐差法是将原始数据分为两组，求两组数据中对应序号的测量值之差，然后取平均值。这种方法可以充分利用数据，更好地计算最佳值，起到减小误差的作用。

1. 逐差法的计算过程

(1) 将测量数据列表。

(2) 将原始数据按先后次序分为两组：

$$x_1,x_2,\cdots,x_n \quad 和 \quad x_{n+1},x_{n+2},\cdots,x_{2n}$$

(3) 将对应项相减:

$$\Delta x_1 = x_{n+1} - x_1, \Delta x_2 = x_{n+2} - x_2, \cdots, \Delta x_n = x_{2n} - x_n$$

(4) 求差值的平均值:

$$\overline{\Delta x} = \frac{1}{n}(\Delta x_1 + \Delta x_2 + \cdots + \Delta x_n)$$

2. 逐差法处理数据的条件

(1) 自变量和因变量之间的线性关系为 $y = a_0 + a_1 x$(用一次逐差法),或 x 的多项式形式为 $y = a_0 + a_1 x + a_2 x^2$(用二次逐差法)。

(2) 自变量是等间距变化的。

(3) 测量数据的个数必须为偶数。

例 19 用焦利氏秤校准的测量数据如表 2-6-3 所示,试用逐差法求弹簧的刚度系数。

表 2-6-3 用焦利氏秤校准的测量数据

测量次数	1	2	3	4	5	6	7	8	9	10
$m_i/(10^{-3}$ kg)	0.000	1.000	2.000	3.000	4.000	5.000	6.000	7.000	8.000	9.000
$L_i/(10^{-2}$ m)	1.63	3.52	5.39	7.28	9.17	11.07	12.93	14.82	16.69	18.56

解 焦利氏秤弹簧的刚度系数的计算公式为

$$k = \frac{\Delta mg}{\overline{\Delta L}}$$

式中,m 为砝码质量,g 为重力加速度,$\overline{\Delta L}$ 为弹簧伸长量的平均值。

将 10 个数据按先后次序分为两组:1 ~ 5 为第一组,6 ~ 10 为第二组,则

$$\Delta L_1 = x_6 - x_1 = (11.07 - 1.63) \times 10^{-2}\ \text{m} = 9.44 \times 10^{-2}\ \text{m}$$
$$\Delta L_2 = x_7 - x_2 = (12.93 - 3.52) \times 10^{-2}\ \text{m} = 9.41 \times 10^{-2}\ \text{m}$$
$$\Delta L_3 = x_8 - x_3 = (14.82 - 5.39) \times 10^{-2}\ \text{m} = 9.43 \times 10^{-2}\ \text{m}$$
$$\Delta L_4 = x_9 - x_4 = (16.69 - 7.28) \times 10^{-2}\ \text{m} = 9.41 \times 10^{-2}\ \text{m}$$
$$\Delta L_5 = x_{10} - x_5 = (18.56 - 9.17) \times 10^{-2}\ \text{m} = 9.39 \times 10^{-2}\ \text{m}$$

于是差值的平均值为

$$\begin{aligned}\overline{\Delta L} &= \frac{1}{5}(\Delta L_1 + \Delta L_2 + \Delta L_3 + \Delta L_4 + \Delta L_5) \\ &= \frac{1}{5}(9.44 + 9.41 + 9.43 + 9.41 + 9.39) \times 10^{-2}\ \text{m} \\ &= 9.42 \times 10^{-2}\ \text{m}\end{aligned}$$

相应序号的质量之差为

$$\Delta m_{6,1} = \Delta m_{7,2} = \Delta m_{8,3} = \Delta m_{9,4} = \Delta m_{10,5} = 5.000 \times 10^{-3}\ \text{kg}$$

则焦利氏秤弹簧的刚度系数为

$$k = \frac{\Delta mg}{\overline{\Delta L}} = \frac{5.000 \times 10^{-3} \times 9.801}{9.42 \times 10^{-2}}\ \text{N/m} = 0.520\ \text{N/m}$$

本地重力加速度的精确测量

四、最小二乘法

在数据处理中，作图法虽然是一种直观而便利的方法，但在图线的绘制过程中往往会引入附加误差，因此它只是一种粗略的数据处理方法。在要求比较严格的情况下，用函数解析形式表示数据之间的关系更为明确和便利。所以在实际工作中，人们往往通过实验数据求出经验公式，这个过程称为回归分析。具体做法通常是将观测点在坐标纸上以数据点分布形式显示出来，进而初步推算物理量之间的函数关系。根据最小二乘原理进行回归运算的方法称为最小二乘法。

1. 最小二乘原理

最小二乘原理：若能找到一条拟合曲线，则这条拟合曲线上各相应点的值与测量值之差的平方和在所有拟合曲线中应是最小的（最佳拟合），即测量列 $x = x_1, x_2, \cdots, x_n$ 的最佳值如果是 A，则有

$$\sum_{i=1}^{n}(x_i - A)^2 = \Delta_{\min} \tag{2-6-1}$$

可以写成 $\frac{\mathrm{d}}{\mathrm{d}A}\sum_{i=1}^{n}(x_i - A)^2 = 0$，求导后得 $-2\sum_{i=1}^{n}(x_i - A) = 0$，由此可以得到 $A = \frac{1}{n}\sum_{i=1}^{n}x_i$，这个结论与式(2-2-3)是一致的。

2. 线性方程的回归运算

若 n 对实验数据 $x_1, x_2, \cdots, x_n$ 和 $y_1, y_2, \cdots, y_n$ 之间满足线性关系，且没有测量误差，则可以写成

$$\begin{cases} y_1 - a - bx_1 = 0 \\ y_2 - a - bx_2 = 0 \\ \cdots\cdots \\ y_n - a - bx_n = 0 \end{cases} \tag{2-6-2}$$

实际测量中是不可能没有测量误差的，假设 $x_i(i = 1, 2, \cdots, n)$ 数列的误差远小于 y_i 数列的误差，因而 x_i 数列的误差可以忽略。假设 y_i 数列的误差为 V_i，则方程组(2-6-2)可以写成

$$\begin{cases} y_1 - a - bx_1 = V_1 \\ y_2 - a - bx_2 = V_2 \\ \cdots\cdots \\ y_n - a - bx_n = V_n \end{cases} \tag{2-6-3}$$

方程组(2-6-3)称为误差方程组。根据最小二乘原理，若 a、b 为最佳值，则有

$$\sum_{i=1}^{n}V_i^2 = \Delta_{\min}$$

或

$$\sum_{i=1}^{n}(y_i - a - x_i)^2 = \Delta_{\min} \tag{2-6-4}$$

a、b 满足式(2-6-4)的条件分别为

$$\begin{cases} \dfrac{\partial}{\partial a}\sum_{i=1}^{n}(y_i - a - bx_i)^2 = 0 \\ \dfrac{\partial}{\partial b}\sum_{i=1}^{n}(y_i - a - bx_i)^2 = 0 \end{cases} \tag{2-6-5}$$

对方程组(2-6-5)分别求偏导数,整理得

$$\begin{cases} \sum_{i=1}^{n} y_i - na - b\sum_{i=1}^{n} x_i = 0 \\ \sum_{i=1}^{n} x_i y_i - a\sum_{i=1}^{n} x_i - b\sum_{i=1}^{n} x_i^2 = 0 \end{cases} \tag{2-6-6}$$

将$\sum_{i=1}^{n} x_i = n\overline{x}$,$\sum_{i=1}^{n} y_i = n\overline{y}$,$\sum_{i=1}^{n} x_i y_i = n\,\overline{xy}$,$\sum_{i=1}^{n} x_i^2 = n\,\overline{x^2}$代入方程组(2-6-6),可得

$$\begin{cases} \overline{y} - a - b\overline{x} = 0 \\ \overline{xy} - a\overline{x} - b\,\overline{x^2} = 0 \end{cases} \tag{2-6-7}$$

解方程组(2-6-7),得

$$\begin{cases} a = \overline{y} - b\overline{x} \\ b = \dfrac{\overline{xy} - \overline{x} \cdot \overline{y}}{\overline{x^2} - \overline{x}^2} \end{cases} \tag{2-6-8}$$

还应指出的是,求常数项 a 和一次项系数 b 的出发点是假设 x、y 两个变量线性相关,但是有时候并没有太大的把握判定它们一定线性相关。在这种情况下,还应根据相关系数

$$r = \frac{\overline{xy} - \overline{x} \cdot \overline{y}}{\sqrt{(\overline{x^2} - \overline{x}^2)(\overline{y^2} - \overline{y}^2)}} \tag{2-6-9}$$

来判定实验数据间是否线性相关。r 值总是在 0 与 ± 1 之间。$|r|$ 值越接近 1,说明实验数据点越能密集地分布在求得的直线的近旁,用线性函数进行回归比较合理;相反,如果 $|r|$ 远小于 1 而接近 0,说明实验点对所求得的直线来说很分散,用线性函数回归不合适,x 和 y 完全不相关,必须用其他函数重新尝试。在很多情况下,$|r|$ 值能达到 0.99 以上。

许多计算器都有直线拟合的功能,可以很方便地算出 a、b 和 r 的值。

由于用最小二乘法处理实验数据的优点在于理论上比较严谨,在函数形式确定后,结果是唯一的,因而克服了作图法的任意性。最小二乘法除用来求经验公式外,还广泛用于求物理量的值。

3. 最小二乘法的应用举例

例 20 某学生用拉伸法测量金属丝的杨氏模量的实验数据如表 2-6-4 所示,试用最小二乘法求金属丝的杨氏模量。

表 2-6-4 用拉伸法测量金属丝的杨氏模量的实验数据

测量次数	1	2	3	4	5	6	7	8
F/kg	0	1	2	3	4	5	6	7
N/mm	0	16.9	34.6	53.1	71.9	89.4	107.6	127.0

其中,F 为金属丝所受的拉力,N 为金属丝伸长后的标尺位置示值。同时测得:

金属丝的直径　　$d = 0.403$ mm

金属丝的长度　　$L = 782.0$ mm

标尺到平面镜的距离　　$D = 2\,208.0$ mm

光杠杆垂足的高　　$b = 71.86$ mm

解　金属丝的杨氏模量公式为

$$Y = \frac{8LDF}{\pi d^2 bN}$$

经变换,得

$$N = \frac{8LD}{\pi d^2 bY}F = kF$$

其中

$$k = \frac{8LD}{\pi d^2 bY}$$

为了简便起见,将 $\bar{x}$、$\bar{y}$、$\overline{xy}$、$\overline{x^2}$ 的计算程序列在表 2-6-5 中。

表 2-6-5　$\bar{x}$、$\bar{y}$、$\overline{xy}$、$\overline{x^2}$ 的计算程序

x/kg (F)	y/mm (N)	xy/(kg · mm) ($F \cdot N$)	x^2/kg^2 (F^2)
1	16.9	16.9	1
2	34.6	69.2	4
3	53.1	159.3	9
4	71.9	287.6	16
5	89.4	447.0	25
6	107.6	645.6	36
7	127.0	889.0	49
$\sum x = 28$	$\sum y = 500.5$	$\sum xy = 2\,514.6$	$\sum x^2 = 140$
$\bar{x} = 4$	$\bar{y} = 71.5$	$\overline{xy} = 359.2$	$\overline{x^2} = 20$

$$k = \frac{\overline{xy} - \bar{x} \cdot \bar{y}}{\overline{x^2} - \bar{x}^2} = \frac{(359.2 - 4 \times 71.5) \times 10^{-3}}{20 - 16}\ \text{m/kg} = 1.83 \times 10^{-2}\ \text{m/kg}$$

$$Y = \frac{8LD}{\pi d^2 bk} = \frac{8 \times 0.782 \times 2.208}{\pi \times 0.040\,3^2 \times 10^{-4} \times 7.186 \times 10^{-2} \times 1.83 \times 10^{-2}}\ \text{Pa} = 2.06 \times 10^{10}\ \text{Pa}$$

以上介绍的四种数据处理方法,各有特点。列表法使测量结果一目了然,在实验数据的记录中普遍采用;作图法可以简明直观地表示物理量之间的变化关系,但作图法处理数据往往较为粗略,因为同一组测量数据由不同的人作图,会得出不同的结果;用逐差法处理数据,可以保持多次测量的优越性;采用最小二乘法处理数据时,所得结果则更为客观和准确。在实验中,可根据具体情况、不同的条件和要求,选用不同的数据处理方法。

2.7　有效数字及不确定度练习题

1. 指出下列各数是几位有效数字：

(1)$d = 0.003$ mm；　(2)$T = 1.001$ s；　(3)$m = 5.000 \times 10^{25}$ kg；

(4)$g = 980.123$ cm/s^2；　(5)$\lambda = 456.150\ 03$ nm；　(6)$I = 0.003\ 00$ mA。

2. 对下列各数取三位有效数字：

(1)10.053 mm；　(2)1.001 7 mm；　(3)5.044 7；

(4)980.623；　(5)45 615 003；　(6)0.003 000 0。

3. 根据有效数字的定义，改正下列结果的表示：

(1)$F = (3.003 \pm 0.03)$ N；　(2)$T = (1.231 \pm 0.17)$ s；

(3)$m = (5.000 \pm 0.004\ 5)$ kg；　(4)$g = (980.123 \pm 1.4)$ cm/s^2；

(5)$\lambda = (456.150\ 03 \pm 0.045\ 3)$ nm；　(6)$I = (4.443 \pm 0.003\ 58)$ mA。

4. 将下列结果用科学记数法表示：

(1)$F = (30\ 038 \pm 30)$ N；　(2)$T = (155.231 \pm 0.17)$ s；

(3)$m = (54\ 000 \pm 100)$ kg；　(4)$a = (980\ 123 \pm 134)$ cm/s^2；

(5)$\lambda = (456.150\ 03 \pm 0.045\ 3)$ nm；　(6)$I = (0.452\ 843 \pm 0.003\ 58)$ mA。

5. 对下列测量结果进行单位换算：

(1)$m = (5.550 \pm 0.001)$ kg，写成以 g、mg 和 t 为单位；

(2)$l = (15.55 \pm 0.02)$ cm，写成以 mm、m 和 km 为单位；

(3)$t = (5.5 \pm 0.1)$ min，写成以 s 为单位。

6. 有 A、B、C、D 四个人用同一螺旋测微器测量同一钢球的直径，其结果分别如下：

(1)A：$(4.552\ 2 \pm 0.000\ 2)$ cm；　(2)B：$(4.552 \pm 0.000\ 2)$ cm；

(3)C：$(4.55 \pm 0.000\ 2)$ cm；　(4)D：$(4.5 \pm 0.000\ 2)$ cm。

哪个结果正确？其他结果错在哪里？

7. 根据有效数字的运算规则，改正下列运算结果：

(1)$766.4 - 1.11 = 765.29$；　(2)$0.022\ 1 \times 0.022\ 1 = 0.000\ 488\ 41$；

(3)$\dfrac{400 \times 1\ 500}{12.60 - 11.6} = 600\ 000$；　(4)$4\ 000\sqrt[3]{2} = 5.66$。

8. 根据有效数字的运算规则，计算下列各式：

(1)$76.4 + 15.11$；　(2)111.1×1.1；

(3)$766.4 \div 10.0$；　(4)$\dfrac{33.00}{10.60 - 2.6}$；

(5)$\dfrac{3\ 000 \times (15.400 - 12.4)}{107 - 7.0 \times (1.01 - 0.009)}$。

9. 计算下列结果及不确定度：

(1)$N = A + 3B + 2C - 4D$；

(2)$N = \dfrac{4A}{\pi B^2 C \sqrt{D}}$，

其中 $A=(15.556\pm0.002)$ cm，$B=(11.5523\pm0.0002)$ cm，$C=(145.52\pm0.02)$ cm，$D=(100.0001\pm0.0002)$ cm。

10. 光栅常量的计算公式为 $d=\dfrac{\lambda}{\sin\theta}$，已知入射光的波长 $\lambda=546.07$ nm，衍射角 $\theta=19°20'\pm1'$，求光栅常量 $d\pm U_d$。

11. 用分度值为 0.01 mm 的螺旋测微器测量某一钢球的直径为 20.011 mm、20.012 mm、20.013 mm、20.010 mm、20.014 mm，计算钢球的体积 $V\pm U_V$。

实验报告范例

数显表头的使用及维护方法

第三章　演示与探索

实验一　演示与探索性实验

实验 1.1　力学演示实验

力学演示实验

(一)最速降线

【实验目的】

研究质点运动时的速度、时间与轨道形状之间的关系。

【实验仪器】

轨道架，三个相同材质的实心球。

【实验内容与步骤】

如果两个物体运动的位移相等，但其中一个物体做匀速直线运动，而另一个物体在运动过程中既有加速也有减速，它们的路程与速度不同，那么它们运动的时间会相等吗？是否通过路程较长的物体反而先到达终点？

(1) 将导轨放于平整位置，观察三条轨道的特征，其中A轨道是平直的，B轨道是带有弧度的，C轨道是带有弧度的同时还有平直区域的，但三条轨道的起点与终点在同一位置。

(2) 将三个小球分别放于三条轨道的起点，即最高位置的释放器中，抬起释放器，三个小球同时释放，观察小球，看哪个先到达终点。

【分析与思考】

(1) 实验结果与猜测的是否一致？试说明产生这一结果的原因。

(2) 在轨道上是否存在加速运动和减速运动？在轨道上，小球什么时候做加速运动，什么时候做减速运动？

(3) 小球的质量对实验结果有影响吗？

(4) 是否路程最短，所用的时间也最短？

【注意事项】

应快速释放三个小球，这样可以保证同时释放，慢速的情况下会产生三个小球不同时释放的问题。

（二）能量转化

【实验目的】

演示物体在不同运动形式下的能量转化过程。

【实验仪器】

能量穿梭机。

能量穿梭机是用于演示能量转化的一个模型，它的各部件结构严谨，排列有序，可划分为以下区段：重力势能、垂直圆周运动、斜抛运动、模拟行星运动、水平圆周运动、碰撞、脉动波（多米诺骨牌）和电光转换。

【实验原理】

在能量穿梭机模型最高处起始位置的球穴中置有钢体小球，该静止的小球具有最大的重力势能，但当小球从最高位沿斜轨道下滑时，其势能逐渐减小而动能逐渐增大，直至垂直圆周运动区段的起始位置，重力势能转化成最大动能。小球以最大动能沿着圆轨道逆时针向上回转，即使到达圆轨道的最高点，该小球仍能以足够大的能量和速度继续绕圆轨道回旋而完成环路运转。待小球回转后即进入倾斜的轨道而继续向右上方运动，直至轨道的末端，以斜抛方式飞离轨道。离轨后的小球以抛物线的轨迹准确地穿越模拟行星运动的组件孔，进入半透明的喇叭口容器，再沿着抛物壁面以椭圆形轨迹作回旋运动，根据能量守恒定律，随着运动半径的减小，小球回转速度越来越快，最后穿过容器底部的小孔，坠落到水平圆周运动区段的轨道上。小球进入水平圆周运动区段，其高度随轨道下降而进一步获得圆周运动的动能，由于小球做圆周运动还会受到向心力和重力的双重作用，故该圆轨道设计成略微内倾的形式，这样便能使小球顺利地又一次完成水平方向的环绕而进入直线运行轨道。进入直线运行轨道的小球紧接着又与轨道上静止安放的另外两个小球相继发生碰撞，当运转小球通过能量传递，将能量转移到外侧的后一个小球上时，便以接力的方式使这个小球从静止开始做惯性运动，推动前方挡板翻转。翻转的挡板瞬间推倒竖立在多米诺骨牌平台上的第一张骨牌，然后随能量的逐级传递，又依次将所有骨牌推倒形成脉动波（或称为多米诺骨牌效应）。继续运动的小球触发光电开关，使其将电能转换成发光管的光能，同时触发螺旋升降机构，将小球升至最高端，并开始下一次的循环。

【实验内容与步骤】

将小球由抛球槽顶上的小孔投入，观察小球在不同区段的运动情况，分析并描述出在同一区段中及不同区段间的能量转化过程。

【注意事项】

请勿将手伸进升降机构内,防止夹伤。

(三) 角动量守恒定律(茹可夫斯基凳)

【实验目的】

验证角动量守恒定律。

【实验仪器】

茹可夫斯基凳。

【实验原理】

对于定轴转动的刚体,当所受合外力矩为零时,系统的角动量守恒。

【实验内容与步骤】

手持哑铃的人坐在可绕固定轴转动的坐椅上,座椅启动后人两手平伸和两手收缩时,其转速明显不同。

(四) 角动量守恒

【实验目的】

通过演示帮助学生了解角动量守恒和转动力矩平衡的原理。

【实验仪器】

飞机角动量守恒演示仪。

【实验原理】

按照角动量守恒定律,当一个物体不受外力矩作用时,该物体的角动量保持不变。对一个直升机模型来说,当主机翼(螺旋桨)向某一个方向转动时,螺旋桨部分就存在一个角动量,而从外界来看,直升机并未受到外力矩的作用,故直升机整体的角动量应保持为零,所以为了满足这一条件,直升机的机身必然应向主机翼旋转的另一个方向转动,以使总的角动量保持为零。如果在直升机的尾部加一个侧向的旋转尾翼,使其产生一个与主机翼部分角动量方向相反的力矩,则只要此力矩大小合适,就可使直升机保持平衡。

【实验内容与步骤】

分别调节直升机模型的主机翼和旋转尾翼的转速与方向,观察直升机机身的转动或平衡情况。

【注意事项】

(1) 若直升机机身不能平衡,则可能是尾翼旋转的方向不同或旋转的速度不当所致。
(2) 在主机翼转速较高的状态下不要改变转速方向,否则会引起机身强烈振动。
(3) 直升机旋转时不要离得太近,以免发生事故。

(五) 共振

【实验目的】

通过鱼洗演示共振现象。

【实验仪器】

鱼洗盆,如图 3-1-1 所示。

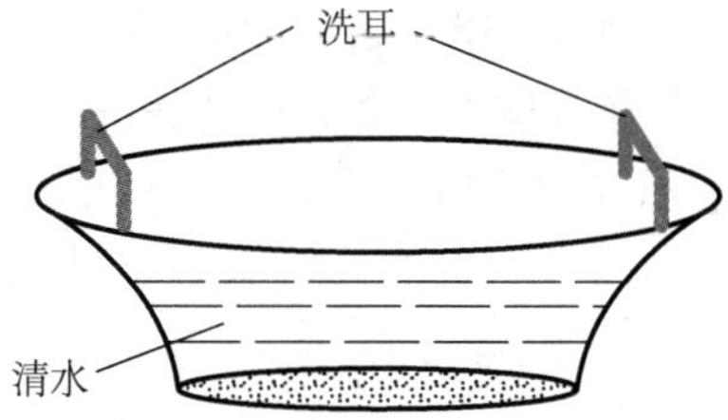

图 3-1-1 鱼洗盆

【实验原理】

用手摩擦洗耳时,鱼洗会随着摩擦产生振动。当摩擦力引起的振动频率和鱼洗壁振动的固有频率相等或接近时,鱼洗壁产生共振,振动幅度急剧增大。但由于鱼洗盆底的限制,它所产生的波动不能向外传播,于是在鱼洗壁上入射波与反射波相互叠加而形成驻波。驻波中振幅最大的点称为波腹,最小的点称为波节。用手摩擦一个圆盆形的物体时,较容易产生一个数值较低的共振频率,也就是产生由四个波腹和四个波节组成的振动形态,鱼洗壁上振幅最大处会立即激荡水面,将附近的水激出而形成水花。当四个波腹同时作用时,就会出现水花四溅的现象。有意识地在鱼洗壁上的四个振幅最大处铸上四条鱼的图案,水花就像从鱼嘴里喷出的一样,故称为鱼洗。

【实验内容与步骤】

实验时,在鱼洗盆中放入适量水,将双手用肥皂洗干净,然后用双手去摩擦洗耳的顶部。双手同步摩擦时,鱼洗盆会发出悦耳的蜂鸣声,水珠从四个部位喷出,当声音大到一定程度时,就会有水花四溅。继续用手摩擦洗耳,就会使水花喷溅得很高,就像鱼喷水一样有趣。

实验 1.2　热学演示实验

热学演示实验

(六) 热力学第二定律(开尔文表述)

【实验目的】

通过演示一种转轮式热机的工作原理,说明热力学第二定律的开尔文表述。

【实验仪器】

转轮式热机。

【实验原理】

在如图 3-1-2 所示的热机模型中,轮辐是用记忆合金弹簧制成的。当开一盏灯对一侧的轮辐烘烤加热时,这一侧的弹簧由于受热收缩,使得轮子中心偏离,受重力作用,轮子就会转一个角度,继而新的弹簧又会受到灯的烘烤,使轮子再转一个角度。前面已经受过热的弹簧在离开灯的烘烤后,自然冷却又重新伸长,这样轮辐半边受热伸长,半边冷却收缩,就不断地受到偏心重力的作用而使轮子旋转起来。在这个演示模型中,轮子的轮辐作为热机的循环物质,灯光作为高温热源,空气作为低温热源,轮辐从高温热源吸热后再向低温热源放热。如果把两盏灯同时打开,在左、右两侧对称地给轮辐加热,则轮子就不会旋转,这就是说仅从单一热源吸热是不可能让热机循环的。这符合热力学第二定律。

图 3-1-2　热机模型

【实验内容与步骤】

把一盏射灯打开,放在适当的位置,对着轮子一侧的轮辐进行烘烤,观察轮子的旋转情况。把两盏射灯都打开,左、右对称地烘烤轮子的轮辐,观察轮子是否会旋转。

【注意事项】

禁止拉扯弹簧,以免造成损坏。

(七) 合金的双程记忆

【实验目的】

演示合金的双程记忆效应。

【实验仪器】

记忆合金花。

【实验原理】

某些合金加热时恢复高温相形状，冷却时又能恢复低温相形状，这称为双程记忆效应。记忆合金花是利用形状记忆合金的双程记忆效应制成的，是随温度变化可自行开、闭的仿菊花花朵。

【实验内容与步骤】

演示实验时，将闭合的记忆合金花放入热水中，花会立即开放。

注：花开的温度为 40 ℃。

（八）气体分子速率分布

【实验目的】

通过演示说明气体分子速率分布与温度的关系，并说明速率分布概率归一化。

【实验仪器】

翻转式速率分布演示板（道尔顿板），是采用玻璃制作的封闭式仪器，可翻转、自动定位、重复使用。

【实验原理】

气体处于平衡态时，分子会以各种速率运动。个别分子的速率是偶然的，但大量分子的速率分布却遵循一定的规律，即分布在不同速率区间内的相对分子数是不同的，但在实验条件不变的情况下，分布在给定速率区间内的相对分子数是完全确定的，这个规律叫作麦克斯韦气体分子速率分布律。

设在平衡态下，一定量气体的分子总数为 N，其中速率在 $(v, v+\mathrm{d}v)$ 区间内的分子数为 $\mathrm{d}N$，则比值 $\mathrm{d}N/N$ 与速率区间有关，而 $f(v)=\mathrm{d}N/(N\mathrm{d}v)$ 为 v 的连续函数，称为速率分布函数或概率密度。在速率分布函数与速率的关系曲线图中，在 v_p 处 $f(v)$ 有极大值，v_p 称为最概然速率；在 $(v, v+\mathrm{d}v)$ 速率区间内曲线下窄条的面积为气体分子出现在该速率区间内的概率；在 $(0, +\infty)$ 速率区间内曲线下的面积为气体分子出现在全速率区间内的概率，为 1，称为归一化条件。

某种气体在不同温度下的速率分布函数不同，在速率分布函数与速率的关系曲线中可以看出，温度越高，最概然速率越大。

本实验采用翻转式速率分布演示板来模拟演示热学中气体分子的速率分布，即麦克斯韦速率分布，它可形象地演示出速率分布与温度的关系，并说明速率分布概率归一化。

【实验内容与步骤】

(1) 将仪器竖直放置在桌面或地面上，推动调温杆使活动漏斗的漏口对正 T_1（低温）的位置。

(2) 保持仪器底座不动，按转向箭头的方向转动演示板一周，当听到“喀”的一声时恰好为竖直位置。

(3) 钢珠集中在储存室里,由下方小口漏出,经缓流板慢慢地流到活动漏斗中,再由漏斗口漏下,不对称地落在下滑曲面上,从喷口水平喷出。位于高处的钢珠滑下后水平速率大,位于低处的钢珠滑下后水平速率小,而速率大的落在远处的隔槽内,速率小的落在近处的隔槽内,当钢珠全部落下后,便形成对应 T_1 温度的速率分布曲线,即 $f(v)$-v 曲线。

(4) 拉动调温杆,使活动漏斗的漏口对正 T_2(高温) 位置。

(5) 再次按转动箭头的方向转动演示板一周,钢珠重新落下,当全部落完时,便形成对应 T_2 温度的速率分布曲线。

(6) 在仪器上绘出两次速率分布曲线,比较 T_1 和 T_2 对应的速率分布曲线,可以看出温度高的曲线较平坦,最概然速率变大。

(7) 利用 T_1 和 T_2 对应的两条速率分布曲线所围面积相等,可以说明速率分布概率归一化。

实验 1.3　电学演示实验

电学演示实验

(九) 辉光放电

【实验目的】

通过实验演示静电场中的辉光放电现象。

【实验原理】

辉光球又称为电离子魔幻球。它是在一个高强度玻璃球壳内充有稀薄的惰性气体(如氩气等),玻璃球中央有一个黑色球状电极。球的底部有一块振荡电路板,通过电源变换器,将 12 V 低压直流电转变为高频的高压电加在电极上。

通电后,振荡电路产生高频电压电场,球内稀薄气体由于受到高频电场的电离作用而产生神秘的色彩。由于电极上的电压很高,故所发出的光是一些辐射状的辉光,绚丽多彩,光芒四射,在黑暗中非常好看。

辉光球工作时,在球中央的电极周围形成一个类似于点电荷的场。当用手(人与大地相连) 触及球时,球周围的电场、电势分布不再均匀对称,故辉光在手指的周围变得更加明亮,产生的弧线顺着手的触摸移动而游动扭曲。

【实验内容与步骤】

实验时只需把仪器电源开关打开即可进行演示。

【注意事项】

在实验过程中,不要用手或其他硬物敲打玻璃球壳,以免造成损坏。

(十) 雅各布天梯

【实验目的】

通过实验演示空气中电弧放电的现象。

【实验仪器】

雅各布天梯模型。

【实验原理】

雅各布天梯模型是一对上宽下窄、顶部呈羊角形的电极，在 20 ～ 50 kV 的高压下，两电极最近处的空气首先被电离击穿，形成大量的正、负等离子体，即产生电弧放电。空气对流加上电动力的驱使，使电弧向上升。随着电弧的拉长，电弧通过的电阻加大，当电流送给电弧的能量小于由弧道向周围空气散出的热量时，电弧会自行熄灭。在高压下，电极间距离最小处的空气还会再次被击穿，发生第二次电弧放电，如此周而复始，展示电弧产生和消失的过程。

【实验内容与步骤】

把演示器电源开关打开就可观察空气中电弧放电的现象。

【注意事项】

进行实验时不要把手伸进电极间与电极接触，以免触电。

（十一）电荷间的引力与斥力

【实验目的】

演示电荷间的引力与斥力。

【实验仪器】

静电起电机，装有小球的带极板容器。

【实验原理】

如图 3-1-3 所示，将极板导线分别与静电起电机相连。摇动起电机，使两极板分别带正、负电荷。这时小球也带有与下极板同号的电荷。由于同号电荷相斥，异号电荷相吸，小球受下极板的排斥和上极板的吸引，跃向上极板。与之接触后，小球所带的电荷被中和反而带上与上极板相同的电荷，于是又被排斥向下极板。如此周而复始，可观察到小球在容器内上下跳动。当两极板电荷被中和时，小球随之停止跳动。

图 3-1-3　静电跳球

【实验内容与步骤】

将极板导线与静电起电机相连。摇动静电起电机,观察容器内小球的运动。

【注意事项】

仪器应在常温(15 ～ 25 ℃)下保存和使用,做实验时,室内相对湿度要小于40%。如果湿度过高,静电无法产生,实验就无法进行。

(十二)尖端放电

【实验目的】

演示尖端放电现象。

【实验仪器】

主机,起电机,蜡烛。

【实验原理】

导体尖端处电荷密度最大,所以附近场强最强。在强电场的作用下,尖端附近的空气中残存的离子会加速运动,这些被加速的离子与空气分子碰撞时,使空气分子电离,从而产生大量新的离子。与尖端上电荷异号的离子受到吸引而趋向尖端,最后与尖端上的电荷中和;与尖端上电荷同号的离子受到排斥而飞向远方形成电风。

【实验内容与步骤】

把蜡烛按图3-1-4所示安放好后,调整蜡烛旁的针形导体,让它与蜡烛头平齐。将起电机的一极接在针形导体上。点燃蜡烛,摇动起电机,使针形导体带电。可以观察到蜡烛火焰被吹向一边,甚至被吹灭。

图3-1-4　尖端放电

【注意事项】

仪器应在常温(15 ～ 25 ℃)下保存和使用,做实验时室内相对湿度要小于40%。如果湿度过高,静电无法产生,实验就无法进行。

(十三)球形电极间的放电现象

【实验目的】

演示火花放电现象。

【实验仪器】

维氏起电机。

【实验原理】

维氏起电机(见图 3-1-5)即维姆霍夫起电机,是静电学中常用的实验仪器。起电机是一种能连续获得电荷并可积累较多正、负电荷的实验仪器。莱顿瓶是一个电容,用来储电。维氏起电机的左右各有一个莱顿瓶,两个莱顿瓶存储不同种电荷,作为电源的正、负极。顺时针摇动转轮上的摇柄时,由于在静电序列中铝排在铜之前,所以在圆盘转动时铝片与电刷上的铜丝摩擦而带上正电荷,铜丝带上负电荷。两个莱顿瓶分别存储足够多的正、负电荷后,就会在两个球形电极间产生放电现象,如图 3-1-6 所示。

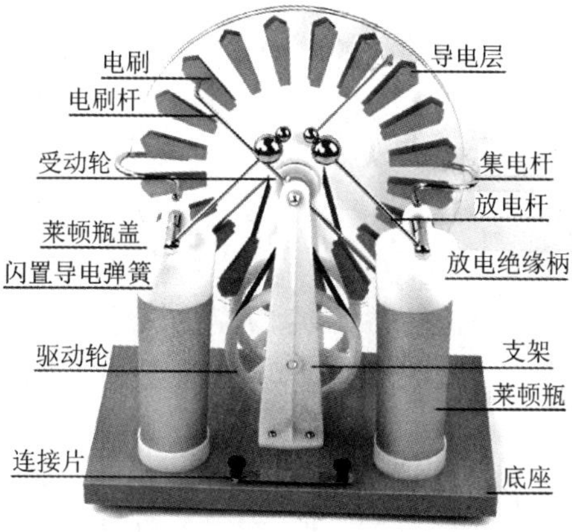

图 3-1-5 维氏起电机结构图

图 3-1-6 维氏起电机的放电现象

【实验内容与步骤】

顺时针旋转维氏起电机摇柄,观察放电现象。

实验 1.4 磁学演示实验

(十四)单相旋转磁场

磁学演示实验

【实验目的】

用浮水空心铜球和磁针演示单相旋转磁场。

【实验仪器】

单相旋转磁场演示仪。

【实验原理】

如图 3-1-7 所示，当线圈 M_1 和 M_2 接通交流电源后，流经线圈 M_1 和 M_2 的电流分别为 i_1 和 i_2，在线圈 M_2 的回路中串联了电容器。根据交流电路的欧姆定律可知，在并联电路中，若一个为 RL 电路，另一个为 RLC 电路，则 i_1 和 i_2 之间存在着一定的相位差。只要适当选择电容器的大小，就能使 i_2 和 i_1 之间的相位差接近 90°。在线圈 M_1 和 M_2 之间的空间磁场，由电流 i_1 和 i_2 产生的磁场叠加。下面将证明当 i_2 的相位比 i_1 超前 90°，并且线圈 M_1 和 M_2 的位置互相垂直时，由电流 i_2 和 i_1 产生的叠加磁场为一旋转磁场。

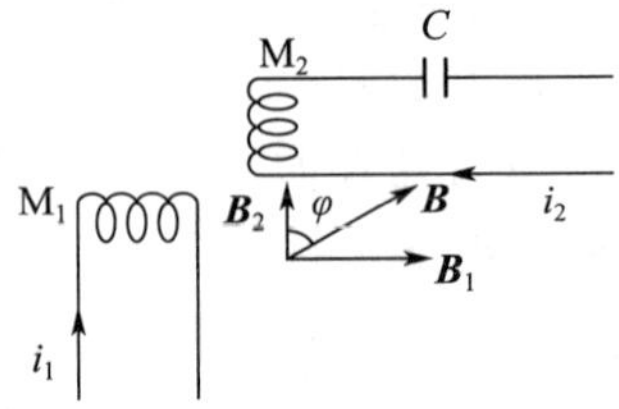

图 3-1-7　单相旋转磁场

设线圈 M_1 中的电流 i_1 在线圈 M_1 和 M_2 之间的空间产生的磁场的磁感应强度大小为

$$B_1 = B_{10}\sin \omega t$$

线圈 M_2 中的电流 i_2 在线圈 M_2 的空间产生的磁场的磁感应强度大小为

$$B_2 = B_{20}\sin(\omega t + 90°) = B_{20}\cos \omega t$$

式中，B_{10}、B_{20} 分别为 i_1 和 i_2 的峰值磁感应强度。

为讨论问题方便，假定 i_1 和 i_2 的峰值是相等的($B_{10} = B_{20} = B_0$)。$\boldsymbol{B}_2$ 的旋转矢量的方向和 $\boldsymbol{B}_1$ 的旋转矢量的方向是相互垂直的，合成磁场的磁感应强度是 $\boldsymbol{B}_1$ 和 $\boldsymbol{B}_2$ 的矢量和，其大小为 $B = \sqrt{B_1^2 + B_2^2} = B_0$。

由此可见，合成磁场的磁感应强度 $\boldsymbol{B}$ 的值是一个常量，它等于磁场 B_1(或 B_2)的峰值 B_0，但 $\boldsymbol{B}$ 的方向随时间做周期性的变化，且 $\boldsymbol{B}$ 和 $\boldsymbol{B}_2$ 的夹角 φ 满足

$$\tan \varphi = \frac{B_1}{B_2} = \frac{B_0\sin \omega t}{B_0\cos \omega t} = \tan \omega t$$

所以

$$\varphi = \omega t$$

上式表明，合成磁场的磁感应强度 $\boldsymbol{B}$ 是一个旋转矢量，它以角速度 ω 沿铅垂方向旋转，即合成磁场是一个旋转磁场，以交流电角频率旋转。若在线圈 M_1 和 M_2 之间放一只浮水空心铜球，根据电磁感应定律和涡流效应可知，空心铜球在旋转磁场作用下产生转动，磁针在旋转磁场作用下同样旋转，但铜球旋转的速度永远小于旋转磁场的角速度。

【实验内容与步骤】

在容器内注入能够使铜球浮起的水量，适度即可。打开电源开关，指示灯亮，同时会看到

铜球在磁场作用下缓慢旋转起来。

（十五）超导磁悬浮

【实验目的】

利用超导体对永磁体的排斥和吸引的作用演示磁悬浮和磁倒挂，帮助学生理解和掌握磁悬浮原理。

【实验仪器】

环形永磁体和超导体。

【实验原理】

将一个永磁体移近超导体表面时，因为磁力线不能进入超导体内，所以在超导体表面形成很大的磁通密度梯度，感应出高临界电流，从而对永磁体产生排斥力。排斥力随着相对距离的减小而逐渐增大，它可以克服超导体的重力，使其悬浮在永磁体上方的一定高度处。当超导体远离永磁体移动时，在超导体中产生一负的磁通密度，感应出反向的临界电流，对永磁体产生吸引力，克服超导体的重力，使其倒挂在永磁体下方的某一位置上。

【实验内容与步骤】

用手沿轨道水平方向轻推样品（导体），将看到样品沿轨道做周期性水平运动，直到温度高于临界温度（大约 90 K），样品落到轨道上。

【分析与思考】

(1) 由于磁悬浮系统是以电磁力完成悬浮、导向和驱动功能的，断电后磁悬浮的安全保障措施，尤其是列车停电后的制动问题仍然是要解决的问题。其高速稳定性和可靠性还需很长时间的运行考验。

(2) 常导磁悬浮技术的悬浮高度较低，因此对线路的平整度、路基下沉量及道岔结构方面的要求较超导磁悬浮技术更高。

(3) 由于涡流效应，超导磁悬浮技术的悬浮能耗比常导磁悬浮技术大，冷却系统重，强磁场对人体与环境都有影响。

【注意事项】

(1) 演示时，沿水平方向轻推样品，速度不能太大，否则样品将沿直线冲出轨道。

(2) 若演示时间长，可将样品用绝热好、重量轻的材料（如海绵、泡沫等）包起来。同时，可在导轨上加装驱动装置，以维持样品的圆周运动。

（十六）电磁加速

【实验目的】

演示电磁加速。

【实验仪器】

电磁加速器。

【实验原理】

要了解电磁加速器的原理,首先要了解电磁学的原理和电磁加速器的定义。

1. 电磁学知识

(1) 电流磁效应:通电导体周围会形成磁场。

(2) 安培力:通电导体在磁场中所受的磁场力。

(3) 磁感应强度:描述磁场强弱的物理量,用符号 $\boldsymbol{B}$ 表示。磁感应强度的单位名称是特斯拉,简称特,符号为 T,1 T = 1 N/(A · m)。

(4) 判断电流周围磁感应强度方向的右手定则和判断安培力方向的左手定则,由科学家们通过观察并总结而得,原理较简单,在此不进行详细说明。

2. 电磁加速器

电磁加速器是利用电磁力提升和推动物体,或把物体加速到超高速(大于 3 km/s) 的装置,其基本原理如图 3-1-8 所示。高压电源、开关、导轨和物体(若物体本身不导电,则在物体底面加上一个可以导电的电枢) 组成回路,使两导轨中有反向电流通过。根据右手定则可知,导轨中间会产生很大的同向磁场(见图 3-1-9,方向向下),再根据左手定则可知,电枢受一个力 $\boldsymbol{F}$(见图 3-1-9,方向向前) 作用。

根据安培力公式,有

$$F = ILB$$

又根据动量定理,有

$$v = \frac{Ft}{m}$$

可知加速物体至一个很大的速度,需要有足够长的导轨(提供时间) 和足够大的电流,并尽可能减小轨道与物体间的摩擦。这便是简单的电磁加速器的原理。

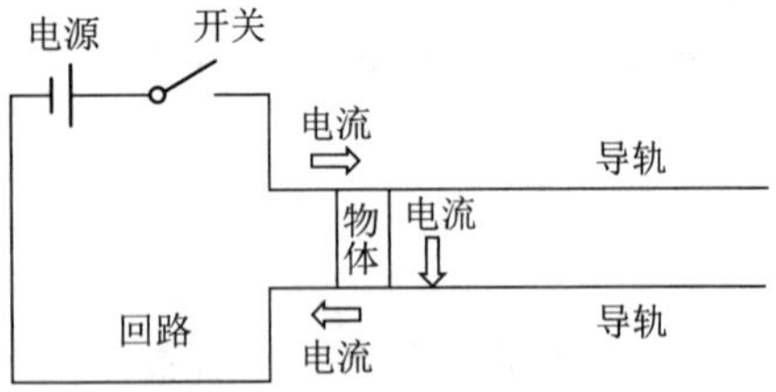

图 3-1-8　电磁加速器的基本原理

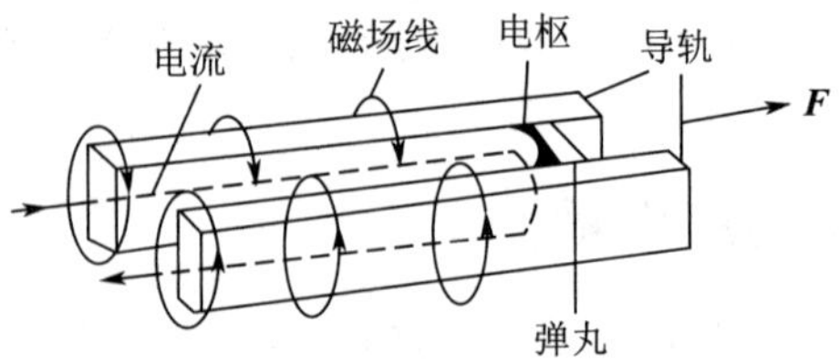

图 3-1-9　电流、磁场及安培力的方向示意图

【实验内容与步骤】

接通电源,将钢球放在线圈口,观察钢球运动并分析钢球的加速过程及所受的电磁力。

（十七）巴克豪森效应演示仪

【实验目的】

用巴克豪森效应来验证磁畴理论，使无声无息的磁化过程变为有声可闻的有趣现象，引导学生深入思考，揭示事物的本质。

【实验仪器】

主机，线圈，条形磁铁，样品，连接线，音箱。

【实验原理】

铁磁物质在磁化过程中，当外磁场的强度达到一定值时，磁畴壁界面开始发生移动，在磁化曲线的最陡区域磁畴壁界面移动较显著。此时磁化过程是不连续的，而是以跃变的形式进行，这种现象就是跃变磁化。矩形磁滞回线的铁磁物质跃变磁化最为明显。跃变磁化现象是巴克豪森于 1919 年发现的，称为巴克豪森效应。

巴克豪森效应演示仪的结构如图 3-1-10 所示。将铁磁物质放入线圈中，然后缓缓地使其磁化。当跃变磁化发生时，在线圈中会感应出相应的不连续电流，经过放大，能在喇叭中发出“卜、卜”声和“沙、沙”声。若声音不明显，可上下晃动 N 极。

本仪器配有硅钢片和非铁磁性的铜片，用以相互比较，更能加深对铁磁物质的认识。

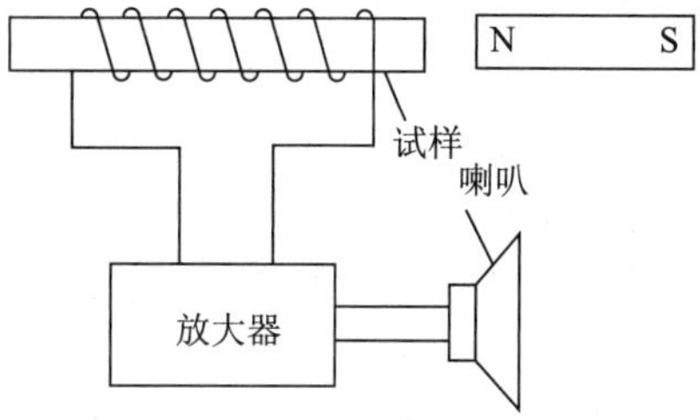

图 3-1-10　巴克豪森效应演示仪的结构

【实验内容与步骤】

(1) 在线圈中不插入任何试样，将永久磁铁沿着线圈轴线，由远而近缓慢地靠近线圈，此时喇叭无声音。

(2) 将坡莫合金片（是矩形磁滞回线的铁磁材料）插入线圈，将永久磁铁的 N 极对着线圈，并沿着线圈的轴线，由远而近将坡莫合金片磁化，此时喇叭发出“沙、沙”的响声。如果永久磁铁移动得很慢，喇叭则发出“卜、卜”的响声。当永久磁铁不动时，响声立刻停止，继续往前移动时，喇叭又发出响声。永久磁铁离线圈越近，声音越大。永久磁铁慢慢离开线圈时，喇叭也发出响声，但是比磁化时要小（这是由于在不可逆过程中还存在着可逆过程。如果是良好的矩形磁滞回线的铁磁材料，则没有这种现象）。永久磁铁离线圈越远，声音越小，直至没有响声。磁极方向不变，再将永久磁铁移近线圈，坡莫合金片再次被磁化，不同之处是响声比第一次磁化时小。

(3) 将永久磁铁的方向转动 180°（将 S 极对着线圈），沿着轴线由远而近将坡莫合金片磁化，此时磁畴全部倒向，喇叭发出很大的响声。

(4) 将坡莫合金片取出，插入硅钢片，重复上述磁化过程。喇叭响声较小，而且磁化与退磁过程响声差别不大，因为硅钢片不是矩形磁滞回线的铁磁材料。

(5) 取出硅钢片，插入铜片或铝片试样。由于非铁磁材料没有磁畴结构，当重复上述磁化过程时，喇叭没有响声。

(十八)电磁阻尼

【实验目的】

演示电磁阻尼现象。

【实验仪器】

电磁阻尼摆。

【实验原理】

在磁场中运动的导体,由于电磁感应,在大块导体内将产生涡电流。根据楞次定律,涡电流在磁场中受到的安培力总是阻碍导体的运动,这就是电磁阻力。装在摆上的导体片在磁场中摆动也要受到这种电磁阻力,这就是电磁阻尼。改变导体片的结构,可使涡电流减小,进而阻尼也将减小。

【实验内容与步骤】

(1) 把阻尼摆线圈连接到低压大电流电源上,暂不开启电源开关。

(2) 阻尼摆线圈先不通入励磁电流,使阻尼摆在两磁极间摆动,观察摆的自由摆动情况。可以看到,阻尼很小,摆要经过相当长的时间才能停止。

开启电源开关,接通励磁电源(12 V),则在两磁极间产生很强的磁场,重复实验步骤(1)。当阻尼摆在两磁极间左右摆动时,由于电磁感应,在阻尼摆铜片内会产生感应电流。根据楞次定律,感应电流的方向总是使它受到阻力,现在,引起感应电流的原因来自摆的摆动,因此感应电流必使摆受到阻尼作用,结果摆动迅速停止。

(3) 更换带有许多隔槽的铜片作摆片,重复实验步骤(1) 和步骤(2),观察摆动的阻尼情况,进行比较。有许多隔槽的铜片作摆片会使得涡电流大为减小,从而使阻尼作用不明显。可以观察到其摆仍可以摆动较长时间才停止。

(4) 实验完毕,断开电源,拆除连接线,使仪器复原。

【注意事项】

(1) 实验前,先调节磁极位置,使铜摆片处在磁极中间离磁极较近但不接触磁极的位置。

(2) 实验完毕后,要立即断开电源,防止电源发热烧毁。

实验 1.5 光学演示实验

(十九)窥视无穷

光学演示实验

【实验目的】

通过演示使观测者观察到一组平行平面镜对同一个立体物的影像进行反复多次反射得到的不断伸远的、无穷无尽的相似图像的光学现象。

【实验仪器】

两块平面反射镜，成像用物体。

【实验原理】

窥视无穷是由一个物体在两个相互平行的平面镜之间经过反复多次反射后在人眼中形成的许许多多的虚像的叠加。其光路原理如图 3-1-11 所示。

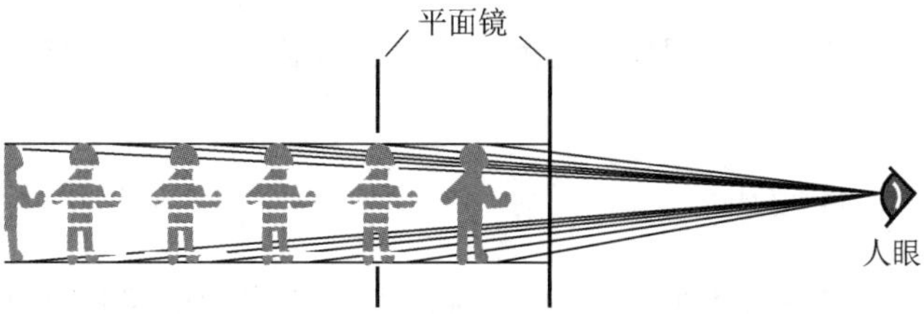

图 3-1-11　窥视无穷的光路原理

【实验内容与步骤】

打开仪器电源开关，使仪器内的物体被灯光照亮，即可观察到窥视无穷现象。

【注意事项】

实验结束后断开电源。

（二十）人造火焰

【实验目的】

演示人造火焰的景象。

【实验仪器】

人造火焰演示仪。

【实验原理】

火焰的颜色上部较红亮，下部较黄暗，并且火苗是跳跃不定的。本实验利用光的折射、反射及散射做出火焰形状。演示时打开电源开关，打开电热开关，这时飞舞的火焰和吹出的热风，会使人有身临其境的感觉。

【实验内容与步骤】

实验时只需把仪器电源开关打开即可进行演示。

【注意事项】

在演示过程中，切勿用厚物覆盖演示仪，严禁用手触摸演示仪，以免造成损坏及烫伤。

(二十一)太阳能电站

【实验目的】

演示用太阳能电池发电来驱动电风扇、灯泡和电动机车的模型,说明太阳能(光能)的应用。

【实验仪器】

本演示系统包括神舟七号模型(在其旁边安装有太阳能电池板)、射灯和电风扇、灯泡、电动机车模型。

【实验内容与步骤】

(1) 将演示用太阳光或灯光照亮,再把电风扇和小灯泡的电路板插在电池板的接线柱上,电风扇就立刻转动起来,小灯泡也被点亮了。

(2) 把电动机车的接线柱用导线和太阳能电池连接(注意电源极性不要接错)。当太阳光或射灯灯光照射在太阳能电池板上时,光能转换成的电能就可以推动电动机车运行。

【注意事项】

太阳能电池的输出端注意不要短路,以免损坏电源。

(二十二)黑体辐射

【实验目的】

演示热辐射定律 —— 基尔霍夫定律。

【实验原理】

本实验演示由同一光源发射的光作辐射源,用黑色球和白色球作吸收体,同一温度下的黑色球比白色球具有更强的吸收本领,两者的差异由一个与它们连接的 U 形管中的液面差来显示。同一温度下的热源,其黑色表面比白色表面具有更强的辐射本领。本实验用一块内加热的铝板作热源,用两个完全相同的黑色球作吸收体,将作热源的铝板的不同颜色的表面在相同的距离之外正对一个黑色球,面对热源的黑色表面的黑色球将比面对热源的白色表面的黑色球吸收更多的热量。

【实验内容与步骤】

(1) 打开连接两个吸收体球的通气阀,使 U 形管两边液面高度一致,然后再把通气阀关闭。

(2) 开启位于两个吸收体球中点处的照明灯泡的电源开关。

(3) 观察 U 形管两边液面高度的变化。

(4) 实验完毕,打开连接两个吸收体球的通气阀,使仪器复原。

【注意事项】

(1) 本实验装置的主体是用玻璃制作的,应避免震动和碰撞,实验中要特别小心,防止仪器损坏。

(2) 不要用手触摸加高压的光电子发射板和金属框,防止被电击。

实验 1.6　PASCO 力学实验

(二十三) 能量守恒(过山车)

PASCO 力学实验

【实验目的】

演示能量守恒。

【实验仪器】

过山车成套系统,光电门头,智能计时器。

【实验原理】

一辆小车在各种形状的轨道(丘陵、山谷、环路、直线轨道)上由静止出发,在轨道不同位置处小车的速度由连接在灵敏计时器上的光电门测量,势能通过高度计算,动能通过速度计算。计算轨道上两个点的总能量并进行比较。

通过能量守恒和向心加速度,预测能使小车顺利通过环形轨道所需的最小高度,然后就可以在真正的过山车上进行测试。此外,如果小车从山顶释放,很容易越过环形轨道的顶部,可以在环形轨道的顶部测量小车的速度和向心加速度,也可以计算小车的视重(法向力)。

小车的总能量(E) 等于其动能(K) 和势能(U) 之和,即

$$E = K + U$$

其中

$$K = \frac{1}{2}mv^2$$

式中,m 是小车的质量,v 是小车的速度。

$$U = mgh$$

式中,g 是重力加速度,h 是小车距离零势能面的高度。

如果可以忽略摩擦,小车的总能量就不会发生变化,即

$$K_{初} + U_{初} = K_{末} + U_{末}$$

【实验内容与步骤】

1. 阶梯形轨道

(1) 按图 3-1-12 所示设置轨道。在坡底部的直轨道上安装一个光电门,用于测量小车到达直轨道后的速度(在左侧的第二个销钉上)。同时,在直轨道的末端安装一个捕捉器,以防止小车脱离轨道末端。

(2) 将小车放在左边台阶的顶部。在释放小车位置的白板上做上标记,测量小车的初始高

度,即从桌面到小车质心的距离。注意,小车的质心大约在车旗插槽的位置,精确的质心可以通过平衡小车来确定。测量小车的质量。

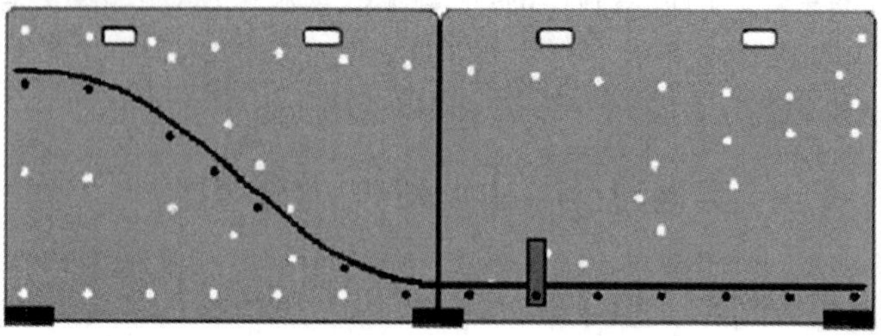

图 3-1-12　阶梯形轨道

(3) 把小车放在轨道底部平坦部分,测量小车的高度。

(4) 把小车放在顶部,然后从静止开始释放。使用光电门和智能计时器(将速度设置为单门模式)测量小车的速度。

(5) 计算小车的初始总能量。

(6) 计算小车的最终总能量。

(7) 计算总能量损失的百分比:总能量损失的百分比 $= \dfrac{\text{损失的能量}}{\text{初始总能量}} \times 100\%$。

(8) 将小车质量增加 50 g,重复步骤(2) ~ (7)。

2. 山形轨道

(1) 按图 3-1-13 和图 3-1-14 所示设置轨道。在中间山顶和底部的直轨道上分别安装光电门。同样把捕捉器放在直轨道的末端,以防止小车脱离轨道末端。

(2) 把小车放在左边的山顶上。在释放小车位置的白板上做上标记。测量小车的初始高度,即从桌面到小车质心的距离。

(3) 把小车放在轨道中间的山顶上,测量小车的高度。

(4) 把小车放在轨道底部平坦部分,测量小车的高度。

(5) 把小车放在左边山顶,然后从静止开始释放。使用智能计时器的速度挡,用双门模式来测量小车在中间山顶和底部的速度。

(6) 计算小车的初始总能量。

(7) 计算小车在轨道中间山顶的总能量。

(8) 计算总能量损失的百分比:总能量损失的百分比 $= \dfrac{\text{损失的能量}}{\text{初始总能量}} \times 100\%$。

(9) 计算小车在底部的总能量;计算左侧起始位置和右侧最终位置之间的总能量损失的百分比。

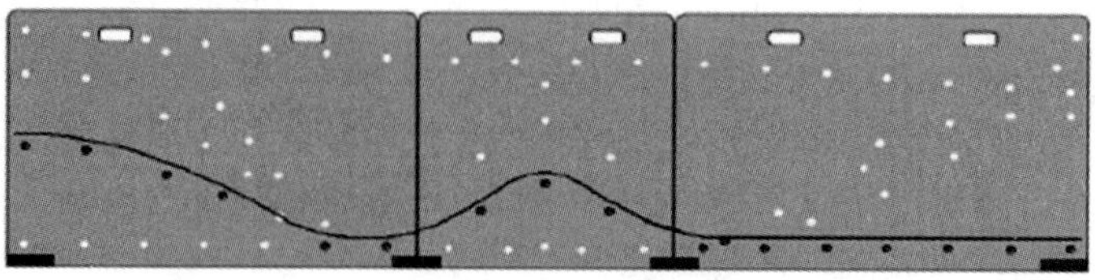

图 3-1-13　山形轨道

图 3-1-14　山形轨道光电门的位置实物图

3. 环形轨道

(1) 按图 3-1-15 和图 3-1-16 所示设置轨道。在环形轨道顶部安装光电门。把捕捉器安装在轨道末端，以防止小车脱离轨道末端。

(2) 在环形轨道的中心钉上一颗钉子。将小车放在环形轨道的顶部。在白板上标记小车质心的位置。测量从钉子到环形轨道顶部的小车质心的距离（见图 3-1-17）。

(3) 测量从环形轨道顶部的小车质心到桌面的距离。

(4) 利用能量守恒定律，预测小车能完全通过环形轨道时可以在轨道左端释放小车的最小高度。

(5) 从环形轨道中环的顶部绘制一条水平线与轨道的左侧相交，测量该直线与步骤(4)中算出的高度之间的距离。

(6) 将小车的质心放在标记的预测位置，由静止释放。

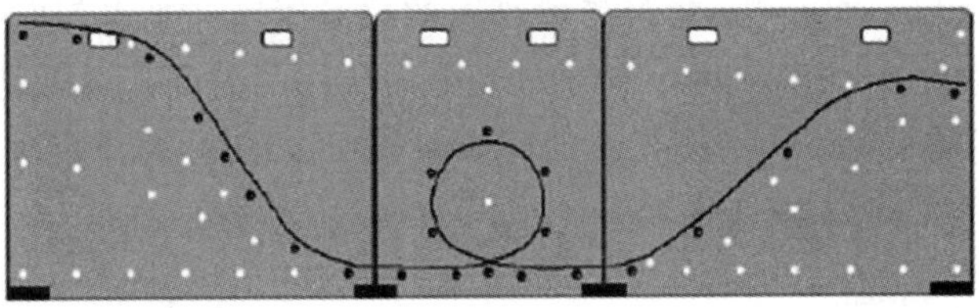

图 3-1-15　环形轨道

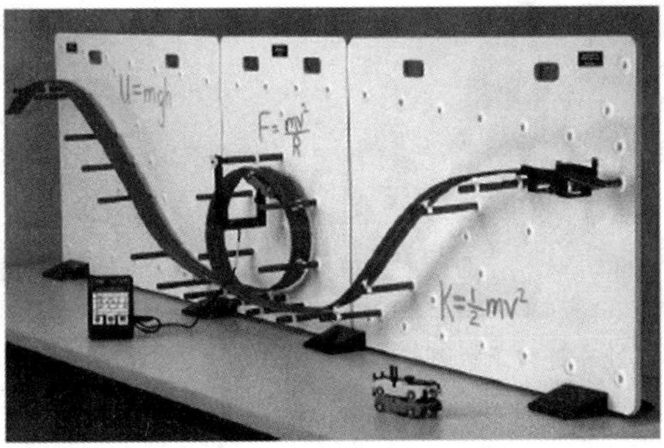

图 3-1-16　环形轨道光电门的位置实物图

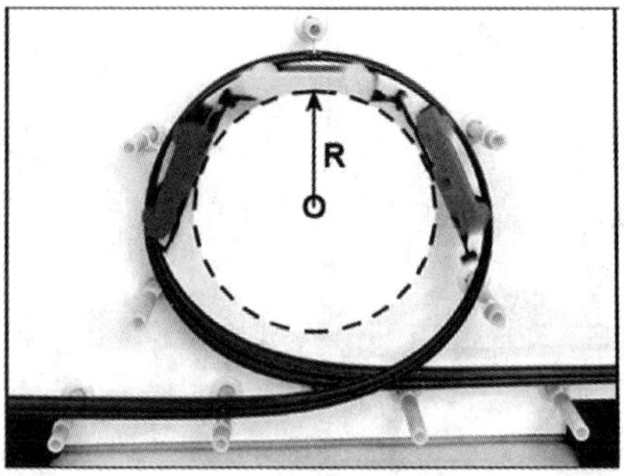

图 3-1-17　环半径示意图

4. 三节过山车

(1) 保持图 3-1-15 和图 3-1-16 所示的轨道设置。确保光电门在环形轨道的顶部。用手将小车固定在环形轨道的顶部,上下调整光电门,确保光电门挡光旗能挡住光电门。请注意,挡光旗必须插在小车的特定一侧才能通过光电门。

(2) 将三辆小车连接在一起组成过山车,小车连接示意图如图 3-1-18 所示。

(3) 在每辆小车上插一个挡光旗,如图 3-1-19 所示。

(4) 将智能计时器设为时间挡,选择栅栏模式,以测量环形轨道顶部每辆小车的速度。

(5) 按智能计时器上的"#3"按钮以准备好计时器。把三节过山车放在左边山顶,然后从静止开始释放。

(6) 过山车通过环形轨道后,按智能计时器上的"#3"按钮停止计时。计时器上第一次显示的是第一辆小车的挡光旗遮挡光电门的时间,如图 3-1-20 所示。然后反复按"#2"按钮,逐步完成后续操作。

第二次和第三次计时对应的是当第二辆小车的挡光旗遮挡光电门时得到的数据。取第二次和第三次读数的差值,得到第二辆小车通过光电门所用的时间。同样地,第四次和第五次计时对应于第三辆小车的数据。利用挡光旗的间隔距离(1 cm) 计算每辆小车的速度:

$$v = \frac{x}{\Delta t} = \frac{1}{\Delta t}$$

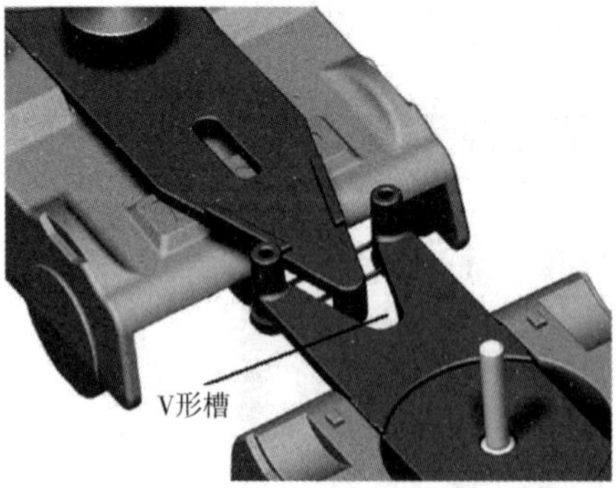

图 3-1-18　小车连接示意图

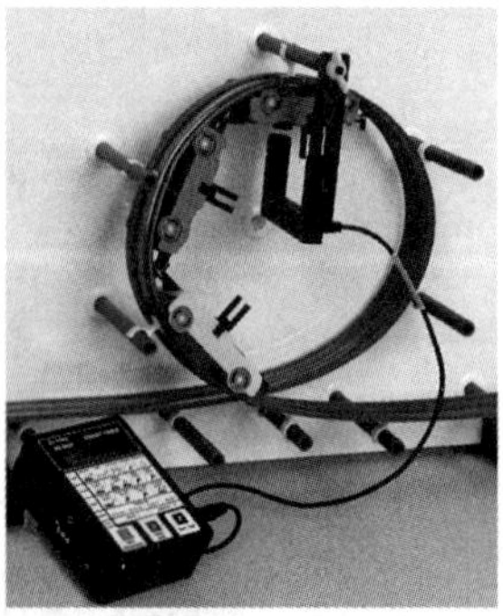

图 3-1-19　插有挡光旗的小车

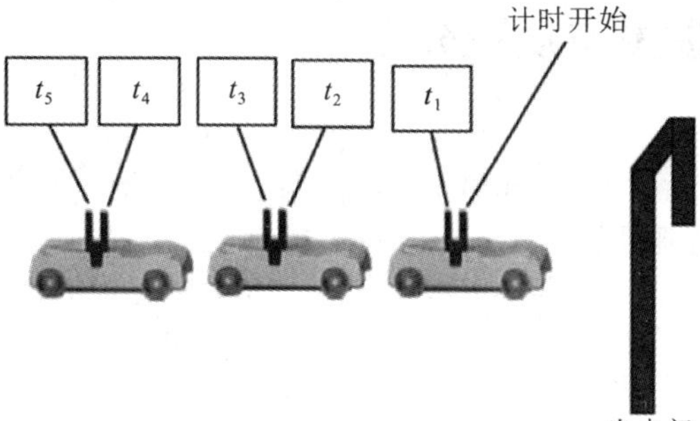

图 3-1-20　光电门计时示意图

5. 高低轨道

(1) 如图 3-1-21 和图 3-1-22 所示，在两条轨道末端连接光电门，也在每条轨道的末端放置捕捉器，以防止小车脱离轨道末端。在每辆小车靠近另一辆小车的一侧放置一个挡光旗，使得两个挡光旗都可以遮挡同一个光电门。

(2) 如果两辆小车都从轨道左端由静止开始同时释放，预测哪辆小车会先到达轨道右端。

(3) 预测哪辆小车在轨道右端的速度更大。

(4) 将智能计时器设置为“速度：碰撞模式”，按智能计时器上的“#3”按钮以开始计时。将这两辆小车放在轨道的左端，从静止开始释放。

(5) 小车通过光电门后，按智能计时器上的“#3”按钮停止计时，系统将显示小车的速度。

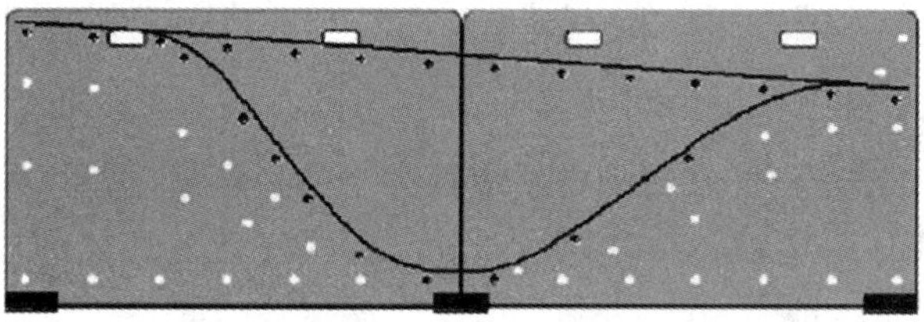

图 3-1-21　高低轨道

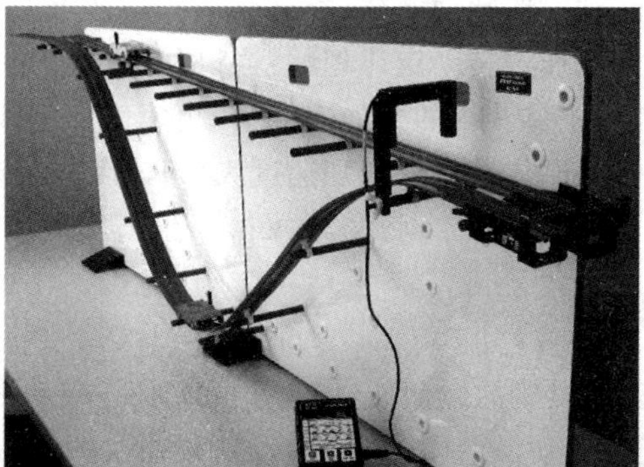

图 3-1-22　高低轨道光电门的位置实物图

(二十四)转动惯量与质量分布

【实验目的】

体验质量分布对转动惯量的影响。

【实验仪器】

转动惯量棒套件。

转动惯量棒套件包含灰白两根转动惯量棒,如图 3-1-23 所示,质量和形状相同,所以当它们被举起时,重量相同,“感觉”同样重。两棒中间区域为握柄。灰色转动惯量棒的大部分质量分布在管的两端,白色转动惯量棒的大部分质量分布在棒中心的握柄附近。

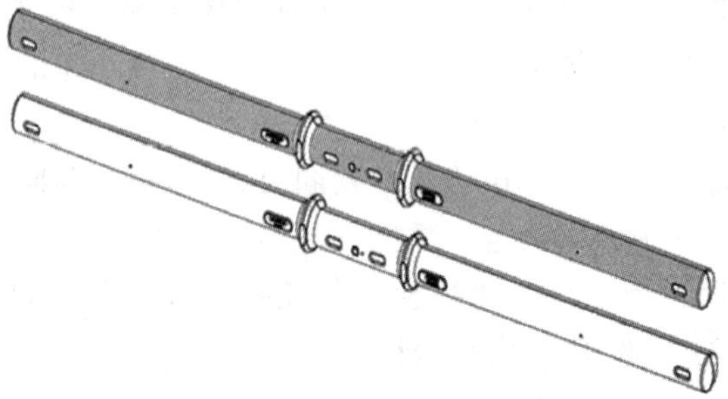

图 3-1-23　转动惯量棒套件

【实验原理】

刚体的转动惯量是描述刚体在转动中的惯性大小的物理量,只与刚体的质量、质量分布及转动轴的位置有关。刚体绕定轴转动时,刚体的角加速度 α 与它所受的合外力矩 M 成正比,与刚体的转动惯量 J 成反比,即

$$M = J\alpha$$

这个关系称为刚体绕定轴转动时的转动定律。

转动惯量的物理意义可以通过转动定律理解:当以相同的力矩分别作用到两个做定轴转动的刚体上时,转动惯量大的刚体获得的角加速度小,角速度不易改变,即保持原有转动状态的惯性大;反之,转动惯量小的刚体获得的角加速度大,角速度容易改变,即保持原有转动状态的惯性小。

【实验内容与步骤】

(1) 抓住其中一根转动惯量棒的握柄处,使它呈垂直状态或水平状态。

(2) 扭转手腕,来回旋转转动惯量棒。记下转动这根棒时的难易程度。

(3) 用另一根转动惯量棒重复步骤(1) 和步骤(2)。

(4) 比较旋转两根棒时的不同体验,得出结论。

（二十五）自行车回转仪

【实验目的】

理解角动量定理和角动量守恒定律。

【实验仪器】

带手柄的悬索，带手柄的拉绳，自行车回转仪，平衡配重和紧固件，自行车回转仪砝码套件，转椅，钩码套件，细绳，光电门头。

【实验原理】

如图 3-1-24 所示，将自行车轮子用悬索悬挂轮轴的一端，构成自行车回转仪。用手托举自行车轮轴的另一端，使轮轴水平，在轮子不转动的情况下松手，轮子会在重力矩的作用下垂下来。重力矩为

$$\boldsymbol{M} = \boldsymbol{r} \times \boldsymbol{G}$$

式中，$\boldsymbol{r}$ 为轮轴的悬挂点到车轮中心的位矢，$\boldsymbol{G}$ 为车轮的重力，$\boldsymbol{M}$ 为车轮重力对悬挂点的力矩。

当车轮绕轮轴旋转时，会产生沿轮轴方向的角动量 $\boldsymbol{L}$，如图 3-1-25 所示。根据角动量定理：合外力矩 $\boldsymbol{M}$ 的冲量等于角动量的增量 $\Delta\boldsymbol{L}$。当松手时，车轮绕悬挂点进动，而不会下垂。

当系统所受合外力矩为零时，角动量守恒。

图 3-1-24　自行车回转仪

图 3-1-25　转动自行车回转仪受重力矩的作用

【实验内容与步骤】

1. 利用起动手柄使自行车回转仪加快旋转

（1）把拉绳打结的一端固定在法兰轴承转接器边缘的卡口里。

（2）将拉绳绕在转接器的滑轮上。

（3）一个人握着自行车回转仪的手柄，另一个人快速拉动拉绳的手柄，这样自行车回转仪就旋转起来了。

2. 利用悬索演示旋转的自行车回转仪的旋进实验

（1）在自行车回转仪不转动的情况下，用悬索悬挂轮轴的一端，将另一端放开，这时自行

车回转仪会垂下来。将悬索的挂钩连接到自行车回转仪轮轴一端的小孔里,这样自行车回转仪就可以用悬索悬挂起来。握住另一边的手柄,保持轮轴水平。放开手柄,自行车回转仪就会垂下(悬挂在悬索下面)。

(2) 在自行车回转仪旋转时,即使放开手柄,它也不会垂下。保持悬索安装在轮轴上,握住另一边的手柄,保持轮轴水平。把拉绳打结的一端固定在法兰轴承转接器边缘的卡口里,将拉绳绕在转接器的滑轮上,拉动拉绳的手柄,使自行车回转仪旋转起来。放开手柄,这时自行车回转仪没有垂下去,而是绕着悬索转动(见图 3-1-26)。

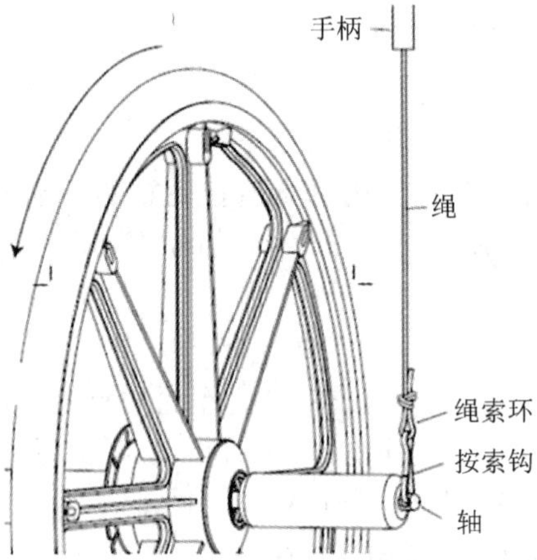

图 3-1-26 悬挂的自行车回转仪

(3) 确定自行车回转仪的转动惯量。固定住自行车回转仪的把手,使它保持垂直并且可以自由转动。把一根绳子的一端固定在法兰轴承转接器边缘的卡口里,并将绳子绕在转接器的滑轮上。绳子下面挂一个砝码,砝码下落带动自行车回转仪加速旋转。可以利用光电门测量自行车回转仪的加速度。

(4) 演示角动量守恒。坐在一个转椅上,手里握着正在转动的自行车回转仪的手柄,将胳膊伸直。握住自行车回转仪,使其保持垂直,顺时针或者逆时针翻转自行车回转仪,观察会发生什么现象。摩擦自行车回转仪橡胶外缘,小心地使其停止转动,分析人和转椅的角动量。

(5) 将该自行车回转仪作为一个陀螺:在自行车回转仪转起来之后,将圆头的手柄向下放在地板上或者桌子上,保持自行车回转仪水平转动,此时就像一个陀螺一样。请用角动量定理分析陀螺的运动。

实验 1.7 PASCO 机械波实验

(二十六) 完全波动演示

PASCO 机械波实验

【实验目的】

利用波动演示器(WMD),通过机械波来演示各种类型波的许多共同特性和行为,如波速、频率和波长之间的数学关系,波的叠加,研究引起驻波的共振条件,并演示各种终端产生的反射。

【实验仪器】

波动演示器。

图 3-1-27 所示为完整的三段式波动演示器，三段分别由"宽部""窄部"和"过渡部分"组成。"宽部"长大约为 91.5 cm，具有 72 个长为 45.7 cm 的惯性棒；"窄部"长大约为 91.5 cm，具有 73 个长为 22.8 cm 的惯性棒；"过渡部分"长大约为 59.7 cm，具有 73 个长为 22.8～45.7 cm 的惯性棒。惯性棒为 0.4 cm 的铁棒，铁棒中央有矩形槽，用于将其焊接在 0.1 cm 的弹性金属丝上，焊接物为 5% 的银、95% 的锡。将设备的 A 形底座放平可以保护金属棒在储藏和运输的过程中免遭损坏。金属棒的顶端涂有荧光材料。

图 3-1-27　完整的三段式波动演示器

一个终端线夹连接产生机械波反射的金属棒。一个减震器由一个能夹在金属棒上的轻活塞构成，它能使波的能量消散在水中，从而产生最小的反射。两个连接不同演示片的耦合器。

【实验内容与步骤】

1. 设置

抓住底座两端，小心往上抬，将金属棒从长泡沫盒中取出，取出时必须避免中央的金属丝发生扭曲。将水平有槽的连接材料与 A 形底座末端的螺钉连接。为避免损坏，在储藏和运输时需要将 A 形底座放平，使得交叉的金属棒能处于底座的保护之下。

2. 操作

在棒的垂直方向上提供一个位移便能产生机械波，一般对末端的那个金属棒提供位移。注意不要使用大振幅的机械波，尤其是频率高或者波长短的时候，大振幅的机械波可能会永久损坏中心弹性金属丝或者使弹性金属丝上的金属棒变松。

3. 演示

(1) 波的传播。

给宽波演示器的近端金属棒施以一个小的、快速的上下扰动。重复操作，使一个振幅更大的波跟随在这个波之后。两个波以相同的速度传播。使用减震器能使反射最小。连接减震器活塞到远端的惯性棒，大约在中心金属丝的中央和连杆的顶端。使用窄一点的波动演示器重复实验，为了使反射最小，活塞应该连接到活塞的轴和远端棒尽可能近的距离。单振幅传播几次，并且在自由端或固定端反射，进行计时，可以测量得到波的速度。

(2) 周期波。

把减震器与慢波演示器连接以最小化反射，发送不同频率的周期扰动。观察波长与频率的关系。用快波演示器重复实验，观察波长和波速的关系。如果将两个波演示器连接在一起，更容易演示波长和波速、频率的关系。

注意，波动过程是能量的传播过程，这是波的普遍性质，该能量可以用来做功，用于加热阻尼器中的水。

(3) 波的反射。

使慢波演示器的远端自由，并使一个单独的快速波峰沿演示器传播，因为在远端没有从波中吸收能量的机械结构，因此波被完全反射。注意到波峰反射后仍是波峰，波谷反射后仍是波谷，这就是说相位不变。更仔细的观察表明，在主要扰动之后经常会有一个小的波动，这可以用来判断照片中扰动的传播方向。现在将远端与一个夹子相连并且重复实验。因为没有机械结构能吸收逃出夹子那端的能量，波被反射。注意到反射波与初始波颠倒，即波峰反射后形成波谷，波谷反射后形成波峰，相位改变了 180°。用来解释这种现象的合适的模型是：远端是一个节点，反射波必须和入射波反相。

总的来说，自由端反射相位不改变，固定端反射相位改变 180°。通过声波、电波、电磁波的反射同样可以观察到此现象。

(4) 波的叠加与独立传播。

同时从宽波演示器的两端启动短正脉冲。在脉冲相接的地方，它们的振幅增加（相长干涉）。在宽波演示器的一端同时启动一个短正脉冲，在另一端同时启动一个短负脉冲，它们的振幅接近零（相消干涉）。在这两种情况下，两列波相遇叠加后，相互穿过对方，保持原有的性质，就像没相遇过一样。

(5) 驻波和共振。

周期波的干涉在从一端发出扰动并且在另一自由端或者固定端反射后，反射波和入射波相遇而叠加，形成驻波。

首先，固定远端。握在手中并驱动的端部“几乎”夹紧，因此两端都有一个节点，并且在两端反射时会有相位反转。通过从一端发送适当频率的周期波，反射可以建立并产生共振。为了产生这种共振，波演示器的长度总是半波长的整数倍。若波演示器的长度为 L，则 $L = n\lambda/2$，其中 n 为模态数。

如果远端是自由端，共振将在许多频率上再次发生，自由端有一个波腹，驱动端有一个节点。注意，波演示器的长度现在是四分之一波长的奇数倍。在这种情况下，长度 $L = (2n-1)\lambda/4$，其中 n 是模态数。

第三种产生驻波的情况是两端都是波腹，在这种情况下 $L = n\lambda/2$。

(6) 阻抗匹配。

如果慢波演示器和快波演示器连接在一起，在连接处大部分波被反射，因为两端的阻抗不一样。这就是为什么声音不容易从空气传播到水中，绝大部分声波都被反射了。

如果演示器的过渡部分连接在宽部和窄部之间，波在连接处的传播只反射微小的一部分。渐变的长条作为一个阻抗匹配转换器。许多电路必须有阻抗匹配转换器。另外一个有趣的例子是中耳三块骨头的功能。进入耳朵的声能必须被转移到内耳（或耳蜗）的液体中，而中耳就是空气和耳蜗之间的阻抗匹配设备。

（二十七）空气共振筒

【实验目的】

(1) 用正弦波发生器驱动一个扬声器，从而在一根共鸣管中形成驻波。

(2) 通过改变驱动频率、管子的长度来研究波长和声速之间的关系。

(3) 基于封闭、开放管的情况来研究波节、波腹和谐波的概念。

【实验仪器】

正弦波发生器，扬声器，橡胶头插线，经济型共鸣管，温度计。

【实验原理】

1. 可变长度的封闭管中的驻波

一根共鸣管一端开放而另一端封闭，经常会在封闭端有一个波节，而开放端有一个波腹。波节表示某一区域内空气的速度值最小（为零），而波腹表示该区域内空气的速度值最大。如果管子在某一特有固定频率下发生共振，管会产生共鸣，如图 3-1-28 所示，图中的曲线表示空气速度在管子内部的变化情况。

当管子空腔部分的长度增加时，声音在每个连续的波节处变得很大，而在每个波腹处很安静。请注意相邻波节（波腹）之间的距离是$\frac{1}{2}\lambda$。

对于所有类型的波，频率 f、波长 λ 与波速 v 的关系为

$$v = \lambda f$$

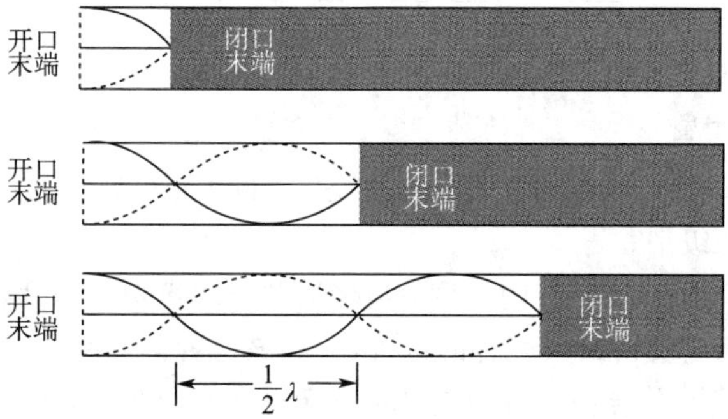

图 3-1-28　共振管中的驻波波形

2. 固定长度的开放管中的驻波

一根两端开口的共鸣管，在其开口两端一定会产生波腹，而两个波腹之间最少有一个波节。波节的数目与波长和谐波有关。如图 3-1-29 所示，一次谐波（基本波）只有一个波节，二次谐波有两个波节，以此类推。对于一根固定长度的管，在高次谐波处，频率更高而波长更短。

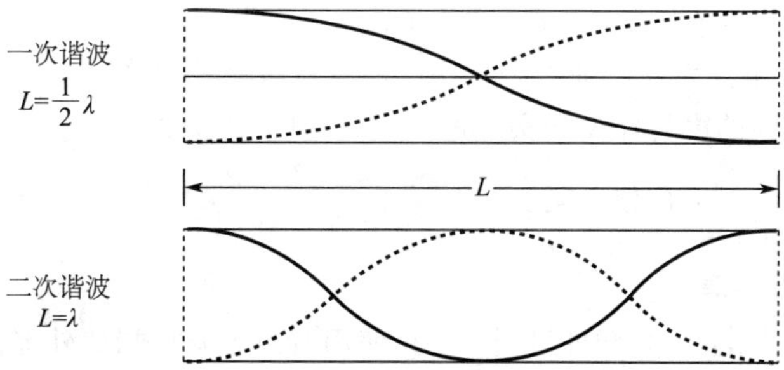

图 3-1-29　固定长度开放管中的谐波

【实验内容与步骤】

1. 实验准备

(1) 打开正弦波发生器,并将幅度旋钮旋到底(逆时针方向)。

(2) 用两只橡胶头插线连接正弦波发生器与扬声器,不用考虑极性。

(3) 如图 3-1-30 所示,将共鸣管水平放置,扬声器靠近共鸣管开口末端。将正弦波发生器以 45° 放置到共鸣管的末端,不要直接朝向共鸣管。

(4) 在蓝色管的内部滑动摆放白色管,以调节封闭管的有效长度。

图 3-1-30　实验装置

2. 可变长度的封闭管

(1) 将两根管滑到一起,于是管子的封闭长度是零。设置正弦波发生器的输出频率为 300 Hz,将幅度调至一个合理的级别。

(2) 拉开白色管,增加管子的封闭长度。当接近共振时声音的响度将明显增强。将白色管移入或抽出以便精确确定发出最大声音的位置,记录该位置。

(3) 继续拉开白色管,并寻找所有引起共振现象的位置。在驻波模式中每一个共振点表示一个波节。

(4) 计算波节之间的距离,如果计算了不止一个距离,请取其平均值。用该距离除以声波的速度。

(5) 使用正弦波发生器的频率来计算波速。

(6) 设置正弦波发生器的频率为 400 Hz,并重复上述实验步骤。

(7) 空气中实际的声波速度依赖于温度。其理论值可以用下式来计算:

$$v = 331\ \mathrm{m/s} + 0.6T$$

式中,T 是空气温度,单位为 ℃。通过测量空气温度可以计算声音的实际速度。

(8) 比较测量得到的声音速度和实际速度值,并计算百分误差。公式如下:

$$\text{百分误差} = \frac{\text{测量值} - \text{实际值}}{\text{实际值}} \times 100\%$$

3. 固定长度的开放管

(1) 滑动内管一直向外,并和外管脱离。只使用有两个开口端的外部蓝色管。

(2) 如前所述设置正弦波发生器和扬声器。开始时频率为 50 Hz,随后缓慢使用粗(1.0)

旋钮增加频率值。找到基本频率(最近的大约差 1 Hz)。

(3) 利用频率和已计算出的实际速度来计算波长。

(4) 增加正弦波发生器的频率,并确认二次、三次谐波的频率。

(二十八) 绳上的驻波

【实验目的】

(1) 使用正弦波发生器驱动一个细绳振荡装置,在拉伸的细绳中建立一个驻波模式。

(2) 通过改变细绳振荡器中的驱动频率,细绳的长度、密度和张力来研究对波速的影响。

【实验仪器】

正弦波发生器,细绳振荡装置,物理用(多股)细绳,黄色多股线,弹性波动绳,橡胶头插线,通用桌夹,滑轮,滑轮固定杆,可调角度夹,45 cm 长不锈钢杆,砝码和挂钩装置,天平,卷尺。

【实验原理】

一根拉紧的绳子有很多自然的振动模式(见图 3-1-31)。如果绳子两端固定,则在绳的两端一定只有一个波节点(振幅为零)和至少有一个波腹点(振幅最大)。它可能作为一段单独的振动,该段绳的长度(L)等于振动波波长的一半$\left(\frac{1}{2}\lambda\right)$;它也有可能是两段振动,两个端点各有一个节点而中间也有一个节点,这样波长等于绳长;同样地,也可能出现大整数段的振动。在以上每种情况下,绳的长度等于整数倍的半波长。

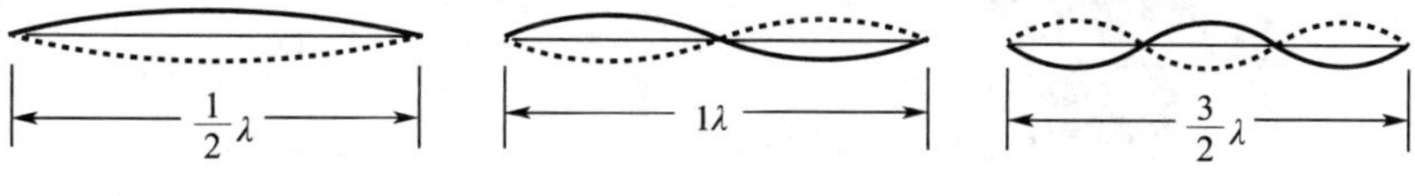

图 3-1-31 拉紧的绳子上的振动模式

如果将一根拉伸的绳子以任意频率来驱动,那么将看不到任何的特定模式:因为许多运动模式混合到了一起。但是,如果将驱动频率、张力、绳子的长度调整得恰到好处,就会出现一种振动模式,它会呈现比其他模式更大的振动幅度。

本实验通过电驱动的细绳振荡装置产生振荡,从而在拉伸的绳子中建立起驻波。该实验装置示意图如图 3-1-32 所示。细绳的张力等于挂在定滑轮上的砝码的重量。可以通过加减砝码来改变张力的大小;可以通过调节正弦波发生器(它给细绳振荡装置提供能量)的输出频率来调整振荡波的振幅、频率。

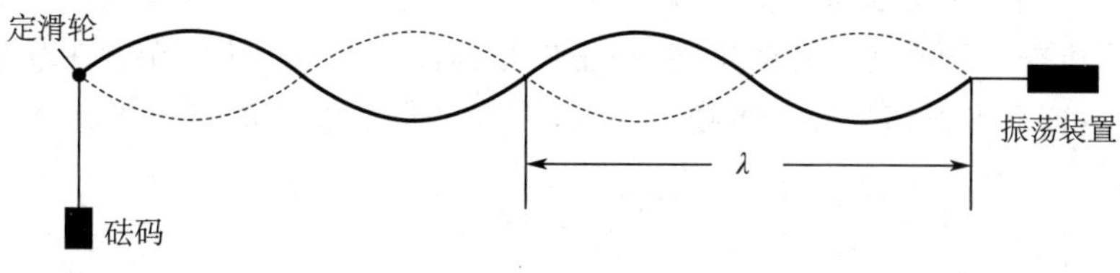

图 3-1-32 绳上驻波实验装置示意图

设 L 是细绳振荡部分的长度,λ 是波长。如图 3-1-32 所示,细绳振荡共分为 3 段,$\lambda=\frac{2}{3}L$。

对于任何形式的波,已知波长 λ、频率 f,则波速 v 由下式给出:

$$v=\lambda f \tag{3-1-1}$$

此外,波速也可由下式给出:

$$v=\sqrt{\frac{F}{\mu}} \tag{3-1-2}$$

式中,线密度 μ 表示细绳每单位长度的密度;张力 F 表示施加到悬挂砝码上的力,它等于悬挂砝码的重力 mg。

【实验内容与步骤】

1. 实验准备

(1) 测量一条几米长的多股绳的实际长度。测量绳子的质量,然后计算线密度 μ(线密度 = 质量 / 长度)。如果天平无法读出 0.01 g 的质量,那么可以用一条长绳来计算线密度。

(2) 如图 3-1-33 所示,使用两个夹子来定位正弦波发生器和滑轮,它们之间相距 120 cm。在振动叶片上系上 1.5 m 长的多股绳,将绳子绕上滑轮,并在其底部系上大约 150 g 的砝码。

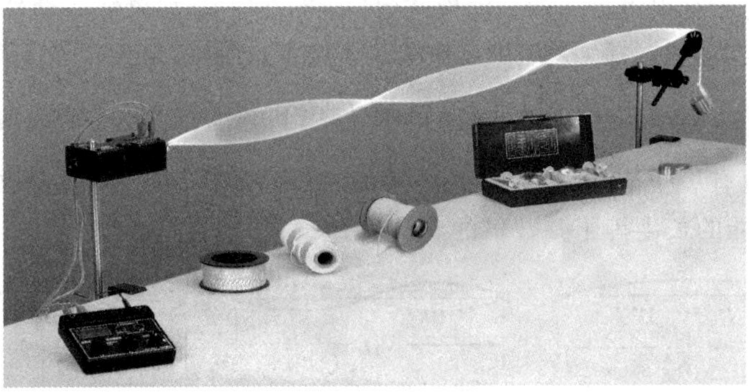

图 3-1-33　悬绳驻波演示仪

(3) 测量细绳振荡装置绳结的位置到滑轮顶部的距离,这就是长度 L。(注:L 并不是细绳的总长,只是振荡部分的长度。)

(4) 打开正弦波发生器,将幅度旋钮旋到底(逆时针方向)。用两个橡胶头插线将正弦波发生器连接到细绳振荡装置上,不用考虑极性。

2. 第一部分

(1) 调节幅度旋钮到中间位置。使用正弦波发生器上的粗(1.0) 旋钮和正弦波(0.1) 频率旋钮来调整振荡波形,并使细绳产生一段振荡。调节驱动幅度和频率,以便获得一个更大振幅的波,同时也要检查一下振动叶片的末端,绳子连接到该点应该产生波节。在叶片处产生一个良好的波节比得到最大振幅的波更重要。当然,在保持良好波节的情况下又能获得大的振幅是非常可取的。

(2) 记录频率。

(3) 重复步骤(1)、(2),直至绳子上出现两段驻波。绳子两端会出现一个节点,中间也有一个节点。不要改变悬挂砝码的质量。

(4) 计算频率比。

(5) 当出现两段驻波时,绳子的长度 L 就是一个波长 λ($L=\lambda$)。该振荡看起来像是一个波长吗?由于细绳振荡速度很快,很难看清哪个是上,哪个是下。试着用手接触波腹点,会发生什么?试着用手接触绳子的中心节点,能在该节点控制住绳子并做到不显著影响绳子的振荡吗?

(6) 当绳子振荡成一段驻波时,波长是多少?使用式(3-1-1)计算一段驻波的速度。然后计算出现两段驻波时的速度。比较这两个数值,它们是否相同?为什么?

(7) 计算由悬挂砝码的质量引起的绳子的张力(不要忘记砝码钩的质量),用测得的绳子的密度,应用式(3-1-2)来计算波速。将该值与步骤(6)中的回答相比较,会得出什么结论?

(8) 调整频率让绳子振荡成三段驻波,现在波速又是多少?它改变了吗?波速是否依赖于波长和频率?

(9) 设置产生两段驻波和三段驻波之间的一个频率值。调整频率,使得不会出现特别的驻波波形。松开桌子上的细绳振荡装置并将它缓慢地移向滑轮(在没有将细绳振荡装置重新夹紧到桌子上时千万不要放手)。不改变驱动频率或悬挂的砝码,减少细绳的振荡长度直至产生两段驻波,测量新的波长并计算波速,该值是否和前面得到的波速相同?波速是否依赖于细绳的长度?

3. 第二部分

(1) 将细绳振荡装置夹紧到原来的位置,大概距离滑轮 120 cm。可以重新测量长度 L。在绳子的末端挂上 50 g 的砝码并悬挂到滑轮上,记录包括砝码钩的所有悬挂物的质量。

(2) 调整正弦波发生器,以便让绳子振荡成四段驻波。和前面一样,调节驱动幅度和频率,以便获得一个更大振幅的波,清除包括在叶片末端处的所有节点,记录频率值。

注意,对于这部分实验,需要经常调整频率,以便让波形振荡成四段。

(3) 添加 50 g 的砝码到悬挂砝码处,然后重复步骤(1)、(2)。

(4) 断续添加砝码,每次添加 50 g,至少添加到 250 g。将数据记录到表格中。

实验分析:

(1) 本实验中需要经常调整频率,使波振荡成四段,如图 3-1-34 所示,这样绳长就等于波长的两倍($L=2\lambda$)。

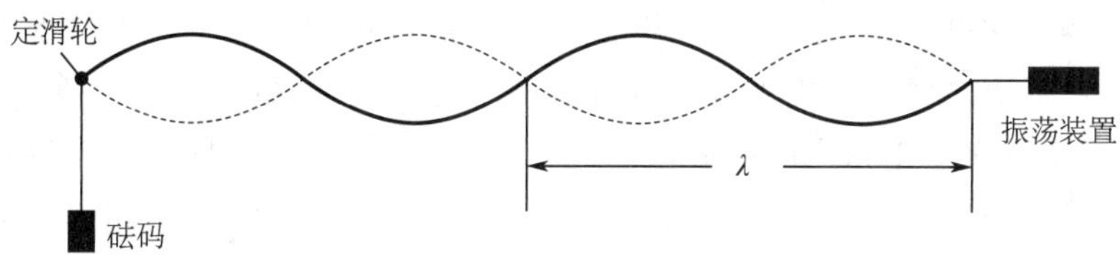

图 3-1-34　绳上出现四段驻波

利用该信息可将式(3-1-1)、式(3-1-2)组合为下式:

$$f^2=\frac{4g}{\mu L^2}m \tag{3-1-3}$$

式中,f 是正弦波发生器的驱动频率,g 是重力加速度,m 是悬挂砝码的总质量,L 是细绳的长度(只是振荡部分),μ 是细绳的线密度(质量 / 长度)。

(2) 绘制一张频率平方(f^2)-悬挂质量(m)图(如果将质量以 kg 计,则更容易处理)。该图是否线性?

(3) 从这些数据中找到最佳直线的斜率(包括不确定度)。

(4) 由式(3-1-3) 可以确认 f^2-m 图的斜率为

$$k = \frac{4g}{\mu L^2}$$

通过斜率计算绳子的线密度(μ),并计算不确定度。

(5) 比较从图上测得的绳子的线密度和通过称重得到的实际线密度,计算百分误差。公式如下:

$$\text{百分误差} = \frac{\text{测量值} - \text{实际值}}{\text{实际值}} \times 100\%$$

(二十九) 多普勒火箭

【实验目的】

利用多普勒火箭演示多普勒效应。

【实验仪器】

多普勒火箭(见图 3-1-35),绳子,手柄,手柄垫。

图 3-1-35 多普勒火箭

【实验原理】

波源与观察者之间的相对运动,造成观察者接收到的频率与波源的频率不同的现象称为多普勒效应,又称多普勒频移。声波中的多普勒频移是一种在日常生活中经常会经历的有趣的现象,如当行驶的火车或汽车靠近观察者时声调会变高,远离观察者时声调会变低。多普勒火箭可以发出一个真实的正弦声波波形,它的恒定频率大约为 620 Hz。当多普勒火箭经过观察者时,会感觉到频率明显发生了变化。

【实验内容与步骤】

1. 在头顶上挥舞多普勒火箭

如图 3-1-36 所示,在头顶上挥舞多普勒火箭。当声源以环形模式移动时,会发生多普勒频移。当多普勒火箭向观察者移动时,音调听起来会变高;当多普勒火箭退后(远离观察者)时,音调会降低。

(1) 将一段绳索穿过装置中心，并将绳索打结系紧。(注：一定要打结系紧，因为多普勒火箭在这个活动中速度会很快。)

(2) 打开多普勒火箭的声音开关。(使用多普勒火箭侧面的开关打开。)

(3) 降低多普勒火箭的高度直到手下约 1 m。

(4) 将多普勒火箭绕着头顶旋转一圈。

(5) 大约 1 s 的时间就可以让观察者观测到多普勒频移。

图 3-1-36　在头上挥舞多普勒火箭

2. 水平飞行多普勒火箭

多普勒频移的另一个有趣的演示是水平飞行多普勒火箭。同样地，当多普勒火箭接近时，观察者将听到音调升高；当多普勒火箭离开时，观察者将听到音调降低。这个演示的一个主要优点是多普勒火箭接近和远离的时间要长得多，这使观察者有更好的机会观测到多普勒频移。

(1) 将两根长度相等的绳子穿过多普勒火箭的中心。

(2) 将绳子的每一个绳头穿过手柄垫，并将每一个绳头系在绳柄上。同样地，一定要打结系紧，因为多普勒火箭将高速运动。

(3) 在绳子的两端各站一名观察者，每名观察者拿着两个手柄。

(4) 增大两名观察者之间的距离，直到绳子被拉紧。

(5) 将多普勒火箭滑到绳子的一端。

(6) 让另一端的观察者将绳子旋转，直到绳子没有缠结为止(确保两根绳子没有缠在一起)。

(7) 打开多普勒火箭侧面的声音开关。

(8) 让离火箭最近的观察者快速地拉开它的两个手柄。多普勒火箭会沿着绳子"飞"向另一名观察者。

(9) 当多普勒火箭接近另一端时，另一端的观察者需要稍微分开绳索来让多普勒火箭减速。

3. 用多普勒火箭进行传接球活动

学生们不用绳索就可以玩的一个温和的游戏是用多普勒火箭进行传接球活动。只要打开多普勒火箭侧面的声音开关，让学生像传接球一样扔多普勒火箭。当多普勒火箭接近他们时，他们就可以感觉到音调升高；当多普勒火箭从他们身边离开时，他们就可以感觉到音调降低。

实验 1.8 PASCO 电学实验

(三十)范德格拉夫起电机

PASCO 电学实验

【实验目的】

演示静电现象。

【实验仪器】

范德格拉夫起电机如图 3-1-37 所示。

图 3-1-37 范德格拉夫起电机

【实验原理】

范德格拉夫起电机(Van de Graaff generator)又称范德格拉夫加速器,是一种用来产生高压静电的装置。该装置于 1929 年由荷兰裔美国物理学家范德格拉夫发明。范德格拉夫起电机通过传送带将产生的静电荷传送到中空的金属球表面。利用范德格拉夫起电机很容易获得几百万伏特至几千万伏特的高压。

导体达到静电平衡时,导体上的电荷会分布在导体的表面,整个导体为等势体,导体表面是等势面。

【实验内容与步骤】

1. 使头发竖立

站在绝缘的椅子上,用手按着起电机的球形金属罩。由于人的身体也可导电,所以当起电机启动时,电荷便转移到人的身体上,而因为头发上的电荷互相排斥,头发便竖立起来。

2. 放电

把接地的金属小球移近起电机的球形金属罩时,强大的电场使电荷由球形金属罩跃向金属小球,在空气中产生大量离子和电子。因为离子的能态比不带电的空气分子高,所以它们便自发地释放能量,产生火花。

实验 1.9　PASCO 磁学实验

PASCO 磁学实验

（三十一）三维磁场演示器

【实验目的】

观察三维磁场线。

【实验仪器】

三维磁场演示仪（见图 3-1-38），条形磁铁（磁铁的直径约为 10 mm，磁铁长为 45 ～ 50 mm）。

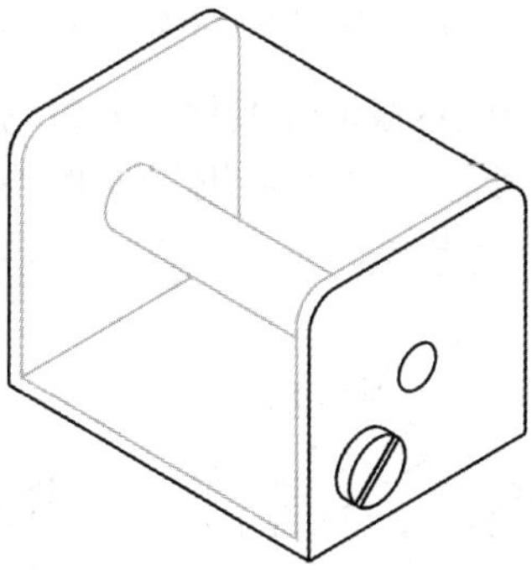

图 3-1-38　三维磁场演示仪

【实验原理】

透明的丙烯酸容器中含有悬浮在石蜡中的铁屑，将一个或两个条形磁铁插入穿过容器轴线的孔中，这些铁屑将沿着磁场线排列起来。

【实验内容与步骤】

（1）按图 3-1-39 所示方向缓慢、轻轻地摇晃演示仪，使铁屑均匀分布。（剧烈的晃动可能会在石蜡中产生气泡，而很难看到这些铁屑。）

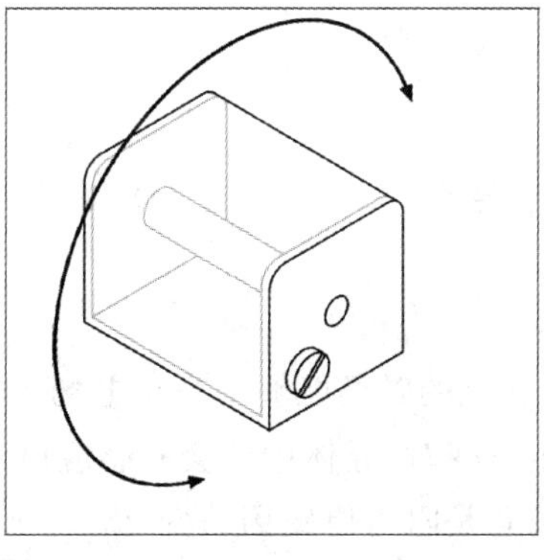

图 3-1-39　摇晃演示仪，使铁屑分布均匀

(2) 将一个或多个磁铁放入演示仪中,如图 3-1-40 所示,铁屑会沿着磁场线排列,然后会聚集在磁极附近。

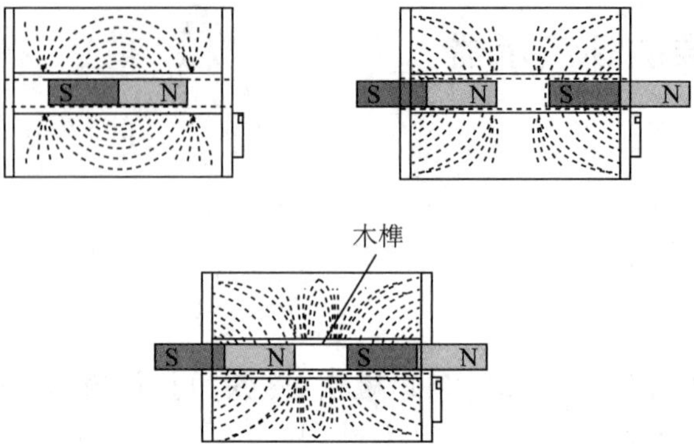

图 3-1-40　演示仪中磁体的不同位置

(3) 三维磁场演示仪也可用于观察载流导线周围的磁场线。导线可以用图 3-1-41 所示的两种方式中的任何一种缠绕在容器上,使用绝缘铜线。建议采用能够提供 40 ～ 50 A 电流的直流电源。

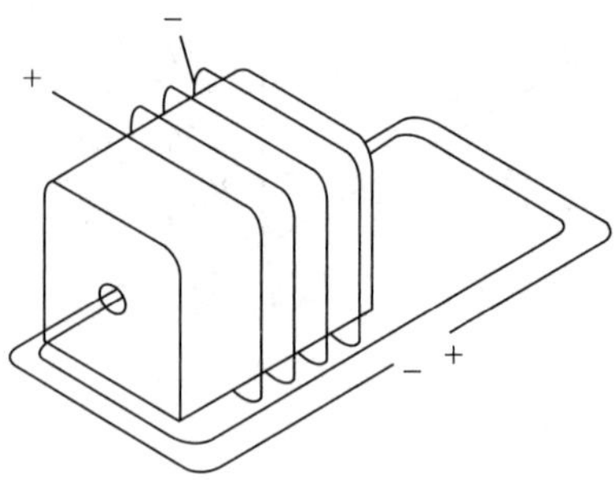

图 3-1-41　三维磁场演示仪的导线布置

(三十二) 楞次定律演示器

【实验目的】

获得对楞次定律的感性认识。

【实验仪器】

两个外形相同的落体(一个是磁体,一个没有磁性)及配件,一个弹簧秤。

【实验原理】

根据法拉第电磁感应定律,变化的磁场能够感应出电场。根据安培环路定理,电流能够激发磁场。所以当导体中磁场发生改变时,导体中就会有感应电流产生,该感应电流会激发二次磁场。楞次定律指出该二次磁场总是阻碍原磁场的变化。

图 3-1-42 所示为下落磁铁穿过金属管的示意图。下落磁铁的 N 极朝下,将在金属管中下

落过程的三个横截面分别用A、B、C表示。所有穿过三个横截面的磁场都指向下方。在横截面A处，磁场随着磁铁的掉落而减弱。在横截面B处，由磁铁产生的磁场保持相对恒定，所以在横截面B处没有感应磁场产生。在横截面C处，磁场随着磁铁的下落而增强。根据楞次定律，感应磁场方向向上，降低总磁场的增强速率。

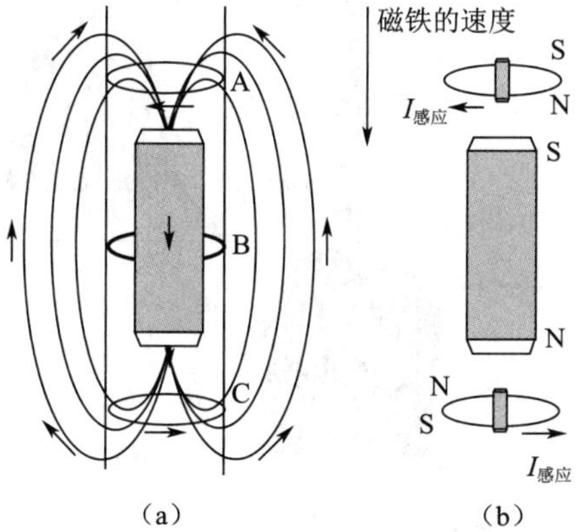

图 3-1-42　下落磁铁穿过金属管的示意图

为了理解这些场对下落磁铁的影响，一个简单的方法是想象这些场是由微小的磁铁产生的，如图3-1-42(b)所示。上方等效磁铁的磁场的方向与下落磁铁的方向相同，即感应磁铁的N极与下落磁铁的S极相邻。下落磁铁被吸引，从而减缓了它的运动。下方感应磁场排斥下落磁铁，同样会减缓下落磁铁的运动。所以楞次预言：感应磁场会减缓磁铁的运动。本实验将验证楞次的预言。

楞次定律提供了确定感应电流和感应磁场方向的简单方法，然而感应电流和感应电流的磁场还需要通过更为基本的电磁定律来确定，如法拉第电磁感应定律和安培环路定理，在此不再赘述。

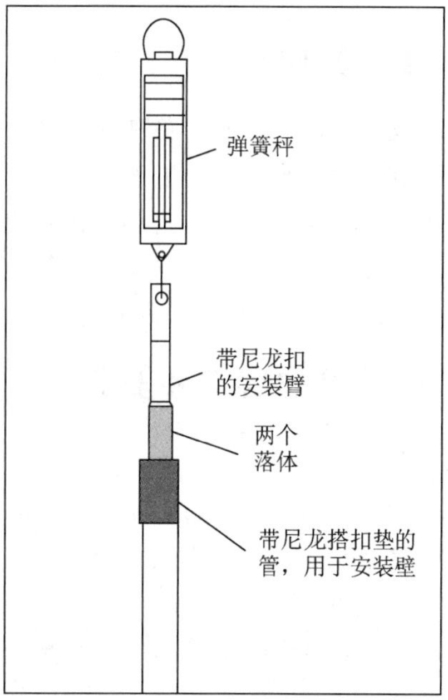

图 3-1-43　实验仪器安装

【实验内容与步骤】

(1) 如图3-1-43所示，安装实验仪器。

(2) 将未磁化的物体放在管开口上方，然后释放，观察物体的下落速度。

(3) 将磁体放在管开口上方，然后释放，观察磁体的下落速度，并与未磁化的物体的下落速度相比较。

(4) 重复演示，让学生读取弹簧秤上的示数。

(三十三) 跳环

【实验目的】

演示电磁感应和磁力的原理。

【实验仪器】

跳环配件(铜环、裂隙铝环、小铝环),感应线圈和灯泡,如图 3-1-44 所示。

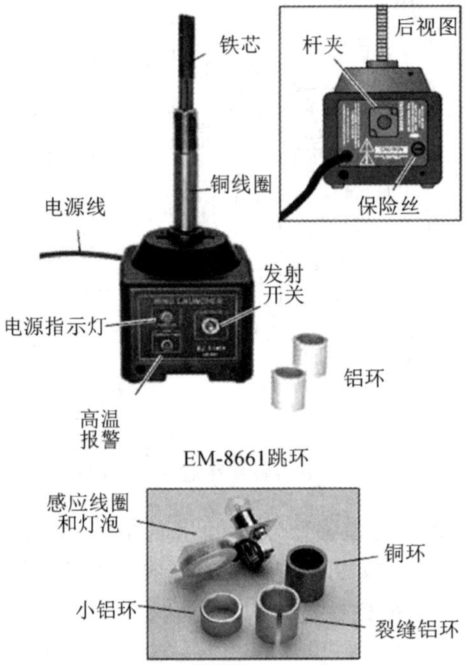

图 3-1-44　跳环实验仪器

【实验原理】

交流(AC)电源在发射器的铜线圈中产生交流电。电流的变化会产生交变电磁场。当导电环在跳环上时,交变电磁场会在环中产生电流。环中的电流产生另一个电磁场,与发射器产生的电磁场方向相反。这两个磁场之间的磁排斥力将环向上推动。

封闭的金属环是导体,因此会对不断变化的电磁场做出反应。在裂缝铝环中,环不能传导电流。该电路为"开路",没有电流,不存在磁斥力,分裂的铝环不会被向上推动。

【实验内容与步骤】

1. 跳环

(1) 在一个宽敞的房间里,把跳环放在一个稳定的支架上,如地板或一张低桌子上。注意,为了防止环撞击其他物体或人,在跳环周围要留出 1 m 的空间半径,在跳环上方要留出 2 m 高度的空间。

(2) 将跳环电源线插入一个接地的 110 V 电源插座中。当电源打开时,绿色电源指示灯被点亮。

(3) 在打开发射开关之前,人站在发射器的一侧,并做好准备,当环落下时要能接得住环。

(4) 将其中一个铝环滑动到发射器的铁棒和铜线圈上。注意,不要将脸或身体的任何部分直接放在铁棒的顶部或发射路径上的任何地方。

(5) 立即按下发射开关按钮，环将会跳起大约 2 m。

(6) 将铝环分别换成铜环和裂缝铝环，重复步骤(4) 和(5)，观察现象。

2. 点亮感应灯泡

手持感应灯泡的塑料底座放在铁棒上部，如图 3-1-45 所示，使塑料底座上的铜线圈靠近跳环的铜线圈。当感应灯泡接近铜环时，用另一只手短暂按下发射开关按钮，感应灯泡会被点亮。

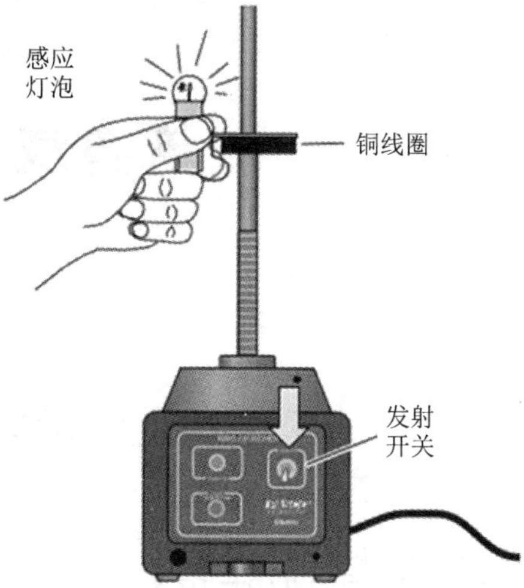

图 3-1-45 点亮感应灯泡

【注意事项】

(1) 不要试图拆卸跳环壳体的任何部分或将跳环浸入水中，这样做可能会导致触电或损坏仪器。

(2) 请勿将跳环电源插头插入非接地的电源插座。

(3) 请勿将跳环的电源插头插入适配器，然后再尝试将适配器插入电源插座。一定要将跳环的电源线插到接地的 110 V 输出端口中。

(4) 不要连续按住发射开关按钮超过 20 s，否则会导致铜线圈过热。

(5) 不要使用任何与跳环或跳环附件不同的环。例如，不要使用纸张、塑料或橡胶制品。

(6) 如果铜线圈过热，红色高温警告灯将亮起，发射器将无法工作。待红色高温警告灯关闭后，再尝试进行实验。

(7) 如果绿色电源指示灯始终熄灭，请更换跳环的保险丝，如图 3-1-46 所示。更换保险丝前务必切断发射器的电源，使用相同类型的保险丝(8 A，250 V Type F) 进行更换。更换保险丝的步骤如下。

① 拔下发射器的电源线。将平片螺丝刀插入发射器背面的开槽保险丝盖，然后逆时针旋转以拆下保险丝架。

② 更换保险丝架中的保险丝，将保险丝架放回发射器，用平片螺丝刀顺时针转动保险丝盖拧紧即可。

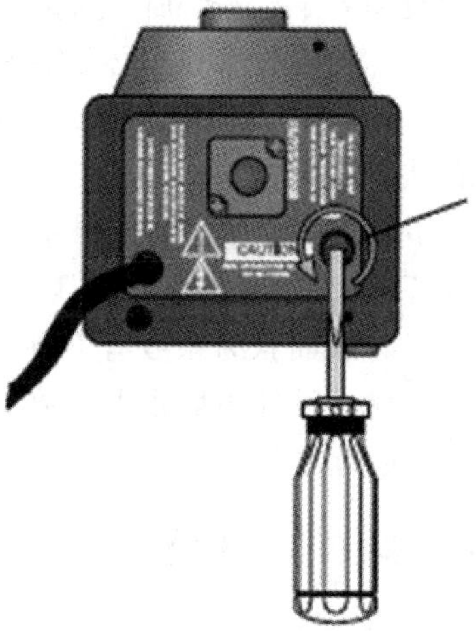

图 3-1-46 更换保险丝

第四章　基础性实验

实验二　液体表面张力系数的测定

液体表面张力
系数的测定

【实验背景及应用】

许多现象表明液体表面具有收缩到尽可能小的趋势，这是液体分子间存在相互作用力的宏观表现。这种沿着表面收缩液面的力称为表面张力。

液体表面现象广泛见于钢铁生产，焊接，印刷，染料、复合材料的制备等过程中。液体表面张力系数是表征液体性质的一个重要参数，测量表面张力系数具有极其重要的意义。利用它能够说明物质处于液态时所特有的许多现象，如泡沫的形成、润湿和毛细现象等。工业上的浮选技术和液体传输技术等都必须对液体表面张力系数进行研究。

2021 年 12 月 9 日，航天员王亚平在中国空间站进行了水膜张力实验和液桥演示实验，这都是水的表面张力在起作用。2021 年，清华大学教授、中国科学院理化技术研究所双聘研究员刘静带领其研究团队以可达水 9 倍表面张力的液态金属为基础，构建出一种全新概念的液态金属气泡系统，实现了对液态金属表面的精确调节，把液态金属从“冷门”变成“热点”。

测量液体表面张力系数有多种方法，如最大泡压法、毛细管法、拉脱法等。本实验主要是利用拉脱法测量液体表面张力系数。拉脱法是直接测定法，通常采用物体的弹性形变（伸长或扭转）来度量力的大小。

【实验教学目标】

1. 知识目标

（1）了解表面张力的现象和应用，能从微观角度解释表面张力的成因。

（2）掌握用拉脱法测量液体表面张力系数的原理和方法，对金属框能进行正确的受力分析，理解液膜拉脱过程中力的变化情况。

（3）了解力敏传感器的结构和基本原理，理解转换测量法的思想内涵。

2. 能力目标

（1）能用游标卡尺精准测量金属框的内、外径，能用转换测量法解决实验中出现的问题，从而增强学生分析、解决问题的能力。

（2）通过对液体表面张力现象的观察和理解，培养学生细致入微的观察能力。

3. 价值目标

(1) 通过引导学生对液体表面张力的成因的探索，培养学生从现象到本质的科学意识和主动探索、善于分析的科学精神。

(2) 在实验操作过程中，培养学生锲而不舍、精益求精的工匠精神。

(3) 通过介绍我国在表面张力领域的前沿科技进展，激发学生的民族自豪感和爱国情怀。

【实验仪器】

焦利氏秤是一种精密的测力仪器，在高等院校物理实验中是用拉脱法测量液体表面张力系数的专用仪器。该仪器结构图如图 4-2-1 所示。

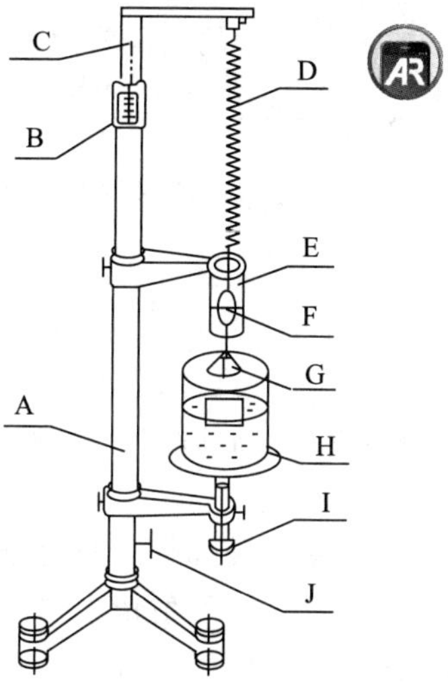

A—立柱；B—游标；C—金属杆；D—弹簧；E—玻璃圆筒；
F—平面反射镜；G—秤盘；H—平台；I、J—旋钮。

图 4-2-1　焦利氏秤结构图

【实验原理】

一般弹簧秤都是上端固定，在下端加负载后弹簧向下伸长，而焦利氏秤相反，它是控制弹簧下端的位置保持一定，加负载后向上拉动弹簧来确定伸长值。

设在力 F 作用下弹簧伸长了 L，根据胡克定律可知

$$F_{弹} = kL$$

式中，k 为弹簧的刚度系数，它表示弹簧伸长单位长度时作用力的大小，单位为 N/m。

液体表面层内的分子所处的环境与液体内部的分子不同。液体内部的每一个分子四周都被同类的其他分子所包围，它所受到的周围分子合力为零。由于液体上方分子很少，因此液体表面层内每一个分子受到的向上的引力比向下的引力小，合力不为零，这个合力垂直于液面并指向液体内部。所以，分子有从液面被挤入液体内部的倾向，并使得液体表面自然收缩，直到处于动态平衡。液体表面如同紧张的弹性薄膜，有收缩的趋势，所以液滴总是趋于球形。这说明液体表面存在一种张力，称为表面张力。

假设在液面上有一长度为 L 的线段,则张力的作用表现在线段两侧液面上存在一定的力 F 相互作用,而且力的方向与线段垂直,其大小与线段长度 L 成正比,即

$$F_{张} = \alpha L$$

式中,α 为液体表面张力系数,它表示单位长度线段两侧液体的相互作用力,单位为 N/m。

将一细线金属框浸入水中后再慢慢拉出水面,细线下面将带起一水膜,当水膜刚被拉断时,有

$$F = W + 2\alpha L + lhd\rho g \tag{4-2-1}$$

式中,F 为向上的拉力;W 为金属框的重力和所受浮力之差;l 为金属框的长度;d 为细线的直径,即水膜的厚度;h 为水膜被拉断时的高度;ρ 为水的密度;g 为重力加速度。式(4-2-1) 中的 $lhd\rho g$ 为水膜的重量,由于细线的直径很小,所以这项值不大。

由于水膜有前、后两面,所以式(4-2-1) 中的表面张力为 $2\alpha L$。故表面张力系数 α 为

$$\alpha = \frac{(F - W) - ldh\rho g}{2L} \tag{4-2-2}$$

实验中用焦利氏秤测得$(F - W)$ 值后,即可用式 (4-2-2) 计算表面张力系数 α 的值。

【实验内容与步骤】

1. 测量弹簧的刚度系数 k

(1) 将弹簧挂在焦利氏秤上,调节支架的底脚螺钉,使平面反射镜 F 穿过玻璃圆筒 E 的中心,这时弹簧将与立柱 A 平行。

(2) 在秤盘 G 上加 1 g 砝码,旋转旋钮 J 使弹簧上升,直至平面反射镜上的水平刻线、玻璃圆筒的水平刻线和玻璃圆筒的水平刻线在平面反射镜中的像重合,即三线重合为止,用游标读出标尺值 L。之后每加 0.5 g 砝码记一次 L 值,直至加到 3.5 g 后再逐次取下砝码,将多次测得的数据取平均值,求出刚度系数 k 值。

2. 测$(F - W)$ 值

(1) 将盛有干净水的玻璃皿置于平台 H 上,使金属框浸入水中,调节平面反射镜F,使其上的水平刻线位于零点稍下方。

(2) 用一只手慢慢调节旋钮 J,使弹簧向上伸长,另一只手慢慢旋转旋钮 I,使玻璃皿下降。要求在这个过程中,玻璃圆筒 E 始终停在零点处不动。当金属框刚好到达水面时,记下旋钮 I 的位置 I_1,继续转动旋钮 I 和 J,直至水膜被破坏为止,记下金属杆上标尺读数 L_1(用游标读到 0.1 mm) 和旋钮 I 的位置 I_2。

(3) 用吸水纸将金属框上的小水珠轻轻吸去,转动旋钮 J,使金属框缓缓下降,直到玻璃圆管 E 回到零点,读出标尺读数 L_2,则

$$F - W = k(L_1 - L_2) \tag{4-2-3}$$

(4) 将上述过程重复多次,取测得数据的平均值。测量过程中 I_1 与 I_2 之差即为水膜的高度 h,因为水膜重量和拉力相比很小,因此 h 值不需测得很精密。

(5) 用游标卡尺测出金属丝的长度 l 和直径 d。

(6) 因为表面张力随温度的变化而变化,所以需用温度计测出实验时的水温。

【数据记录和处理】

将上述测得的数据分别记入表 4-2-1、表 4-2-2 中。

表 4-2-1　测量弹簧的刚度系数 k 的实验数据

砝码质量 /g	L'_1/mm	L'_2/mm	$\overline{L'}=\frac{L'_1+L'_2}{2}$/mm	逐差值 /mm	
1.0				$\Delta L'_1=\overline{L}'_{2.5}-\overline{L}'_{1.0}$	
1.5				$\Delta L'_2=\overline{L}'_{3.0}-\overline{L}'_{1.5}$	
2.0				$\Delta L'_3=\overline{L}'_{3.5}-\overline{L}'_{2.0}$	
2.5				$\Delta L'$ 的平均值	
3.0					
3.5					

表 4-2-2　测 $F-W$ 值的实验数据

单位：mm

物理量	次数				
	1	2	3	4	5
L_1					
L_2					
$x=L_1-L_2$					
$\overline{x}$					
I_1					
I_2					
$h=I_2-I_1$					
$\overline{h}$					
l					
$\overline{l}$					
d					
$\overline{d}$					

【不确定度分析】

(1) 由式(4-2-2)和式(4-2-3)可知，表面张力系数为 $\alpha=\frac{kx}{2l}-\frac{ldh\rho g}{2l}$，利用该式计算液体表面张力系数 α。

(2) 不确定度 U_α 的计算：

$$U_\alpha = \sqrt{\left(\frac{\partial \alpha}{\partial k}\right)^2 U_k^2 + \left(\frac{\partial \alpha}{\partial x}\right)^2 U_x^2 + \left(\frac{\partial \alpha}{\partial l}\right)^2 U_l^2 + \left(\frac{\partial \alpha}{\partial d}\right)^2 U_d^2 + \left(\frac{\partial \alpha}{\partial h}\right)^2 U_h^2}$$

式中,$U_k = k\sqrt{\left(\frac{\partial \ln k}{\partial \Delta L'}\right)^2 U_{\Delta L'}^2}$ $\left[\begin{aligned} & k\Delta L' = \Delta mg \Rightarrow k = \frac{\Delta mg}{\Delta L'} \\ & E = \frac{U_k}{k} \Rightarrow U_k = k\sqrt{\left(\frac{\partial \ln k}{\partial \Delta L'}\right)^2 U_{\Delta L'}^2} = k\sqrt{\left(\frac{1}{\Delta L'}\right)^2 U_{\Delta L'}^2} \end{aligned}\right]$

$$U_{\Delta L'} = \sqrt{\frac{1}{3\times 2}\sum_{i=1}^{3}(\Delta L'_i - \Delta \bar{L}')^2 + 0.000\ 06^2}$$

$$U_x = \sqrt{\frac{1}{5\times 4}\sum_{i=1}^{5}(x_i - \bar{x})^2 + 0.000\ 06^2}$$

$$\left(\text{直接测量 } U_{\mathrm{B}} = \frac{\Delta_{\text{仪}}}{\sqrt{3}} = \frac{0.1}{\sqrt{3}}\ \mathrm{mm} = 0.000\ 06\ \mathrm{m}\right)$$

$$U_l = \sqrt{\frac{1}{5\times 4}\sum_{i=1}^{5}(l_i - \bar{l})^2 + 0.000\ 01^2}$$

$$U_d = \sqrt{\frac{1}{5\times 4}\sum_{i=1}^{5}(d_i - \bar{d})^2 + 0.000\ 01^2}$$

$$\left(\text{直接测量 } U_{\mathrm{B}} = \frac{\Delta_{\text{仪}}}{\sqrt{3}} = \frac{0.02}{\sqrt{3}}\ \mathrm{mm} = 0.000\ 01\ \mathrm{m}\right)$$

$$U_h = \sqrt{\frac{1}{5\times 4}\sum_{i=1}^{5}(h_i - \bar{h})^2 + 0.000\ 3^2}$$

$$\left(\text{直接测量 } U_{\mathrm{B}} = \frac{\Delta_{\text{仪}}}{\sqrt{3}} = \frac{0.5}{\sqrt{3}}\ \mathrm{mm} = 0.000\ 3\ \mathrm{m}\right)$$

$$\frac{\partial \alpha}{\partial k} = \frac{x}{2l};\quad \frac{\partial \alpha}{\partial x} = \frac{k}{2l};\quad \frac{\partial \alpha}{\partial l} = -\frac{kx}{2l^2};\quad \frac{\partial \alpha}{\partial d} = -\frac{h\rho g}{2};\quad \frac{\partial \alpha}{\partial h} = -\frac{d\rho g}{2}$$

(3) 测量结果表示:$\alpha \pm U_\alpha$(N/m)。

【注意事项】

(1) 水中若有少许污物,其表面张力系数将有明显变化。因此,实验时必须用干净的水,如蒸馏水或凉开水等,以保证测量的准确性。

(2) 每次实验前要用氢氧化钠溶液清洗玻璃皿和金属框,然后用干净的水冲洗多次才能使用。实验结束后用吸水纸将金属框表面擦干,以免锈蚀。

(3) 测量过程中动作要缓慢,防止仪器受震动,尤其在水膜即将破裂时要特别注意。

【分析与思考】

(1) 引起液体表面张力系数测量不确定度的因素中,哪一个因素的影响较大?

(2) 在拉膜时,弹簧的初始位置如何确定?为什么?

(3) 在拉膜过程中,为什么要始终保持三线重合?为实现此条件,实验中应如何操作?

实验三　光杠杆法测定金属丝的杨氏模量

【实验背景及应用】

光杠杆法测定金属丝的杨氏模量

杨氏模量是描述固体材料抵抗形变能力的物理量，广泛应用于工程、建筑和制造等多个领域。它反映了在弹性形变阶段，材料的应力和应变成正比例关系（即符合胡克定律）。杨氏模量只与材料的性质有关，它的大小标志了材料的刚性。杨氏模量越大，材料越不容易发生形变。杨氏模量的单位与压强一致，即帕斯卡（Pa）。在工程中，因各材料杨氏模量的量值比较大，所以常以百万帕斯卡（MPa）或十亿帕斯卡（GPa）作为其单位。

在工程和建筑中，了解材料的杨氏模量是设计和建造安全、可靠的结构的关键。例如，在建造桥梁时，工程师需要选择具有足够杨氏模量的材料，以确保桥梁在承受车辆和行人的重量时不会发生过度形变或断裂。在建设摩天大楼时，工程师需要确保建筑材料能够承受风力、地震和其他外部因素的影响，杨氏模量高的材料可以提供必要的结构刚性和稳定性。在生产高精度的机械零件时，需要选择具有高杨氏模量的材料，以确保零件在操作过程中不发生形变，从而保证设备的精度和稳定性。在纳米技术领域，通过调整材料的结构和成分，可以优化其杨氏模量，从而开发出更轻、更强的纳米材料。在医疗器械中，骨科植入物、牙科修复材料等需要与人体组织相容，并要求在使用过程中保持其形状和功能，选择具有适当杨氏模量的生物材料，可以确保它们在人体内长期稳定运行，从而为患者提供有效的医疗支持。在光纤通信中，使用的光纤材料要求具有特定的杨氏模量，以保证在传输信号时不受外界环境的影响，提供稳定的通信质量。

通过深入研究和应用杨氏模量，可以开发出更具优异性能的材料，推动各个行业的发展和技术进步。辽宁舰上的阻拦索就是一个很好的例子。阻拦索被称为舰载机的“生命之索”。我国是世界上为数不多的能够自行研制并生产航母阻拦索的国家之一。我国自行研发的阻拦索，每根由 6 股钢丝绳组成，每股钢丝绳由 12 根主钢丝、12 根中间尺度钢丝和 6 根呈三角形布置的细钢丝组成。

【实验教学目标】

1. 知识目标

（1）理解杨氏模量的概念、意义以及计算公式。

（2）掌握测量杨氏模量的实验原理、方法、步骤。

2. 能力目标

能独立完成杨氏模量实验，对实验数据进行处理和分析；培养学生的科学实验能力，包括提出问题、做出假设、实验操作、数据分析和得出结论等方面。

3. 价值目标

（1）培养学生解决问题的能力，强化学生的实践能力。

(2) 通过实验教学,培养学生遵守规则、诚实守信的良好品德。

【实验仪器】

杠杆式加力杨氏模量测定仪(见图 4-3-1),新型光杠杆,螺旋测微器,钢卷尺,直尺,100 g 砝码。

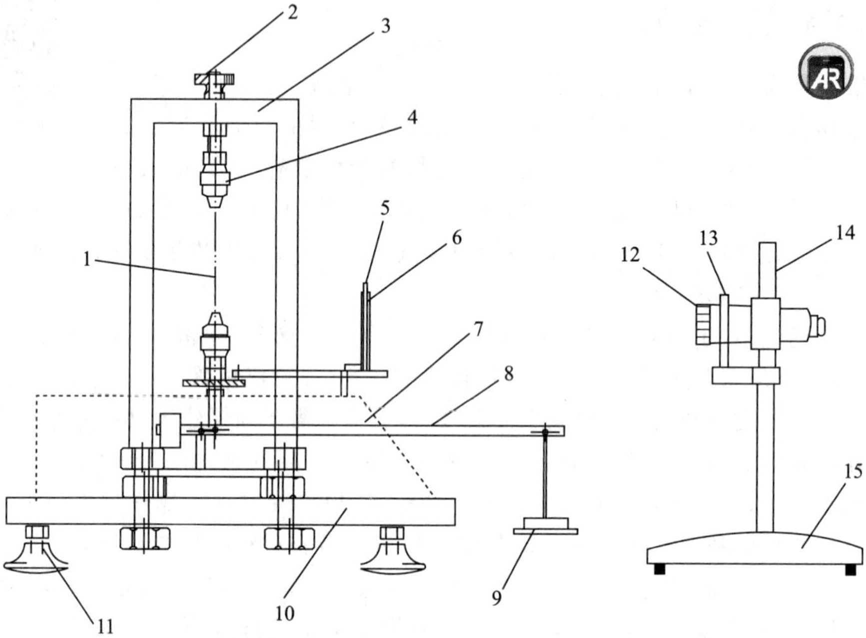

1—金属丝;2—调节手轮;3—机架;4—夹头;5—灯尺;6—光杠杆;
7—外罩兼作光杠杆托板;8—杠杆;9—砝码托盘;10—底板;11—底脚;
12—望远镜;13—反射镜;14—望远镜固定杆;15—底座。

图 4-3-1　杠杆式加力杨氏模量测定仪

【实验原理】

1. 杨氏模量

类比于弹簧受力满足胡克定律,金属丝受力后,力 F 与伸长量 ΔL 也成正比,比值可以用该金属丝的杨氏模量来描述(见图 4-3-2)。

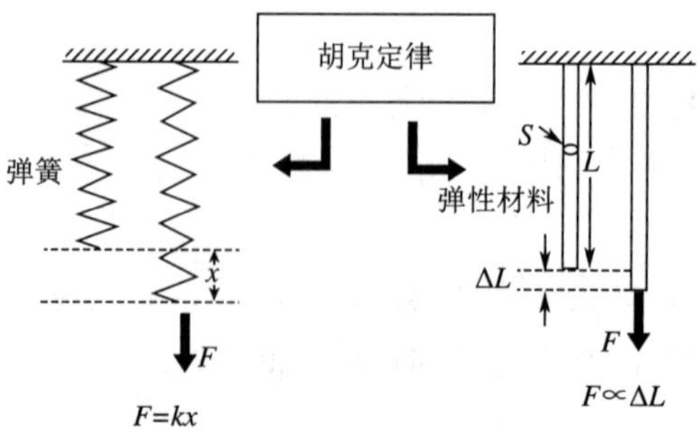

图 4-3-2　胡克定律与杨氏模量

如图 4-3-3 所示，设长为 L、横截面面积为 S 的均匀金属丝，施加外力 F 向上拉后，伸长了 ΔL。实验表明，在弹性限度范围内，单位面积上的垂直作用力 F/S（正应力）与金属丝的相对伸长 $\Delta L/L$（线应变）成正比，其比例系数称为杨氏模量，用 Y 表示，即

$$Y = \frac{F/S}{\Delta L/L} = \frac{FL}{S\Delta L} \tag{4-3-1}$$

式(4-3-1)中的 F、L 和 S 都易于测量，$S = \frac{\pi d^2}{4}$，其中，d 为金属丝的直径；ΔL 属于微小变量。因此本实验中将用光杠杆放大法测量。

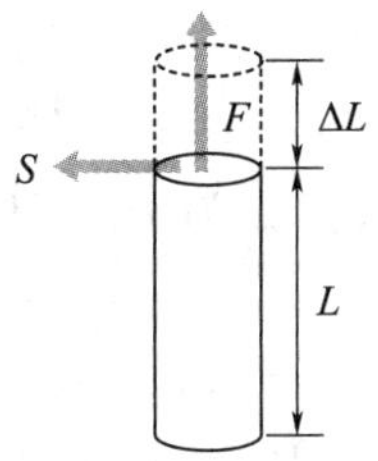

图 4 3 3　杨氏模量的定义

2. 光杠杆放大原理

放大法是一种应用十分广泛的测量技术。物理实验中将会用到机械放大、光放大、电子放大等测量技术，如螺旋测微器是通过机械放大而提高测量精度的，示波器是通过将电子信号放大后进行观测的。本实验采用的光杠杆法属于光放大技术。光杠杆放大原理被广泛地用于许多高灵敏度仪表中，如光电反射式检流计、冲击电流计等。

放大法的核心是将微小变化量输入"放大器"，经放大后再进行精确测量。

设微小变化量用 ΔL 表示，放大后的测量值为 N，则

$$A = \frac{N}{\Delta L}$$

称 A 为放大器的放大倍数。原则上 A 越大，越有利于测量，但这往往会引起信号失真。因此，研究保真技术已成为测量技术的一个专门领域。

图 4-3-4(a) 所示为新型光杠杆结构示意图。在等腰三角形铁板 1 的三个角上，各有一个尖头螺钉，底边连线上的两个螺钉B和C称为前足尖，顶点上的螺钉A称为后足尖，2 为光杠杆倾角调节架，3 为光杠杆反射镜。通过调节光杠杆倾角调节架，可使反射镜做水平转动，或调节俯仰角。测量标尺在反射镜的侧面并与反射镜在同一平面上，如图 4-3-4(b) 所示。测量时两个前足尖放在杨氏模量测定仪的固定平台上，后足尖则放在待测金属丝的测量端面上，该测量端面就是与金属丝下端夹头固定连接的水平托板。当金属丝受力后，产生微小伸长量，后足尖便随测量端面一起做微小移动，并使光杠杆绕前足尖转动一微小角度，从而带动光杠杆反射镜转动相应的微小角度，这样，标尺的像在光杠杆反射镜和调节反射镜之间反射，便把这一微小角位移放大成较大的线位移。这就是光杠杆产生光放大的基本原理。下面推导本实验的测量原理公式。

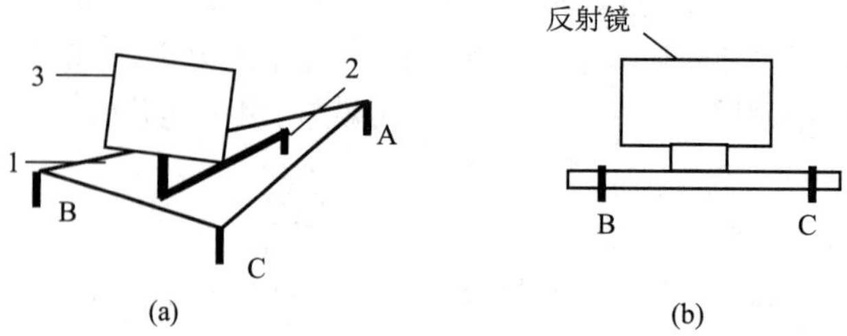

图 4-3-4 新型光杠杆结构示意图

图 4-3-5 所示为 NKY-B_1 型光杠杆放大原理示意图。开始时，光杠杆反射镜与标尺在同一平面内，在望远镜中读到的标尺读数为 P_1-P_0；当光杠杆反射镜的后足尖下降 ΔL 时，产生一个微小偏转角 θ，在望远镜上读到的标尺读数为 P_1-P_0。P_1-P_0 即为放大后的钢丝伸长量 N，常称为视伸长。由图 4-3-5(a) 可知，

$$\Delta L = b\tan\theta \approx b\theta$$

$$N = P_1 - P_0 = D\tan 4\theta \approx 4D\theta$$

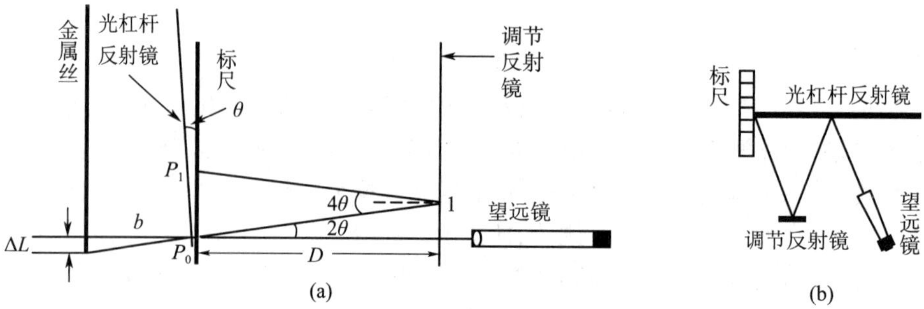

图 4-3-5 NKY-B_1 型光杠杆放大原理示意图

所以它的放大倍数为

$$A_0 = \frac{N}{\Delta L} = \frac{P_1 - P_0}{\Delta L} = \frac{4D}{b}$$

代入式(4-3-1)，可得

$$Y = \frac{16FLD}{\pi d^2 bN} \tag{4-3-2}$$

式中，b 称为光杠杆常数或光杠杆腿长，为光杠杆后足尖 A 到两前足尖 B、C 连线的垂直距离，如图 4-3-6(a) 所示；D 为调节反射镜到标尺的距离，即光杠杆反射镜与调节反射镜之间的距离。

用光学方法测量，调节望远镜的目镜。聚焦后可清晰地看到叉丝平面上有上、中、下三条平行基准线，如图 4-3-6(b) 所示，其中心分别记为 a、f、b，中间基准线称为测量准线，用于读取金属丝长度变化的测量值 $n_1, n_2, \cdots$，上、下两条准线称为辅助准线。

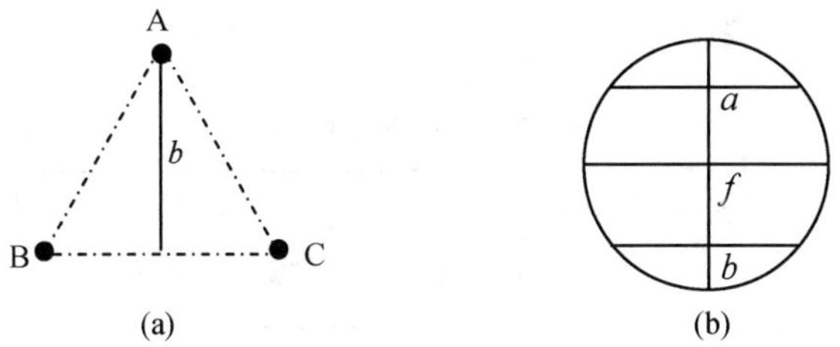

图 4-3-6　光杠杆常数和望远镜中的叉丝

3. 杠杆式加力杨氏模量测定仪

杠杆式加力杨氏模量测定仪如图 4-3-1 所示，金属丝上、下两端用钻头夹具夹紧，上端固定于双立柱的横梁上，下端钻头卡的连接拉杆穿过固定平台中间的套孔与一拉力盒相连，盒内装置有 1∶10 的杠杆加力系统，即在砝码托盘上加 100 g 的力，将对金属丝产生相当于 1 000 g 重物重力的拉力。

【实验内容与步骤】

1. 测量准备

(1) 本测定仪的光杠杆为嵌入载物台的倒足尖的杠杆，倒足被压在光杠杆调节圆盘下，两杆前足尖由两个顶针代替，形成转轴。当加力向下时，光杠杆偏转，产生光放大。其光杠杆常数为倒足尖与转轴之间的距离，$b=20.0$ mm，也可自行测量。

(2) 转动调节圆盘，使光杠杆反射镜与平台面基本垂直。

(3) 调节望远镜高度，使其与光杠杆基本处于等高位置。

(4) 调节反射镜的倾角螺钉，使反射镜镜面与光杠杆镜面基本平行。

(5) 转动调节反射镜的同时，观察照明标尺在光杠杆反射镜中的二次反射像。

(6) 将望远镜对准照明标尺在光杠杆上的像，然后调节望远镜的目镜和物镜焦距，直到看清叉丝平面的三条准线和光杠杆反射回的标尺像并无视差为止。

上述步骤属于光路调节，调节前要仔细体会光路调节中的“等高同轴要领”的含义，以获得令人满意的图像。

2. 测量

(1) 在砝码托盘上加砝码，每加一个砝码(100 g)，在望远镜中观测一次标尺读数。读取相应的数据，记入表 4-3-1 中。然后逐一减少砝码并读取相应数据，记入表 4-3-1 中。为了减小弛豫现象的影响，每测量一组数据，应停留 15 s 左右。

(2) 重复上述步骤，并将数据记入表 4-3-1 中。

(3) 测量 D、L、b、d、d_0 值，其中 D、L、b 只测一次，d_0 为螺旋测微器的初始值，$d_{测}$ 表示用螺旋测微器测得的金属丝的直径，在金属丝的不同位置测 5 次，则 $d=d_{测}-d_0$，将数据记入表 4-3-2 中。

(4) 将实验数据代入 $Y=\dfrac{16FLD}{\pi d^2 bN}$，计算 Y。先导出相对标准不确定度公式，再求标准不确定度 U_Y。

【数据记录和处理】

表 4-3-1　标尺读数记录

次数	拉力示数/kg	标尺读数 P/mm						两次平均值 P_i $(P_{1i}/2+P_{2i}/2)$/mm	逐差值/mm
		第一次测量			第二次测量				
		加砝码	减砝码	平均值 P_{1i}	加砝码	减砝码	平均值 P_{2i}		$N(P_i-P_j)$
1	1							$P_1=$	$N_1=P_5-P_1=$
2	2							$P_2=$	$N_2=P_6-P_2=$
3	3							$P_3=$	$N_3=P_7-P_3=$
4	4							$P_4=$	$N_4=P_8-P_4=$
5	5							$P_5=$	平均值 $N=$
6	6							$P_6=$	
7	7							$P_7=$	
8	8							$P_8=$	

表 4-3-2　螺旋测微器等测量数据

$D=$ ________ mm，$L=$ ________ mm，$b=$ ________ mm，$d_0=$ ________ mm　　单位：mm

d_1	d_2	d_3	d_4	d_5	$\overline{d}$

表 4-3-2 中，D 表示反射镜到标尺的距离，估读，有效数字保留到 0.1 mm；L 表示金属丝的原长，估读，有效数字保留到 0.1 mm；b 表示光杠杆常数，是倒足尖与转轴之间的距离，$b=20.0$ mm；d_0 表示螺旋测微器零点读数，估读，有效数字保留到 0.001 mm；修正值为$d=d_{测}-d_0$。金属丝直径(5 个不同位置）的平均值为

$$\overline{d}=\frac{d_1+d_2+d_3+d_4+d_5}{5}$$

【不确定度分析】

$Y=\dfrac{16FLD}{\pi d^2 bN}$，其中 $F=4$ kg，$b=20.0$ mm。

(1) 螺旋测微器测量的不确定度为

$$U_{\overline{d}}=\sqrt{\frac{1}{5\times 4}\sum_{i=1}^{5}(d_i-\overline{d})^2+0.003^2}$$

(2) 标尺测量的不确定度为

$$U_{\overline{N}}=\sqrt{\frac{1}{4\times 3}\sum_{i=1}^{4}(N_i-\overline{N})^2+0.3^2}$$

(3)$U_L=0.3$ mm；$U_D=0.3$ mm

单次测量 $U_x = \dfrac{\Delta_{仪}}{\sqrt{3}}$。

(4) 测量结果的相对不确定度为

$$E = U_Y/Y = \sqrt{\left(\frac{U_D}{D}\right)^2 + \left(\frac{U_L}{L}\right)^2 + 2^2 \times \left(\frac{U_{\bar{d}}}{\bar{d}}\right)^2 + \left(\frac{U_b}{b}\right)^2 + \left(\frac{U_{\bar{N}}}{\bar{N}}\right)^2}$$

(5)$U_Y = Y \times E$(只保留一位有效数字)。

(6) 实验结果为

$$(Y \pm U_Y)\ \text{Pa}$$

【注意事项】

(1) 望远镜调节完毕后,实验过程中不能再调整望远镜,并尽量保证实验桌不要震动。

(2) 实验完毕后,应取下砝码,放入砝码盒中,使金属丝自由伸长,防止长期受力产生金属疲劳。

【分析与思考】

(1) 除了光杠杆法,还有什么方法可以放大微小量?

(2) 根据误差分析,要使 Y 的实验结果理想,关键应抓住什么量进行测量?为什么不同的长度量要用不同仪器进行测量?

(3) 若杨氏模量测量数据 N 不用逐差法而用作图法处理,应如何处理?

(4) 怎样才能又快又好地调节光路?试画出光路图并说明其原理。

【系统误差分析与消减办法】

(1) 由于金属丝不直或钻头夹具夹得不紧将出现假伸长,为此,必须用钻头卡夹紧金属丝。同时,在测量前应将金属丝拉直并施加适当的预拉力。

(2) 金属丝在加外力后,要经过一段时间才能达到稳定的伸长量,这种现象称为滞后效应,这段时间称为弛豫时间。为此,每次加力后应等到显示器数据稳定后再测读数据。

(3) 金属丝锈蚀或长期受力会产生金属疲劳,导致应力集中或产生非弹性形变,因此,当发生金属丝锈蚀或使用 2 年以上时应进行更换。

(4) 其他测量值的误差分析与估算。

① 由于测量条件的限制,对 L、D、b 三个量只进行单次测量,它们的误差应根据具体情况估算。其中 L、D 用钢尺测量时,其极限误差可估算为 0.5 ~ 1 mm。

② 金属丝直径 d 用螺旋测微器多次测量时,应注意测量点要均匀地分布在上、中、下不同位置,螺旋测微器的仪器误差取 0.005 mm。

不同材料杨氏模量参考值

动力学法测金属的杨氏模量

实验四 落球法测定液体在不同温度下的黏度

【实验背景及应用】

落球法测定液体在不同温度下的黏度

当液体内各部分之间有相对运动时,接触面之间存在内摩擦力,阻碍液体的相对运动,这种性质称为液体的黏性,液体的内摩擦力称为黏性力。黏性力的大小与接触面面积以及接触面处的速度梯度成正比,比例系数 η 称为黏度(或黏度系数)。

对液体黏性的研究在流体力学、化学化工、医疗、水利等领域都有广泛的应用,如在用管道输送液体时,要根据输送液体的流量、压力差、输送距离及液体黏度设计输送管道的口径。

测量液体黏度可用落球法、毛细管法、转筒法等,其中落球法适用于测量黏度较高的液体的黏度。

黏度的大小取决于液体的性质与温度,温度升高,黏度将迅速减小。例如,对于蓖麻油,当室温附近温度改变 1 ℃ 时,其黏度值改变约 10%。因此,测定液体在不同温度下的黏度有很大的实际意义。若要准确测量液体的黏度,必须精确控制液体的温度。

【实验教学目标】

1. 知识目标

了解 PID 温度控制的原理,学会用落球法测量不同温度下蓖麻油的黏度。

2. 能力目标

通过实验教学,使学生掌握实验现象与数据的观察、测量、记录,数据分析与处理,得出实验结论与评价,撰写实验报告等技能。

3. 价值目标

通过严格的实验教学训练,培养学生联系实际、格物致知的钻研精神,遵循规律、严谨求实的科学态度,以及团结协作、积极进取的良好品质。

【实验仪器】

变温黏度实验装置包含水箱、水泵、加热器、PID 温度控制器、电子秒表及显示电路等部分,PPH 型变温黏度实验仪,螺旋测微器,钢球。

1. 变温黏度实验装置

变温黏度实验装置的外形如图 4-4-1 所示。待测液体装在细长的样品内管中,能使液体温度较快地与加热水温达到平衡,样品内管壁上有刻度线,便于测量小球下落的距离。样品内管外的外循环加热水管连接到温控仪,通过热循环水加热样品。底座下有水平调节螺钉,用于将样品内管调节至铅直。

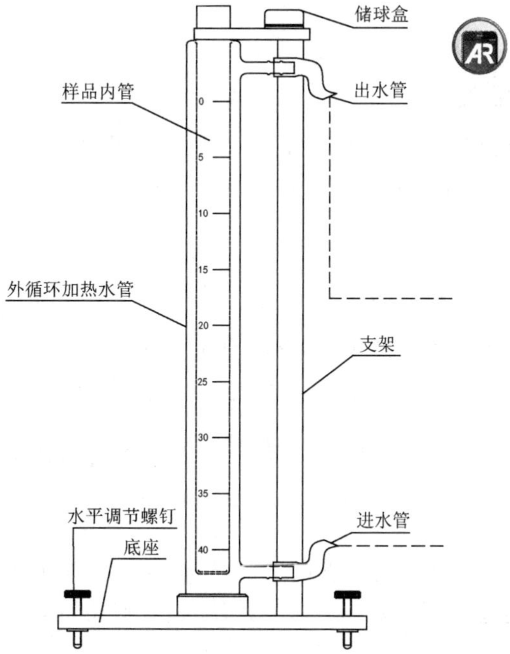

图 4-4-1　变温黏度实验装置的外形

2. PPH 型变温黏度实验仪

PPH 型变温黏度实验仪包含水箱、水泵、加热器、PID 温控仪、电子秒表及显示电路等部分。该实验仪内置微处理器，具有操作菜单，能根据实验对象选择 PID 参数以达到最佳控制，能显示温控过程的温度变化曲线、功率变化曲线及温度和功率的实时值，能存储温度及功率变化曲线，控制精度高。其面板如图 4-4-2 所示。

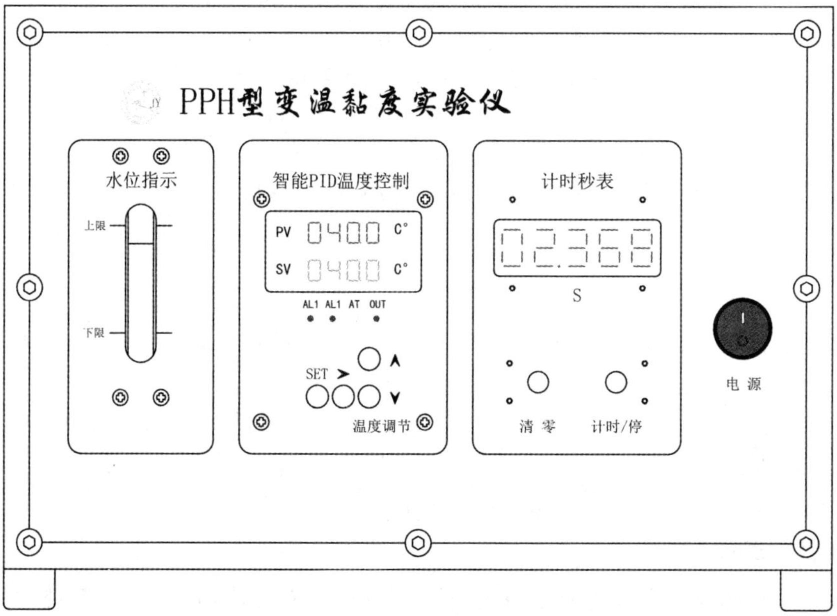

图 4-4-2　PPH 型变温黏度实验仪的面板

【实验原理】

1. 落球法测液体的黏度

一个在静止液体中下落的小球受到重力、浮力和黏性阻力三个力的作用,如果小球的速度 v 很小,且液体可以看成在各方向上都是无限广阔的,则从流体力学的基本方程可以导出表示黏性阻力的斯托克斯公式:

$$F = 3\pi\eta v d \tag{4-4-1}$$

式中,d 为小球直径。由于黏性阻力与小球速度 v 成正比,小球在下落很短一段距离后,所受三力达到平衡,小球将以 v_0 的速率匀速下落,此时有

$$\frac{1}{6}\pi d^3(\rho - \rho_0)g = 3\pi\eta v_0 d \tag{4-4-2}$$

式中,ρ 为小球密度,ρ_0 为液体密度。由式(4-4-2)可解出黏度 η 的表达式为

$$\eta = \frac{(\rho - \rho_0)gd^2}{18v_0} \tag{4-4-3}$$

本实验中,小球在直径为 D 的玻璃管中下落,液体在各方向上无限广阔的条件不满足,此时黏性阻力的表达式可通过修正系数 $(1 + 2.4d/D)$ 进行修正,则式(4-4-3)可修正为

$$\eta = \frac{(\rho - \rho_0)gd^2}{18v_0(1 + 2.4d/D)} \tag{4-4-4}$$

当小球的密度较大,直径不太小,而液体的黏度又较小时,小球在液体中的平衡速度 v_0 会达到较大的值,下式反映了液体运动状态对斯托克斯公式的影响为

$$F = 3\pi\eta v_0 d\left(1 + \frac{3}{16}Re - \frac{19}{1\,080}Re^2 + \cdots\right) \tag{4-4-5}$$

式中,Re 称为雷诺数,是表征液体运动状态的无量纲参数,即

$$Re = v_0 d\rho_0/\eta \tag{4-4-6}$$

当 $Re < 0.1$ 时,可认为式(4-4-1)、式(4-4-4)成立;当 $0.1 < Re < 1$ 时,应考虑式(4-4-5)中一阶修正项的影响;当 $Re > 1$ 时,还须考虑高阶修正项。

考虑式(4-4-5)中一阶修正项的影响及玻璃管的影响后,黏度 η_1 可表示为

$$\eta_1 = \frac{(\rho - \rho_0)gd^2}{18v_0(1 + 2.4d/D)(1 + 3Re/16)} = \frac{\eta}{1 + 3Re/16} \tag{4-4-7}$$

由于 $3Re/16$ 是远小于1的数,将 $1/(1 + 3Re/16)$ 按幂级数展开后近似为 $1 - 3Re/16$,式(4-4-7)又可表示为

$$\eta_1 = \eta - \frac{3}{16}v_0 d\rho_0 \tag{4-4-8}$$

已知或测量得到 ρ、ρ_0、D、d、v 等参数后,由式(4-4-4)计算黏度 η,再由式(4-4-6)计算 Re,若需计算 Re 的一阶修正,则由式(4-4-8)计算经修正的黏度 η_1。

在国际单位制中,η 的单位是 Pa·s,在厘米克秒制中,η 的单位是 P(泊)或 cP(厘泊),它们之间的换算关系是

$$1\ \text{Pa}\cdot\text{s} = 10\ \text{P} = 1\,000\ \text{cP} \tag{4-4-9}$$

2. PID 调节原理

PID 调节是自动控制系统中应用最为广泛的一种调节规律,自动控制系统的原理可用如图 4-4-3 所示的框图说明。

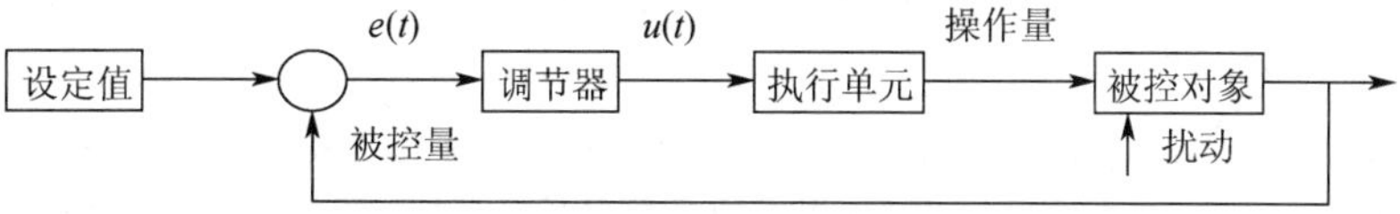

图 4-4-3　自动控制系统的原理框图

假如被控量与设定值之间有偏差 $e(t)$[$e(t)$ = 设定值 − 被控量]，调节器依据 $e(t)$ 及一定的调节规律输出调节信号 $u(t)$，执行单元按 $u(t)$ 输出操作量至被控对象，使被控量逼近设定值直至最后等于设定值。

调节器是自动控制系统的指挥机构。在温控系统中，调节器采用 PID 调节，执行单元是由可控硅控制加热电流的加热器，操作量是加热功率，被控对象是水箱中的水，被控量是水的温度。PID 调节器是按偏差的比例、积分、微分进行调节，其调节规律可表示为

$$u(t)=K_{\mathrm{P}}\left[e(t)+\frac{1}{T_{\mathrm{I}}}\int_{0}^{t}e(t)\,\mathrm{d}t+T_{\mathrm{D}}\frac{\mathrm{d}e(t)}{\mathrm{d}t}\right] \tag{4-4-10}$$

式中，第一项为比例调节，K_{P} 为比例系数；第二项为积分调节，T_{I} 为积分时间常数；第三项为微分调节，T_{D} 为微分时间常数。

PID 温度控制系统在调节过程中温度随时间的一般变化关系可用图 4-4-4 表示，控制效果可用稳定性、准确性和快速性评价。

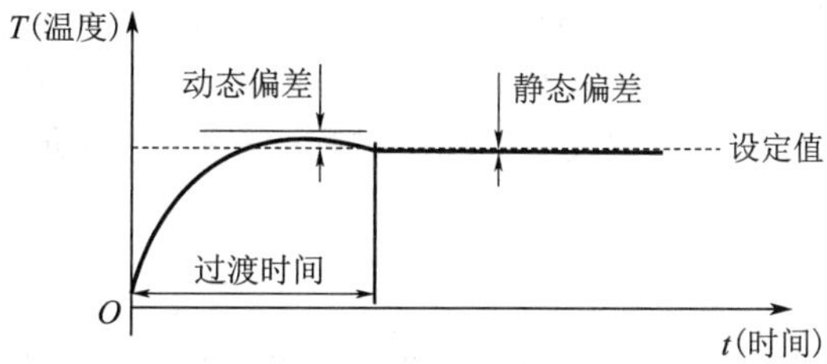

图 4-4-4　PID 温度控制系统过渡过程

系统重新设定（或受到扰动）后经过一定的过渡过程能够达到新的平衡状态，则为稳定的调节过程；若被控量反复振荡，甚至振幅越来越大，则为不稳定调节过程，不稳定调节过程是有害而不能采用的。准确性可用被调量的动态偏差和静态偏差来衡量，二者越小，准确性越高。快速性可用过渡时间表示，过渡时间越短越好。在实际控制系统中，上述三个指标常常是互相制约、互相矛盾的，应结合具体要求综合考虑。

如图 4-4-4 所示，系统在达到设定值后一般并不能立即稳定在设定值，而是超过设定值后经一定的过渡过程才重新稳定，产生超调的原因可从系统惯性、传感器滞后和调节器特性等方面予以说明。系统在升温过程中，加热器的温度总是高于被控对象的温度，在达到设定值后，即使减小加热功率或停止加热，加热器存储的热量在一定时间内仍然会使系统升温，降温有类似的反向过程，这称为系统的热惯性。传感器滞后是指由于传感器的本身热传导特性或传感器安装位置的原因，使传感器测量到的温度比系统实际的温度在时间上滞后，系统达到设定值后调节器无法立即作出反应，产生超调。对于实际的控制系统，必须依据系统特性合理设定 PID 参数，才能取得好的控制效果。

由式(4-4-10) 可见，比例调节项输出与偏差成正比，它能迅速对偏差做出反应，并减小偏差，但不能消除静态偏差。这是因为任何高于室温的稳态都需要一定的输入功率维持，而比例

调节项只有偏差存在时才输出调节量。增加比例系数 K_P 可减小静态偏差,但在系统有热惯性和传感器滞后时,会使超调加大。

积分调节项输出与偏差对时间的积分成正比,只要系统存在偏差,积分调节作用就不断积累,输出调节量以消除偏差。积分调节作用缓慢,在时间上总是滞后于偏差信号的变化。增加积分作用(减小 T_I) 可加快消除静态偏差,但会使系统超调加大,增加动态偏差,积分作用太强甚至会使系统出现不稳定状态。

微分调节项输出与偏差对时间的变化率成正比,它阻碍温度的变化,能减小超调量,克服振荡。在系统受到扰动时,它能迅速作出反应,减少调整时间,提高系统的稳定性。

PID 调节器的应用已有一百多年的历史,理论分析和实践都表明,应用这种调节器对许多具体过程进行控制时,都能取得令人满意的结果。

【实验内容与步骤】

1. 检查仪器后面的水位管,将水箱中的水加到适当值

平常加水时从仪器顶部的注水孔注入。若水箱排空后第 1 次加水,应该用软管从出水孔将水经水泵加入水箱,以便排出水泵内的空气,避免水泵空转(无循环水流出) 或发出嗡鸣声。

2. 设定 PID 参数

PID 参数一般出厂前已设定完毕,若只是把温控仪作为实验工具使用,则保持仪器设定的初始值,也能达到较好的控制效果。若对 PID 调节原理及方法感兴趣,可在不同的升温区段有意识地改变 PID 参数组合,观察参数改变对调节过程的影响,探索最佳控制参数。

3. 测定小球直径

由式(4-4-6) 及式(4-4-4) 可见,当液体黏度及小球密度一定时,雷诺数 $Re \propto d^3$ 。在测量蓖麻油的黏度时建议采用直径为 $1 \sim 2$ mm 的小球,这样可不考虑雷诺数修正或只考虑一阶雷诺数修正。

用螺旋测微器测定小球的直径 d,将数据记入表 4-4-1 中。

4. 测定小球在液体中的下落速度并计算黏度

(1) 温控仪温度达到设定值后再等约 10 min,使样品内管中的待测液体的温度与加热水温一致,才能测液体的黏度。

(2) 用镊子夹住小球,沿样品内管中心轻轻放入液体,观察小球是否一直沿中心下落,若样品内管倾斜,则应调节使其铅直。测量过程中,尽量避免对液体的扰动。

(3) 用秒表测量小球下落一段距离的时间 t,并计算小球的速度 v_0,用式(4-4-4) 或式(4-4-8) 计算黏度 η,记入表 4-4-2 中。表 4-4-2 中列出了部分温度下黏度的标准值,可将这些温度下黏度的测量值与标准值比较,并计算相对误差。

(4) 利用表 4-4-2 中 η 的测量值在坐标纸上作图,表明黏度随温度的变化关系。

(5) 实验全部完成后,用磁铁将小球吸引至样品内管口,用镊子将其夹入蓖麻油中保存,以备下次实验使用。

【数据记录和处理】

表 4-4-1　小球的直径

次数	1	2	3	4	5	6	7	8	平均值
$d/(10^{-3}\ \mathrm{m})$									

本实验配置的是 3 mm 的小钢球。

表 4-4-2　黏度的测定

$\rho = 7.8\times10^{3}\ \mathrm{kg/m^{3}}$，$\rho_0 = 0.95\times10^{3}\ \mathrm{kg/m^{3}}$，$D = 2.0\times10^{-2}\ \mathrm{m}$

温度 /℃	时间 /s						速度 / (m/s)	η/(Pa·s)（测量值）	*η/(Pa·s)（标准值）
	1	2	3	4	5	平均值			
20									0.986
25									—
30									0.451
35									—
40									0.231
45									—

* 摘自《化学与物理手册》(*CRC Handbook of Chemistry and Physics*。)

【分析与思考】

(1) 用落球法测黏度，影响结果的主要因素是什么？应采取什么措施以保证结果良好？

(2) 如何判断小球在做匀速运动？

小球在达到平衡速度之前所经路程 L 的推导

不同温度时蓖麻油的黏度

实验五　声速的测量

【实验背景及应用】

声速的测量

声波是一种在弹性介质中传播的机械波，频率低于 20 Hz 的声波称为次声波；频率在20 Hz ～20 kHz的声波可以被人听到，称为可闻声波；频率在 20 kHz 以上的声波称为超声波。超声波在介质中的传播速度与介质的特性及状态因素有关。因而通过介质中声速的测定，可以了解介质的特性或状态变化。例如，测量氯气（气体）、蔗糖（溶液）的浓度，氯丁橡胶乳液的比重及输油管中不同油品的分界面等，这些问题都可以通过测定这些物质中的声速来解决。可见,声速测定在工业生产上具有一定的实用意义。

实验装置中的压电换能器是利用压电效应原理制成的器件,声呐就是利用压电效应制成的一种装置,其工作原理是利用声波在水下的传播特性,同时通过电声转换和信息处理,确定水下目标的性质、位置、运动状态等特征。声呐系统被安装在渔船、航母、核潜艇和深水下潜器上,在军事、海洋测绘、水声通信、海洋流速测量和海洋渔业等领域发挥着重要的应用。

由声学多普勒测速仪和定位声呐及惯性导航等设备集成的组合导航系统,可以为潜水器的巡航作业提供高精度的水下定位导航。2020 年 11 月 10 日,我国“奋斗者”号载人潜水器在马里亚纳海沟成功坐底,坐底深度为 10 909 m,三位潜航员在海底进行了约 6 h 的采样工作——这是“奋斗者”号最长海底作业设计时间。这个记录直接冲入了世界顶尖水平,其先进的水声通信功能也迈入世界前列。“奋斗者”号声学系统完全国产化。水声通信是“奋斗者”号与母船“探索一号”之间沟通的唯一桥梁,实现了潜水器从万米海底至海面母船的文字、语音及图像的实时传输。

航空母舰中的声呐系统为其进行水下搜索、警戒、定位、识别、通信和导航起到了至关重要的作用。2022 年 6 月 17 日,我国完全自主设计、建造的首艘弹射型航空母舰——福建舰成功下水,开启了我国拥有三艘航空母舰的历史,彰显了大国、强国风范。

【实验教学目标】

1. 知识目标

(1) 学习用共振干涉法、相位比较法测定超声波的传播速度。

(2) 了解压电换能器的工作原理以及示波器的使用。

2. 能力目标

(1) 提高学生综合使用仪器的能力。

(2) 培养学生独立思考、分析实验方法优缺点的能力。

(3) 培养学生对实验结果进行数据处理和分析问题的能力。

3. 价值目标

(1) 通过声波在生活中的应用,激发学生的学习兴趣。

(2) 通过共振干涉法、相位比较法的比较,培养学生多角度、多元化思考问题的能力和批判思维能力。

(3) 通过介绍我国潜水器、航空母舰中声呐技术的发展,激发学生科技报国的责任感和民族精神的自豪感。

【实验仪器】

SW-2T 型声速测量仪包含专用电源(主机)和实验装置。

实验装置主要由储液槽、传动机构、数显标尺、压电换能器等组成。测量固体中的声速时,采用测试架上部的一副压电换能器。下方储液槽中的一副压电换能器供测量空气、液体介质中的声速用。作为测量空气、液体介质中的声速用的发射换能器 S_1 固定在储液槽的左边,另一只接收超声波用的接收换能器 S_2 装在用丝杆移动的滑块上,并由数显表头显示移动的距离。

发射换能器 S_1 发出的超声波的正弦电压信号由 SW-2T 型声速测量仪专用信号源供给,接收换能器 S_2 把接收到的超声波声压信号转换成电压信号,用示波器观察。

实验时需自备示波器、温度计(用于测量环境温度和液体温度)。

【实验原理】

在波动过程中，波速 v、波长 λ 和频率 f 之间的关系为 $v = f \cdot \lambda$，实验中可通过测定声波的波长 λ 和频率 f 来求得声速 v。常用的方法有共振干涉法与相位比较法。

1. 共振干涉法（驻波法）测量原理

当两束振幅相同、方向相反的声波相交时，会产生干涉现象，出现驻波。对于波束 1，$F_1 = A\cos(\omega t - 2\pi \cdot x/\lambda)$，对于波束 2，$F_2 = A\cos(\omega t + 2\pi \cdot x/\lambda)$，当它们交会时，叠加后的波形成波束 3，$F_3 = 2A\cos(2\pi \cdot x/\lambda) \cdot \cos \omega t$，其中，$\omega$ 为声波的角频率，t 为经过的时间，x 为经过的距离。由此可见，叠加后的声波的振幅随距离按 $\cos(2\pi \cdot x/\lambda)$ 变化，如图 4-5-1 所示。压电换能器 S_1 作为声波发射器，由信号源供给频率为数千赫兹的交流电信号，由逆压电效应发出一平面超声波；而换能器 S_2 作为声波接收器，由正压电效应将接收到的声压信号转换成电信号，该信号输入示波器，在示波器上可看到一组由声压信号产生的正弦波形。发射换能器 S_1 发出的声波，经介质传播到接收换能器 S_2，在接收声波信号的同时反射部分声波信号。如果接收换能器 S_2 的接收面与发射换能器 S_1 的发射面严格平行，即入射波在接收端面上垂直反射，那么入射波与发射波干涉形成驻波。在示波器上观察到的实际上是这两个相干波合成后在接收换能器 S_2 处的振动情况。移动接收换能器 S_2（改变 S_1 与 S_2 之间的距离），当 S_2 在某些位置时，振幅有最小值或最大值。

根据波的干涉理论可以知道，任何两个相邻的振幅最大值的位置之间（或两个相邻的振幅最小值的位置之间）的距离均为 $\lambda/2$。λ 为测量声波的波长，可以在观察示波器上声压振幅值的同时，缓慢地改变 S_1 和 S_2 之间的距离。在示波器上就可以看到声压振幅值不断地由最大值变到最小值，再变到最大值，两个相邻的振幅最大值之间 S_2 移动过的距离就是 $\lambda/2$。S_2 与 S_1 之间的距离的改变可通过转动螺杆的鼓轮来实现，而超声波的频率可由声波测试仪信号源频率显示窗口直接读出。在连续多次测量相隔半波长的 S_2 的位置变化及声波频率 f 以后，可运用测量数据计算出声速，用逐差法处理测量数据。

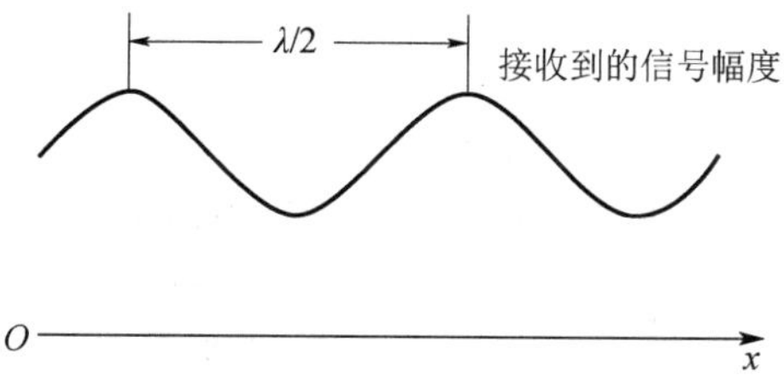

图 4-5-1　发射换能器与接收换能器之间的距离

2. 相位比较法测量原理

发射换能器 S_1 发出声波后，在其周围形成声场，声场在介质中任意一点的振动相位是随时间变化的，但它和声源的振动相位差 $\Delta\varphi$ 不随时间变化。

设声源的振动方程为

$$F_1 = F_{01}\cos \omega t$$

距声源 x 处的接收换能器 S_2 接收到的振动为

$$F_2 = F_{02}\cos \omega\left(t - \frac{X}{Y}\right)$$

两处振动的相位差为

$$\Delta\varphi = \omega \frac{X}{Y}$$

把 S_1 和 S_2 的信号分别输入示波器 X 轴和 Y 轴,那么当 $X = n \cdot \lambda$,即 $\Delta\varphi = 2n\pi$ 时,合振动的轨迹为一斜率为正的直线;当 $X = (2n+1) \cdot \lambda/2$,即 $\Delta\varphi = (2n+1)\pi$ 时,合振动的轨迹为一斜率为负的直线;当 X 为其他值时,合振动的轨迹为椭圆(见图 4-5-2)。

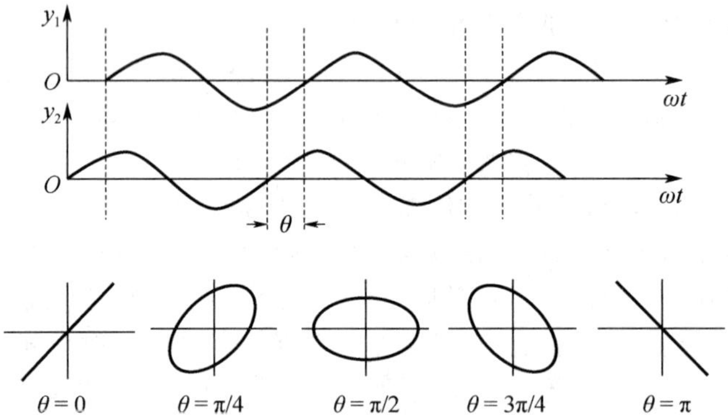

图 4-5-2　接收信号与发射信号形成李萨如图形

【实验内容与步骤】

1. 实验内容

(1) 了解示波器、信号源以及声速测量仪的基本使用方法。

(2) 开机预热 5 min。

(3) 测量谐振频率。

(4) 利用共振干涉法、相位比较法测量声速。

2. 实验步骤

(1) 声速测量系统的连接。

测量声速时,SW-2T 型声速测量仪、专用信号源、示波器之间的连接方法如图 4-5-3 所示,为共振干涉法、相位比较法接线示意图,适用于测量空气、液体中的声速。

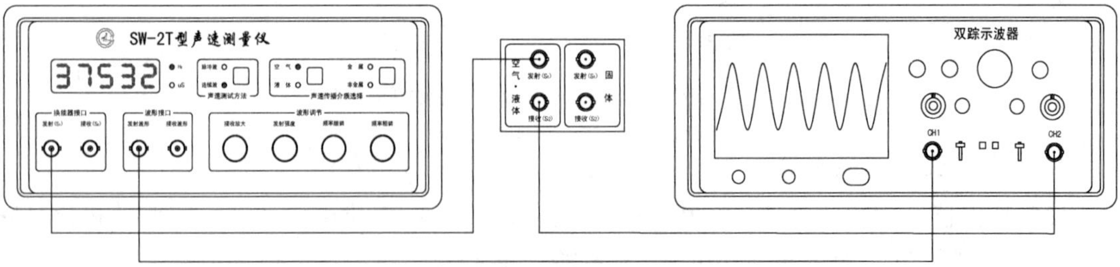

图 4-5-3　共振干涉法、相位比较法接线示意图

(2) 谐振频率的调节。

根据测量要求初步调节好示波器。将专用信号源输出的正弦信号频率调节到换能器的谐振频率,使换能器发射出较强的超声波,从而较好地进行声能与电能的相互转换,以得到较好

的实验效果，具体方法如下。

① 将专用信号源的“发射波形”端接至示波器，调节示波器，直到能清楚地观察到同步的正弦波信号为止。

② 调节专用信号源上的“频率调节”旋钮，观察接收波的电压幅度变化，在某一频率点处（36 ～ 38 kHz，具体数值因不同的换能器或介质而异）电压幅度最大，此频率就是与压电换能器 S_1、S_2 匹配的频率点，记录此频率 f_i。

③ 改变 S_1、S_2 的距离，如上所述，使示波器的正弦波振幅最大，再次调节正弦信号频率，直至示波器显示的正弦波振幅达到最大值。共测 5 次，取平均频率 f。

(3) 共振干涉法、相位比较法测量声速。

① 用共振干涉法(驻波法) 测量波长。

将测试方法设置为连续方式。按前述方法确定最佳工作频率。观察示波器，找到接收波形的最大值，记录振幅为最大值时的距离，由数显尺上直接读出或在机械刻度上读出，记下 S_2 的位置 x_0。然后，向着同方向转动距离调节鼓轮，这时波形的幅度会发生变化(同时在示波器上可以观察到来自接收换能器的振动波形发生相移)，逐个记下振幅最大的 $x_1, x_2, \cdots, x_9$，单次测量的波长 $\lambda_i = 2 \mid x_i - x_{i-1} \mid$。用逐差法处理这 10 个数据，即可得到波长 λ。

② 用相位比较法测量波长。

将测试方法设置为连续波方式。确定最佳工作频率，将单踪示波器接收波接到“Y”，发射波接到“EXT”外触发端；将双踪示波器接收波接到“CH1”，发射波接到“CH2”，切换到“X-Y”显示方式，适当调节示波器，出现李萨如图形。转动距离调节鼓轮，观察波形为一定角度的斜线，记下 S_2 的位置 x_0，再向前或者向后(必须是同一个方向) 移动一定距离，使观察到的波形又回到前面所说的特定角度的斜线，这时来自接收换能器 S_2 的振动波形发生了 2π 相移。依次记下示波器显示屏上斜率负、正变化的直线出现的对应位置 $x_1, x_2, \cdots, x_9$。单次波长 $\lambda_i = 2 \mid x_i - x_{i-1} \mid$。多次测量用逐差法处理数据，即可得到波长 λ。

③ 计算声速。

已知波长 λ 和平均频率 f(频率由声速测量仪信号源频率显示窗口直接读出)，则声速 $v = f \cdot \lambda$。由于声速还与介质温度有关，故还应记下介质温度 t。

【数据记录和处理】

将上述测得的数据分别记入表 4-5-1、表 4-5-2 中。

表 4-5-1　共振干涉法实验数据

输入电压 = 15 V，输入频率 = ____ kHz，环境温度 = ____ ℃　　单位：mm

极大值	x_0	x_1	x_2	x_3	x_4
极大值	x_5	x_6	x_7	x_8	x_9
Δx_i	$x_5 - x_0$	$x_6 - x_1$	$x_7 - x_2$	$x_8 - x_3$	$x_9 - x_4$
$\Delta \overline{x}_i$					

表 4-5-2　相位比较法实验数据

输入电压 = 15 V,输入频率 = ____ kHz,环境温度 = ____ ℃

$\Delta\varphi_1$	0	π	2π	3π	4π
S_2 位置读数 /mm	$x_0 =$	$x_1 =$	$x_2 =$	$x_3 =$	$x_4 =$
$\Delta\varphi_2$	5π	6π	7π	8π	9π
S_2 位置读数 /mm	$x_5 =$	$x_6 =$	$x_7 =$	$x_8 =$	$x_9 =$
Δx_i/mm	$x_5 - x_0$	$x_6 - x_1$	$x_7 - x_2$	$x_8 - x_3$	$x_9 - x_4$
$\Delta\overline{x}_i$/mm					

【相对误差分析】

对于共振干涉法和相位比较法,均要进行如下不确定度分析。

(1) 根据 $\Delta\overline{x}_i = 5 \times \frac{1}{2}\overline{\lambda}$,求得平均值 $\overline{\lambda} =$ ________ mm。

(2) 声速实验值:$v_{实} = f \cdot \overline{\lambda} =$ ________ m/s。

(3) 在 t ℃ 时,干燥空气中声速的理论值应为

$$v_{理} = v_0 \sqrt{\frac{T}{T_0}}$$

式中,$T_0 = 273.15$ K, $T = (t + 273.15)$K, $v_0 = 331.45$ m/s。

(4) 相对误差:$E = |v_{实} - v_{理}| / v_{理} \times 100\%$。将实验结果与理论值比较,计算百分误差,分析误差产生的原因。

【注意事项】

(1) 为保证仪器性能稳定,应预热 5 min 后再使用。

(2)S_1 与 S_2 的间距必须大于 10 cm,否则会损坏压电换能器。

(3) 信号源的信号输出幅度不要过大,避免仪器过热而损坏。

(4) 游标卡尺要缓慢平稳操作,不要迅速移动,防止磨损过快。

(5) 应当注意单方向移动接收换能器,否则会产生螺间距误差。

(6) 实验中 S_2 的测量必须是连续进行的,绝不可进行跳跃式测量。

【分析与思考】

(1) 声速测量中,共振干涉法与相位比较法有何异同?

(2) 为什么要在谐振频率条件下进行声速测量?如何调节和判断测量系统是否处于谐振状态?

(3) 为什么发射换能器的发射面与接收换能器的接收面要保持互相平行?

(4) 声音在不同介质中传播时有何区别?声速为什么会不同?

不同介质中的声速测量参数

实验六　薄透镜焦距的测量

【实验背景及应用】

薄透镜焦距的测量

透镜是光学仪器中最基本的元件，反映透镜特性的一个主要参量是焦距，它决定了透镜成像的位置和性质（大小、虚实、倒正）。薄透镜焦距测量的准确度主要取决于透镜光心及焦点（像点）定位的准确度。本实验在光具座上采用几种不同方法分别测定凸、凹两种薄透镜的焦距，以便了解透镜成像的规律，掌握光路调节技术，并在此基础上比较各种测量方法的优缺点，为今后正确使用光学仪器打下良好的基础。

【实验教学目标】

1. 知识目标

学习测量薄透镜焦距的几种方法。

2. 能力目标

掌握透镜成像规律，掌握调整光学系统共轴的方法。

3. 价值目标

培养科学严谨的实验态度。

【实验仪器】

光具座，凸透镜，凹透镜，平面镜，屏，白光灯，狭缝。

【实验原理】

1. 物距-像距法测凸透镜的焦距

如图 4-6-1 所示，设凸透镜的焦距为 f，物距为 p，对应的像距为 p'，则透镜成像的高斯公式为

$$\frac{1}{p'}-\frac{1}{p}=\frac{1}{f} \tag{4-6-1}$$

得

$$f=\frac{pp'}{p-p'} \tag{4-6-2}$$

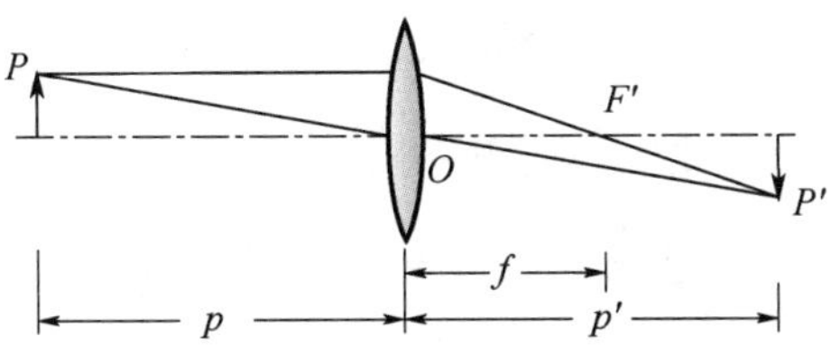

图 4-6-1　物距-像距法求焦距光路图

2. 共轭成像法测凸透镜的焦距

取物与屏之间的距离 L 大于四倍焦距 $4f$，固定物与屏的位置，移动透镜，则必能在屏上两次成像，如图 4-6-2 所示。透镜位于位置 Ⅰ 时，得到放大像；透镜位于位置 Ⅱ 时，得到缩小像。透镜在两次成像之间的位移为 d，根据透镜公式，对于位置 Ⅰ，有

$$p_1 = -(L - d - p'_2),\quad p'_1 = d + p'_2$$

则

$$f = \frac{(L - d - p'_2)(d + p'_2)}{L}$$

对于位置 Ⅱ，$p_2 = -(L - p'_2)$，像距 $= p'_2$，则

$$f = \frac{(L - p'_2)p'_2}{L}$$

得

$$p'_2 = \frac{L - d}{2}$$

故

$$f = \frac{L^2 - d^2}{4L} \tag{4-6-3}$$

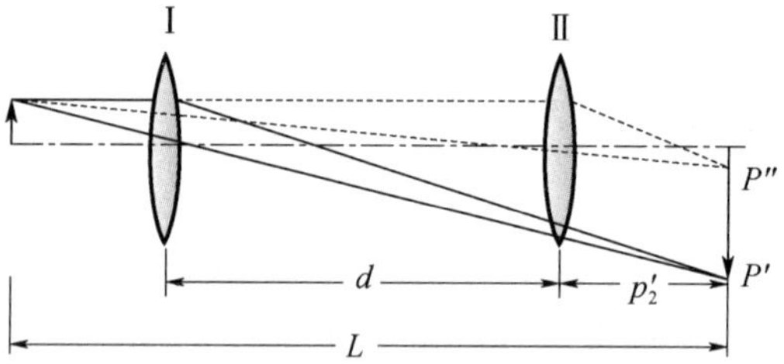

图 4-6-2　共轭成像法求焦距光路图

3. 自准直法测凸透镜的焦距

如图 4-6-3 所示，当光源 P 作为物放在透镜 L 的第一焦平面内时，由 P 发出的光经透镜后将成为平行光。如果在透镜后面放一与透镜光轴垂直的平面反射镜 M，则平行光经 M 反射后将沿与原来的路径相反的方向传播，并成像于光源 P 处，P 与 L 之间的距离就是透镜的焦距 f。

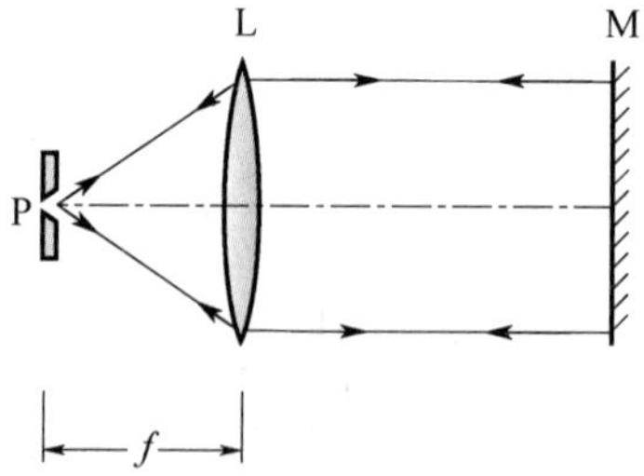

图 4-6-3　自准直法求焦距光路图

4. 辅助透镜成像法测凹透镜的焦距

对于凹透镜，因为由实物不能得到实像，所以不能用白屏接收像的方法求得焦距，此时可以利用辅助透镜成像法求得焦距。

如图 4-6-4 所示，物 P 经凸透镜成像于 P'，在 P' 和 L 间放上待测凹透镜 L′，此时物 P 成像于 P''，根据公式得

$$\frac{1}{p'}-\frac{1}{p}=\frac{1}{f'}$$

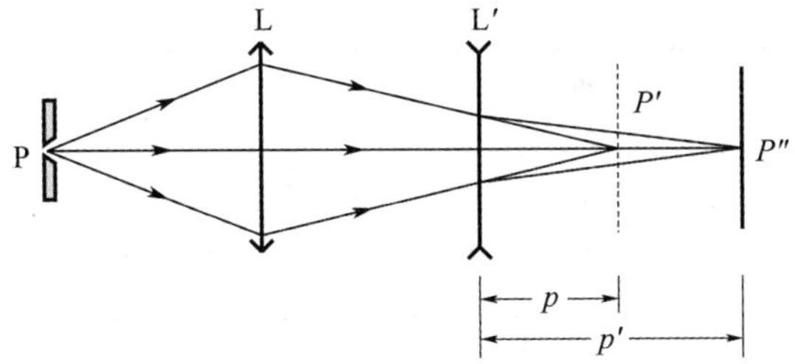

图 4-6-4　辅助透镜成像法测凹透镜的焦距光路图

因此

$$f'=\frac{pp'}{p-p'} \tag{4-6-4}$$

只要测得 p、p' 的绝对值，就可得到凹透镜的焦距。

【实验内容与步骤】

(1) 对于光具座上各元件共轴的调节，要求所有元件的光轴重合，且公共的光轴与光具座的导轨严格平行。具体方法如下。

① 粗调：把透镜、物、屏用光具夹夹好后，将它靠拢，调节高低、左右，使光源、物、透镜、屏的平面互相平行且垂直于导轨。

② 细调：依靠成像规律进行细调。如果物的中心偏离透镜的光轴，那么在移动透镜的过程中，像的位置会改变，即大像和小像的中心不重合，此时要根据偏移的方向判断物的中心究竟是偏左还是偏右，偏上还是偏下，然后加以调整。

(2) 用白光灯照亮狭缝，一透光狭缝作为物，将狭缝及白屏放置在光具座上，相隔一定距离，在中间放入待测凸透镜，移动透镜，使屏上得到清晰的狭缝像，记录各光具所在的位置，计算物距、像距，从而算出焦距 f。重复 3 次，求平均值。

(3) 将狭缝光源与屏固定在间距大于 $4f$ 的位置，测出它们之间的距离。将待测凸透镜放在光源与白屏之间，移动凸透镜，使屏上得到清晰的狭缝像，记录透镜位置；移动透镜至另一位置，使屏上又得到清晰的狭缝像，记录透镜位置。由两个位置算出距离 d，并由式(4-6-3) 求出 f，重复 3 次，求平均值。

(4) 将光具座上的器件放好，移动凸透镜 L 并改变平面反射镜 M 的方位，使在狭缝平面上形成一个与狭缝大小相同的清晰像，测出狭缝平面到透镜的距离 f，即得到透镜的焦距。重复 6 次，求平均值。

(5) 用辅助凸透镜 L 把狭缝 P 成像于 P' 处，记录 P 的位置。将待测凹透镜 L′ 置于 L 与 P

之间的适当位置,并将屏向外移至 P'',使屏上重新得到清晰的像。分别测出 P' 与 P'' 至 L 的距离,这两个距离分别代表物距 p 和像距 p',由式(4-6-4) 算出 f'。改变透镜的位置,重复 3 次,求平均值。

【数据记录和处理】

将以上步骤所得的数据分别记入表 4-6-1 ～ 表 4-6-4 中。

表 4-6-1　物距-像距法测凸透镜的焦距

单位:mm

次数	物屏位置	透镜位置	像屏位置	物距 p	像距 p'	焦距 f
1						
2						
3						

表 4-6-2　共轭成像法测凸透镜的焦距

单位:mm

次数	物屏位置	像屏位置	成大像透镜位置	成小像透镜位置	L	d	焦距 f
1							
2							
3							

表 4-6-3　自准直法测凸透镜的焦距

单位:mm

次数	物屏位置	透镜位置	焦距 f
1			
2			
3			
4			
5			
6			

表 4-6-4　辅助透镜成像法测凹透镜的焦距

单位:mm

次数	辅助透镜成像位置	凹透镜位置	加凹透镜后成像位置	物距 p	像距 p'	焦距 f
1						
2						
3						

(1) 物距-像距法测凸透镜的焦距：由表 4-6-1 得

$$f=\frac{f_1+f_2+f_3}{3}=\underline{\qquad\qquad}\ \text{mm}$$

(2) 共轭成像法测凸透镜的焦距：由表 4-6-2 得

$$f=\frac{f_1+f_2+f_3}{3}=\underline{\qquad\qquad}\ \text{mm}$$

(3) 自准直法测凸透镜的焦距：由表 4-6-3 得

$$f=\frac{f_1+f_2+f_3+f_4+f_5+f_6}{6}=\underline{\qquad\qquad}\ \text{mm}$$

(4) 辅助透镜成像法测凹透镜的焦距：由表 4-6-4 得

$$f=\frac{f_1+f_2+f_3}{3}=\underline{\qquad\qquad}\ \text{mm}$$

【不确定度分析】

$$\Delta_{仪}=0.05\ \text{cm},\quad U_X=\frac{\Delta_{仪}}{\sqrt{3}}=0.03\ \text{cm}$$

$$U_{X_1}=U_{X_2}=\sqrt{\left(\frac{U_X}{2}\right)^2+\left(\frac{U_X}{2}\right)^2}=\frac{U_X}{\sqrt{2}}$$

$$U_l=\sqrt{U_{X_1}^2+U_{X_2}^2}=U_X=0.03\ \text{cm},\quad U_L=\sqrt{U_X^2+U_X^2}=\sqrt{2}U_X=0.04\ \text{cm}$$

$$U_f=\sqrt{\left(\frac{\partial f}{\partial L}\right)^2U_L^2+\left(\frac{\partial f}{\partial l}\right)^2U_l^2}=\underline{\qquad\qquad}\ \text{cm}$$

最后结果表示为 $f\pm U_f$(cm)。

【注意事项】

(1) 记录数据时，必须注意各物理量所适用的符号规则，规定：光线自左向右行进，距离自参考点(薄透镜光心)量起，向左为负，向右为正，即距离与光线行进方向一致为正，反之为负。运算时，已知量需添加正、负号，未知量则根据求得的结果中的正、负号判断其物理意义。

(2) 共轴调节要认真细致，在目测粗调的基础上，还要注意观察成大像、成小像时中心位置是否变化。

(3) 各光学元件的表面要保持清洁干燥，使用时不许直接触碰光学元件表面。

【分析与思考】

(1) 在用共轭成像法测凸透镜的焦距时，为什么必须取 $L>4f$?

(2) 如果待测透镜是厚透镜，其主平面位置尚未准确确定，那么可以用什么方法来测它的焦距？为什么？

实验七　用牛顿环测量透镜的曲率半径

【实验背景及应用】

用牛顿环测量透镜的曲率半径

牛顿环是牛顿在 1675 年制作天文望远镜时，偶然将一个望远镜的物镜放在平板玻璃上发现的。牛顿环干涉是用分振幅法产生的干涉，其特点是同一干涉条纹处两个反射面间的厚度相等，故牛顿环属于等厚干涉。在实验工作中，通常利用牛顿环来检查光学元件表面的光洁度、平整度、球面度和加工精度，还可以利用牛顿环来测定单色光的波长。

通过本实验，可以加深对等厚干涉原理的了解，学会使用读数显微镜来测量牛顿环的曲率半径，还可以设计测量单色光的波长。

【实验教学目标】

1. 知识目标

了解用分振幅法获得相干光的原理，掌握薄膜干涉相干光光程差的计算方法。

2. 能力目标

掌握等厚干涉（劈尖干涉和牛顿环）的概念、条纹特征，干涉条件和定量计算。

3. 价值目标

让学生了解等厚干涉在精密器件检测等方面的重要应用价值，认识到现代科技在文物研究等领域中的应用价值，使其树立理论联系实际的终极学习目标。

【实验仪器】

读数显微镜，牛顿环器件，钠光灯（波长为 589.3 nm）。

【实验原理】

牛顿环器件如图 4-7-1 所示，是将一块曲率半径很大的平凸透镜 A 凸面向下叠放在一块平板玻璃 B 上（H 是调节螺钉）构成的。

当平行单色光垂直于平凸透镜的平面入射时，射入透镜的光在透镜的凸面上有一部分反射，另一部分则折射向平板玻璃的上表面，并发生反射，这两部分光相遇时便发生干涉（见图 4-7-2）。由于 A、B 之间形成一个厚度由零增大的空气膜，而且在以接触点为中心的同一圆周上，空气膜的厚度相等，根据等厚干涉原理，将产生干涉条纹。所以，牛顿环的干涉条纹是以 O 为中心的明暗相间、内疏外密的同心圆环，如图 4-7-2 所示，干涉环定义在凸表面上。

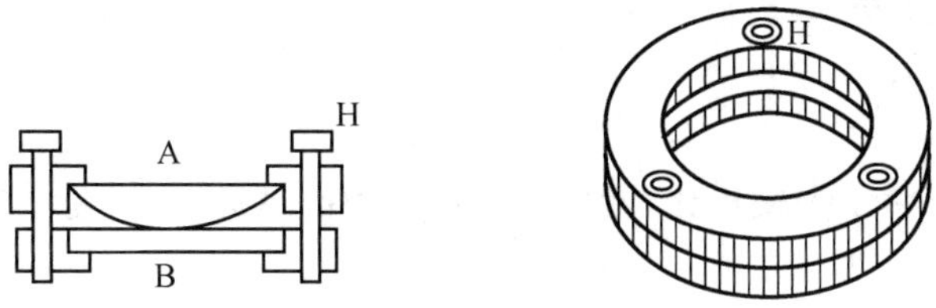

图 4-7-1　牛顿环器件

当一束单色光垂直照射时，设在条纹半径为 r 处空气膜的厚度为 $d(\overline{BC})$，那么在空气膜下表面 C 处所反射的光线比在 B 处所反射的光线多经过一段距离，即 $2\overline{BC}$。此外，由于两者反射情况不同，即前者是从光疏介质（空气）射向光密介质（玻璃）时在界面上被反射，后者则是从光密介质射向光疏介质时被反射，此时因前者产生半波损失，故光程差还应增加半个波长 $\frac{\lambda}{2}$，所以两条反射光的总光程差为

$$\delta = 2nd + \frac{\lambda}{2}$$

式中，n 为空气的折射率，一般取 1。

根据干涉条件，当光程差为波长的偶数倍时干涉加强，当光程差为半波长的奇数倍时干涉减弱，因此在空气膜上、下表面的两束光的光程差满足下式：

$$\delta = 2nd + \frac{\lambda}{2} = \begin{cases} 2k \cdot \dfrac{\lambda}{2}, & k = 1,2,3,\cdots \quad (\text{明环}) \\ (2k+1) \cdot \dfrac{\lambda}{2}, & k = 0,1,2,\cdots \quad (\text{暗环}) \end{cases} \tag{4-7-1}$$

式中，$\frac{\lambda}{2}$ 为一束光在平板玻璃上表面反射时由半波损失所引起的光程差。若凸表面与平板玻璃相接触，则接触处为暗圆斑。

由图 4-7-2 可知，干涉环的半径 r_k、空气膜的厚度 d_k 与平凸透镜的曲率半径 R 之间的关系为

$$R^2 = r_k^2 + (R - d_k)^2 \tag{4-7-2}$$

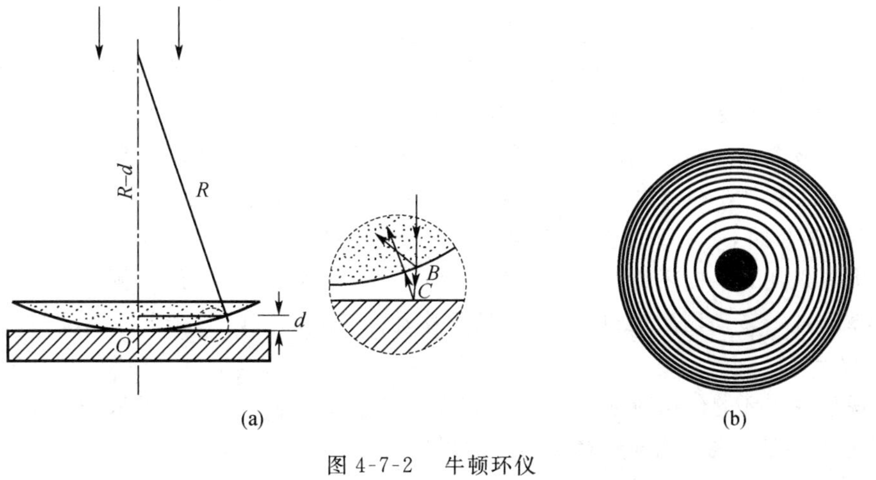

图 4-7-2　牛顿环仪

因为 $R \gg d_k$，所以式(4-7-2)可简化为

$$d_k = \frac{r_k^2}{2R} \tag{4-7-3}$$

由式(4-7-3)可看出 d_k 与 r_k^2 成正比，所以离干涉环中心越远，光程差增加得越快，所看到的牛顿环也越来越密(见图 4-7-2)。

将式(4-7-3)代入式(4-7-1)，空气的折射率 $n=1$，则

$$r_k^2 = kR\lambda, \quad k = 0,1,2,\cdots \quad (\text{暗环}) \tag{4-7-4}$$

若已知单色光的波长 λ，再测出第 k 级暗环的半径 r_k，就可求出凸透镜的曲率半径 R。反之，已知 R，可求出波长 λ。

平凸透镜与平板玻璃接触处常常由于接触压力而引起形变，使接触处不是一个点而是圆斑，故牛顿环的中心不易确定，不是理想的一个接触点，而是一个不甚清晰的暗或亮的圆斑，难以准确判定级数 k 和半径 r_k；此外，镜面上可能有尘埃，从而引起附加的光程差。为消除这些因素的影响，改用两个暗环第 m 环与第 n 环的直径 D_m、D_n 来计算 R。可用逐差法或最小二乘法处理数据，通常是测量距离中心较远的第 m 环与第 n 环的直径 D_m、D_n，由式(4-7-4)有

$$D_m^2 - D_n^2 = 4(m-n)R\lambda \tag{4-7-5}$$

则

$$R = \frac{D_m^2 - D_n^2}{4(m-n)\lambda} \tag{4-7-6}$$

本实验采用式(4-7-6)计算透镜的曲率半径。

【实验内容与步骤】

1. 用读数显微镜观察牛顿环干涉现象

(1) 点亮钠光灯，预热 5 min。

(2) 将牛顿环器件放置在读数显微镜(见图 4-7-3)的载物台上，翻转读数显微镜下的反射镜，使之不能反射来自钠光灯的光。转动显微镜的物镜，使钠光被物镜下方的 45° 半反射镜 P 反射后，向下沿着显微镜轴线方向垂直投射到牛顿环器件上，到平凸透镜 A、平板玻璃 B 后向上反射，再通过半反射镜 P 进入读数显微镜，形成最亮的均匀视场。

(3) 调节显微镜的目镜，直到能看清叉丝为止。调节纵叉丝与读数显微镜横向移动方向垂直(十字形叉丝的横线与显微镜的主尺方向平行)。

(4) 调节显微镜的调焦旋钮，使物镜刚好接触牛顿环器件，再缓缓地自下而上地调节显微镜的焦距，从目镜中观察到牛顿环。若观察不到牛顿环，则轻轻移动牛顿环器件，同时调整显微镜的焦距(调焦时，应从下往上调，以免压碎光学玻璃)。

(5) 将观察到的牛顿环的圆心移至视场中心，移动牛顿环器件，使牛顿环的圆心处于目镜的十字形叉丝上。转动测微螺钉，十字形叉丝移动。仔细调焦以消除干涉条纹与分划板准线之间的视差。

(6) 观察牛顿环的分布特征。例如，各级条纹的粗细是否一致？条纹间隔有无变化？牛顿环中心是亮斑还是暗斑？如何解释所出现的现象？

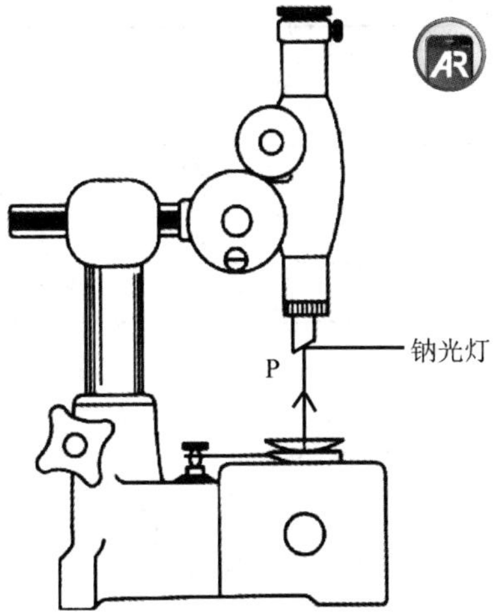

图 4-7-3　读数显微镜

2. 采用双向测量法测量牛顿环的直径

(1) 以中心暗斑为零环向左移动数环，数到第 18 级暗环，再向回数，并使十字形叉丝的竖线与第 15 级暗环左边相切，从显微镜主尺和测微螺旋上记下第 15 级暗环左边位置 $x_{左}$（从标尺上读出毫米以上的整数部分，从测微螺旋读出毫米以下的部分，再估读到毫米的千分位）。

(2) 转动测微螺旋，使十字形叉丝向右移动数环，并与每一暗环左边相切，记下每一暗环左边位置，记录到左侧的第 6 级暗环。

(3) 继续向右移动物镜，边移动边数环数。跨过零环向右数，从右侧第 6 级暗环开始计数，一直记到第 15 级暗环，就完成了从左向右的测量。

(4) 向右多数几环，然后向相反方向转动测微螺旋，从右向左测量，从右侧第 15 级暗环一直测到右侧第 6 级暗环。跨过零环，再从左侧第 6 级暗环测到左侧第 15 级暗环，则完成了从右向左的测量。记录数据于表 4-7-1 中。

3. 计算凸透镜的曲率半径 R

用逐差法将测得的第 6 ～ 15 级暗环直径分为 6 ～ 10 和 11 ～ 15 两组，取 $m-n=5$，逐 5 相减，求出直径的平方差的平均值，再由式(4-7-6) 求出 R，并计算其标准不确定度 U_R。

【数据记录和处理】

表 4-7-1　实验数据记录表

环序	$x_{左}$ /mm	$x_{右}$ /mm	$D=(x_{右}-x_{左})$/mm	D^2/mm^2
6				
7				
8				
9				
10				
11				

续表

环序	$x_{左}$ /mm	$x_{右}$ /mm	$D=(x_{右}-x_{左})$/mm	D^2/mm^2
12				
13				
14				
15				

【不确定度分析】

标准不确定度的计算：

$$\bar{R}=\frac{\sum_{i=1}^{5}R_i}{5}$$

$$U_{\bar{R}}=\sqrt{\frac{\sum_{i=1}^{5}(\bar{R}-R_i)^2}{n(n-1)}}\quad(n\text{ 为测量次数})$$

实验结果表示为 $R=\bar{R}\pm U_{\bar{R}}$(mm)。

【注意事项】

(1) 牛顿环两侧的序数不要数错。

(2) 防止实验仪器受震动引起牛顿环的变化。

(3) 防止移测显微镜的“回程”,测量过程要单向进行。

(4) 平凸透镜及平板玻璃的表面加工不均匀是实验的主要误差来源。为此,应测大小不等的多个干涉环的直径来计算 R,可达到取平均的效果。

【分析与思考】

(1) 用牛顿环测定透镜曲率半径的条件是什么?

(2) 如何解释牛顿环干涉图样中不等间距的现象?

实验八　分光计的调整与使用

【实验背景及应用】

分光计的调整与使用

光的反射定律和折射定律定量地描述了光线在传播过程中发生偏折时角度之间的相互关系,同时在光的传播过程中的衍射和散射等物理现象也都与角度有关,许多光学量都能通过测量有关的角度来确定,因此在光学技术中,精确测量光线偏转角具有十分重要的意义。

分光计又称光学测角仪,是一种能精确测量光线偏转角度的仪器,被广泛应用于光学实验中。该装置比较精密，结构复杂，其基本光学结构是许多光学仪器（如棱镜光谱仪、光栅光谱仪、单色仪等）的基础，它的调整思想、方法和技巧在光学实验中具有一定的代表性，因而学会分光计的调整和使用有助于掌握更复杂的光学仪器。

【实验教学目标】

1. 知识目标

(1) 熟悉光学中光的反射、折射、衍射的相关物理概念及规律；对于分光计读数盘中的角游标，掌握其读数方法及相关数据处理的知识。

(2) 能够应用光学规律和原理解释实验现象；在准确获取实验数据的基础上，能够应用数据处理理论评价实验结果的可靠性与准确性。

2. 能力目标

(1) 实验观察能力：通过在操作中观察实验现象，探索光学实验观察的途径和方法，掌握实验观察的基本技能，学会怎样观察和观察什么，并养成观察习惯。

(2) 实验操作能力：通过分光计的调整与使用，熟悉光学实验的常用操作技巧，在实验过程中主动思考、积极实践、大胆尝试，完成仪器的调整与测量操作。

(3) 数据处理与评估能力：在角度的测量中，能使用不同方法，准确地获取并处理数据，比较结果的差异；根据数据得出实验结论，并能够对自己和他人的结论进行科学评价。

3. 价值目标

通过放大法、自准直法等多种方法的学习与使用，形成科学的思维方式，具备将实验方法拓展运用到科学研究、工程技术与军事科技领域的意识。

【实验仪器】

分光计，三棱镜，钠灯。

【实验原理】

1. 最小偏向角法测折射率的原理

如图 4-8-1 所示，一束平行单色光入射到顶角为 α 的三棱镜的 AB 面上，经折射后从另一面 AC 射出。由折射定律可知，棱镜材料的折射率为

$$n = \sin i/\sin r$$

入射光线 SO 与出射光线 $O'S'$ 之间的夹角 δ 称为偏向角。由图 4-8-1 可知，顶角为

$$\alpha = r + r'$$

对于给定棱镜和给定波长的光线，δ 随入射角 i 变化。理论和实践证明，当 $i = i'$ 时，δ 有极小值 $\delta_{\min}$，称为最小偏向角。最小偏向角为

$$\delta_{\min} = (i - r) + (i' - r') = i + i' - \alpha$$

此时有

$$i = (\delta_{\min} + \alpha)/2, \quad r = \alpha/2$$

则

$$n=\frac{\sin\frac{\delta_{\min}+\alpha}{2}}{\sin\frac{\alpha}{2}} \tag{4-8-1}$$

因此,只要测得 α 和 $\delta_{\min}$,即可求出 n。

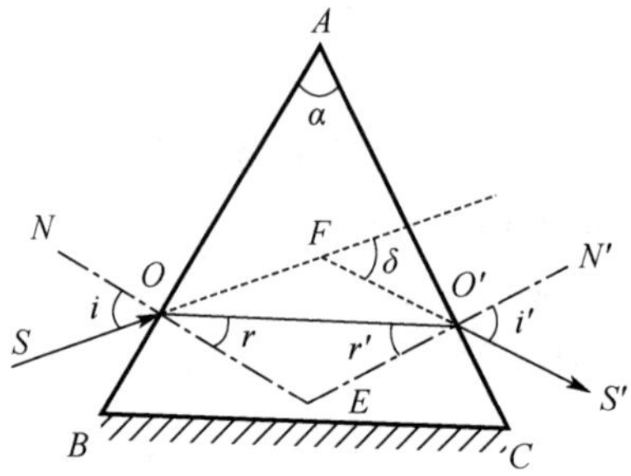

图 4-8-1　棱镜的折射

物质的折射率是光波波长的函数。非单色光源发出的光经三棱镜折射后,其中各单色光成分具有不同的最小偏向角,可分别测量。一般实验中测量的折射率是对钠黄光(波长为 589.3 mm)而言的。

2. 三棱镜顶角的测定

(1) 反射法测三棱镜顶角。

将三棱镜放在载物台上,使棱镜顶角对准平行光管,如图 4-8-2 所示。平行光管射出的平行光入射到棱镜的两侧面 AB 和 AC 上,转动望远镜,在 Ⅰ 位置处可找到 AB 面反射的狭缝像,并将分划板上的十字叉丝对准狭缝像(在狭缝中央),记下此时望远镜的角位置 φ_1 和 φ_1'。再将望远镜移至右边 Ⅱ 位置处,用同样的方法记下此时望远镜的角位置 φ_2 和 φ_2'。由图 4-8-2 可见,三棱镜的顶角 A 可用下式计算:

$$A=\frac{1}{2}\left(\frac{|\varphi_2-\varphi_1|}{2}+\frac{|\varphi_2'-\varphi_1'|}{2}\right)=\frac{1}{4}(|\varphi_2-\varphi_1|+|\varphi_2'-\varphi_1'|) \tag{4-8-2}$$

(2) 自准直法测三棱镜顶角。

如图 4-8-3 所示,只要测量三棱镜两个光学面的法线之间的夹角 φ,即可求得顶角 $\alpha=180°-\varphi$。

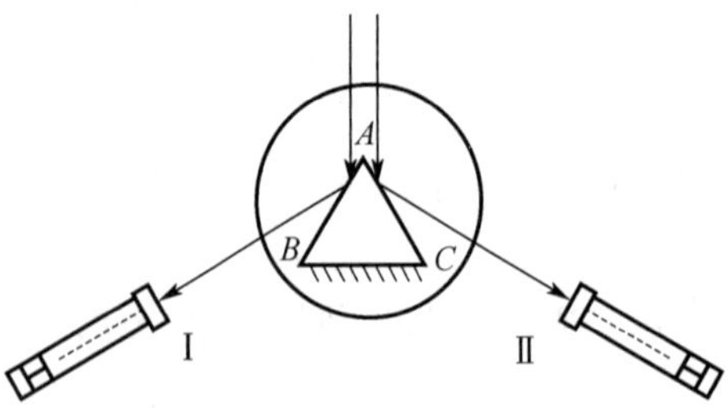

图 4-8-2　反射法测三棱镜顶角

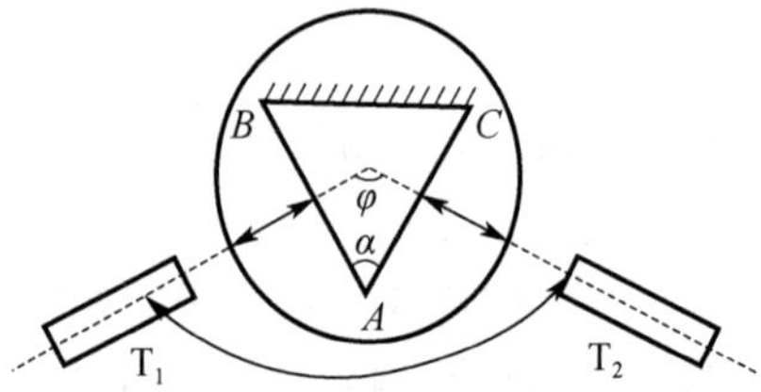

图 4-8-3　自准直法测三棱镜顶角

对两个游标做一适当标记,分别称为游标 1 和游标 2,切忌颠倒。光线垂直入射三棱镜一个面,记下方位 T_1 的游标 1 的读数 θ_1 和游标 2 的读数 θ_2。再转动望远镜使光线垂直入射另一个面,记下方位 T_2 的游标 1 的读数 θ_1' 和游标 2 的读数 θ_2'。同一游标两次读数之差为 $|\theta_1-\theta_1'|$

和$|\theta_2-\theta_2'|$，就是载物台转过的角度φ，而φ是α的补角，则$\alpha=180^\circ-\varphi$。

【实验内容与步骤】

1. 分光计的结构

分光计的型号较多，但其结构大同小异，均由望远镜、平行光管、载物台、刻度盘、底座五部分组成，其结构如图 4-8-4 所示。

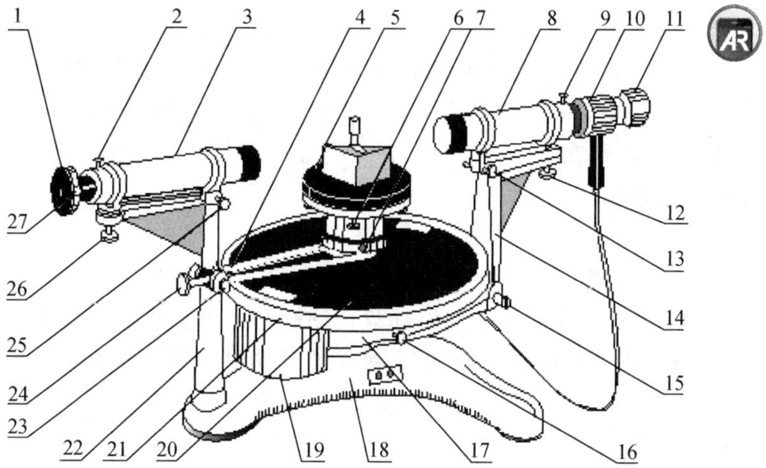

1— 狭缝装置；2— 狭缝装置锁紧螺钉；3— 平行光管；4— 制动架(一)；5— 载物台；
6— 载物台调平螺钉（3 个）；7— 载物台锁紧螺钉；8— 望远镜；9— 目镜镜筒锁紧螺钉；
10— 阿贝式自准直目镜；11— 目镜视度调节手轮；12— 望远镜光轴倾角调节螺钉；
13— 望远镜光轴水平调节螺钉；14— 支臂；15— 望远镜微调螺钉；16— 转座与度盘止动螺钉；
17— 制动架(二)；18— 底座；19— 转座；20— 度盘；21— 游标盘；22— 立柱；
23— 游标盘微调螺钉；24— 游标盘止动螺钉；25— 平行光管光轴水平调节螺钉；
26— 平行光管光轴倾角调节螺钉；27— 狭缝宽度调节手轮。

图 4-8-4　分光计的结构

(1) 望远镜。

望远镜由物镜和目镜组成，其结构示意图如图 4-8-5 所示。A 筒为阿贝式目镜，B 筒上装有分划板和全反射小棱镜，分划板上面刻有叉丝(见图 4-8-6)，C 筒上装有物镜。为方便调节和测量，将分划板安装在物镜和目镜之间。适当调节 A、B、C 筒的相对位置，可使分划板既位于目镜的焦平面上，又位于物镜的焦平面上，这时望远镜为聚焦于无穷远处或可接收平行光。

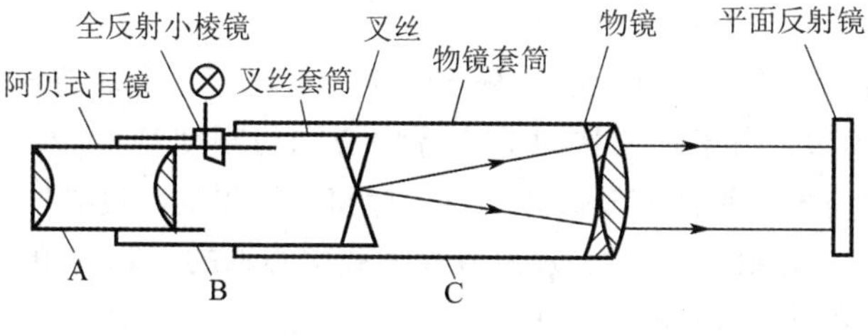

图 4-8-5　望远镜结构示意图(阿贝式目镜型)

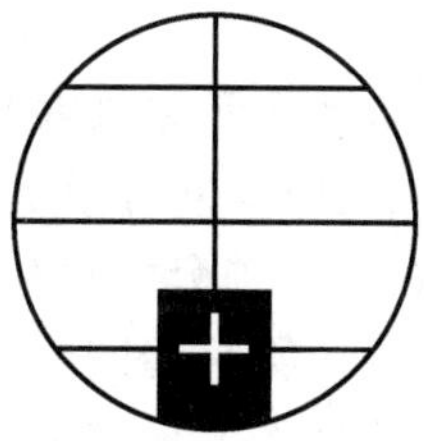

图 4-8-6　分划板

望远镜 8 安装在支臂 14 上,支臂与转座 19 固定在一起,并套在度盘 20 上。当松开转座与度盘止动螺钉 16 时,转座与度盘一起旋转;当旋紧转座与度盘止动螺钉时,转座与度盘可以相对转动。旋紧制动架(二)17 与底座上的转座与度盘止动螺钉时,借助制动架(二)末端上的望远镜微调螺钉 15 可以对望远镜进行微调。望远镜系统的光轴位置也可以通过望远镜光轴倾角调节螺钉 12、望远镜光轴水平调节螺钉 13 进行微调。望远镜系统的阿贝式自准直目镜 10 可以沿光轴移动和转动。

(2) 平行光管。

平行光管是产生平行光束的装置。平行光管 3 安装在立柱 22 上,平行光管的光轴位置可以通过立柱上的平行光管光轴水平调节螺钉 25、平行光管光轴倾角调节螺钉 26 进行微调。平行光管的一端装有会聚透镜,另一端插入一套筒,其末端为一宽度可调的狭缝装置 1,可沿光轴移动和转动,狭缝的宽度可在 0.2 ~ 2 mm 内调节。当狭缝位于透镜的焦平面上时,平行光管产生的平行光从透镜射出。

(3) 载物台。

载物台 5 又称为平台,用来放置待测物件。载物台套在游标盘 21 上,可以绕中心轴旋转,旋紧载物台锁紧螺钉 7 和制动架(一)4 与游标盘止动螺钉 24 时,借助立柱上的游标盘微调螺钉 23 可以对载物台进行微调(旋转)。旋松载物台锁紧螺钉时,可根据需要升高或降低载物台。调到所需位置后,再把载物台锁紧螺钉旋紧,有 3 个载物台调平螺钉 6,用来使载物台台面与旋转中心线垂直,3 个螺钉的连线呈正三角形。

(4) 刻度盘。

在底座 18 的中央固定一中心轴,度盘 20 和游标盘 21 套在中心轴上,可以绕中心轴旋转。度盘下端有一推力轴承支撑,使旋转轻便灵活。刻度盘一周为 $360°$,刻有 720 等分的刻线,每格的格值为 $30'$,对径方向设有两个游标读数装置,两个游标相隔 $180°$。每个游标分为 30 格,每格的格值为 $1'$。其读数方法与游标卡尺一致,如图 4-8-7 所示,望远镜的位置为 $210°4'$。

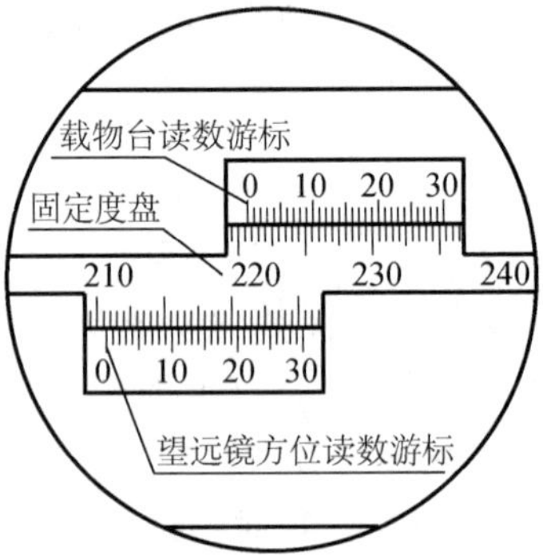

图 4-8-7　读数方法图示

设置两个对称放置的游标的目的是消除刻度盘中心与分光计中心轴线不重合而造成的偏心差,测量时要同时记下两个游标的读数。由于在制造时分光计中心轴与刻度盘中心不可能完全重合,且轴套之间有缝隙,故望远镜中心轴的实际转角 φ 与游标窗口读得的角度 θ 不一致。如图 4-8-8 所示,图中 O 为转轴中心,O' 为刻度盘中心,φ 为望远镜绕中心轴的实际转角,θ_1 和 θ_2 分别为两个游标转过的角度值。显然,从几何关系可知

$$\varphi + \angle 1 = \theta_1 + \angle 2 \tag{4-8-3}$$

$$\varphi + \angle 3 = \theta_2 + \angle 4 \tag{4-8-4}$$

因为 $\angle 1 = \angle 2, \angle 3 = \angle 4$，故

$$\varphi - \theta_2 = \theta_1 - \varphi$$

即

$$\varphi = (\theta_1 + \theta_2)/2$$

由上式可见，尽管中心轴与刻度盘中心不重合，但只要分别读出两个游标转过的角度，取其平均值就可得到望远镜绕中心轴的实际转角 φ，这样就消除了偏心所产生的系统误差。

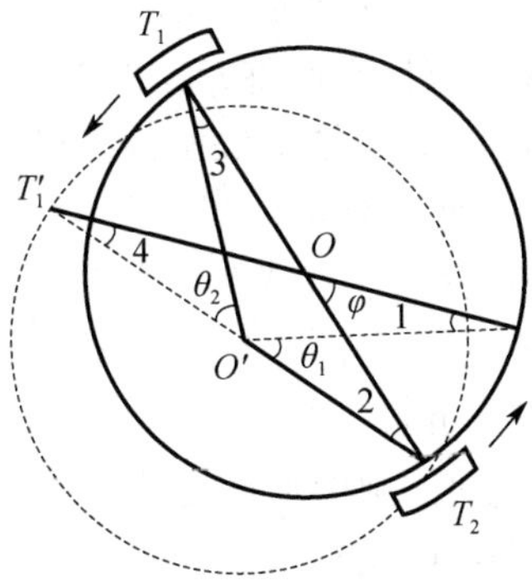

图 4-8-8　偏心差

(5) 底座。

仪器转轴固定在底座上。此外，外接 6.3 V 电源插头接到底座的插座上，通过导环通到转座的插座上，望远镜系统的照明器插头插在转座的插座上，这样可避免望远镜系统旋转时电线被拖动。

2. 分光计的调整

为了精确测量角度，必须使待测角平面平行于读数圆盘平面。由于制造仪器时已使读数圆盘平面垂直于中心转轴，因而也必须使待测角平面垂直于中心转轴(见图 4-8-9)。为满足此要求，测量前必须对分光计进行调整，以达到以下三个要求。

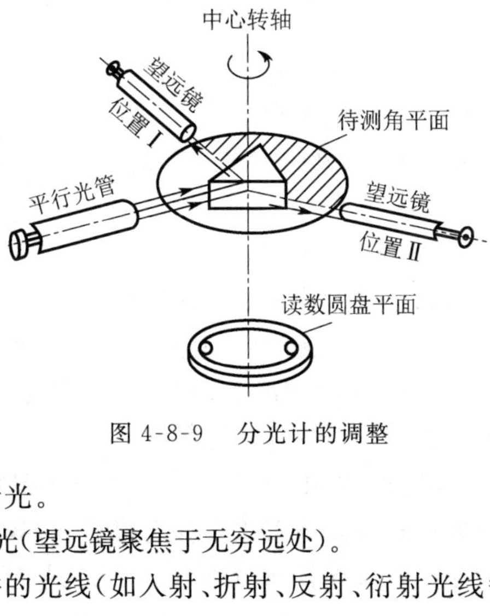

图 4-8-9　分光计的调整

(1) 平行光管出射平行光。

(2) 望远镜能接收平行光(望远镜聚焦于无穷远处)。

(3) 经过待测光学元件的光线(如入射、折射、反射、衍射光线等) 构成的平面应与仪器的

中心转轴垂直,即要求平行光管、望远镜光轴垂直于中心转轴。待测元件的光学面应平行于中心转轴。

其中望远镜的调节最为重要,其他调节以望远镜为准。具体调节步骤如下所述。

(1) 目测粗调。

根据眼睛的粗略估计,调节望远镜和平行光管光轴的倾角调节螺钉,使望远镜和平行光管光轴大致垂直于中心转轴。调节载物台下的3个调平螺钉,使载物台大致呈水平状态。粗调是细调的基础,也是细调成功的关键。

(2) 用自准直法调望远镜使其聚焦于无穷远处。

以在物面上成一与物对称的像为依据来调整光路的方法称为自准直调整法,它是光学实验中常用的一个方法。如图4-8-5所示,小灯泡发出的光经全反射小棱镜反射后照亮分划板上的十字叉丝。如果分划板平面正好处在物镜的焦平面上,那么从十字叉丝发出的光经物镜后成为一平行光束。如果用平面镜将这束平行光反射回来,则再经物镜仍成像于其焦平面上,也就是说,当从目镜中可以同时看到十字叉丝与其反射像时,望远镜即能接收平行光了。这就是用自准直法调望远镜使其聚焦于无穷远处的原理。如果望远镜光轴与平面镜的法线平行,在目镜中看到的十字叉丝像与叉丝重合,则望远镜光轴与反射面垂直。具体调整方法如下。

① 调节目镜以看清目镜中分划板上的十字叉丝。

② 将一双面反射镜按图4-8-10(a)[或图4-8-10(b)]所示放在载物台上,转动载物台,使一反射面正对望远镜,然后慢慢左右转动载物台,从望远镜中找到由镜面反射回来的亮十字像。若找不到亮十字像,说明粗调未达到要求,应重新粗调。

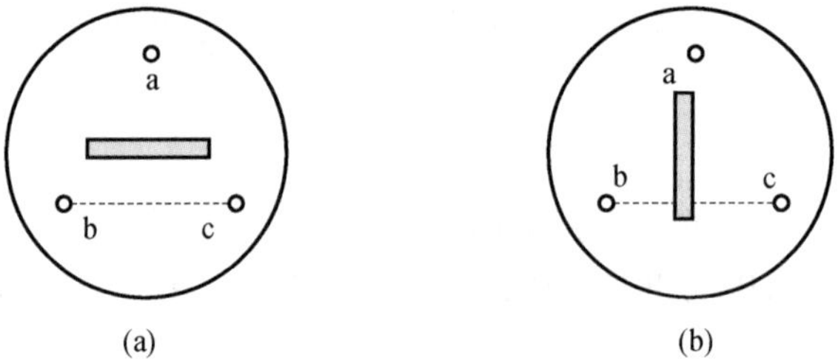

图4-8-10　反射镜放置方法

③ 前后移动目镜,对望远镜进行调焦,使亮十字像清晰。

④ 消除视差。将眼睛上下左右移动,观察像与分划板上的十字叉丝有无相对移动。若有相对移动,即存在视差,说明像与十字叉丝不在同一平面上,应仔细调节望远镜的焦距直到视差消除,此时望远镜已聚焦于无穷远处。

(3) 调望远镜光轴使其垂直于分光计转轴。

由自准直法调整原理可知,如果望远镜光轴垂直于反射镜,反射的十字像应与分划板上部的十字叉丝重合。当反射镜的前后两个反射面反射的十字叉丝像都能与十字叉丝重合时,则说明望远镜光轴垂直于分光计转轴。一般情况下,开始时看到的十字叉丝像与十字叉丝并不重合,需要仔细调节才能达到要求,调节方法如下。

① 在步骤(2)的基础上,将载物台旋转180°,从望远镜中找到由另一反射面反射的亮十字像。若找不到反射像,可在望远镜外用眼睛直接向反射镜望去,找到反射像,判断它偏离镜筒的方向。适当地调节载物台螺钉a,直至旋转180°前后均能从望远镜中看到十字叉丝的反

射像。

② 采用渐近法调节亮十字像与分划板上部的十字叉丝重合，即先调载物台螺钉 a，使像与分划板上部的十字叉丝间的距离缩小一半，再调望远镜光轴倾角调节螺钉，使像与分划板上部的十字叉丝重合。然后将载物台旋转 180°，用同样的方法调节，反复几次即可调好。此时望远镜光轴已垂直于分光计转轴。调好后，望远镜光轴倾角调节螺钉不能再调。

(4) 调节平行光管使其发出平行光，使其光轴垂直于分光计转轴。

① 去掉目镜照明光源，打开狭缝，用光照亮狭缝。

② 在平行光管物镜前放一张白纸，检查在纸上形成的光斑，调节光源的位置，使得在整个物镜孔径上照明均匀。去除白纸，把平行光管光轴水平调节螺钉 25 调到适中的位置。移开平面镜，将望远镜管正对平行光管，从望远镜目镜中观察，调节望远镜微调螺钉 15 和平行光管光轴倾角调节螺钉 26，使狭缝位于视场中心。

③ 前后移动狭缝套筒，使狭缝清晰地成像在望远镜分划板平面上，此时狭缝位于透镜的焦平面上，从平行光管发出的光是平行光。

④ 调节平行光管光轴倾角调节螺钉 26，升高或降低狭缝像的位置，使得狭缝关于目镜视场的中心对称。此时平行光管光轴垂直于分光计转轴。

⑤ 旋转狭缝装置，使狭缝与目镜分划板上的垂直刻线平行，注意不要破坏平行光管的调焦，然后将狭缝装置锁紧螺钉 2 旋紧。

3. 测量步骤

(1) 调节分光计。

(2) 调节三棱镜的主截面，使其垂直于分光计转轴。

由于三棱镜的两个底面一般不是主截面，即使是主截面，载物台也不一定垂直于分光计转轴，所以必须调节三棱镜的主截面使其垂直于分光计转轴，即调节三棱镜两个光学面的法线使其垂直于分光计转轴。将三棱镜按图 4-8-11 所示放在载物台上，使 AB、AC、BC 分别垂直于载物台三个螺钉的连线。当调节 a_1 时，只改变 AB 面的法线方向，而对 AC 面的法线无影响。当调节 a_3 时，只改变 AC 面的法线方向，而对 AB 面的法线无影响。

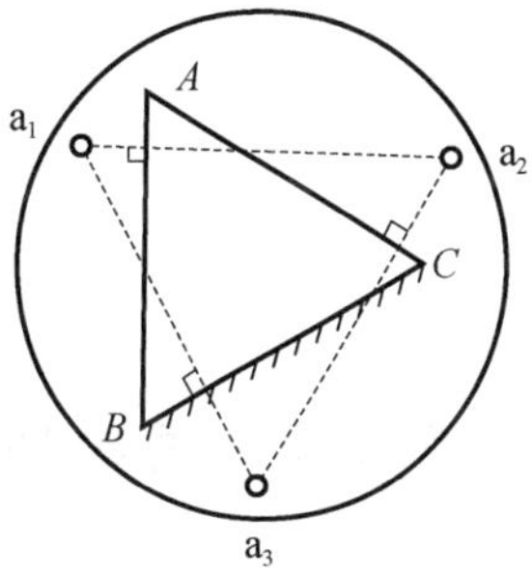

图 4-8-11

利用已调好的望远镜用自准直法调节：转动载物台，在望远镜中找到 AB 面反射回来的亮十字像，调节螺钉 a_1 使亮十字像与分划板上部的十字叉丝重合。然后转动载物台，找到 AC 面的反射像，调节螺钉 a_3 使十字像与分划板上部的十字叉丝重合。反复几次，直到两个面的反射像都与十字叉丝重合，则说明三棱镜的主截面已垂直于分光计转轴(注意不要调节螺钉 a_2)。

(3) 自准直法测量三棱镜顶角。

① 把三棱镜放在载物台上，转动望远镜使其与三棱镜的一个镜面垂直。

② 对两个游标做一适当标记，分别称为游标 1 和游标 2，切忌颠倒。光线垂直入射三棱镜一个面，记下方位 T_1 的游标 1 的读数 θ_1 和游标 2 的读数 θ_2，记入表 4-8-1 中。

③ 转动望远镜，使光线垂直入射另外一个面，记下方位 T_2 的游标 1 的读数 θ_1' 和游标 2 的读数 θ_2'，记入表 4-8-1 中。

④ 同一游标两次读数之差 $|\theta_1-\theta_1'|$ 或 $|\theta_2-\theta_2'|$，即载物台转过的角度 φ，而 φ 是角 α 的补角，故 $\alpha=180^\circ-\frac{1}{2}(|\theta_1-\theta_1'|+|\theta_2-\theta_2'|)$。

(4) 测最小偏向角 $\delta_{\min}$。

① 将三棱镜放在载物台上，使平行光管射出的平行光从棱镜的一个光学面入射，从另一个光学面出射，并使三棱镜折射面的法线与平行光管轴线的夹角大约为 60°。

② 转动望远镜找到出射光，然后慢慢转动载物台，改变平行光的入射角，观察出射光的偏转方向，并注意判断偏向角是增大还是减小(出射光远离入射光时，偏向角增大，反之偏向角减小)。

③ 沿偏向角减小的方向转动载物台，同时用望远镜跟踪，使出射光始终在视场中。可以观察到，当出射光偏转到某一位置时，停顿一下，又反方向转动，这个停顿位置就是最小偏向角的位置。将载物台在最小偏向角的位置上固定下来，用望远镜分划板上的十字叉丝对准狭缝像，记下望远镜的角位置 φ_1 和 φ_2，如图 4-8-12 所示中的位置(1)。

④ 取下三棱镜，让望远镜直接对准平行光管，微调望远镜，使竖直叉丝对准黄光，读出两个游标的值 φ_1' 和 φ_2'，记入表 4-8-2 中。

⑤ 按 $\delta_{\min}=\frac{1}{2}(|\varphi_1'-\varphi_1|+|\varphi_2'-\varphi_2|)$ 计算最小偏向角。

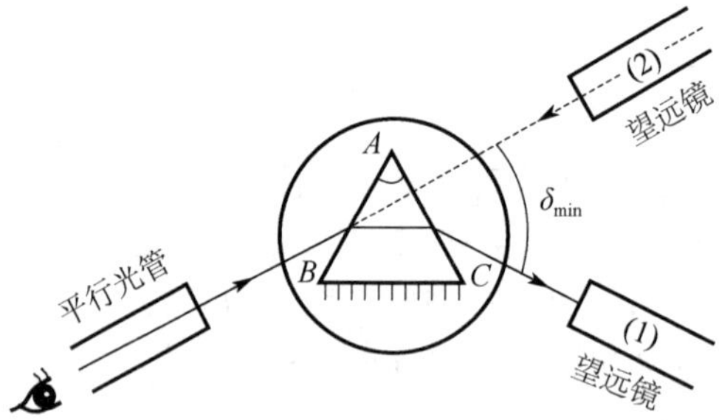

图 4-8-12　测最小偏向角

【数据记录和处理】

表 4-8-1　三棱镜顶角测量数据

$\Delta_{仪}=15''$

望远镜位置 Ⅰ		望远镜位置 Ⅱ	
θ_1	θ_2	θ_1'	θ_2'
顶角 $\alpha=$			

$$\alpha=180^\circ-\frac{1}{2}(|\theta_1-\theta_1'|+|\theta_2-\theta_2'|)$$

注意，若遇到读数差 $|\theta_1-\theta_1'|$ 或 $|\theta_2-\theta_2'|$ 大于 180°，应以 360° 减去此值。

表 4-8-2　最小偏向角测量数据

$\Delta_{仪}=15''$

望远镜位置(1)		望远镜位置(2)	
φ_1	φ_2	φ_1'	φ_2'
$\delta_{\min}=$			

将测得的 α 和 $\delta_{\min}$ 代入式(4-8-1),求出折射率 n,并计算 n 的标准不确定度。

【不确定度分析】

$$U_{\theta_1}=U_{\theta_1'}=U_{\theta_2}=U_{\theta_2'}=U_{\varphi_1}=U_{\varphi_1'}$$

$$=U_{\varphi_2}=U_{\varphi_2'}=\frac{\Delta_{仪}}{\sqrt{3}}=\frac{15''}{\sqrt{3}}=\frac{15\pi}{3\sqrt{3}\times 60^3}=\_\_\_\_\_\_$$

$$U_\alpha=\frac{1}{2}\sqrt{U_{\theta_1}^2+U_{\theta_1'}^2+U_{\theta_2}^2+U_{\theta_2'}^2}=\_\_\_\_\_\_$$

$$U_{\delta_{\min}}=\frac{1}{2}\sqrt{U_{\varphi_1}^2+U_{\varphi_1'}^2+U_{\varphi_2}^2+U_{\varphi_2'}^2}=\_\_\_\_\_\_$$

$$U_n=\sqrt{\left(\frac{\partial n}{\partial\alpha}\right)^2U_\alpha^2+\left(\frac{\partial n}{\partial\delta_{\min}}\right)^2U_{\delta_{\min}}^2}=\_\_\_\_\_\_$$

最后结果表示为 $n=$ ________ $\pm$ ________。

【注意事项】

(1) 望远镜、平行光管、三棱镜、平面镜的光学面不能用手触摸。若发现有尘埃,应用镜头纸轻轻揩擦。三棱镜、平面镜请勿磕碰或跌落,以免损坏。

(2) 分光计是较精密的光学仪器,要加倍爱护,不应在止动螺钉锁紧时强行转动望远镜,也不要随意拧动狭缝装置。平行光管狭缝的刀口是经过精密研磨制成的,为避免损伤狭缝,只有在望远镜中看到狭缝像的情况下才能调节狭缝的宽度。

【分析与思考】

(1) 分光计由哪几部分组成? 各部分的功能是什么?

(2) 测三棱镜顶角时,如果转动望远镜找不到由三棱镜反射过来的狭缝像,应调节什么?

(3) 如何判别最小偏向角?

实验九　用模拟法测绘静电场

【实验背景及应用】

电荷分布决定静电场分布。对于带电体在空间形成的静电场,只有在其电荷分布比较简单时(如具有某种对称性的情况下),才能通过理论计算得出其电场分布。在科学研究和工业设计中,常有一些像静电场的电场强度这样的物理量很难直接测定,此时应采用间接的方法进行测定。静电场的研究方法有多种,模拟法就是一种重要的研究方法。两个物理量之间,只要具有相同的物理模型或相同的数学表达式,就可以用一个物理量去定量或定性地模仿另一个物理量,这种方法称为模拟法。模拟法不是直接研究某一物理量或过程本身,而是利用与这个物理量或过程相似的模型来进行研究。本实验的特点是仿造一个与静电场类似的模拟场,当用探针探测它时,它不受干扰,因而可以把对模拟场的实验结果推广和应用于静电场中。

用模拟法测绘静电场

【实验教学目标】

1. 知识目标

掌握用模拟法测绘具有相同数学形式的物理场。

2. 能力目标

能描绘出静电场分布曲线及场量的分布特点;加深对各物理场概念的理解;基本会用模拟法测量和研究二维静电场,提高学生的自主学习能力、逻辑思维能力、理论计算能力。

3. 价值目标

培养学生探索未知、追求真理、勇攀科学高峰的精神,激发学生科技报国的家国情怀和使命担当。

【实验仪器】

GVZ-3 型静电场描绘实验仪(包括导电微晶、双层固定支架、同步探针等)。固定支架采用双层式结构,上层放记录纸,下层放导电微晶。电极已直接制作在导电微晶上,并将电极引线接到外接线柱上。电极间有导电率远小于电极且各向均匀的导电介质。接通直流电源(10 V)就可以进行实验。在导电微晶和记录纸上方各有一探针,通过金属探针臂把两个探针固定在同一手柄座上,两个探针始终保持在同一铅垂线上。移动手柄座时,可保证两个探针的运动轨迹是一样的。由导电微晶上方的探针找到待测点后,按一下记录纸上方的探针,在记录纸上留下一个对应的标记。移动同步探针,在导电微晶上找出若干电势相同的点,由此即可描绘出等势线。

【实验原理】

以模拟长同轴圆柱形电缆的静电场为例进行介绍。

恒定电流场与静电场是两种不同性质的场,但是它们在一定条件下具有相似的空间分布,即两种场遵循的规律在形式上相似,都可以引入电势 U,电场强度 $\boldsymbol{E}=-\nabla U$,都遵循高斯定理。

对于静电场,电场强度在无源区域内满足以下积分关系,即

$$\oint_S \boldsymbol{E}\cdot \mathrm{d}\boldsymbol{S}=0,\quad \oint_l \boldsymbol{E}\cdot \mathrm{d}\boldsymbol{l}=0$$

对于恒定电流场,电流密度矢量 $\boldsymbol{j}$ 在无源区域内也满足类似的积分关系,即

$$\oint_S \boldsymbol{j}\cdot \mathrm{d}\boldsymbol{S}=0,\quad \oint_l \boldsymbol{j}\cdot \mathrm{d}\boldsymbol{l}=0$$

由此可见，$\boldsymbol{E}$ 和 $\boldsymbol{j}$ 在各自区域中满足同样的数学规律，在相同边界条件下，具有相同的解析解。因此，可以用恒定电流场来模拟静电场。在模拟条件上，要保证电极形状一定，电极电势不变，空间介质均匀，在任何一个考察点，均应有 $U_{恒定}=U_{静电}$ 或 $E_{恒定}=E_{静电}$。下面具体讨论这种等效性。

1. 同轴电缆及其静电场分布

如图 4-9-1(a) 所示，在真空中有一半径为 r_a 的长圆柱形导体 a 和一内半径为 r_b 的长圆筒形导体 b，它们同轴放置，分别带等量异号电荷。由高斯定理知，在垂直于轴线的任意一横截面 S 上，都有均匀分布的辐射状电场线，这是一个二维场。在二维场中，电场强度 $\boldsymbol{E}$ 平行于 xOy 平面，等势面为一簇同轴圆柱面。因此只要研究 S 面上的电场分布即可。

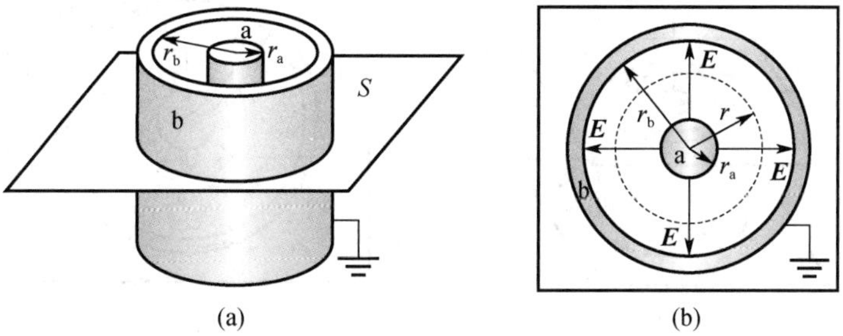

图 4-9-1　同轴电缆及其静电场分布

由静电场中的高斯定理可知，到轴线的距离为 r 处[见图 4-9-1(b)]各点的电场强度为

$$E=\frac{\lambda}{2\pi\varepsilon_0 r}$$

式中，λ 为柱面每单位长度的电量，其电势为

$$U_r=U_a-\int_{r_a}^{r}\boldsymbol{E}\cdot d\boldsymbol{r}=U_a-\frac{\lambda}{2\pi\varepsilon_0}\ln\frac{r}{r_a} \tag{4-9-1}$$

设 $r=r_b$ 时，$U_b=0$，则有

$$\frac{\lambda}{2\pi\varepsilon_0}=\frac{U_a}{\ln\dfrac{r_b}{r_a}} \tag{4-9-2}$$

代入式(4-9-1)，得

$$U_r=U_a\frac{\ln\dfrac{r_b}{r}}{\ln\dfrac{r_b}{r_a}} \tag{4-9-3}$$

$$E_r=-\frac{dU_r}{dr}=\frac{U_a}{\ln\dfrac{r_b}{r_a}}\cdot\frac{1}{r} \tag{4-9-4}$$

2. 同轴圆柱面电极间的电流分布

若上述圆柱形导体 a 与圆筒形导体 b 之间充满了电导率为 σ 的不良导体，a、b 分别与电源正、负极相连(见图 4-9-2)，a、b 间将形成径向电流。建立恒定电流场 E'_r，可以证明均匀的导体中的电场强度 E'_r 与原真空中的静电场 E_r 的分布规律是相似的。

取厚度为 t 的圆筒形同轴不良导体片为研究对象，设材料的电阻率为 $\rho(\rho=1/\sigma)$，则任意

半径 r 到 $r+\mathrm{d}r$ 之间的圆柱片的电阻为

$$\mathrm{d}R=\rho\cdot\frac{\mathrm{d}r}{S}=\rho\cdot\frac{\mathrm{d}r}{2\pi rt}=\frac{\rho}{2\pi t}\cdot\frac{\mathrm{d}r}{r} \tag{4-9-5}$$

则半径 r 到 r_b 之间的圆柱片的电阻为

$$R_{rr_b}=\frac{\rho}{2\pi t}\int_r^{r_b}\frac{\mathrm{d}r}{r}=\frac{\rho}{2\pi t}\ln\frac{r_b}{r} \tag{4-9-6}$$

总电阻(半径 r_a 到 r_b 之间的圆柱片的电阻)为

$$R_{r_ar_b}=\frac{\rho}{2\pi t}\ln\frac{r_b}{r_a} \tag{4-9-7}$$

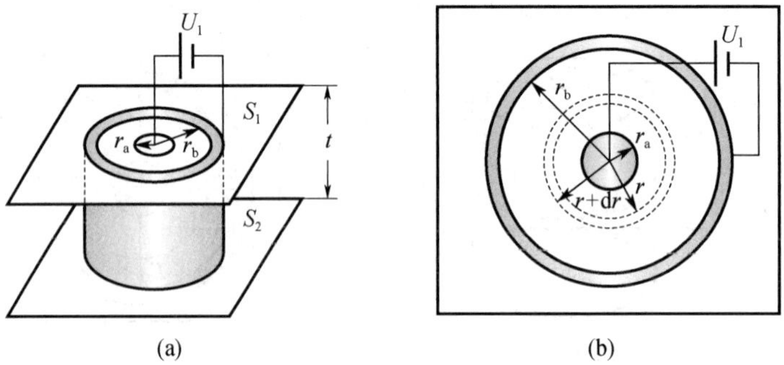

图 4-9-2　同轴电缆的模拟模型

设 $U_b=0$,则两个圆柱面间所加电压为 U_a,径向电流为

$$I=\frac{U_a}{R_{r_ar_b}}=\frac{2\pi tU_a}{\rho\ln\dfrac{r_b}{r_a}} \tag{4-9-8}$$

距轴线 r 处的电势为

$$U'_r=IR_{rr_b}=U_a\frac{\ln\dfrac{r_b}{r}}{\ln\dfrac{r_b}{r_a}} \tag{4-9-9}$$

则轴线 r 处的电场强度为

$$E'_r=-\frac{\mathrm{d}U'_r}{\mathrm{d}r}=\frac{U_a}{\ln\dfrac{r_b}{r_a}}\cdot\frac{1}{r} \tag{4-9-10}$$

由以上分析可见,U_r 与 U'_r、E_r 与 E'_r 的分布函数完全相同。为什么这两种场的分布相同呢?可以从电荷产生场的观点加以分析。导电介质中没有电流通过时,其中任意一体积元(宏观小,微观大,其内仍包含大量原子)内正、负电荷数量相等,没有净电荷,呈电中性。当有电流通过时,单位时间内流入和流出该体积元的正、负电荷数量相等,净电荷为零,仍然呈电中性。因而,整个导电介质内有电场通过时也不存在净电荷。这就是说,真空中的静电场和有恒定电流通过时导电介质中的场都是由电极上的电荷产生的。事实上,真空中电极上的电荷是不动的,在有电流通过的导电介质中,电极上的电荷一边流失,一边由电源补充,在动态平衡下保持电荷的数量不变。所以,这两种情况下电场分布是相同的。图 4-9-3 所示给出了几种典型静电场的模拟电极形状及相应的电场分布。

极型	模拟板形式	等势线、电场线理论图形
长平行导线 (输电线)	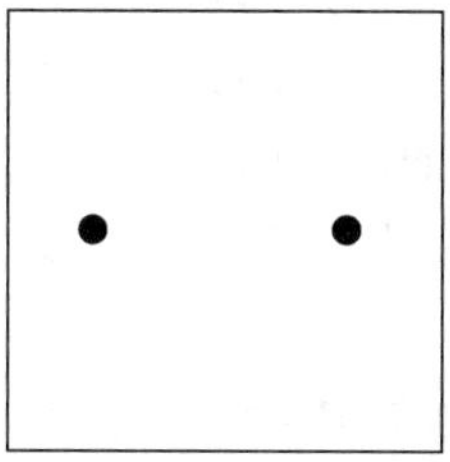	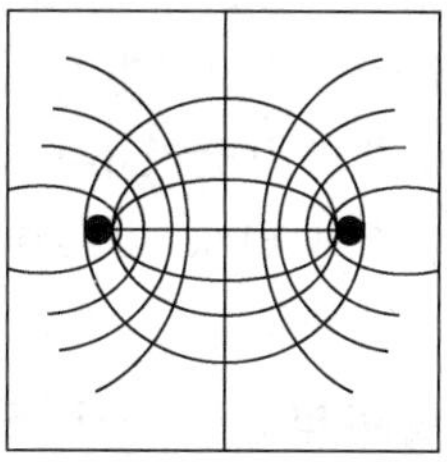
长同轴圆筒 (同轴电缆)	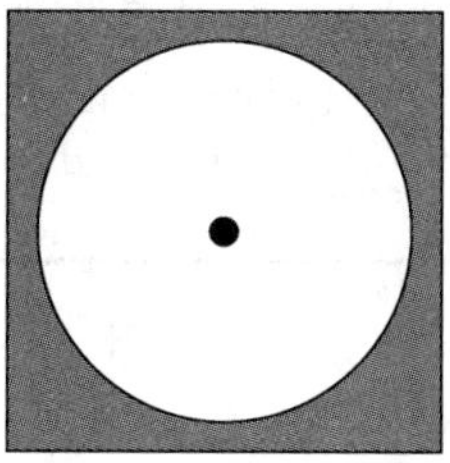	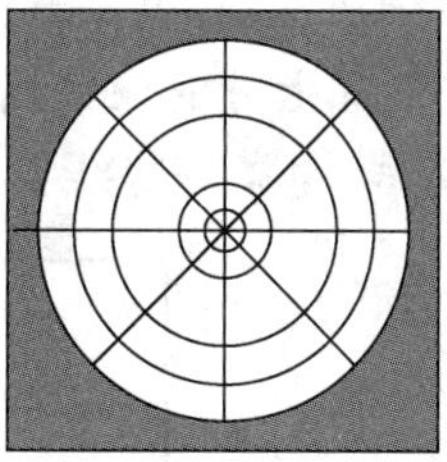
劈尖形电极		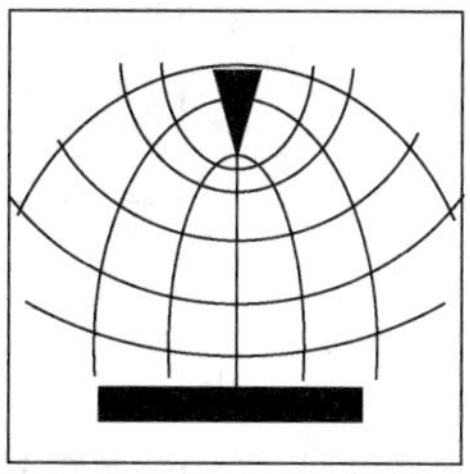
模拟聚焦电极	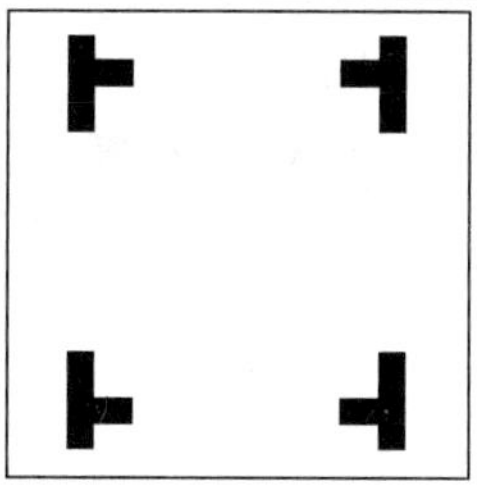	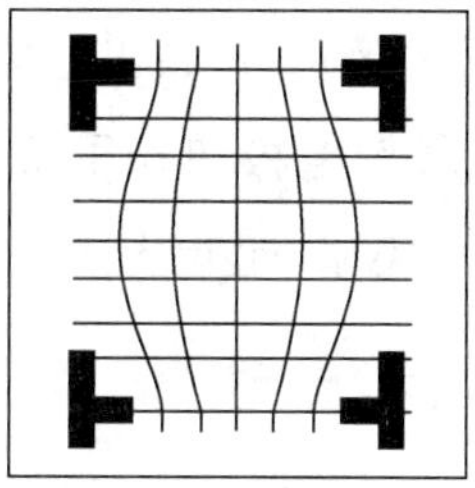

图 4-9-3 几种典型静电场的模拟电极形状及相应的电场分布

【实验内容与步骤】

电场强度在数值上等于电势梯度,方向指向电势降落的方向。考虑到电场强度是矢量,而电势是标量,从实验测量上来讲,测定电势比测定电场强度容易实现,所以可先测绘等势线,然后根据电场线与等势线正交的原理,画出电场线。这样就可由等势线的间距确定电场线的疏密和方向,将抽象的电场形象地反映出来。

1. 描绘同轴电缆的静电场分布

(1) 利用图 4-9-2(b) 所示的模拟模型,将导电微晶上内、外两电极分别与直流稳压电源的正、负极相连,电压表正、负极分别与同步探针及电源负极相连,电源电压调到 10 V。将记录纸铺在上层平板上,从 1 V 开始,平移同步探针,用导电微晶上方的探针找到等势点后,按一下记录纸上方的探针,测出一系列等势点。共测 9 条等势线,每条等势线上找 10 个以上的点。以每条等势线上各点到原点的平均距离 r 为半径画出等势线的同心圆簇。然后根据电场线与等势线正交的原理,画出电场线,并指出电场强度的方向,得到一张完整的电场分布图。

(2) 在坐标纸上作出相对电势 U_r/U_a 和 $\ln r$ 的关系曲线,并与理论结果比较,再根据曲线的性质说明等势线是以内电极中心为圆心的同心圆。

(3) 若测出内、外两电极的半径 r_a 和 r_b,则可以在半对数坐标纸上对各等势线的电势与其半径的关系进行定量分析。

2. 描绘一个劈尖电极和一个条形电极形成的静电场分布

(1) 如图 4-9-4 所示,将电源电压调到 10 V。将记录纸铺在上层平板上,从 1 V 开始,平移同步探针,用导电微晶上方的探针找到等势点后,按一下记录纸上方的探针,测出一系列等势点。共测 9 条等势线,每条等势线上找 10 个以上的点,在电极端点附近应多找几个等势点。

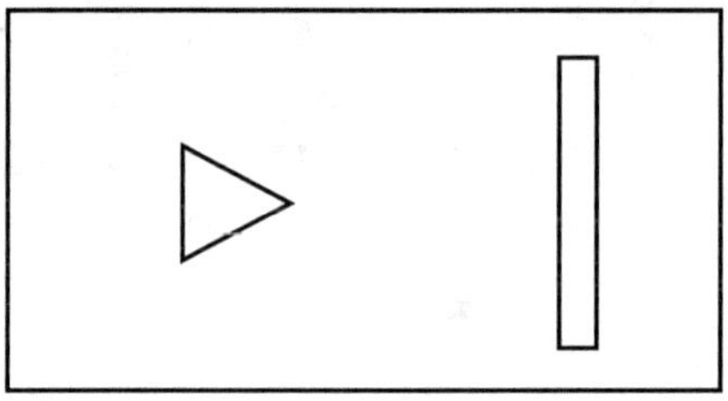

图 4-9-4　劈尖形电极

(2) 画出等势线,再作出电场线。作电场线时要注意:电场线与等势线正交,导体表面是等势面,电场线垂直于导体表面,电场线发自正电荷而止于负电荷,电场线的疏密要表示出电场强度的大小,根据电极正、负画出电场线的方向。

3. 描述模拟聚焦电极和长平行导线间的电场分布图

方法与上面的类似,此处从略。

【数据记录和处理】

将测得的数据记入表 4-9-1 中。

表 4-9-1　模拟法测量静电场数据记录

$U_1 = 10$ V, $r_a = 1$ cm, $r_b = 2$ cm

$U_{实}$ /V					
$\bar{r}$/m					
$\ln \bar{r}$					
$U_{理}$/V					
$E_r = \dfrac{\lvert \Delta U \rvert}{U_{理}} \times 100\%$					

【分析与思考】

(1) 根据测绘所得的等势线和电场线分布,分析哪些地方电场强度较强,哪些地方电场强度较弱。

(2) 根据实验结果能否说明电极的电导率远大于导电介质的电导率？若不满足此条件，会出现什么现象？

(3) 在描绘同轴电缆的等势线时，如何正确确定圆形等势线的圆心？如何正确描绘圆形等势线？

(4) 由导电微晶与记录纸的同步测量记录，能否模拟出点电荷激发的电场或同心圆球壳形带电体激发的电场？为什么？

(5) 能否用恒定电流场模拟稳定的温度场？为什么？

【附录】

实验仪器使用说明

1. 仪器简介

本实验所用仪器采用各向均匀导电的微晶导电板，在其上面安置一些不同的金属电极。当有直流电流经两个电极在导电板上通过时，由于微晶导电板的电导率相对于金属导体的电导率低得多，故在两个电极间沿电流线会存在不同的电势，这种不同的电势可用数字电压表直接测出来。分析各测量点电势的变化规律，就可间接知道相似的静电场中电势的分布规律。

2. 使用方法

(1) 接线。静电场专用稳压电源输出＋(红色)接线柱用红色导线连接描绘架(红色)，－(黑色)接线柱用黑色导线连接描绘架(黑色)。专用稳压电源探针输入＋(红色)接线柱用红色导线连接探针架连接线柱。将探针架好，并使探针下探头置于导电微晶电极上，启动开关，先校正，后测量。

(2) 测量。开启测量开关，若数字显示为 0 V，则移动探针架至另一电极上，一般常用 10 V，便于运算。然后纵横移动探针架，则电源电压表头显示读数随之变化。若要测 0～10 V 间的任何一条等势线，一般可选 0～10 V 间某一电压值，取电压为此值的 8～10 个点，再将这些点连成光滑的曲线，即可得到相应的等势线。

(3) 记录。实验报告都需要记录，以便学生计算或验证。对模拟法进行深刻研究，需在描绘架上铺平白纸，用橡胶磁条吸住。当表头指示值需要记录时，轻轻按一下，即能清晰标记小点，一般所需记录电压请参阅讲义或由任课教师确定。每条等势线标记 8～10 个点，然后连接即可。

实验十　光电效应测普朗克常量

光电效应测普朗克常量

【实验背景及应用】

1905 年，年仅 26 岁的爱因斯坦提出了光量子假说，发表了在物理学发展史上具有里程碑意义的光电效应理论。10 年后，光电效应理论被具有非凡才能的物理学家密立根用实验所证实。这两位物理大师之间的默契配合推动了物理学的发展，他们因光电效应等方面的杰出贡献分别于 1921 年和 1923 年获得诺贝尔物理学奖。

光电效应实验及其光量子理论的解释在量子理论的确立与发展，以及在解释光的波粒二象性等方面都具有划时代的深远意义。利用光电效应制成的光电器件(如光电管、光电池、光电倍增管等)在科学技术中得到了广泛的应用，在工程、天文、军事等领域都具有广阔的应用前景。

【实验教学目标】

1. 知识目标

能准确描述光电效应实验现象，能用光量子理论解释光电效应实验规律。

2. 能力目标

能多角度思考并解决科学问题；能精确测量不同频率入射光对应的遏止电压，并验证线性关系；能精确测量光电管的伏安特性曲线，能验证光电管的饱和电流与入射光强的关系；能精确测量普朗克常量。

3. 价值目标

通过学习爱因斯坦光量子假说，逐步建立质疑、批判、探究未知的科学素养；通过学习不断改进测量精密光电流的实验方法，培养精益求精、实事求是的科学态度。

【实验仪器】

GCPLK-B光电效应(普朗克常量)实验仪(见图4-10-1)由微电流放大器、光电效应主机、光电管、滤色片、汞灯组成。

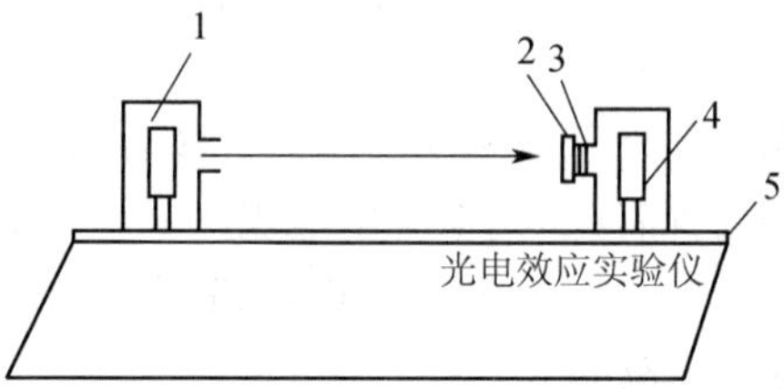

1—汞灯；2—滤色片；3—光阑；4—光电管；5—导轨。

图4-10-1　GCPLK-B光电效应(普朗克常量)实验仪

【实验原理】

当光照在物体上时，光的能量仅部分地以热的形式被物体吸收，而另一部分转换为物体中某些电子的能量，使电子逸出物体表面，逸出的电子称为光电子，这种现象称为光电效应。在光电效应中，光显示出它的粒子性质，所以这种现象对认识光的本性具有极其重要的意义。

光电效应实验原理图如图4-10-2所示。其中，S为真空光电管，K为阴极，A为阳极。当没有光照射阴极K时，由于阳极A与阴极K之间是断路，所以检流计G中没有电流流过。当用一波长比较短的单色光照射阴极K时，会逸出光电子，形成光电流。光电流I随加速电压U变化的伏安特性曲线如图4-10-3所示。

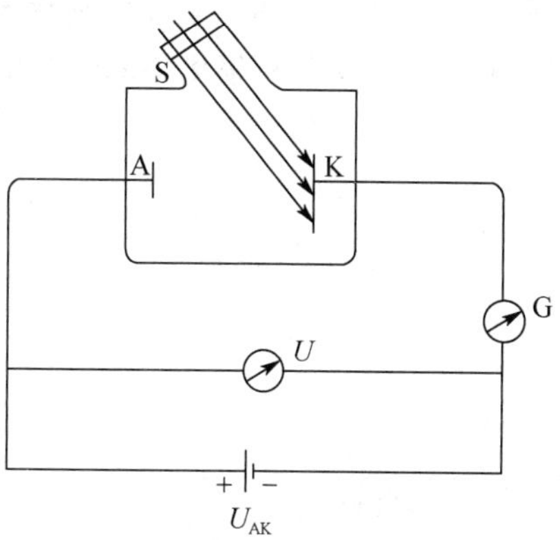

图 4-10-2　光电效应实验原理图

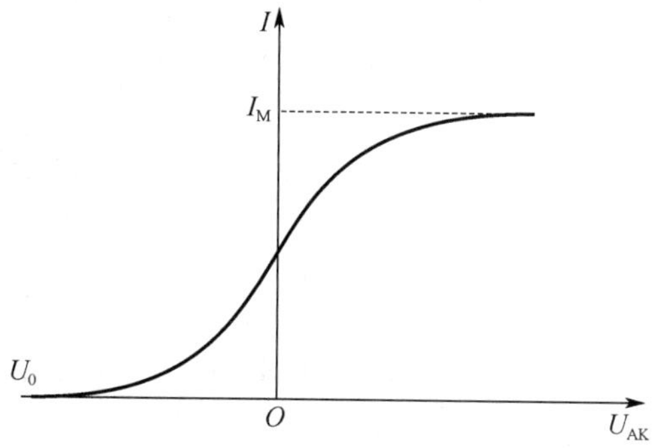

图 4-10-3　光电管的伏安特性曲线

光电流 I 随加速电压 U_{AK} 的增大而增大，加速电压增大到一定值后，光电流达到饱和值 I_M，这一电流称为饱和电流。饱和电流与光强成正比，而与入射光的频率无关。当 $U_{AK}=U_A-U_K$ 变为负值(给光电管加一反向电压)时，光电流迅速减小，当这一反向电压达到某个值时，光电流为零，这一反向电压 U_0 称为遏止电压。因为给光电管加上反向电压后，电场力将阻止光电子向阳极 A 运动，随着反向电压的增大，电场力对光电子做的功也随之增大，因此当电场力对光电子做的功刚好等于光电子的初动能时，光电子完全不能到达阳极 A，此时光电流为零，即

$$eU_0=\frac{1}{2}mv^2 \tag{4-10-1}$$

根据爱因斯坦关于光的本性的假设，光是一粒一粒运动着的粒子组成的流，这些粒子称为光子。每一光子的能量为 $\varepsilon=h\nu$，其中，h 为普朗克常量，ν 为光波的频率。所以不同频率的光波对应光子的能量不同。光电子吸收了光子的能量 $h\nu$ 之后，一部分用于克服金属表面的约束，另一部分则转化为电子的动能。由能量守恒定律可知

$$h\nu=\frac{1}{2}mv^2+A \tag{4-10-2}$$

式中，A 为电子的逸出功。式(4-10-2) 称为爱因斯坦光电效应方程。将式(4-10-2) 代入式(4-10-1)，可得

$$eU_0=h\nu-A \tag{4-10-3}$$

实验证明：光电子的最大初动能与入射光的光强无关，只与入射光的频率有关。当光的频率 $\nu<\nu_0$ 时，不论用多强的光照射物质，都不会产生光电效应，这一频率 ν_0 称为红限频率。

根据式(4-10-2)，$\frac{1}{2}mv^2=0$ 时，有

$$\nu_0=\frac{A}{h}$$

当 $\nu\geqslant\nu_0$ 时，式(4-10-3) 变为

$$eU_0=h\nu-h\nu_0$$

即

$$U_0=\frac{h}{e}(\nu-\nu_0) \tag{4-10-4}$$

式(4-10-3)表明了遏止电压U_0与频率ν呈线性关系,如图4-10-4所示。图中直线的斜率等于h/e,其中$e=1.60\times10^{-19}$ C是电子的电量;截距为ν_0。因此,测定U_0与ν,就可根据斜率求出h值。

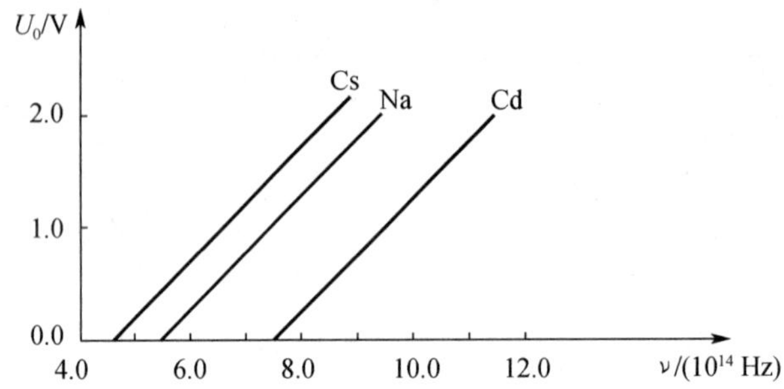

图 4-10-4　遏止电压与频率的关系

实际实验中测量的光电管伏安特性曲线如图4-10-5所示,它与图4-10-3不同,原因如下。

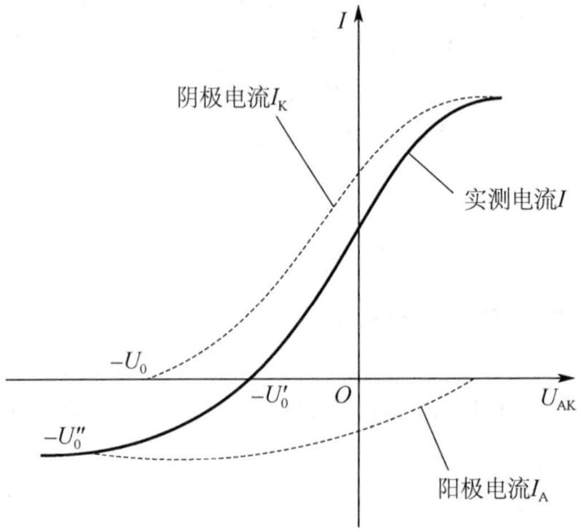

图 4-10-5　实际实验中测量的光电管伏安特性曲线

(1) 存在暗电流和本底电流。暗盒中的光电管即使没有光照射,在外加电压下也会有微弱电流,称为暗电流。其主要原因是极间绝缘电阻漏电和阴极在常温下的热电子发射等。暗电流与外加电压基本上呈线性关系。室内各种漫反射光射入光电管造成的光电流称为本底电流。暗电流和本底电流随着阴极K、阳极A之间电压大小的变化而变化。

(2) 存在反向电流。光电管在制造和使用过程中阳极不可避免地被阴极材料所沾染,而且这种沾染在光电管使用过程中会日趋严重。被沾染的阳极遇到由阴极散射的光或其他杂散光的照射时,也会发射光电子,形成阳极电流,即反向电流。反向的电压对阳极发射的光电子起加速作用,形成反向饱和电流。

由于暗电流是由阴极的热电子发射及光电管管壳漏电等原因产生的,与阴极正向光电流相比,其值很小,且基本上与电压U_{AK}呈线性关系,因此可忽略其对遏止电压的影响。阳极反向光电流虽然在实验中较显著,但它服从一定规律。因此,实测电流是阴极电流与阳极电流的叠加,如图4-10-5所示。实测电流的横轴截距为$-U_0'$,当$U_{AK}=-U_0'$时,阴极电流恰好等于反向电流，光电管总输出电流为零；当$U_{AK}>-U_0'$时，阴极电流随着外加电压的增加迅速上升，故 I-U 曲线逐步接近光电管的理想 I-U 曲线；当$U_{AK}<-U_0'$时，阳极电流增大并趋向饱和。据此，确定遏止电压值，一般可采用以下两种方法。

(1) 交点法。光电管阳极用逸出功较大的材料制作，制作过程中尽量防止阴极材料蒸发。实验前对光电管阳极通电，减少其上溅射的阴极材料。实验中避免入射光直接照射到阳极上，这样可使它的反向电流大大减小，而且阳极电流越小，阴极电流就上升得越快，则伏安特性曲线与图 4-10-3 越接近，因此曲线与U_{AK}轴交点的电压$-U_0'$近似等于遏止电压$-U_0$，此即交点法。

(2) 拐点法。光电管阳极反向光电流较为缓慢地达到饱和，当减速电压达到$-U_0$时，阳极电流仍未饱和，此时真正的遏止电压应该是在这条曲线从水平或接近水平开始上升的拐点处，如图 4-10-5 所示，此拐点的电压$-U_0''$近似等于遏止电压$-U_0$，此即拐点法。

实验时，应根据光电管的 I-U 曲线的特点来选择用交点法还是用拐点法。本实验采用的光电管，其阴极电流上升很快，反向电流较小，故采用交点法确定遏止电压。

综上所述，光电效应有以下实验事实。

(1) 对一定频率的光，有一个电压U_0，当$U_{AK}\leqslant U_0$时，光电流为零，这个相对于阴极的负值的电压U_0，称为遏止电压。当$U_{AK}\geqslant U_0$后，I迅速增加，然后趋于饱和，饱和光电流I_M的大小与入射光的光强P成正比，如图 4-10-6 所示。

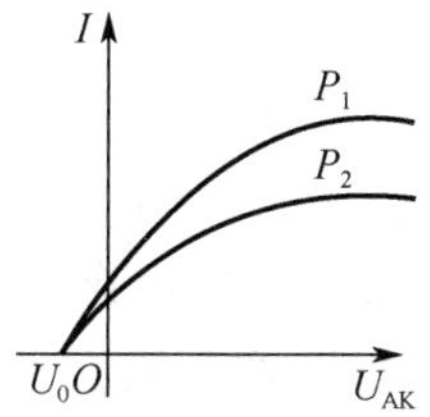

图 4-10-6　同一频率、不同光强时，光电管的伏安特性曲线

(2) 不同频率的入射光，其遏止电压的值不同，如图 4-10-7 所示。

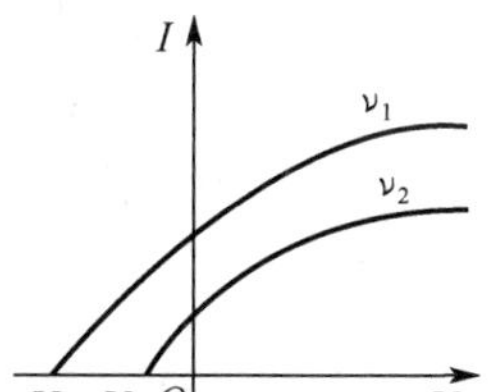

图 4-10-7　同一光强、不同频率时，光电管的伏安特性曲线

(3) 遏止电压U_0与入射光的频率ν成正比。当入射光的频率低于红限频率ν_0（ν_0随不同金属而异）时，不论光的光强如何，照射时间多长，都没有光电流产生，如图 4-10-8 所示。

(4) 光电效应是瞬时效应，即使入射光的光强非常小，只要频率大于ν_0，在开始照射后立即有光电子产生，所经过的时间至多为10^{-9} s 的数量级。

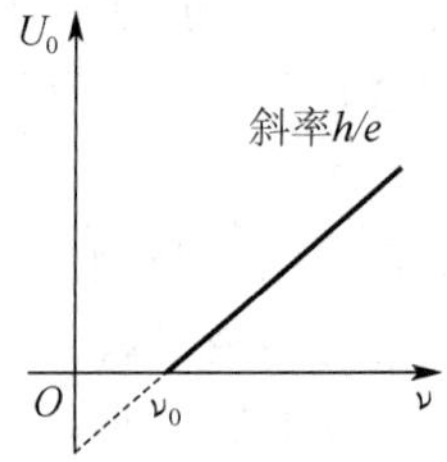

图 4-10-8　遏止电压 U_0 与入射光的频率 ν 的关系图

【实验内容与步骤】

1. 测试前的准备

(1) 将实验仪及汞灯电源接通(汞灯暗盒遮光盖盖上),预热 20 min。

(2) 调整光电管与汞灯距离约为 25 cm,并保持不变。

(3) 用迭插头将光电管暗箱电压输入端与实验仪光电管电源输出端连接起来,光电管暗箱与实验仪微电流输入孔用 BNC 接口连接。

(4) 将"电流量程"选择开关置于所选挡位,进行测试前调零。调零时应将光电管暗盒内圈旋至"遮光"。

2. 测普朗克常量

(1) 测量遏止电压。调整"内容"键为"PLK"状态,"电流量程"开关应处于 10^{-12} A 挡。

① 将直径为 8 mm 的光阑及 365 nm 的滤色片旋转至光电管暗盒光输入口上,打开汞灯遮光盖。此时电压表显示 U_{AK} 的值,单位为 V;电流表显示与 U_{AK} 对应的电流值 I,单位为所选择的"电流量程"对应的单位。

② 从 0 往下调整电压,观察电流值的变化,寻找电流为零时对应的 U_{AK},以其绝对值作为该波长对应的 U_0 的值,并将数据记于表 4-10-1 中。

③ 依次换上 405 nm、436 nm、546 nm、577 nm 的滤色片,重复以上测量步骤(注意,在用 546 nm、577 nm 滤色片时,电流值较小,可选用 10^{-13} A 挡)。

(2) 由实验数据作出遏止电压 U_0 与光频率的关系图。由关系图找出图形斜率 k,利用公式 $k = h/e$,求出普朗克常量 h,并计算其相对误差。

3. 测光电管的伏安特性曲线

(1) 调整"内容"键为"VA"状态,"电流量程"开关应处于 10^{-11} A 挡,并重新调零。

(2) 将直径为 4 mm 的光阑及 365 nm 的滤色片旋转至光电管暗盒光输入口上,测量的电压范围为 $-1 \sim 50$ V。测量时,每隔 1 V 记录所测 U_{AK} 及 I 的数据。

(3) 依次换上 405 nm、436 nm、546 nm、577 nm 的滤色片,重复以上步骤,将数据记录在表 4-10-2 中(每测一个波长,需要一个表)。

(4) 根据所得实验数据,作出不同波长的伏安特性曲线。

4. 验证光电管的饱和光电流与入射光强是否成正比

(1) 把 U_{AK} 调为 50 V,测量波长为 436 nm 的谱线,光阑直径分别为 2 mm、4 mm、8 mm 时对应的电流值,并记于表 4-10-3 中。

(2) 更换波长为 546 nm 的滤色片，重复以上步骤。

(3) 根据测量数据，确定饱和光电流与入射光强的关系。

【数据记录和处理】

1. 实验记录表格

表 4-10-1　U_0-ν 关系

光阑孔 $\Phi = 8$ mm

波长 λ_i/nm	365	405	436	546	577
频率 ν_i/(10^{14} Hz)	8.214	7.408	6.879	5.490	5.196
遏止电压 U_{0i}/V					

表 4-10-2　I-U_{AK} 关系

波长 $\lambda = 365$ nm

U_{AK}/V	−1	0	1	2	3	4	5	6	7	8	9
I/(10^{-11} A)											
U_{AK}/V	10	11	12	13	14	15	16	17	18	19	20
I/(10^{-11} A)											
U_{AK}/V	21	22	23	24	25	26	27	28	29	30	31
I/(10^{-11} A)											
U_{AK}/V	32	33	34	35	36	37	38	39	40	41	42
I/(10^{-11} A)											
U_{AK}/V	43	44	45	46	47	48	49	50			
I/(10^{-11} A)											

表 4-10-3　I_M-P 关系

$U_{AK} = 50$ V，$L = 200$ mm

436 nm	光阑孔直径	2 mm	4 mm	8 mm
	I/(10^{-11} A)			
546 nm	光阑孔直径	2 mm	4 mm	8 mm
	I/(10^{-11} A)			

2. 数据处理

(1) 计算普朗克常量。

① 根据表 4-10-1 的数据，以遏止电压 U_0 为纵坐标，频率 ν 为横坐标，在坐标纸上描出 5 个点，并在描出的各点间绘出一条最佳 U_0-ν 线（根据光电效应遵循爱因斯坦方程，作出的曲线应该是一条直线），求出直线的斜率 $k = h/e$。

② 求出普朗克常量 $h_{实验} = ek$，其中 $e = 1.6 \times 10^{-19}$ C，为电子电量。

③ 计算出普朗克常量实验值与理论值之间的相对误差 $E = \dfrac{|h_{实验} - h_{理论}|}{h_{理论}} \times 100\%$，其中

$h_{理论}=6.63\times10^{-34}$ J·s。

(2) 根据表 4-10-2 的数据,在同一坐标系中作出 365 nm 和 405 nm 两种波长下光电管的伏安特性曲线。

(3) 根据表 4-10-3 的数据,确定饱和电流和光强的正比关系。

【注意事项】

(1) 微电流测量仪和汞灯的预热时间必须长于 20 min。实验中,汞灯不可关闭。如果关闭了汞灯,必须经过 5 min 后才可重新启动,且需要重新预热。

(2) 每次转换电流表量程后,必须将电流表调零。将光阑转到“遮光”状态,将电流表示数调为零。

(3) 注意保护滤色片,不得划磨,防止污染,用后放入盒中。

(4) 更换滤色片时应先将光源出射孔遮盖,实验完毕后应用遮光罩盖住暗盒光窗,以免强光照射阴极,缩短光电管寿命。不要用眼睛直视汞灯。

【分析与思考】

(1) 什么叫光电效应?爱因斯坦提出的光电效应理论有哪些内容?

(2) 从遏止电压 U_0 与入射光频率 ν 的关系曲线中,能确定阴极材料的逸出功吗?

(3) 测普朗克常量的实验中,有哪些误差来源?如何减小误差?

第五章　综合性实验

实验十一　气垫导轨力学综合实验

【实验背景及应用】

气垫导轨力学综合实验

机械运动是自然界中最基本和最普遍的一种运动形式。在常速情况下，宏观物体的机械运动所遵循的客观规律为经典力学。虽然在高速和微观领域内，经典力学有它的局限性，但在人类生产、生活和科学实验中，经典力学有其能够适用的广阔领域，它仍是解决大量实际问题的基础。

经典力学以牛顿运动定律为基础，由牛顿运动定律出发导出的守恒定律是自然界的普遍规律。因此，研究牛顿运动定律对掌握物理学的基本定律及其在现代工程技术中的重要应用具有一定意义。

本实验采用气垫导轨方式测量滑动物体的运动速度、加速度，并通过实验验证牛顿第二定律、弹性碰撞时动量守恒，研究简谐振动。

【实验教学目标】

1. 知识目标

(1) 让学生了解力学实验的基本原理和方法。

(2) 使学生掌握力学中一些基本概念和规律。

2. 能力目标

培养学生的实验操作技能，以及观察、分析问题的能力。

3. 价值目标

(1) 培养学生解决问题的能力，强化学生的实践能力。

(2) 通过实验教学，加深学生对科学研究的理解，培养学生的创新性思维和能力。

一、验证牛顿第二定律

【实验仪器】

气垫导轨(见图 5-11-1)，计时器，小型气泵，垫块。

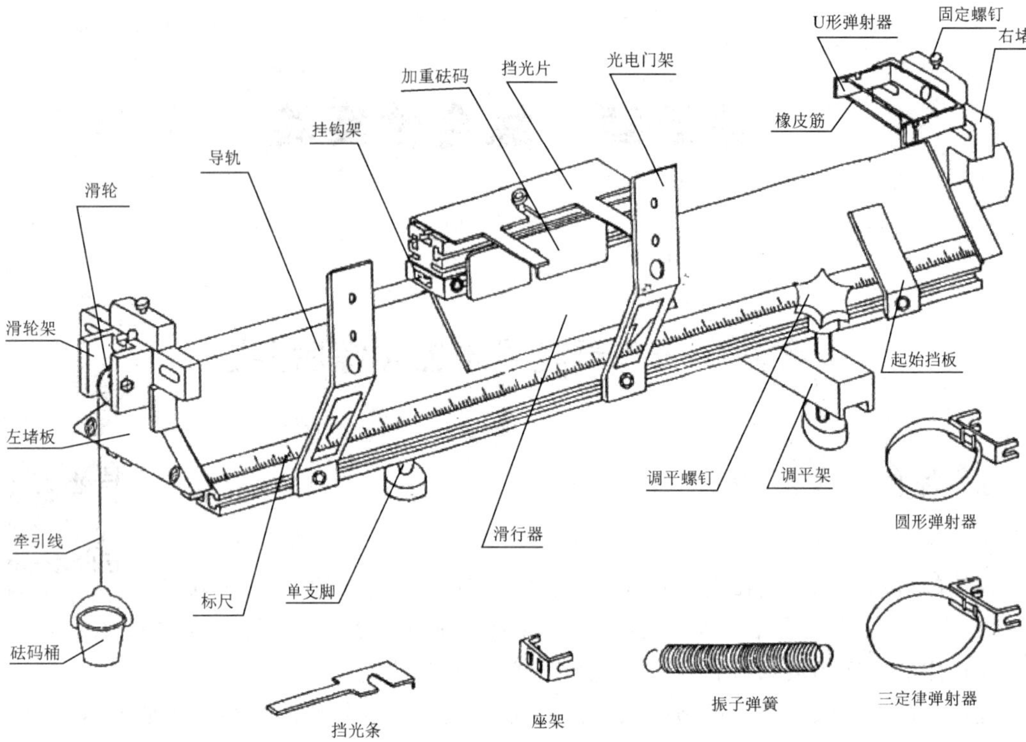

图 5-11-1　气垫导轨

【实验原理】

验证性实验是在已知某一理论的条件下进行的。所谓验证,是指实验结果与理论结果完全一致,这种一致实际上是实验装置、方法在误差范围内的一致。本实验通过直接测量牛顿第二定律所涉及的各物理量的值,并研究它们之间的定量关系,直接验证牛顿第二定律。

牛顿第二定律是动力学的基本定律。根据该定律,一定质量 m 的物体所受的合外力 F 和它所获得的加速度 a 之间存在如下关系,即

$$F = ma \tag{5-11-1}$$

本实验在忽略空气阻力和黏性阻力的情况下,在气垫导轨上测量在不同外力 F 的作用下,滑块的加速度 a,研究滑块的运动是否符合牛顿第二定律。

将气垫导轨调水平后,在其单支脚螺钉下加上厚度为 h 的垫块,使导轨具有一定的倾斜度,如图 5-11-2 所示。质量为 m 的滑块所受重力沿斜面的分力为 $mg\sin\theta$,滑块在此合外力的作用下沿斜面做匀加速直线运动。设气垫导轨两端单支脚螺钉之间的距离为 L,则滑块加速度的理论值为

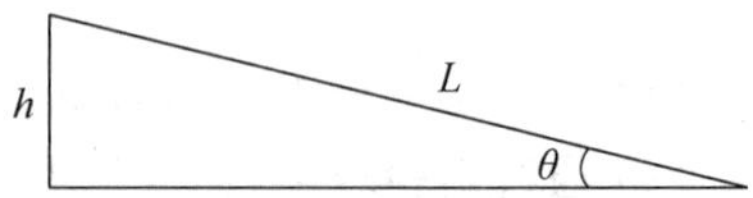

图 5-11-2　倾斜气垫导轨示意图

$$a = g\sin\theta = g\frac{h}{L} \tag{5-11-2}$$

在实验中,滑块通过光电门的平均速度 $\bar{v} = \Delta x/\Delta t$,由挡光片的宽度 Δx 和挡光片通过光电门的挡光时间间隔 Δt 求出。当 Δx 较小(如为 2 cm) 时, Δt 非常短暂,可用上述平均速度代

替滑块通过光电门时的瞬时速度。设滑块通过斜面上相距 s 的两个光电门的速度分别是 v_1 和 v_2，则可测得滑块加速度的实验值为

$$a=\frac{v_2^2-v_1^2}{2s}=\frac{\Delta x^2}{2s}\left(\frac{1}{\Delta t_2^2}-\frac{1}{\Delta t_1^2}\right) \tag{5-11-3}$$

【实验内容与步骤】

1. 实验内容

(1) 测量速度。

(2) 测量加速度。

(3) 验证牛顿第二定律。

2. 实验步骤

(1) 实验前的准备工作。

① 将附件盒里面的两个光电门支架用十字螺丝刀固定在光电门上。

② 在滑块(滑行器) 上方固定一个宽 3 cm 的挡光片。

③ 其他配件暂时不安装。

(2) 调节光电计时系统。

将两个光电门引线接入计时器后面板的 P_1 及 P_2 插口上，打开计时器电源开关，计时器自动进入自检状态，最后显示“0”，按“模式”键，选择 S_2 模式。将气垫导轨气源接通，用适当的力推动滑块，使它依次通过两个光电门，观察计时器是否能正常记录时间。若不正常，检查挡光片是否挡光，并检查光电管照明是否充分。

(3) 调节气垫导轨(见图 5-11-3) 水平。

① 静态调平(粗调)：打开气泵，调节导轨支脚螺钉，使滑块在导轨上无定向地自然运动，当滑块能静止在导轨上时，可以认为导轨被初步调平；也可以用所提供的水平泡放置在导轨左、右两端，调整调平螺钉至水平泡居中即可。

② 动态调平(细调)：用适当的力推动滑块，使它依次通过两个光电门，要求滑块通过两个光电门的时间 Δt_1 和 Δt_2 的相对差异小于 1%，否则应继续调节导轨支脚螺钉，直至达到要求。

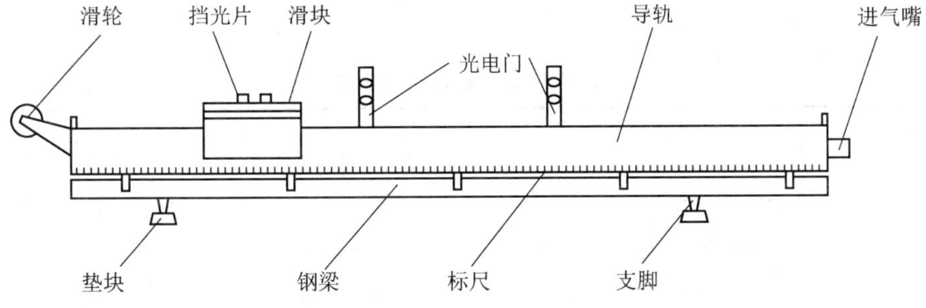

图 5-11-3　气垫导轨

(4) 安装好光电门，光电门指针之间的距离约为 50 cm。导轨通气后，调节导轨水平，使滑块做匀速直线运动。在导轨的单支脚螺钉下加上厚度为 1 cm 的垫块，使导轨倾斜，将滑块从导轨左侧的某固定点由静止释放，观测并记录滑块经过两个光电门的挡光时间 Δt_1 和 Δt_2。重复测量 5 次，记录实验数据于表 5-11-1 中。

(5) 将厚度为 2 cm、3 cm、5 cm 的垫块依次垫在导轨的单支脚螺钉下面,重复步骤(4),观测并记录实验数据于表 5-11-1 中。

【数据记录和处理】

表 5-11-1　数据记录表一

次数	垫块厚度 /cm							
	1		2		3		5	
	Δt_1/s	Δt_2/s	Δt_1/s	Δt_2/s	Δt_1/s	Δt_2/s	Δt_1/s	Δt_2/s
1								
2								
3								
4								
5								
平均值								

对每种垫块厚度 $h_i(i = 1,2,3,5)$,计算滑块加速度的实验值 $a_{实i}$,即

$$a_{实} = \frac{v_2^2 - v_1^2}{2s} = \frac{\Delta x^2}{2s}\left(\frac{1}{\Delta t_2^2} - \frac{1}{\Delta t_1^2}\right)$$

计算滑块加速度的理论值,即

$$a_{理} = g\sin\theta = g\frac{h}{L}$$

将理论值和实验值进行比较,并计算它们的相对误差。计算与每种垫块厚度 h_i 对应的滑块所受的外力,即

$$F = mg\sin\alpha_{实i} = mgh_i/L$$

其中 $g = 10$ N/kg。将数据记入表 5-11-2 中。

挡光片的间距 $\Delta x =$ ________, $s =$ ________, $L =$ ________, $m =$ ________。

$$U = \left|\frac{a_{实} - a_{理}}{a_{理}}\right| \times 100\%$$

表 5-11-2　数据记录表二

h_i/cm	$a_{实i}$/(m/s²)	$a_{理}$ /(m/s²)	U/%	F_i/N
1				
2				
3				
5				

用得到的四组 $a_{实i}$ 和 F_i 数据在坐标纸上作图,考察 F 和 a 之间是否存在线性关系。

二、验证弹性碰撞时动量守恒

【实验仪器】

气垫导轨，计时器，小型气泵。

【实验原理】

设两个滑块的质量分别为 m_1 和 m_2，碰撞前的速度分别为 v_{10} 和 v_{20}，碰撞后的速度分别为 v_1 和 v_2。根据动量守恒定律，有

$$m_1 v_{10} + m_2 v_{20} = m_1 v_1 + m_2 v_2 \tag{5-11-4}$$

测出两个滑块的质量和碰撞前、后的速度，就可验证碰撞过程中动量是否守恒。其中，v_{10} 和 v_{20} 是两个滑块在两个光电门处的瞬时速度，即 $\Delta x/\Delta t$，Δt 越小，瞬时速度越准确。在实验里，挡光片的宽度为 Δx，挡光片通过光电门的时间为 Δt，即有 $v_{10} = \Delta x/\Delta t_1$，$v_{20} = \Delta x/\Delta t_2$。

下面分以下两种情况进行讨论。

1. 弹性碰撞

两个滑块的相碰端装有缓冲弹簧，它们的碰撞可以看成弹性碰撞。在碰撞过程中除了动量守恒外，它们的动能完全没有损失，也遵循机械能守恒定律，因此有

$$\frac{1}{2}m_1 v_{10}^2 + \frac{1}{2}m_2 v_{20}^2 = \frac{1}{2}m_1 v_1^2 + \frac{1}{2}m_2 v_2^2 \tag{5-11-5}$$

(1) 若两个滑块的质量相等，即 $m_1 = m_2 = m$，且令 m_2 碰撞前静止，即 $v_{20} = 0$，则由式(5-11-4)、式(5-11-5)可得

$$v_1 = 0, \quad v_2 = v_{10}$$

即两个滑块彼此交换速度。

(2) 若两个滑块的质量不相等，即 $m_1 \neq m_2$，仍令 $v_{20} = 0$，则有

$$m_1 v_{10} = m_1 v_1 + m_2 v_2, \quad \frac{1}{2}m_1 v_{10}^2 = \frac{1}{2}m_1 v_1^2 + \frac{1}{2}m_2 v_2^2$$

可得

$$v_1 = \frac{m_1 - m_2}{m_1 + m_2}v_{10}, \quad v_2 = \frac{2m_1}{m_1 + m_2}v_{10} \tag{5-11-6}$$

当 $m_1 > m_2$ 时，两个滑块相碰后，二者沿相同的速度方向(与 v_{10} 的方向相同)运动；当 $m_1 < m_2$ 时，二者相碰后运动的速度方向相反，m_1 将反向运动，速度应为负值。

2. 完全非弹性碰撞

将两个滑块的相碰端装上橡皮泥。相碰后橡皮泥将两个滑块粘在一起，使它们以同一速度运动，即

$$v_1 = v_2 = v$$

仍令 $v_{20} = 0$，则有

$$m_1 v_{10} = (m_1 + m_2)v$$

所以

$$v = \frac{m_1}{m_1 + m_2} v_{10}$$

当 $m_2 = m_1$ 时,$v = \frac{1}{2} v_{10}$,即两个滑块粘在一起后,质量增大一倍,速度为滑块 m_1 原速度的一半。

【实验内容与步骤】

1. 实验内容

(1) 验证等质量物体做弹性碰撞时动量守恒。

(2) 验证不等质量物体做弹性碰撞时动量守恒。

2. 实验步骤

(1) 实验前的准备工作。

① 将附件盒里面的两个光电门支架用十字螺丝刀固定在光电门上。

② 在两个滑块上方分别固定一个宽 3 cm 的挡光片。

③ 在两个滑块侧边固定砝码片。

④ 做弹性碰撞实验时,在相碰端安装圆形弹射器。

⑤ 其他配件暂时不安装。

(2) 安装好光电门,光电门指针之间的距离约为 50 cm。导轨通气后,调节导轨水平,使滑块做匀速直线运动。计时器处于 S_2 模式,通过在滑块上增加砝码(金属配重块为 50 g) 来改变滑块的质量,滑块自身的质量为 145 g,圆形弹射器的质量为 5 g,挡光片的质量为 12 g,得出两个滑块的质量 m_1 和 m_2。

(3) 验证弹性碰撞时动量守恒。

① 在两个滑块的相碰端有缓冲弹簧,当滑块相碰时,由于缓冲弹簧发生弹性形变后恢复原状,因此在碰撞前、后,系统的机械能近似保持不变,仍设 $v_{20} = 0$,则有 $m_1 v_{10} = m_1 v_1 + m_2 v_2$。

② 在碰撞前,将一个滑块(如质量为 m_2 的滑块) 放在两个光电门中间,使它静止($v_{20} = 0$),将另一个滑块(如质量为 m_1 的滑块) 放在导轨的一端,轻轻将它推向滑块 m_2,记录 v_{10}。

③ 如果 $m_1 > m_2$,则两个滑块相碰后,它们分别以速度 v_1、v_2 同向运动,记录挡光片通过光电门的时间 Δt_{10}、Δt_1、Δt_2,根据挡光片的间距计算出 v_{10}、v_1、v_2。

【数据记录和处理】

将实验数据记入表 5-11-3。

表 5-11-3 数据记录表

等质量碰撞			不等质量碰撞			
次数	Δt_{10}/s	Δt_2/s	次数	Δt_{10}/s	Δt_2/s	Δt_1/s
1			1			
2			2			
3			3			

按要求完成表 5-11-4。

表 5-11-4　数据处理表

不同质量滑块碰撞：m_1 = ________ g，m_2 = ________ g，$v_{20} = 0$

次数	碰前		碰后				百分偏差
	v_{10}/(cm/s)	$p_0 = m_1 v_{10}$ /(g·cm/s)	v_1/(cm/s)	$p_1 = m_1 v_1$ /(g·cm/s)	v_2/(cm/s)	$p_2 = m_2 v_2$ /(g·cm/s)	$U = \frac{p_0 - (p_1 + p_2)}{p_0} \times 100\%$
1							
2							
3							

相同质量滑块碰撞：$m_1 = m_2 = m$ = ________ g，$v_{20} = 0$，$v_1 = 0$

次数	碰前		碰后		百分偏差
	v_{10}/(cm/s)	$p_0 = m_1 v_{10}$ /(g·cm/s)	v_2/(cm/s)	$p_2 = m_2 v_2$ /(g·cm/s)	$U = \frac{p_0 - p_2}{p_0} \times 100\%$
1					
2					
3					

三、研究简谐振动

【实验仪器】

气垫导轨，计时器，小型气泵。

【实验原理】

在水平的气垫导轨上，质量为 m_1 的滑块两端由两个弹簧拉着，两个弹簧的刚度系数分别为 k_1 和 k_2，如图 5-11-4 所示。当滑块偏离平衡位置 x 时，它受弹簧的作用力为

$$f = -(k_1 + k_2)x \tag{5-11-7}$$

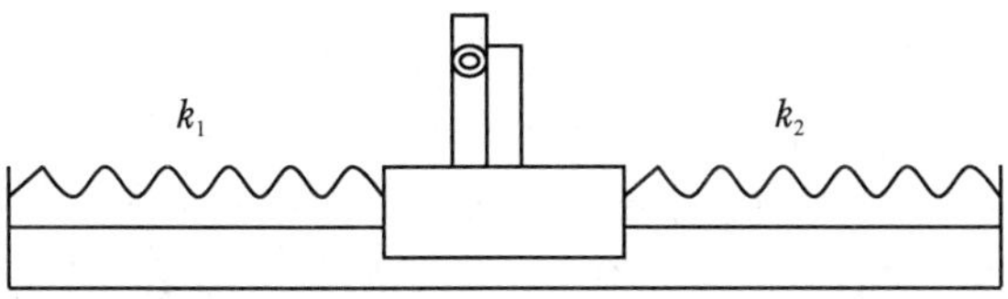

图 5-11-4　气垫导轨上的简谐振动

令 $k = k_1 + k_2$，由牛顿第二定律可知，滑块做简谐振动的动力学方程为

$$mx'' = -kx \tag{5-11-8}$$

式中，$m = m_1 + m_0$ 为振动系统的有效质量，m_0 为弹簧的有效质量。式(5-11-8) 的解为

$$x = A\sin(\omega_0 t + \varphi_0) \tag{5-11-9}$$

式中,A 为振幅,φ_0 为初相位,它们都是由初始条件确定的。$\omega_0=\sqrt{k/m}$ 是振动系统的角频率,由系统本身的性质决定。系统振动的周期

$$T=\frac{2\pi}{\omega_0}=2\pi\sqrt{\frac{m}{k}} \tag{5-11-10}$$

实验中通过改变 m_1 来测出相应的 T,由式(5-11-10)求出 k 和 m_0。

将式(5-11-9)对时间求导,得滑块在任意时刻的运动速度为

$$v=A\omega_0\cos(\omega_0 t+\varphi_0) \tag{5-11-11}$$

则在任意时刻系统的振动动能为

$$E_k=\frac{1}{2}mv^2=\frac{1}{2}(m_1+m_0)v^2 \tag{5-11-12}$$

系统的振动势能(以 m_1 位于平衡位置时系统的势能为零势能点)为

$$E_p=\frac{1}{2}kx^2 \tag{5-11-13}$$

则系统的机械能为

$$E=E_k+E_p=\frac{1}{2}m\omega_0^2A^2=\frac{1}{2}kA^2 \tag{5-11-14}$$

式中,k 和 A 均为常量。式(5-11-14)说明简谐振动系统的机械能守恒。实验中测定不同位置 x 处滑块的运动速度 v,可求得系统的振动动能 E_k 和振动势能 E_p,观测它们之间的相互转化并验证机械能守恒。

【实验内容与步骤】

1. 实验内容

(1) 考察振动周期与振幅的关系。

(2) 研究振动周期与振子质量之间的关系。

(3) 测量振动系统的动能和势能。

2. 实验步骤

(1) 仔细调平气垫导轨后,将滑块上的挡光片换成挡光条。在滑块两端各钩上一个弹簧,弹簧的另一端分别钩在气垫导轨两端的锁紧螺钉上,将一个光电门移到滑块处于平衡位置时挡光条的一侧,设置数字计时器为 T 模式,检查光电门是否正常工作。

(2) 考察振动周期与振幅的关系。将滑块分别拉离平衡位置 20.0 cm、25 cm、30 cm(振幅 A),测量滑块的振动周期 T,每个振幅测量 3 次周期,记入表 5-11-5 中。

(3) 研究振动周期与振子质量之间的关系。在滑块两侧对称地加上配重铁块并固紧,选一个确定的振幅 $A=30.0$ cm 测周期。每增加一次配重铁块测量 3 次周期。此时振子的质量 m_1 是滑块及配重铁块的质量之和,共测量 3 种不同振子质量的周期,记入表 5-11-6 中。可选取 0、2、4 片砝码片。

(4) 作 T^2-m 关系曲线,并由斜率求出弹簧的刚度系数 k。

【数据记录和处理】

表 5-11-5　周期数据记录表一

振幅 A/cm	周期 1 次	周期 2 次	周期 3 次	平均值
20				
25				
30				

结论：____。

表 5-11-6　周期数据记录表二

振子质量 m/g	周期 1 次	周期 2 次	周期 3 次	平均值
145				
245				
345				

【分析与思考】

（1）根据实际情况，分析实验中引起测量误差的主要因素。

（2）在验证牛顿第二定律实验中，如果未将导轨调平，得到的 F-a 曲线会有什么变化？对验证牛顿第二定律会产生什么影响（分导轨上倾和下倾两种情况考虑）？

实验十二　受迫振动实验

【实验背景及应用】

受迫振动实验

共振是一种既重要又普遍的运动形式，在物理学、无线电学和各种工程技术领域中都会见到。其中，受迫共振现象具有使用价值，许多仪器和装置都是利用共振原理设计制作的。例如，电磁共振是无线电技术的基础，机械共振产生声响，物质对电磁场的特征吸收和耗散吸收可用共振现象来描述，可利用核磁共振和顺磁共振研究物质结构等。在利用共振现象的同时，也要防止共振现象引起的破坏，如共振引起建筑物的垮塌、电气元件的烧毁等。因此，研究受迫振动具有重大意义。

本实验采用玻尔共振仪定量研究物体在周期性外力的作用下做受迫振动的幅频特性和相频特性，并采用频闪法来测定动态的物理量 —— 相位差。

【实验教学目标】

1. 知识目标

（1）理解自由振动、阻尼振动和受迫振动的原理。

(2) 研究玻尔共振仪中摆轮做受迫振动的幅频特性和相频特性,观察共振现象。

(3) 掌握用频闪法测定运动物体的相位差,用光电门测量周期和振幅。

(4) 会测量阻尼系数,研究不同阻尼力矩对受迫振动振幅的影响。

2. 能力目标

(1) 引导学生通过观察现象、建立模型、实验测量、分析判断和归纳总结的探索过程,培养实验实践能力、自主学习能力、分析与解决问题的能力、思辨能力和创新能力。

(2) 学习对数逐差法、作图法、数据归一化等常用的数据处理方法。

3. 价值目标

结合实例将玻尔共振仪的研究历程、共振现象在工程技术领域的应用与防护等元素融入课堂,增强学生的文化自信与民族自豪感,培养科学探索精神、创新实践能力以及实事求是的工作作风。

【实验仪器】

玻尔共振仪由振动仪与电器控制箱两部分组成。

振动仪部分如图 5-12-1 所示,铜质圆形摆轮 A 安装在机架转轴上,可绕转轴转动。蜗卷弹簧 B 的一端与摆轮相连,另一端与摇杆 M 相连。自由振动时,摇杆不动,蜗卷弹簧对摆轮施加与角位移成正比的弹性恢复力矩。在摆轮下方装有阻尼线圈 K,电流通过线圈会产生磁场,摆轮在磁场中运动,会在摆轮中形成局部涡电流,涡电流磁场与线圈磁场相互作用,形成与运动速度成正比的电磁阻尼力矩。强迫振动时,电动机带动偏心轮及传动连杆 E 使摇杆摆动,通过蜗卷弹簧传递给摆轮,产生强迫外力矩,强迫摆轮做受迫振动。

在摆轮的圆周上每隔 2° 开有凹槽,其中一个凹槽(用白漆线标志)比其他凹槽长许多。摆轮正上方的光电门架上装有两个光电门:一个对准长凹槽,在一个振动周期中长凹槽两次通过该光电门,光电检测箱利用该光电门来测量摆轮的周期,并予以显示;另一个对准短凹槽,由一个周期中通过该光电门的凹槽的个数,即可得出摆轮振幅并予以显示。光电门的测量精度为 2°。

电机轴上装有固定的角度盘 G 和随电机一起转动的有机玻璃角度指针盘 F,角度指针上方有挡光片。调节电器控制箱上的十圈电机转速调节旋钮,可以精确改变加于电机上的电压,使电机的转速在实验范围(30 ~ 45 r/min) 内连续可调。由于电路中采用特殊稳速装置,采用惯性很小的带有测速发电机的特种电机,所以转速极为稳定。在角度盘正上方装有光电门 I,有机玻璃指针盘的转动使挡光片通过该光电门,光电检测箱记录光电门的开关时间,测量强迫力的周期。

受迫振动时,摆轮与外力矩的相位差是利用小型闪光灯来测量的。置于角度盘下方的闪光灯受摆轮长凹槽光电门的控制,每当摆轮上长凹槽 C 通过平衡位置时,光电门 H 接受光,引起闪光,这一现象称为频闪。在受迫振动达到稳定状态时,在闪光灯的照射下可以看到角度指针好像一直“停在”某一刻度处(实际上,角度指针一直在匀速转动)。所以,从角度盘上直接读出摇杆相位超前于摆轮相位的数值,其负值为相位差 φ。

玻尔共振仪电器控制箱的前面板和后面板示意图分别如图 5-12-2 和图 5-12-3 所示。

电机转速调节旋钮可用于改变强迫力矩的周期。

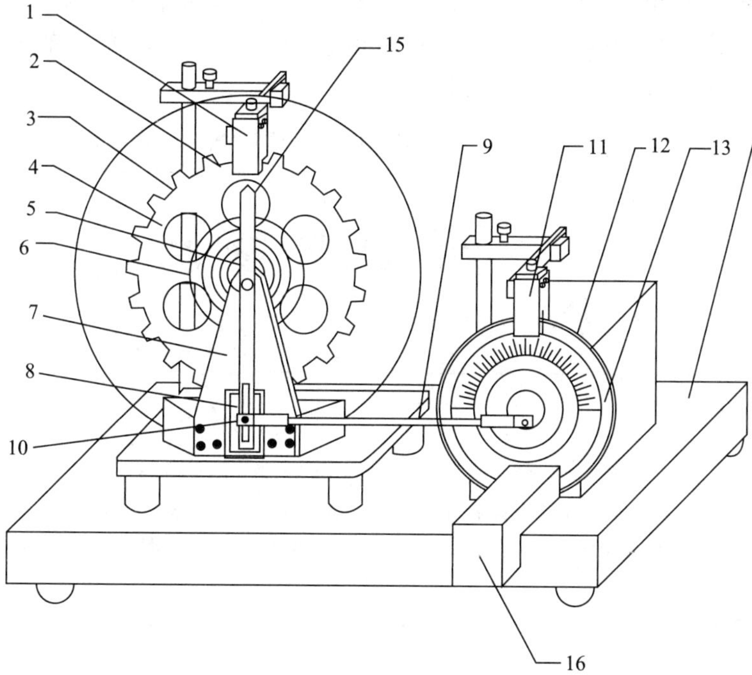

1—光电门 H；2—长凹槽 C；3—短凹槽 D；4—铜质圆形摆轮 A；5—摇杆 M；6—蜗卷弹簧 B；7—支承架；8—阻尼线圈 K；9—传动连杆 E；10—摇杆调节螺钉；11—光电门 I；12—角度盘 G；13—有机玻璃指针盘 F；14—底座；15—弹簧夹持螺钉 L；16—闪光灯。

图 5-12-1　玻尔振动仪振动仪部分

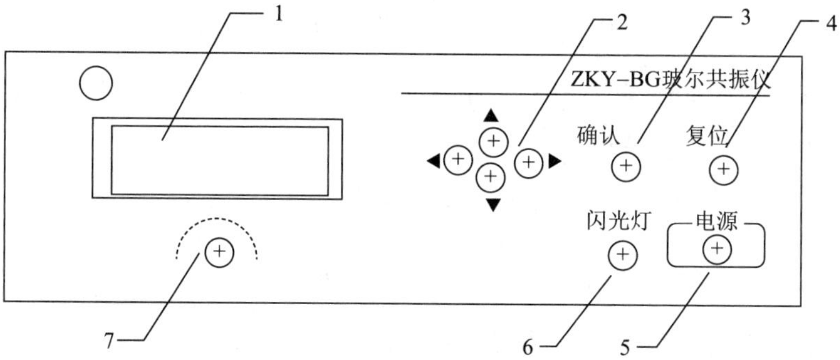

1—液晶显示屏幕；2—方向控制键；3—确认按键；4—复位按键；5—电源开关；6—闪光灯开关；7—强迫力周期调节电位器。

图 5-12-2　玻尔共振仪电器控制箱的前面板示意图

可以通过软件控制阻尼线圈内直流电流的大小，达到改变摆轮系统的阻尼系数的目的。阻尼挡位的选择通过软件控制，共分 3 挡，分别是“阻尼 1”“阻尼 2”“阻尼 3”。阻尼电流由恒流源提供，实验时根据不同情况进行选择(可先选择在“阻尼 2” 处，若共振时振幅太小则可改用“阻尼 1”)，振幅在 150° 左右。

闪光灯开关用来控制闪光与否，当按住闪光按钮、摆轮长凹槽通过平衡位置时便产生闪光。由于频闪现象,可从相位差读盘上看到刻度线似乎静止不动的读数(实际上,有机玻璃角度指针盘 F 上的指针一直在匀速转动),从而读出相位差数值。为使闪光灯管不易损坏,采用按钮开关,仅在测量相位差时才按下该按钮。

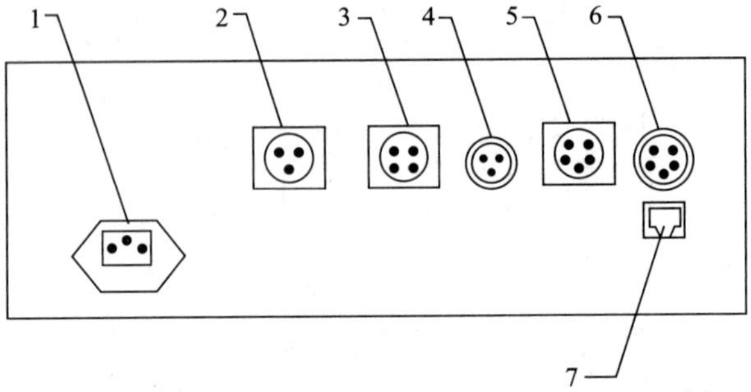

1— 电源插座(带保险);2— 闪光灯接口;3— 阻尼线圈;
4— 电机接口;5— 振幅输入;6— 周期输入;7— 通信接口。

图 5-12-3　玻尔共振仪电器控制箱的后面板示意图

【实验原理】

物体在周期性外力的持续作用下发生的振动称为受迫振动,这种周期性外力称为强迫力。

本实验中,由铜质圆形摆轮和蜗卷弹簧组成弹性摆轮,可绕转轴摆动。摆轮在摆动过程中受到与角位移 θ 成正比、方向指向平衡位置的弹性恢复力矩的作用,与角速度 $\mathrm{d}\theta/\mathrm{d}t$ 成正比、方向与摆轮运动方向相反的阻尼力矩的作用,以及按简谐规律变化的外力矩 $M_0\cos\omega t$ 的作用。根据转动规律,可列出摆轮的运动方程为

$$J\frac{\mathrm{d}^2\theta}{\mathrm{d}t^2}=-k\theta-b\frac{\mathrm{d}\theta}{\mathrm{d}t}+M_0\cos\omega t \tag{5-12-1}$$

式中,J 为摆轮的转动惯量;$-k\theta$ 为弹性力矩,k 为弹性力矩系数;b 为电磁阻尼力矩系数;M_0 为强迫力矩的幅值;ω 为强迫力的角频率。

令 $\omega_0^2=\dfrac{k}{J}$,$2\beta=\dfrac{b}{J}$,$m=\dfrac{M_0}{J}$,则式(5-12-1)变为

$$\frac{\mathrm{d}^2\theta}{\mathrm{d}t^2}+2\beta\frac{\mathrm{d}\theta}{\mathrm{d}t}+\omega_0^2\theta=m\cos\omega t \tag{5-12-2}$$

当强迫外力为零,即式(5-12-2)等号右边为零时,式(5-12-2)就变为二阶常系数齐次线性微分方程。根据微分方程的相关理论,当 ω_0 远大于 β 时,其解为

$$\theta=\theta_1\mathrm{e}^{-\beta t}\cos(\omega_1 t+\alpha) \tag{5-12-3}$$

此时摆轮做阻尼振动,振幅 $\theta_1\mathrm{e}^{-\beta t}$ 随时间 t 衰减,振动频率为

$$\omega_1=\sqrt{\omega_0^2-\beta^2}$$

式中,ω_0 称为系统的固有角频率,β 为阻尼系数。当 β 也为零时,摆轮以 ω_0 做简谐振动。

当强迫外力不为零时,式(5-12-3)为二阶常系数非齐次线性微分方程,其解为

$$\theta=\theta_1\mathrm{e}^{-\beta t}\cos(\omega_1 t+\alpha)+\theta_2\cos(\omega t+\varphi) \tag{5-12-4}$$

式中,第一部分表示阻尼振动,经过一段时间后衰减消失;第二部分为稳态解,说明振动系统在强迫力作用下,经过一段时间后即可达到稳定的振动状态。如果外力是按简谐振动规律变化

的，那么物体在稳定状态时的运动也是与强迫力同频率的简谐振动，具有稳定的振幅 θ_2，并与强迫力之间有一个确定的相位差 φ。

将 $\theta = \theta_2 \cos(\omega t + \varphi)$ 代入式(5-12-2)，要使其在任何时间 t 恒成立，则 θ_2 与 φ 需满足一定的条件，由此解得稳定受迫振动的幅频特性及相频特性的表达式分别为

$$\theta_2 = \frac{m}{\sqrt{(\omega_0^2 - \omega^2)^2 + 4\beta^2\omega^2}} \tag{5-12-5}$$

$$\varphi = \arctan\frac{-2\beta\omega}{\omega_0^2 - \omega^2} = \arctan\frac{-\beta T_0^2 T}{\pi(T^2 - T_0^2)} \tag{5-12-6}$$

由式(5-12-5)和式(5-12-6)可以看出，在稳定状态时，振幅和相位差保持恒定，振幅 θ_2 与相位差 φ 的数值取决于 β、ω_0、m 和 ω，也取决于 J、b、k、M_0 和 ω，而与振动的起始状态无关。当强迫力的角频率 ω 与系统的固有角频率 ω_0 相同时，相位差为 $-90°$。

由于受到阻尼力的作用，受迫振动的相位总是滞后于强迫力的相位，即式(5-12-6)中的 φ 应为负值，而反正切函数的取值范围为 $(-90°, 90°)$，因此当由式(5-12-6)计算得出的角度数值为正时，应减去 180° 将其换算成负值。

图 5-12-4、图 5-12-5 所示分别为在不同 β 时，稳定受迫振动的幅频特性曲线和相频特性曲线。

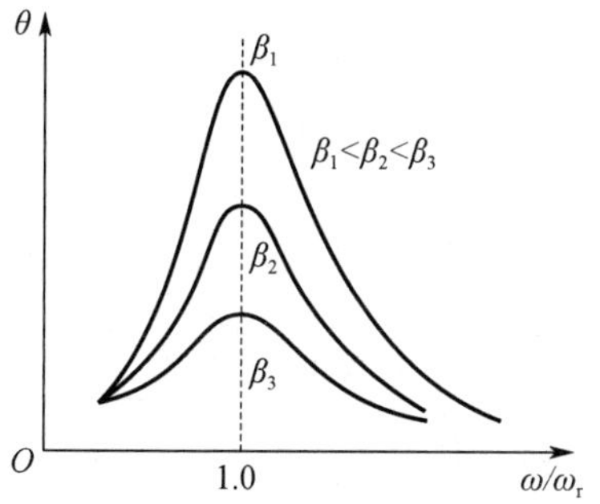

图 5-12-4 幅频特性曲线

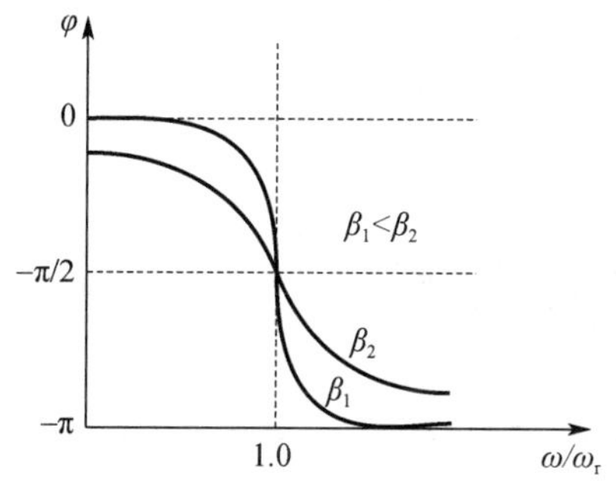

图 5-12-5 相频特性曲线

由式(5-12-5)，将 θ_2 对 ω 求极值可得：当强迫力的角频率 $\omega = \sqrt{\omega_0^2 - 2\beta^2}$ 时，θ_2 有极大值，产生共振。若共振时角频率和振幅分别用 ω_r、θ_r 表示，则有

$$\omega_r = \sqrt{\omega_0^2 - 2\beta^2} \tag{5-12-7}$$

$$\theta_r = \frac{m}{2\beta\sqrt{\omega_0^2 - \beta^2}} \tag{5-12-8}$$

将式(5-12-7)代入式(5-12-6)，得到共振时的相位差为

$$\varphi_r = \arctan\frac{-\sqrt{\omega_0^2 - 2\beta^2}}{\beta} \tag{5-12-9}$$

式(5-12-7)、式(5-12-8)和式(5-12-9)表明：阻尼系数 β 越小，共振时的角频率 ω_r 越接近系统的固有频率 ω_0；振幅 θ_r 越大，共振时的相位差越接近 $-90°$。

由图 5-12-4 可见，β 越小，θ_r 越大，且 θ_2 随 ω 偏离 ω_0 而衰减得越快，幅频特性曲线越陡峭。在峰值附近，$\omega \approx \omega_0$，$\omega_0^2 - \omega^2 \approx 2\omega_0(\omega_0 - \omega)$，因此式(5-12-5)可近似表示为

$$\theta_2 \approx \frac{m}{2\omega_0\sqrt{(\omega_0 - \omega)^2 + \beta^2}} \tag{5-12-10}$$

由式(5-12-10)可见,当$|\omega_0-\omega|=\beta$时,振幅降为峰值的$\frac{1}{\sqrt{2}}$,根据幅频特性曲线的相应点可确定β的值。

【实验内容与步骤】

1. 实验准备

按下电源开关按钮后,屏幕上出现欢迎界面,其中"NO. 0000X"为电器控制箱与计算机主机相连的编号。几秒后,屏幕上显示如图 5-12-6(a) 所示的"按键说明"字样。符号"◀"为向左移动,"▶"为向右移动,"▲"为向上移动,"▼"为向下移动。下文中的符号不再重新介绍。

注:为保证使用安全,三芯电源线应可靠接地。

2. 选择实验方式

根据是否连接计算机选择"联网模式"或"单机模式"。这两种方式下的操作完全相同,故不再重复介绍。

3. 自由振荡 —— 测量摆轮振幅 θ 与自由振荡周期 T 的对应关系

自由振荡实验的目的是测量摆轮振幅θ与自由振荡周期T的对应关系。

(1) 在图 5-12-6(a) 所示的状态下按"确定"键,显示图 5-12-6(b) 所示的实验类型,默认选中项为"自由振荡"。再按"确定"键,显示图 5-12-6(c) 所示的界面。

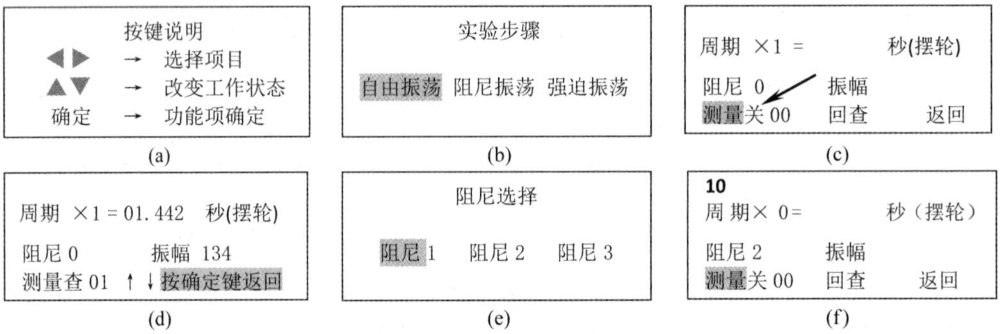

图 5-12-6 玻尔共振仪操作界面一

(2) 用手转动摆轮 160° 左右,放开手后按"▲"或"▼"键,测量状态由"关"变为"开",控制箱开始记录实验数据,振幅的有效数值范围为 50° ~ 160°(振幅小于 160° 时测量状态为"开",小于 50° 时测量自动关闭)。测量显示"关"时,说明数据已保存并发送主机。

(3) 查询实验数据,按"◀"或"▶"键,选中"回查",再按"确定"键,如图 5-12-6(d) 所示,表示第一次记录的振幅$\theta_0=134°$,对应的周期$T=1.442$ s。然后按"▲"或"▼"键查看所有记录的数据,该数据为每次测量振幅相对应的周期数值,回查完毕,按"确定"键,返回图 5-12-6(c) 所示的状态。由此可得到振幅θ与周期T的对应表,该对应表将在本实验的"数据记录和处理"过程中使用。由于此时阻尼很小,测出的周期非常接近摆轮的固有周期T_0。

若要进行多次测量,可重复上述操作。自由振荡实验完成后,选中"返回",按"确定"键回到图 5-12-6(b) 所示的界面进行其他实验。

由于电器控制箱只记录每次摆轮周期变化时所对应的振幅值，因此有时摆轮转过光电门几次，测量才记录一次(其间能看到振幅变化)。当回查数据时，有的振幅数值被自动剔除了(当摆轮周期的第 5 位有效数字发生变化时，控制箱记录对应的振幅值。控制箱上只显示 4 位有效数字，故无法看到第 5 位有效数字的变化情况，但在计算机上可以清楚地看到)。

4. 测定阻尼系数 β

在图 5-12-6(b) 所示的状态下，根据实验要求，按“▶”键，选中“阻尼振荡”，按“确定”键显示“阻尼选择”界面，如图 5-12-6(e) 所示。阻尼分三个挡，“阻尼 1”挡最小，根据实验要求自行选择阻尼挡，例如选择“阻尼 2”挡，按“确定”键，显示如图 5-12-6(f) 所示的界面。

首先将有机玻璃角度盘指针 F 放在 0° 位置，用手转动摆轮 160° 左右，选取 θ_0 在 150° 左右，按“▲”或“▼”键，测量由“关”变为“开”，并记录数据，仪器记录 10 组数据后，测量自动关闭，此时振幅大小还在变化，但仪器已经停止记数。

阻尼振荡的回查与自由振荡类似。若改变阻尼挡测量，重复“阻尼 2”挡的相关操作步骤即可。

从屏幕上读出摆轮做阻尼振动时的振幅数值 $\theta_1,\theta_2,\theta_3,\cdots,\theta_n$，利用下式：

$$\ln\frac{\theta_i}{\theta_{i+n}}=\ln\frac{\theta_1 e^{-\beta t}}{\theta_1 e^{-\beta(t+nT)}}=n\beta\overline{T} \tag{5-12-11}$$

求出 β 值。式中，n 为阻尼振动的周期次数；θ_n 为第 n 次振动时的振幅；$\overline{T}$ 为阻尼振动周期的平均值，此值可以通过测出 10 个摆轮的振动周期值，然后取其平均值得到。一般阻尼系数需重复测量 2 ~ 3 次。

5. 测定受迫振动的幅频特性曲线和相频特性曲线

在进行强迫振荡前必须先做阻尼振荡，否则无法实验。

(1) 在图 5-12-6(b) 所示的状态下，选中“强迫振荡”，按“确定”键，显示如图 5-12-7(a) 所示的界面，默认状态选中“电机”。

(2) 按“▲”或“▼”键，启动电机。此时保持周期为“1”，待摆轮的周期和电机的周期相同，特别是振幅已稳定，变化不大于 1，表明两者已经稳定[见图 5-12-7(b)]时，方可开始测量。

(3) 测量前应先选中“周期”，按“▲”或“▼”键把周期由“1”[见图 5-12-7(a)]改为“10”[见图 5-12-7(c)](目的是减小误差，若不改周期，测量无法打开)。再选中“测量”，按“▲”或“▼”键，测量打开并记录数据[见图 5-12-7(c)]。

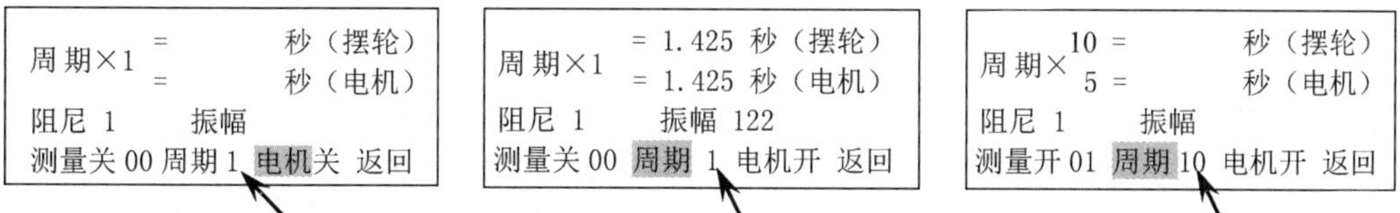

(a)　(b)　(c)

图 5-12-7　玻尔共振仪操作界面二

(4) 一次测量完成，显示“测量关”后，读取摆轮的振幅值，并利用闪光灯测定受迫振动的位移与强迫力间的相位差。

(5) 调节强迫力矩周期电位器，改变电机的转速，即改变强迫外力矩的角频率 ω，从而改变电机的转动周期。电机转速的改变可按照 $\Delta\varphi$ 控制在 10° 左右，进行多次测量。每次改变强迫力矩的周期，都需要等待系统稳定，约需 2 min，即返回图 5-12-7(b) 所示的状态，等待摆轮和电机的周期相同时，再进行测量。

在共振点附近由于曲线变化较大，因此测量数据相对密集些，此时电机转速极小的变化就会引起 $\Delta\varphi$ 很大的改变。电机转速旋钮上的读数是一参考数值，在不同 ω 时都应记下此值，以便实验中要重新测量时参考。

测量相位时应把闪光灯放在电机转盘前下方，按下闪光灯按钮，根据频闪现象来测量，仔细观察相位位置。

(6) 强迫振荡测量完毕，按"◀"或"▶"键，选中"返回"，再按"确定"键，即可重新回到图 5-12-6(b) 所示的状态。

6. 关机

在图 5-12-6(b) 所示的状态下，按住"复位"按钮保持不动，几秒后仪器自动复位，此时所做实验数据全部清除，然后按下"电源"按钮，结束实验。

【数据记录和处理】

将实验数据记入表 5-12-1 ～ 表 5-12-3 中。

1. 摆轮振幅 θ 与自由振荡周期 T 的对应关系

表 5-12-1　振幅 θ 与自由振荡周期 T 的对应关系

振幅 $\theta/(^\circ)$	周期 T/s	振幅 $\theta/(^\circ)$	周期 T/s	振幅 $\theta/(^\circ)$	周期 T/s

注：在列出式(5-12-2)时，假定恢复力矩与角位移成正比，式(5-12-3)表明在此条件下振动周期(频率)与振幅无关。实际上，由于各种因素的影响，蜗卷弹簧的弹性力矩系数 k 随角度不同而有微小变化，导致不同振幅时周期略有变化。

2. 阻尼系数 β 的计算

利用式(5-12-11) 对所测数据(见表 5-12-2) 按逐差法处理，求出 β 值。公式如下：

$$5\beta\overline{T} = \ln\frac{\theta_i}{\theta_{i+5}} \tag{5-12-12}$$

式中，i 为阻尼振动的周期次数，θ_i 为第 i 次振动时的振幅。

表 5-12-2　数据处理表

$10T=$ ______ s，$\overline{T}=$ ______ s，阻尼挡位______

次数	振幅 $\theta_i/(°)$	次数	振幅 $\theta_i/(°)$	$\ln\frac{\theta_i}{\theta_{i+5}}$
1		6		
2		7		
3		8		
4		9		
5		10		
$\ln\frac{\theta_i}{\theta_{i+5}}$ 平均值				

3. 幅频特性曲线和相频特性曲线测量

查询振幅 θ 与频率 T 的对应表，获取对应的 T 值，记入表 5-12-3 中。

表 5-12-3　幅频特性曲线和相频特性曲线测量数据记录表

阻尼挡位______

测量次数	强迫力矩周期 $10T$/s	振幅 $\theta/(°)$	相位差测量值 $\varphi/(°)$	相位差理论值 $\varphi_{理}/(°)$	$\frac{\omega}{\omega_r}$
1					
2					
3					
4					
5					
6					
7					
8					
9					
10					

以 ω/ω_r 为横轴，θ 为纵轴，作出幅频特性曲线；以 ω/ω_r 为横轴，相位差 φ 为纵轴，作出相频特性曲线。

【误差分析】

因为本仪器中采用石英晶体作为计时部件，所以测量周期（角频率）的误差可以忽略不计。误差主要来自阻尼系数 β 的测定和无阻尼振动时系统的固有角频率 ω_0 的确定，且后者对实验结果的影响较大。

在前面的实验原理部分，认为弹簧的刚度系数 k 为常数，它与扭转的角度无关。实际上，由于制造工艺及材料性能的影响，k 值随着角度的改变而有微小的变化（3% 左右），因而造成在不同振幅时系统的固有角频率 ω_0 发生变化。如果取 ω_0 的平均值,则将在共振点附近使相位差的理论值与实验值相差很大。为此可测出振幅与固有角频率 ω_0 的对应数值,在 $\varphi=\arctan\dfrac{-\beta T_0^2 T}{\pi(T^2-T_0^2)}$ 中,T_0 采用对应于某个振幅的数值代入(可查看自由振荡实验中作出的 θ 与 T_0 的对应表,找出该振幅在自由振荡实验时对应的摆轮固有周期。若此 θ 值在表中查不到,则可根据对应表中摆轮的运动趋势,用内插法,估计一个 T_0 值),这样可使系统误差明显减小。振幅与共振频率 ω_0 的对应值可按照实验内容与步骤中的方法来确定。

【注意事项】

(1) 做强迫振荡实验时,调节仪器面板上的"强迫力周期"旋钮,从而改变电机的转动周期,该实验必须做 10 次以上,其中必须包括电机的转动周期与自由振荡实验时的自由振荡周期相同的数值。

(2) 在做强迫振荡实验时,需待电机与摆轮的周期相同(末位数差异不大于 2),即系统稳定后,方可记录实验数据。每次改变了强迫力矩的周期,都需要重新等待系统稳定。

(3) 因为闪光灯的高压电路及强光会干扰光电门采集数据,因此需待一次测量完成,显示"测量关"后,才可使用闪光灯读取相位差。

(4) 在实验过程中,计算机上看不到(θ/θ_r)值和特性曲线,必须待实验完毕并存储数据后,通过"实验数据查询"才可看到。

【分析与思考】

(1) 本实验怎样用频闪方法测相位差?

(2) 如何判断和调节到共振状态?

(3) 试论述幅频特性曲线和相频特性曲线的特征。

实验十三 多普勒效应综合实验

【实验背景及应用】

多普勒效应综合实验

多普勒效应由奥地利物理学家多普勒于 1842 年发现,是一种当波源与接收器之间存在相对运动时,接收器接收到的波的频率与波源发出的频率不同的现象。这一现象不仅适用于声波,也适用于光波、电磁波等其他类型的波。在大学物理实验中,多普勒效应综合实验是一项关键实验,旨在通过实际操作加深学生对多普勒效应的理解,并掌握相关实验技能。该实验不仅是一次科学探索,更是培养学生科学精神、爱国情怀和责任感的重要途径。通过实际操作,学生将深入理解多普勒效应的原理,掌握相关实验技能,同时感受物理学的魅力,激发对科学的热爱和对国家的责任感。

多普勒效应在科学研究与工程技术领域有着广泛的应用。在交通管理中,雷达测速仪利用多普勒效应测量车辆速度,有助于维护交通秩序和保障行车安全。在医学诊断中,彩超技术基于多普勒效应,能够用于观察人体内脏的活动情况和血液的流速,为疾病的诊断和治疗提供重要依据。在天体物理领域，科学家通过观测和分析光谱线的多普勒增宽，可以了解恒星的温度、密度、运动速度等物理参数。在工程技术方面，基于多普勒效应原理的传感器被广泛应用于工业自动化、机器人导航、无人机控制等领域，用于测量物体的运动速度、距离等参数。这些应用不仅推动了科学技术的进步，也提高了生产效率和生活质量。

【实验教学目标】

1. 知识目标

(1) 理解多普勒效应的基本原理，掌握声源与观察者相对运动时频率变化的规律。

(2) 识别并解释多普勒效应在不同场景下的应用，如交通测速、天文学观测等，增强物理理论联系实际应用的意识。

2. 能力目标

(1) 培养动手操作实验设备的能力，学会准确测量和分析实验数据。

(2) 通过团队协作，提升学生解决问题的能力和沟通协调的能力。

(3) 引导学生学会运用所学知识解决实际问题，提高物理思维能力和创新能力。

3. 价值目标

(1) 激发学生对物理学的兴趣和热爱，培养学生严谨的科学态度和实事求是的精神。

(2) 通过实验探究，学生将深刻体会到物理学的魅力，增强探索未知世界的勇气和决心。

(3) 引导学生学会尊重实验事实，培养其科学精神和人文素养，为未来的学术研究和职业发展奠定坚实的基础。

【实验仪器】

多普勒效应综合实验仪由实验仪、超声发射 / 接收器、红外发射 / 接收器、导轨、运动小车、支架、光电门、电磁铁、弹簧、滑轮、砝码及电机控制器等组成。实验仪内置微处理器，带有液晶显示屏。图 5-13-1 所示为多普勒效应综合实验仪面板图。

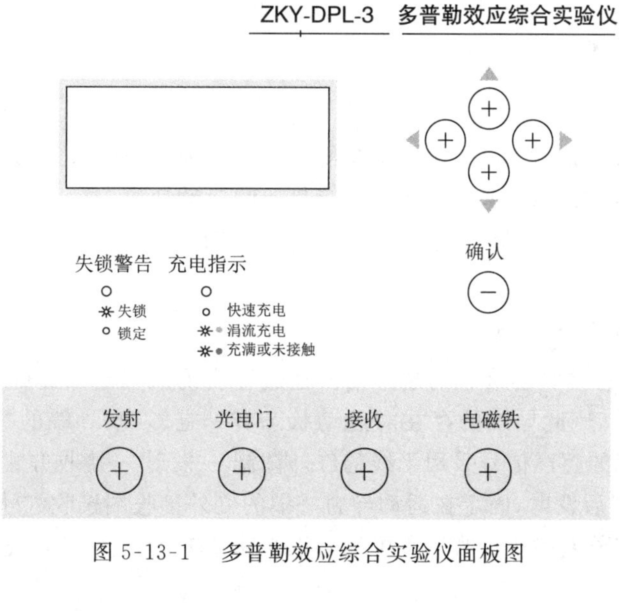

图 5-13-1　多普勒效应综合实验仪面板图

实验仪采用菜单式操作,显示屏显示菜单及操作提示,利用“▲”“▼”“◀”“▶”键选择菜单或修改参数,按“确认”键后仪器执行。可在“查询”页面查询到在实验时已保存的数据。操作者只需按每个实验的提示完成操作即可。

【实验原理】

1.超声的多普勒效应

根据声波的多普勒效应公式,当声源与接收器之间有相对运动时,接收器接收到的频率 f 为

$$f = f_0 \cdot \frac{u + v_1 \cos \alpha_1}{u - v_2 \cos \alpha_2} \tag{5-13-1}$$

式中,f_0 为声源发射频率,u 为声速,v_1 为接收器运动速率,α_1 为声源和接收器的连线与接收器运动方向之间的夹角,v_2 为声源运动速率,α_2 为声源和接收器的连线与声源运动方向之间的夹角(见图 5-13-2)。

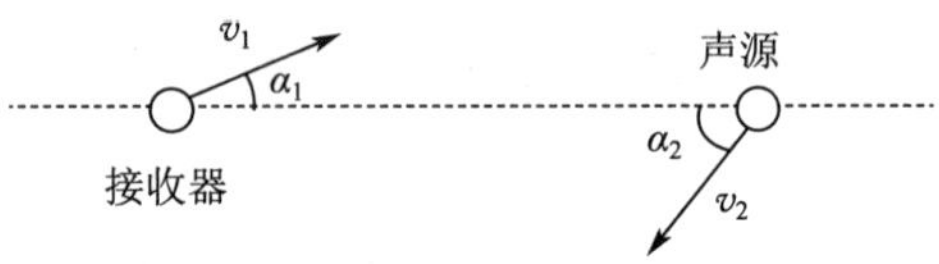

图 5-13-2 超声的多普勒效应示意图

若声源保持不动,运动物体上的接收器沿声源与接收器的连线方向以速度 v 运动,则由式(5-13-1) 可得接收器接收到的频率应为

$$f = f_0 \cdot \left(1 + \frac{v}{u}\right) \tag{5-13-2}$$

当接收器向着声源运动时,v 取正,反之取负。

若 f_0 保持不变,用光电门测量物体的运动速度,并设置多普勒综合效应实验仪对接收器接收到的频率自动计数,根据式(5-13-2),作 f-v 关系图可直观验证多普勒效应,且由实验点作直线,其斜率应为$k = f_0/u$,由此可计算出声速 $u = f_0/k$。

由式(5-13-2) 可解出

$$v = u \cdot \left(\frac{f}{f_0} - 1\right) \tag{5-13-3}$$

若已知声速 u 及声源频率 f_0,通过设置使仪器以某种时间间隔对接收器接收到的频率 f 采样计数,由微处理器按式(5-13-3) 计算出接收器的运动速度,显示屏显示 v-t 关系图,或调阅有关测量数据,即可得出物体在运动过程中的速度变化情况,进而对物体的运动状况及规律进行研究。

2.超声的红外调制与接收

在早期的实验中,接收器接收的超声信号通过导线传入实验仪进行处理。由于超声接收器安装在运动物体上,因此导线的存在对运动状态有一定影响,导线的折断也给使用带来麻烦。新仪器对接收到的超声信号采用无线的红外调制 — 发射 — 接收方式,即用超声接收器信号对红外波进行调制后发射,固定在运动导轨一端的红外接收端接收红外信号后,再将超声信号解调出来。由于红外发射 / 接收过程中信号以光速传输,远远大于声速,因此它引起的多普

勒效应可忽略不计。采用此技术将实验中运动部分的导线去掉，使得测量更准确，操作更方便。信号的调制－发射－接收－解调在信号的无线传输过程中是一种常用的技术。

【实验内容与步骤】

（一）验证多普勒效应并测量声速

让小车以不同速度通过光电门，仪器自动记录小车通过光电门时的平均运动速度和与之对应的平均接收频率。由仪器显示的 f-v 关系图可看出速度与频率的关系，若测量点可连成直线，则符合式(5-13-2)描述的规律，即直观验证了多普勒效应。用作图法或线性回归法计算 f-v 直线的斜率 k，由 k 计算声速 u，并与声速的理论值比较，计算其百分误差。

1. 仪器安装

如图 5-13-3 所示，所有需固定的附件均安装在导轨上，将小车置于导轨上，使其能沿导轨自由滑动。此时，水平超声发射器、超声接收器组件(已固定在小车上)、红外接收器在同一轴线上。将各组件连接线接入实验仪的对应接口上。安装完毕后，将电磁铁组件放在导轨旁边，通过连接线给小车上的传感器充电，第一次充电时间为 6 ～ 8 s，充满后(实验仪面板上的充电灯变为黄色或红色)可以持续使用 4 ～ 5 min。充电完成后，将连接线从小车上取下，以免影响小车运动。

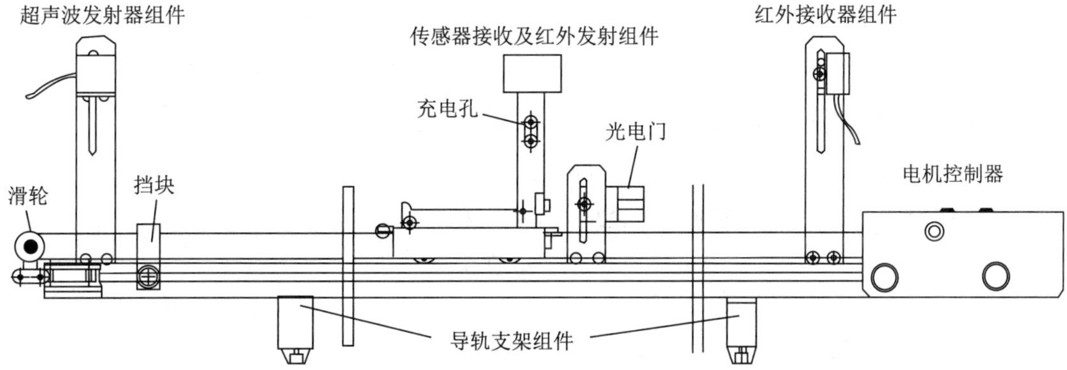

图 5-13-3　实验仪器示意图

注：(1) 安装时要尽量保证红外接收器、小车上的红外发射器和超声接收器、超声发射器在同一轴线上，以保证信号传输良好。

(2) 安装时不可挤压连接线，以免连接线折断。

(3) 安装时应确认橡胶圈是否套在主动轮上。

(4) 小车不使用时应立放，避免小车滚轮沾上污物，影响实验。

2. 测量准备

(1) 实验前需要在每个速度下测试传送带松紧度是否合适，若存在过松或过紧的情况，需要根据测试结果调节传送带松紧度。

当传送带过松时，小车前进距离不正常，因为带动传送带的主动轮与传送带之间会打滑，小车自动返回后与控制器存在碰撞，有时甚至会出现较为剧烈的碰撞的情况；当传送带过紧时，小车前进速度较慢，小车前进最大距离较短，小车后退时运动吃力，容易使控制器进入保护状态(5个发光二极管闪烁,电机停止转动),此时手动滑动小车到控制器位置,则恢复正常。对于传送带松紧度合适的系统,小车退回后车体后端磁钢与控制器表面的距离应保持在 1 ~ 15 mm 的范围内。

(2) 测试仪开机后,首先输入室温。因为计算物体运动速度时要用到声速,而声速是温度的函数。利用"◀""▶"键将室温 t_c 值调到实际值,按"确认"键。然后仪器将自动检测调谐频率 f_0,几秒后会自动得到调谐频率,将此频率 f_0 记录下来,按"确认"键进行后面的实验。

3. 测量步骤

(1) 在液晶显示屏上选中"多普勒效应验证实验",并按"确认"键。

(2) 利用"◀""▶"键修改测试总次数(选择范围为 5 ~ 10,因为有 5 种可变速度,一般选 5 次),按"▼"键,选中"开始测试",但不要按"确认"键。

(3) 用电机控制器上的"变速"按钮选定一个速度。准备好后,按"确认"键,再按电机控制器上的"启动"键,测试开始进行。仪器自动记录小车通过光电门时的平均运动速度和与之对应的平均接收频率。

(4) 每一次测试完成,都有"存入"或"重测"的提示,可根据实际情况选择,按"确认"键后回到测试状态,并显示测试总次数及已完成的测试次数。

(5) 按电机控制器上的"变速"按钮,重新选择速度,重复步骤(1)、(2)。

(6) 完成设定的测量次数后,仪器自动存储数据,并显示 f-v 关系图及测量数据。

注: *小车速度不可太快,以防小车脱轨跌落导致损坏。若出现故障,请参见实验仪器的"故障现象、原因及处理方法"。*

(二) 研究自由落体运动并求自由落体的加速度

让带有超声接收器的接收组件自由下落,利用多普勒效应测量物体运动过程中多个时间点的速度,查看 v-t 关系曲线,并调阅有关测量数据,即可得出物体在运动过程中的速度变化情况,进而计算自由落体的加速度。

1. 仪器安装与测量准备

(1) 仪器安装如图 5-13-4 所示。为保证超声发射器与接收器在一条垂线上,可用细绳栓住接收组件,检查它从电磁铁下垂时是否正对发射器。若未对齐,可用底座螺钉加以调节。

(2) 充电时,让电磁阀吸住自由落体接收组件,并让该接收组件上的充电部分和电磁阀上的九爪测试针(即充电针)接触良好。

(3) 充满电后,使接收组件脱离充电针,下移吸附在电磁铁上。

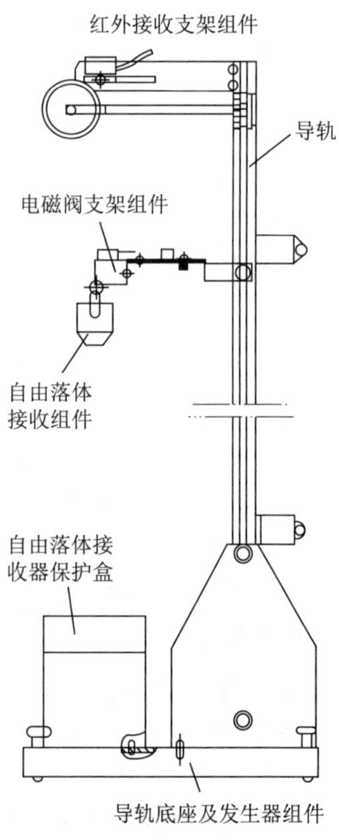

图 5-13-4 仪器安装示意图

2. 测量步骤

(1) 在液晶显示屏上,用"▼"键选中"变速运动测量实验",并按"确认"键。

(2) 利用"▶"键修改测量点总数,选择范围为 8 ~ 150;用

"▼"键选择采样步距,用"◀""▶"键修改采样步距,选择范围为 10 ～ 100 ms,选中"开始测试"。

(3) 检查是否"失锁","锁定"后按"确认"键,电磁铁断电,接收组件自由下落。测量完成后,显示屏上显示 v-t 关系曲线,用"▶"键选择"数据",阅读并记录测量结果。

(4) 在结果显示界面中用"▶"键选择"返回",按"确认"键后重新回到测量设置界面。可按以上步骤进行新的测量。

注:(1) 将"自由落体接收器保护盒"套于发射器上,避免发射器在非正常操作时受到冲击而损坏。

(2) 安装时切不可挤压电磁阀上的电缆。

(3) 接收器组件下落时,若其运动方向不是严格地在声源与接收器的连线方向上,则 α(声源和接收器的连线与接收器运动方向之间的夹角)在运动过程中增大,如图 5-13-5 所示,此时式(5-13-2)不再严格成立,由式(5-13-3)计算的速度误差也随之增大。故在处理数据时,可根据情况对最后两个采样点进行取舍。

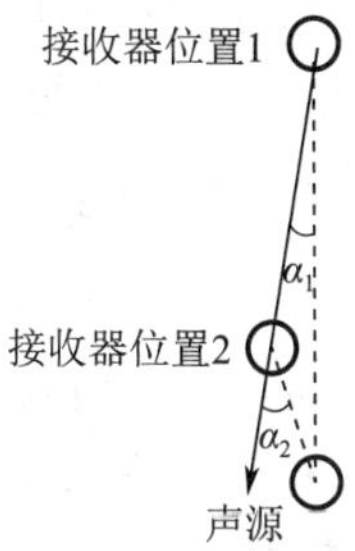

图 5-13-5　运动过程中 α 角度变化示意图

(三) 研究简谐振动

当质量为 m 的物体受到大小与位移成正比,而方向指向平衡位置的力的作用时,若以物体的运动方向为 x 轴,则其运动方程为

$$m\frac{\mathrm{d}^2x}{\mathrm{d}t^2}=-kx \tag{5-13-4}$$

由式(5-13-4)描述的运动称为简谐振动,当初始条件为 $t=0$ 时,$x=-A_0$,$v=\mathrm{d}x/\mathrm{d}t=0$,则方程(5-13-4)的解为

$$x=-A_0\cos\omega_0 t \tag{5-13-5}$$

将式(5-13-5)对时间求导,可得速度方程为

$$v=\omega_0 A_0\sin\omega_0 t \tag{5-13-6}$$

由式(5-13-5)、式(5-13-6)可见,物体做简谐振动时,位移和速度都随时间作周期性变化,式中 $\omega_0=(k/m)^{1/2}$ 为振动系统的固有角频率。

简谐振动实验仪器如图 5-13-6 所示,若忽略空气阻力,根据胡克定律,作用力与位移成正比,悬挂在弹簧上的物体应做简谐振动,而式(5-13-4)中的 k 为弹簧的刚度系数。

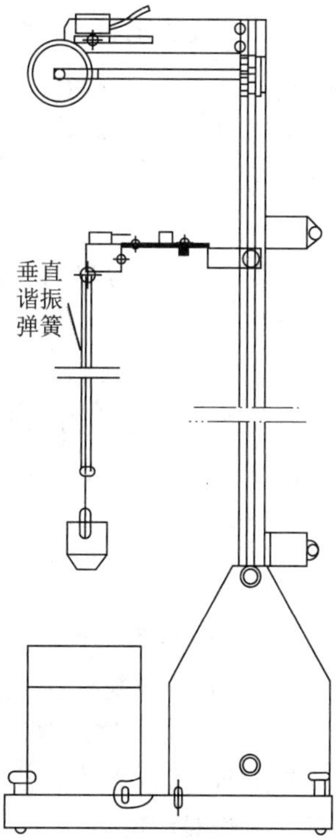

图 5-13-6　简谐振动实验仪器

1. 仪器安装与测量准备

仪器的安装如图 5-13-6 所示。将弹簧悬挂于电磁铁上方的挂钩孔中,接收组件的尾翼悬挂在弹簧上,然后测量弹簧长度。加挂质量为 m 的砝码,测量弹簧的伸长量 Δx,记入表 5-13-3 中,然后取下砝码。由 m 及 Δx 就可计算 k。用天平称量垂直运动超声接收组件的质量 M,由 k 和 M 就可计算 ω_0,并与角频率的测量值 ω 比较。

2. 测量步骤

(1) 在液晶显示屏上,用"▼"键选中"变速运动测量实验",

并按“确认”键。

(2) 利用“▶”键修改测量点总数为150(选择范围为8～150),用“▼”键选择采样步距,并修改为100 ms(选择范围为50～100 ms),选中“开始测试”。

(3) 将接收器从平衡位置垂直向下拉约20 cm,然后松手,让接收器自由振荡,按“确认”键,接收组件开始做简谐振动。实验仪按设置的参数自动采样,测量完成后,显示屏上出现速度随时间变化的曲线。

(4) 在结果显示界面中用“▶”键选择“返回”,按“确认”键后重新回到测量设置界面。可按以上步骤进行新的测量。

注:接收器开始自由振荡后,再按“确认”键。

(四) 研究匀变速直线运动,验证牛顿第二定律

质量为 M 的接收组件与质量为 m 的砝码组件(包括砝码托盘及砝码)悬挂于滑轮的两端($M > m$),系统的受力情况:接收组件的重力 gM,方向向下;砝码组件通过细绳和滑轮施加给接收组件的力 gm,方向向上;摩擦阻力,大小与接收组件对细绳的张力成正比,可表示为 $C(g-a)M$,其中 a 为加速度,C 为摩擦系数,摩擦阻力的方向与运动方向相反。系统所受合外力为 $gM-gm-C(g-a)M$。运动系统的总质量为 $M+m+J/R^2$,其中,J 为滑轮的转动惯量,R 为滑轮绕线槽半径,J/R^2 相当于将滑轮的转动等效于线性运动时的等效质量。

根据牛顿第二定律,可列出运动方程:

$$gM-gm-C(g-a)M = a(M+m+J/R^2) \tag{5-13-7}$$

实验时改变砝码组件的质量 m,即改变了系统所受的合外力和质量。对不同的组合,测量其运动情况,采样结束后会显示 v-t 曲线,将显示的采样次数及对应速度记入表5-13-4中。由记录的 t、v 数据求得 v-t 直线的斜率,即为此次实验的加速度 a。

式(5-13-7)可以改写为

$$a = g[(1-C)M-m]/[(1-C)M+m+J/R^2] \tag{5-13-8}$$

以表5-13-4得出的加速度 a 为纵轴,$[(1-C)M-m]/[(1-C)M+m+J/R^2]$ 为横轴作图,若为线性关系,则符合式(5-13-8)描述的规律,即验证了牛顿第二定律,且直线的斜率应为重力加速度。

在本实验中,摩擦系数 $C=0.07$,滑轮的等效质量 $J/R^2=0.014$ kg。

1. 仪器安装

(1) 仪器安装如图5-13-7所示,让电磁阀吸住接收组件,测量准备与实验(二)一致。

(2) 用天平称量接收组件的质量 M 和砝码托盘及砝码的质量 m,每次取不同质量的砝码放于砝码托盘上,记录每次实验对应的 m。

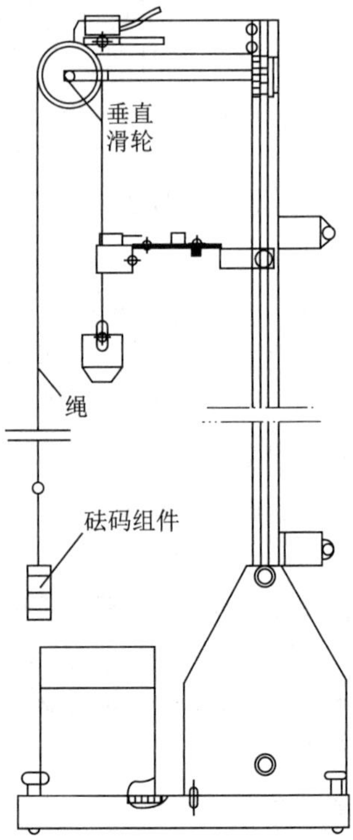

图5-13-7 验证牛顿第二定律实验仪器

注:安装滑轮时,滑轮支杆不能遮住红外接收和自由

落体组件之间信号的传输。其余注意事项与实验(二)一致。

2. 测量步骤

(1) 在液晶显示屏上,用"▼"键选中"变速运动测量实验",并按"确认"键。

(2) 利用"▶"键修改测量点总数,选择范围为 8 ~ 150,推荐总数 15,用"▼"键选择采样步距,并修改为 100 ms(选择范围为 50 ~ 100 ms),选中"开始测试"。

(3) 按"确认"键后,电磁铁断电,接收组件拉动砝码做垂直方向的运动。测量完成后,显示屏上出现测量结果。

(4) 在结果显示界面用"▶"键选择"返回",按"确认"键后重新回到测量设置界面。改变砝码质量,按以上步骤进行新的测量。

注:(1) 当砝码组件的质量较小时,加速度较大,可能少量采样后接收组件已落到底,此时可将后几次的速度值舍去。

(2) 当砝码组件的质量较小时,加速度较大,由于惯性,砝码组件将上升并碰撞滑轮,此时,可将绳一端系于砝码组件底部,另一端系于底座调平螺钉上,绳长略小于滑轮与底座调平螺钉之间的距离。

(3) 当砝码组件的质量较大时,加速度较小,短时间内环境影响较大,导致前期采样数据的可靠性偏低,故可从中间某适当值开始记录,且不同的砝码组件下均连续记录 8 个数据点。

【数据记录和处理】

1. 验证多普勒效应并测量声速

由 f-v 关系图可看出,若测量点可连成直线,则符合式(5-13-2)描述的规律,即直观验证了多普勒效应。用作图法或线性回归法计算 f-v 直线的斜率 k。式(5-13-9)为用线性回归法计算 k 值的公式,其中测量次数 $i=5$,则有

$$k=\frac{\overline{v_i}\times\overline{f_i}-\overline{v_i\times f_i}}{\overline{v_i}^2-\overline{v_i^2}} \tag{5-13-9}$$

由 k 计算声速 $u=f_0/k$,并与声速的理论值比较,声速理论值通过 $u_0=331(1+t_c/273)^{1/2}$ m/s 计算,t_c 表示室温(单位为 ℃)。测量数据是仪器自动进行记录的。在测量完成后,在出现的显示界面上,用"▼"键翻阅数据并记入表 5-13-1 中,然后按照上述公式计算出相关结果并填入表格中。

表 5-13-1　多普勒效应的验证与声速的测量

$t_c=$ ________ ℃,$f_0=$ ________ Hz

测量数据						直线斜率	声速测量值	声速理论值	百分误差
次数 i	1	2	3	4	5	k (1/m)	$u=(f_0/k)/(\mathrm{m/s})$	$u_0/(\mathrm{m/s})$	$(u-u_0)/u_0$
$v_i/(\mathrm{m/s})$									
f_i/Hz									

2. 研究自由落体运动并求自由落体的加速度

将数据记入表 5-13-2 中,由测量数据求得 v-t 直线的斜率,即为重力加速度 g。

为减小偶然误差,可进行多次测量,将测量的平均值作为测量值,并将测量值与理论值比

较,求百分误差。考虑到断电瞬间,电磁铁可能存在剩磁,第 1 次采样数据的可靠性降低,故从第 2 采样点开始记录数据。

表 5-13-2　自由落体运动的测量

采样序号 i	2	3	4	5	6	7	8	9	g/	平均值	理论值	百分误差
$t_i = 0.05(i-1)$/s	0.05	0.10	0.15	0.20	0.25	0.30	0.35	0.40	(m/s^2)	$\overline{g}/(m/s^2)$	$g_0/(m/s^2)$	$(\overline{g}-g_0)/g_0$
$v_i/(m/s)$												
$v_i/(m/s)$											9.8	
$v_i/(m/s)$												
$v_i/(m/s)$												

注:表中 $t_i = 0.05(i-1)$,t_i 为第 i 次采样与第 1 次采样的时间间隔,0.05 表示采样步距为 50 ms。如果选择的采样步距为 20 ms,则 t_i 应表示为 $t_i = 0.02(i-1)$。以此类推,根据实际设置的采样步距来定采样时间。

3. 研究简谐振动

查阅数据,记录第 1 次速度达到最大时的采样次数 N_{1max} 和第 11 次速度达到最大(注意,速度方向一致) 时的采样次数 N_{11max},就可计算实际测量的运动周期 T 及角频率 ω,并可计算 ω_0 与 ω 的百分误差。

表 5-13-3　简谐振动的测量

$M =$ ________ kg,$m =$ ________ kg

Δx /m	$k = mg/\Delta x$ $/(kg/s^2)$	$\omega_0 = (k/M)^{1/2}$ /(rad/s)	N_{1max}	N_{11max}	$T = 0.01(N_{11max} - N_{1max})$/s	$\omega = 2\pi/T$ /(rad/s)	百分误差 $(\omega-\omega_0)/\omega_0$

4. 研究匀变速直线运动,验证牛顿第二定律

采样结束后显示 v-t 直线,用"▶"键选择"数据",将显示的采样次数及相应速度记入表 5-13-4 中,t_i 为采样次数与采样步距的乘积。由记录的 t、v 数据求得 v-t 直线的斜率,即为此次实验的加速度 a。

表 5-13-4　匀变速直线运动的测量

$M =$ ________ kg,$C = 0.07$,$J/R^2 = 0.014$ kg

采样序号 i	2	3	4	5	6	7	8	9	10	11	12	13	14	加速度	m	$[(1-C)M-m]/$
$t_i = 0.1(i-1)$ /s	0.1	0.2	0.3	0.4	0.5	0.6	0.7	0.8	0.9	1.0	1.1	1.2	1.3	$a/(m/s^2)$	/kg	$[(1-C)M+m+J/R^2]$
$v_i/(m/s)$																
$v_i/(m/s)$																
$v_i/(m/s)$																
$v_i/(m/s)$																

注:表中 $t_i = 0.1(i-1)$,t_i 为第 i 次采样与第 1 次采样的时间间隔,0.1 表示采样步距为 100 ms。

【分析与思考】

(1) 在实验中，当声源与观察者相对运动时，能观察到哪些频率变化的现象？请详细描述这些现象，并尝试用多普勒效应的原理进行解释。

(2) 在进行多普勒效应实验时，可能会遇到哪些误差来源？这些误差如何影响实验结果的准确性？请提出至少一种可能的误差，并讨论如何减小或消除这些误差。

(3) 除了交通测速和天文学观测外，多普勒效应还有哪些实际应用？请列举至少两个应用领域，并解释在这些领域中多普勒效应是如何发挥作用的。同时，思考并讨论多普勒效应在未来科技发展中可能的应用前景。

实验十四　理想气体状态方程综合实验

理想气体状态方程综合实验

【实验背景及应用】

理想气体状态方程的实验背景深厚，它源于对气体性质的深入探究和理论验证的需求。通过实验，科学家们发现气体在特定条件下遵循一定的规律，如玻意耳定律、查理定律和盖吕萨克定律等，这些定律为理想气体状态方程的推导提供了基础。

如今，理想气体状态方程的应用已经渗透各个学科和领域。在化学工程中，它被用于设计反应器和分析气体混合物；在气象学中，它帮助预测天气变化；在环境保护领域中，它被用于计算空气污染物的浓度和排放量。此外，理想气体状态方程还在航空航天、物理学研究和工程设计等领域发挥着重要作用。

【实验教学目标】

1. 知识目标

(1) 了解理想气体状态方程的基本概念和原理，包括其推导过程、公式形式以及各参数的物理意义。

(2) 掌握理想气体在不同条件下的状态变化规律，以及这些变化对气体性质的影响。

2. 能力目标

(1) 学会使用实验仪器(如压强传感器、数字温度计、可调容积的容器等)测量气体的压强、体积和温度，并能准确记录实验数据。

(2) 掌握数据处理和分析的方法，能够运用理想气体状态方程对实验数据进行处理，计算出气体的物质的量和普适气体常量等参数。

(3) 培养学生观察、分析和解决问题的能力，通过实验操作和数据处理，能够独立思考并得出实验结论。

3. 价值目标

(1) 培养学生严谨的实验态度和实事求是的科学精神，强调实验数据的真实性和可靠性，培养诚信品质。

(2) 强化学生的团队合作精神和沟通能力,鼓励学生在实验过程中相互协作、共同讨论,培养团队协作能力。

(3) 提升学生的社会责任感,通过了解理想气体状态方程在工业生产、环境保护等领域的应用,使学生认识到科学知识在社会发展中的重要性,增强社会责任感。

【实验仪器】

理想气体状态方程实验仪(见图 5-14-1)。

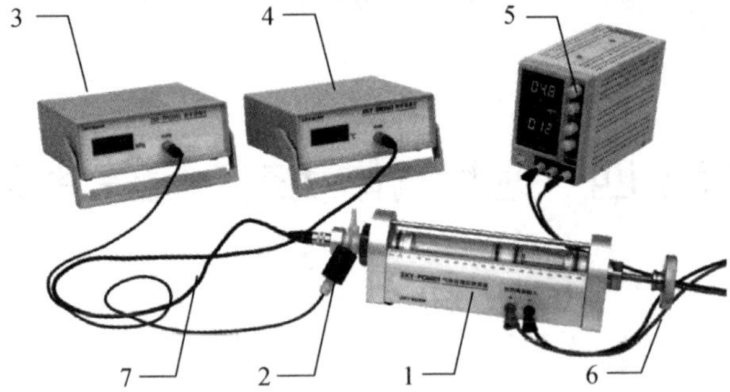

1— 气体定律实验装置;2— 压强传感器;3— 数字压强计;4— 数字温度计;
5— 直流稳压电源;6— 单芯连接线;7— 多芯连接线。

图 5-14-1 理想气体状态方程实验仪

【实验原理】

理想气体状态方程又称为理想气体定律、普适气体定律,是描述理想气体处于平衡态时,压强、体积、物质的量、温度之间关系的方程。它建立在玻意耳定律、查理定律、盖吕萨克定律等经验定律之上。

理想气体状态方程是由研究低压下气体的行为导出的。但各气体在适用理想气体状态方程时有些偏差:压力越低,偏差越小,在极低压力下理想气体状态方程可较准确地描述真实气体的行为。极低的压强意味着分子之间的距离非常大,此时分子之间的相互作用非常小,因而分子可近似看作没有体积的质点。于是,从极低压力气体的行为出发,抽象提出理想气体的概念。

1662 年,英国化学家、物理学家玻意耳根据实验结果提出,在密闭容器中的定量气体,在恒温下,气体的压强和体积成反比关系。这是人类历史上第一个被发现的“定律”。14 年后,法国物理学家马里奥特也独立地发现了这一定律,而且比玻意耳更深刻地认识到这个定律的重要性。因此,这一定律也称为玻意耳-马里奥特定律。

查理定律指出,一定质量的气体,当其体积一定时,它的压强与热力学温度成正比。

1802 年,盖吕萨克发现了气体热膨胀定律,也称为盖吕萨克定律,即当压强不变时,一定质量气体的体积与热力学温度成正比。

上述三个定律中各物理量之间的关系曲线如图 5-14-2 所示(T 表示热力学温度或绝对温度)。

根据上述三个定律,以及阿伏伽德罗定律和理想气体温标的定义,可以推导出理想气体状态方程,具体如下。

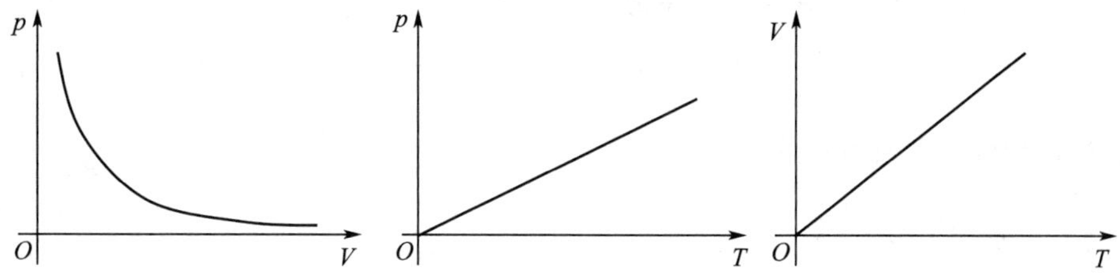

图 5-14-2　三个定律中各物理量之间的关系曲线

气体的体积 V 随压强 p、温度 T 以及气体分子的数量 N 变化，写成函数形式为

$$V=f(p,T,N)$$

或

$$\mathrm{d}V=\left(\frac{\partial V}{\partial p}\right)_{T,N}\mathrm{d}p+\left(\frac{\partial V}{\partial T}\right)_{p,N}\mathrm{d}T+\left(\frac{\partial V}{\partial N}\right)_{T,p}\mathrm{d}N \tag{5-14-1}$$

对于一定量的气体，N 为常数，$\mathrm{d}N=0$，所以有

$$\mathrm{d}V=\left(\frac{\partial V}{\partial p}\right)_{T,N}\mathrm{d}p+\left(\frac{\partial V}{\partial T}\right)_{p,N}\mathrm{d}T \tag{5-14-2}$$

根据玻意耳定律，$V=\dfrac{C}{p}$，C 为常数，于是有

$$\left(\frac{\partial V}{\partial p}\right)_{T,N}=-\frac{C}{p^2}=-\frac{V}{p} \tag{5-14-3}$$

根据盖吕萨克定律，$V=C'T$，C' 为常数，于是有

$$\left(\frac{\partial V}{\partial T}\right)_{p,N}=C'=\frac{V}{T} \tag{5-14-4}$$

将式(5-14-3) 和式(5-14-4) 代入式(5-14-2) 得

$$\mathrm{d}V=-\frac{V}{p}\mathrm{d}p+\frac{V}{T}\mathrm{d}T\quad 或\quad \frac{\mathrm{d}V}{V}=-\frac{1}{p}\mathrm{d}p+\frac{1}{T}\mathrm{d}T \tag{5-14-5}$$

式(5-14-5) 两端积分，得

$$\ln V+\ln p=\ln T+C'' \tag{5-14-6}$$

故有

$$\frac{pV}{T}=恒量\quad（气体质量一定） \tag{5-14-7}$$

式(5-14-7) 表示，对于一定质量的理想气体，任意一状态下，pV/T 的值都相等。

进一步的实验表明，在一定温度和压强下，气体的体积 V 和它的质量 m 或物质的量 n 成正比。

阿伏伽德罗定律指出，在相同温度和压强下，1 mol 的各种理想气体的体积都相同。在标准状态($p_0=101.3$ kPa，$T_0=273.16$ K) 下，1 mol 的理想气体的体积 $V_m=22.4$ L，于是可定义

$$R=\frac{p_0V_m}{T_0}=8.31\ \mathrm{J/(mol\cdot K)} \tag{5-14-8}$$

式中,R 称为普适气体常量。对于任意一物质的量为 n mol 的理想气体,有

$$\frac{pV}{T}=\frac{p_0 nV_m}{T_0}=nR \quad 或 \quad pV=nRT \tag{5-14-9}$$

该方程称为理想气体状态方程。

【实验内容与步骤】

1. 实验前准备

拔下气体定律实验装置与压强传感器连通的气管,使玻璃管内、外气压相等,然后将活塞前端面(约定朝向标尺零刻线的一面为前端面)旋至标尺上 90.0 mL(需估读至 0.1 mL,下同)处。判定前端面所对齐刻线的方法是:单眼观察前端面,沿标尺刻度值增大的方向缓慢移动人眼,当前端面外圆轮廓在人眼视网膜上的投影恰好由椭圆变成一条线段时,该线段所对齐的标尺上的刻线即为前端面所在体积视值位置,如图 5-14-3 所示(标尺上的虚线为活塞前端面所对齐的刻线)。

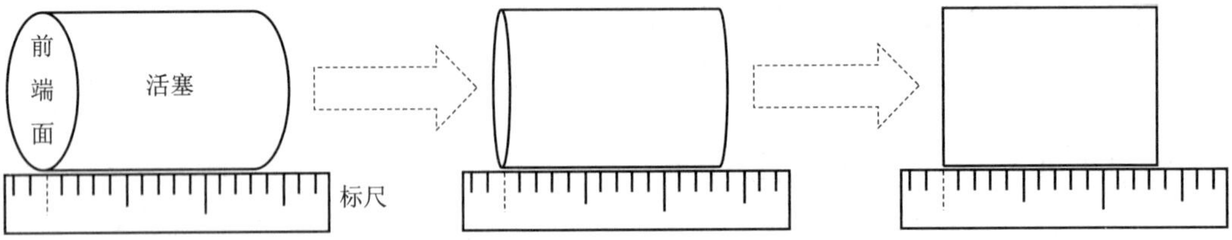

图 5-14-3　不同人眼视觉下活塞与标尺的相对位置示意图

2. 实验步骤

将气管与压强传感器重新接通,使玻璃管内的气体处于密封状态。将气体定律实验装置的温度传感器接口与数字温度计相连。将活塞旋至体积最小处,然后反向旋转活塞,使其前端面对齐标尺上 60.0 mL 刻线。由于活塞上的密封圈直径一般小于活塞凹槽的宽度,为尽量减小密封圈相对于活塞端面位置的不确定性而引起的体积测量偏差,在同一个实验中活塞应单向移动。

打开直流稳压电源(不外接电路,仅预热),打开数字温度计和数字压强计,预热约10 min。等待用电装置和密闭气体温度、压强稳定。

(1) 研究等温条件下,一定质量气体的压强与体积的关系,验证玻意耳-马里奥特定律。

① 以稳定后数字温度计显示的摄氏温度作为室温,并记录在表 5-14-1 中。

② 改变活塞位置,在表 5-14-1 中记录体积视值 V' 在 60.0 mL、70.0 mL、80.0 mL、90.0 mL、100.0 mL、110.0 mL、120.0 mL 各处时的压强值 p,每个状态下待温度恢复到室温 ±0.2 ℃ 后记录压强值。

③ 计算表 5-14-1 中各压强值的倒数 $1/p$。

④ 根据表 5-14-1 中的数据绘制室温下密封气体的 V'-$1/p$ 关系曲线,用直线拟合该曲线并得到截距 V_0,V_0 就是由于结构原因无法准确给出的密封气体的体积零差,直线斜率即为 nRT。根据温度 T(绝对温度) 和 R 的参考值,计算出密封气体的物质的量 n。

(2) 研究等容条件下，一定质量气体的温度与压强的关系，验证查理定律。

① 保持前述密封气体的质量(或物质的量)不变，即切勿断开气管。将活塞旋至 $V'=90.0\ \mathrm{mL}$，待温度稳定后再次记录室温下、该体积下的压强值 p。

② 将直流稳压电源的电流调节旋钮顺时针调至最大(以避免在实验过程中出现限流保护)，使其处于恒压模式(即 C. V 模式)，并将电压调节旋钮逆时针旋到底。

③ 用导线将直流稳压电源输出端与气体定律实验装置的加热电源输入端连接，根据表 5-14-2 中推荐的电压值设置直流稳压电源的电压 U_i。数字温度计显示气体温度逐渐升高，从设置好 U_i 开始计时，等待约 5 min，记录对应电压下的温度 T_i 和压强 p_i。

④ 记录完最后一组电压下的参数后，将电压调为 12.0 V(为下一次实验做准备)，然后关闭直流稳压电源开关，待理想气体实验装置自然降温。

⑤ 将记录的各摄氏温度换算成绝对温度，并根据表 5-14-2 中的数据绘制定容条件下密封气体的 p-T 关系曲线，用直线拟合该曲线，直线斜率即为 $nR/(V'-V_0)$。根据体积视值 V'、前述实验得到的体积零差 V_0 和物质的量 n，计算 R 并与参考值进行比较，计算相对误差。

(3) 研究等压条件下，一定质量气体的温度与体积的关系，验证盖吕萨克定律。

① 保持前述密封气体的质量(或物质的量)不变，即切勿断开气管。保持 $V'=90.0\ \mathrm{mL}$，关闭直流稳压电源开关后，等待 15 ~ 20 min，记录对应的压强值 p。

② 打开直流稳压电源开关，根据表 5-14-3 中推荐的电压值设置直流稳压电源的电压 U_i。此后数字温度计显示气体温度逐渐升高。

③ 及时改变气体体积，使得压强基本都在 $(p\pm0.2)$ kPa 范围内，从设置好 U_i 开始计时，等待约 5 min，在表 5-14-3 中记录对应电压下的温度 T_i 和气体体积视值 V'_i。

④ 记录完最后一组电压下的参数后，关闭直流稳压电源开关，断开连接导线，待理想气体实验装置自然降温。

⑤ 将记录的各摄氏温度换算成绝对温度，并根据表 5-14-3 中的数据绘制定压条件下密封气体的 V'-T 关系曲线，用直线拟合该曲线，直线斜率即为 nR/p。根据气体压强 p 和已计算出的物质的量 n，计算 R 并与参考值进行比较，计算相对误差。

⑥ 实验完成后，拔下气体连通管和相关连接线并收纳，断开所有电源开关。

注：*若发现温度超过 100 ℃，应立即关闭直流稳压电源开关，停止加热，避免对气体定律实验装置造成损坏或影响其寿命。*

【数据记录和处理】

表 5-14-1 同一温度下，测量气体的压强与体积的关系

室温：________ ℃

体积视值 V'/mL	60.0	70.0	80.0	90.0	100.0	110.0	120.0
压强 p/kPa							
$(1/p)/\mathrm{kPa}^{-1}$							

表 5-14-2　同一体积下,测量气体压强与温度的关系

体积视值 V':________ mL

电压 U/V	0.0	12.0	17.0	20.8	24.0	26.8
摄氏温度 T/℃						
绝对温度 T/K						
压强 p/kPa						

表 5-14-3　同一压强下,测量气体体积与温度的关系

压强:________ kPa

电压 U/V	0.0	12.0	17.0	20.8	24.0	26.8
摄氏温度 T/℃						
绝对温度 T/K						
体积视值 V'/mL						

【分析与思考】

(1) 理想气体状态方程在什么条件下不适用?

(2) 在理想气体状态方程中,为什么温度要用热力学温度(开尔文温度)而不是摄氏温度?

(3) 如果两种不同气体的压强、体积和温度都相同,那么它们的物质的量是否也相同?为什么?

实验十五　密立根油滴实验

【实验背景及应用】

密立根油滴实验

密立根油滴实验是物理学史上具有重要意义的诺贝尔奖获奖实验,被评为史上最美十大物理实验之一。本实验通过介绍电子电量发现的历史过程,引导学生体会发现问题、解决问题的典型科学研究过程,同时认识到只有在坚实的理论基础上解放思想,才能培育出自主创新的能力。

密立根油滴实验是近代物理学中测量基本电荷 e(也称元电荷)的一个经典实验,该实验是由美国著名物理学家密立根经历十多年设计并完成的。密立根测量电子电量的过程是一个不断发现问题并解决问题的过程,也是科学研究过程的共同特征。这一实验的设计思想简明巧妙、方法简单,而结论却具有不容置疑的说服力,因此堪称物理实验的精华和典范。

1908 年,在总结前人实验经验的基础上,密立根开始研究带电液滴在电场中的运动。结果表明,液滴上的电量是电子电量的整数倍,但因测量结果不够准确而不具说服力。1910 年,他用油滴代替容易挥发的水滴,获得了比较精确的测量结果。1913 年,密立根宣布了其开创性的研究结果,这一结果具有里程碑的意义:① 明确了带电油滴所带的电量都是电子电量的整数

倍;② 用实验的方法证明了电荷的不连续性;③ 测出了电子电量(从而通过荷质比计算出电子的质量)。此后,密立根又继续改进实验,提高实验精度,最终获得了可靠的结果[经过很多次的实验,密立根测出的实验数据是 $e = 1.592\,4(17) \times 10^{-19}$ C,这与现在的公认值仅相差 1%],最早完成了电子电量的测量工作。这一结果再次证明了电子存在,使对"电子存在"的观点持怀疑态度的物理学家信服。由于在测定电子电量和测出普朗克常量等方面做出的成就,密立根在 1923 年获得了诺贝尔物理学奖。

随着现代测量精度的不断提高,目前公认 $e = (1.602\,177\,33 \pm 0.000\,000\,49) \times 10^{-19}$ C。

本实验采用 CCD 成像系统,可非常清楚地看到钟表油油滴的运动过程,大大改善了实验条件,使测量结果更为准确。

【实验教学目标】

1. 知识目标

掌握用平衡法测油滴电量、质量的原理和方法;掌握测定电子电量的方法,了解不同的测量电子电量的方法。

2. 能力目标

培养学生完成精密科学实验的能力,培养学生发现问题、解决问题的能力。

3. 价值目标

引导学生意识到基础研究的重要性,鼓励学生在具有扎实理论的基础上自由探索,锤炼出真正的创新能力;激发学生不断探索、追求真理的精神;培养学生对现代科技的敏感度,发扬现代工匠精神,厚植科技强国的爱国情怀。

【实验仪器】

实验仪由主机、CCD 成像系统、油滴盒、监视器和喷雾器等部件组成。

其中,主机包括可控高压电源、计时装置、A/D采样、视频处理等单元模块。CCD成像系统包括 CCD 传感器、光学成像部件等。油滴盒包括高压电极、照明装置、防风罩等部件。监视器是视频信号输出设备。实验仪部件示意图如图 5-15-1 所示。

CCD 模块及光学成像系统用来捕捉暗室中油滴的像,同时将图像信息传给主机的视频处理模块。实验过程中可以通过调焦旋钮来改变物距,使油滴的像清晰地呈现在 CCD 传感器的窗口内。

电压调节旋钮可以用来调整极板之间的电压大小,从而控制油滴的平衡、下落及提升。

计时"开始 / 结束"键用来计时,"0 V/ 工作"键用来切换仪器的工作状态,"平衡 / 提升"键用来切换油滴的平衡或提升状态,"确认"键用来将测量数据显示在屏幕上,从而省去每次测量完成后手工记录数据的过程,使操作者把更多的注意力集中到实验本质上来。

油滴盒是一个关键部件,其具体构成如图 5-15-2 所示。上、下极板之间通过胶木圆环支撑,三者之间的接触面经过机械精加工后可以将极板间的不平行度、间距误差控制在 0.01 mm 以下。这种结构基本上消除了极板间的势垒效应及边缘效应,可较好地保证油滴室处在匀强电场之中,从而有效地减小实验误差。

胶木圆环上开有两个进光孔和一个观察孔,光源通过进光孔给油滴室提供照明,而成像系统通过观察孔捕捉油滴的像。照明由带聚光的高亮发光二极管提供,其使用寿命长、不易损坏。油雾杯可以用来暂存油雾,使油雾不会过早地散逸。进油量开关可以用来控制落油量。防风罩可以避免外界空气流动对油滴的影响。

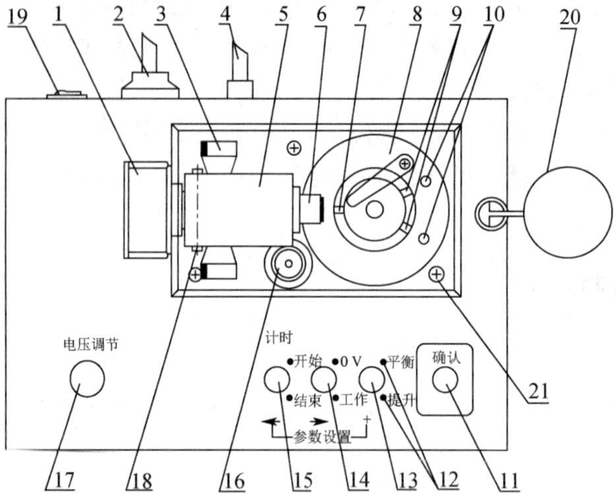

1—CCD 盒;2—电源插座;3—调焦旋钮;4—Q9 视频接口;5—光学系统;6—镜头;7—观察孔;8—上极板压簧;9—进光孔;10—光源;11—“确认”键;12—状态指示灯;13—“平衡/提升”键;14—“0 V/工作”键;15—计时“开始/结束”键;16—水准泡;17—电压调节旋钮;18—紧固螺钉;19—电源开关;20—油滴管收纳盒安放环;21—调平螺钉(3 个)。

图 5-15-1 实验仪部件示意图

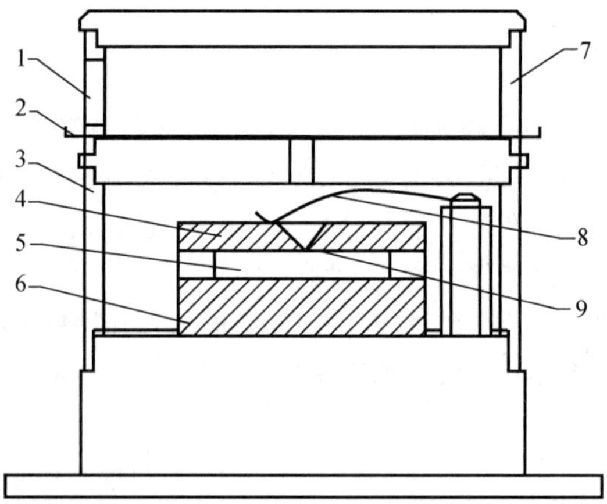

1— 喷雾口;2— 进油量开关;3— 防风罩;4— 上极板;5— 油滴室;6— 下极板;7— 油雾杯;8— 上极板压簧;9— 落油孔。

图 5-15-2 油滴盒装置示意图

【实验原理】

这里介绍一种简单的实验方法 —— 静态平衡法。

1. 基本原理

用喷雾器将油滴入两块相距 d 的水平放置的平行极板之间，如图 5-15-3 所示，油滴在喷射时由于摩擦一般都是带电的。设油滴的质量为 m，所带电量为 q，平行极板间加的电压为 U，则油滴在平行极板间将同时受到两个力的作用，一个是重力 mg，一个是静电力 qE。如果调节两极板间的电压 U 使两力平衡，这时

$$mg = qE = q\frac{U}{d} \tag{5-15-1}$$

可见，测出了 U、d、m，即可知道油滴的带电量 q。由于油滴的质量很小(约 10^{-15} kg)，必须采用特殊的方法才能进行测量。

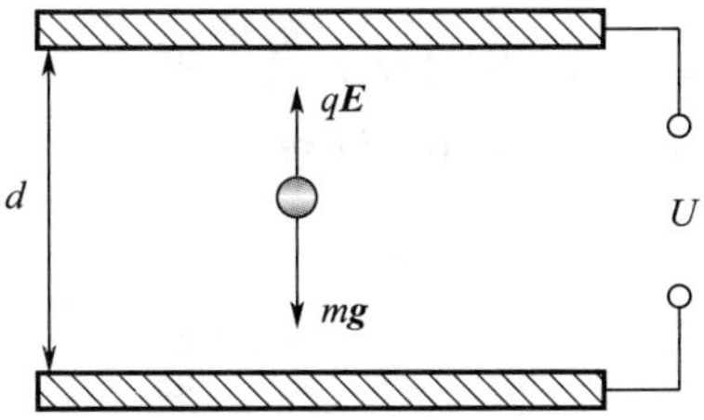

图 5-15-3　油滴受力示意图

2. 油滴质量 m 的测量

平行极板间不加电压时，油滴受重力作用而加速下降。由于空气阻力的作用，下降一段距离达到某一速度 v_g 后，阻力 $\boldsymbol{f}$ 与重力 $m\boldsymbol{g}$ 平衡(空气浮力忽略不计)，如图 5-15-4 所示，油滴将匀速下降，由斯托克斯定律知

$$\boldsymbol{f}_r = 6\pi a\eta v_g = mg \tag{5-15-2}$$

式中，η 是空气的黏度，a 是油滴的半径(由于表面张力的原因，油滴总是呈小球状)。设油的密度为 ρ，油滴的质量 m 又可以用下式表示：

$$m = \frac{4}{3}\pi a^3\rho \tag{5-15-3}$$

联立式(5-15-2) 和式(5-15-3)，得油滴的半径为

$$a = \sqrt{\frac{9\eta v_g}{2\rho g}} \tag{5-15-4}$$

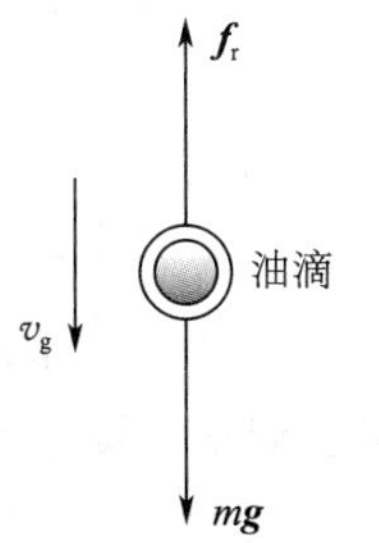

图 5-15-4　重力场中油滴受力示意图

对于半径为 10^{-6} m 的小球，油滴半径近似于空气中孔隙的大小，空气介质不能再认为是连续的，而斯托克斯定律只能对连续介质才正确。空气的黏度应作如下修正：

$$\eta' = \frac{\eta}{1+\frac{b}{pa}}$$

这时斯托克斯定律修正为

$$f_r = \frac{6\pi a\eta v_g}{1+\frac{b}{pa}}$$

式中，b 为修正常数，$b = 8.47\times10^{-3}\ \text{m}\cdot\text{Pa}$；$p$ 为大气压强，单位为 Pa。则

$$a = \sqrt{\frac{9\eta v_g}{2\rho g}\frac{1}{1+\frac{b}{pa}}} \tag{5-15-5}$$

式中，根号中还包含油滴的半径 a，但因它处于修正项中，不需要十分精确，故它仍可用式(5-15-4)计算。将式(5-15-5)代入式(5-15-3)得

$$m = \frac{4}{3}\pi\left(\frac{9\eta v_g}{2\rho g}\frac{1}{1+\frac{b}{pa}}\right)^{\frac{3}{2}}\rho \tag{5-15-6}$$

3. 匀速下降速度 v_g 的测量

当两极板间的电压 $U=0$ 时，设油滴匀速下降的距离为 l，时间为 t_g，则

$$v_g = \frac{l}{t_g} \tag{5-15-7}$$

由式(5-15-7)、式(5-15-6)、式(5-15-1)得

$$q = \frac{18\pi}{\sqrt{2\rho g}}\left[\frac{\eta l}{t_g\left(1+\frac{b}{pa}\right)}\right]^{\frac{3}{2}}\frac{d}{U} \tag{5-15-8}$$

实验发现，对于同一颗油滴，如果设法改变它的电量，则能够使油滴达到平衡的电压必须是某些特定值 U_n。研究这些电压变化的规律，可以发现，它们都满足下列方程：

$$q = ne = mg\frac{d}{U_n}$$

式中，$n=\pm1,\pm2,\cdots$；e 是一个不变的值。

对于不同的油滴，可以发现有同样的规律。这就证明了电荷的不连续性，并存在最小的电荷单位，即电子电量 e。

$$ne = \frac{18\pi}{\sqrt{2\rho g}}\left[\frac{\eta l}{t_g\left(1+\frac{b}{pa}\right)}\right]^{\frac{3}{2}}\frac{d}{U_n} \tag{5-15-9}$$

式(5-15-8)、式(5-15-9)是用平衡法测量油滴电荷的理论公式。

4. 电子电量的测量方法

测量油滴上所带电量 q 的目的是找出电荷的最小单位 e。为此，可以对不同的油滴，分别测出其所带的电量 q_i，它们应近似为电子电量的整数倍。油滴电量的最大公约数或油滴电量之差的最大公约数，即为电子电量 e。公式如下：

$$q_i = n_i e \quad (n_i\text{为整数}) \tag{5-15-10}$$

也可用作图法求 e 值，根据式(5-15-10)，e 为直线方程的斜率，通过拟合直线即可求 e 值。

建议实验中选择带 1～5 个电子的油滴(具体的选择方法会在后面介绍)，若油滴所带的电子过多，则不好确定该油滴所带的电子个数。

【实验内容与步骤】

学习控制油滴在视场中的运动，并选择合适的油滴测量电子电量。要求至少测量 5 个不同的油滴，每个油滴至少测量 5 次。

1. 调整仪器

1) 水平调整

调整实验仪主机的调平螺钉旋钮(俯视时，顺时针旋转平台降低，逆时针旋转平台升高)，直到水准泡正好处于中心(注意，严禁旋动水准泡上的旋钮)。将实验平台调平，使平衡电场方向与重力方向平行，以免引起实验误差。极板平面是否水平决定了油滴在下落或提升过程中是否发生左右的漂移。

2) 喷雾器调整

将少量钟表油缓慢地倒入喷雾器的储油腔内，使钟表油淹没提油管下方，油不要太多，以免实验过程中不慎将油倾倒至油滴盒内堵塞落油孔。将喷雾器竖起，用手挤压气囊，使得提油管内充满钟表油。

3) 仪器硬件接口连接

(1) 主机接线：电源线接交流 220 V/50 Hz 电源。

(2) 监视器：视频线缆输入端接“VIDEO”，另一 Q9 端接主机“视屏输出”。DC 12 V适配器电源线接交流 220 V/50 Hz 电源。前面板调整旋钮自左至右依次为显示开关、返回键、方向键、菜单键(建议亮度调整为 20，对比度调整为 100)。

4) 实验仪联机使用

(1) 打开实验仪电源及监视器电源，监视器出现仪器名称及研制公司界面。

(2) 按主机上任意键，监视器出现参数设置界面。首先，设置实验方法，然后根据该地的环境适当设置重力加速度、油密度、大气压强、油滴下落距离。“←”表示左移键，“→”表示右移键，“+”表示数据设置键。

(3) 按“确认”键后出现实验界面，设置计时“开始 / 结束”键为“结束”，“0 V/ 工作”键为“0 V”，“平衡 / 提升”键为“平衡”。

5)CCD 成像系统调整

打开进油量开关，从喷雾口喷入油雾，此时监视器上应该出现大量运动油滴的像。若没有看到油滴的像，则需调整调焦旋钮或检查喷雾器是否有油雾喷出。

2. 熟悉实验界面

在完成参数设置后，按“确认”键，监视器显示实验界面，如图 5-15-5 所示。不同实验方法的实验界面有一定差异。

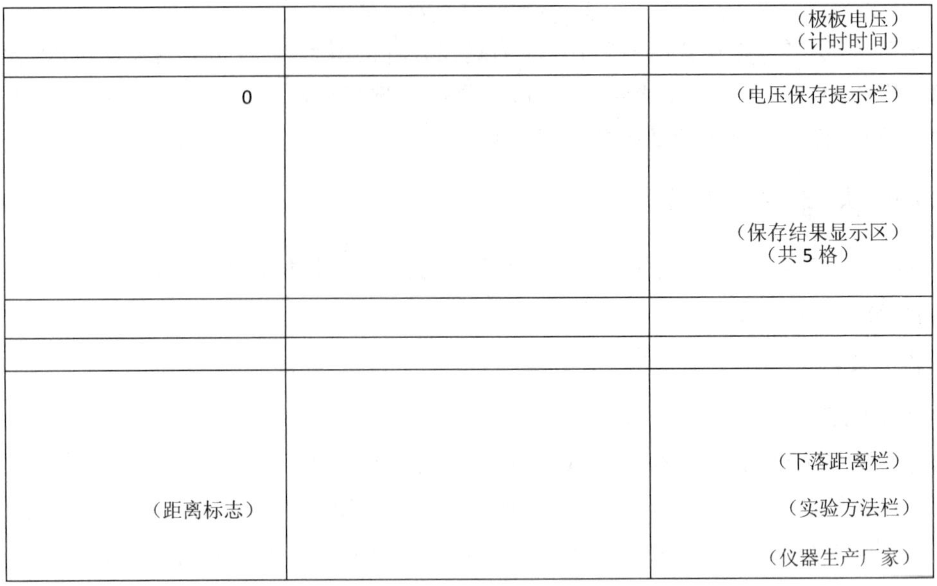

图 5-15-5　实验界面示意图

(1) 极板电压:实际加到极板的电压,显示范围为 0 ～ 1 999 V。

(2) 计时时间:计时开始到结束所经历的时间,显示范围为 0 ～ 99.99 s。

(3) 电压保存提示栏:提示将要作为结果保存的电压,每次完整的实验后显示。当保存实验结果(按下"确认"键)后自动清零。显示范围与极板电压相同。

(4) 保存结果显示区:显示每次保存的实验结果,共 5 次,显示格式与实验方法有关。

平衡法: (平衡电压)(下落时间)　　动态法: (提升电压)(平衡电压)(上升时间)(下落时间)

当需要删除当前保存的实验结果时,按"确认"键 2 s 以上,当前结果被清除(不能连续删除)。

(5) 下落距离栏:显示设置的油滴下落距离。当需要更改下落距离时,按住"平衡 / 提升"键 2 s 以上,此时距离设置栏被激活[动态法步骤(1) 和步骤(2) 之间不能更改],通过"+"键("平衡 / 提升"键) 修改油滴下落距离,然后按"确认"键确认修改。距离标志会发生相应变化。

(6) 距离标志:显示当前设置的油滴下落距离,在相应的格线上做数字标记,显示范围为 0.2 ～ 1.8 mm。垂直方向视场范围为 2 mm,分为 10 格,每格为 0.2 mm。

(7) 实验方法栏:显示当前的实验方法(平衡法或动态法),在参数设置界面设定。欲改变实验方法,只有重新启动仪器(关、开仪器电源)。对于平衡法,实验方法栏仅显示"平衡法"字样;对于动态法,实验方法栏除显示"动态法"外,还显示即将开始的动态法步骤。例如,将要开始动态法第一步(油滴下落),实验方法栏显示"1 动态法"。同样地,做完动态法第一步后,即将开始第二步时,实验方法栏显示"2 动态法"。

(8) 仪器生产厂家:显示生产厂家。

3. 选择适当的油滴并练习控制油滴(以平衡法为例)

(1) 选择合适的油滴。

根据油滴在电场中受力平衡公式 $qv/d = 4\pi r^3 \rho g/3$ 及多次实验的经验,当油滴的实际半径为 0.5 ～ 1 μm 时最为适宜。若油滴过小，布朗运动影响明显，平衡电压不易调整，时间误差也会增大；若油滴过大，下落太快，时间相对误差增大，且油滴带多个电子的概率增大。因此，合适的油滴最好带 1 ～ 5 个电子。

操作方法：将三个参数设置按键分别设置为“结束”“工作”“平衡”状态，调节平衡电压约为 400 V。喷入油滴，调节调焦旋钮，使屏幕上显示大部分油滴，可见带电多的油滴迅速上升出视场，不带电的油滴下落出视场，约 10 s 后油滴减少。选择上升缓慢的油滴作为暂时的目标油滴，切换“0 V/ 工作”键，这时极板间的电压为 0 V，在暂时的目标油滴中选择下落速度为 0.2 ～0.5 格 /s 的油滴作为最终的目标油滴，调节调焦旋钮使该油滴最小、最亮。

(2) 平衡电压的确认。

目标油滴聚焦到最小、最亮后，仔细调整平衡时的电压调节旋钮，使油滴平衡在某一格线上。等待一段时间(大约 2 min)，观察油滴是否飘离格线。若油滴始终向同一方向飘离，则需重新调整平衡电压；若其基本稳定在格线或只在格线上下做轻微的布朗运动，则可以认为油滴达到了力学平衡，这时的电压就是平衡电压。

(3) 控制油滴的运动。

将油滴平衡在屏幕顶端的第一条格线上，将“0 V/ 工作”键切换至“0 V”，绿色指示灯点亮，此时上、下极板同时接地，电场力为零，油滴在重力、浮力及空气阻力的作用下下落。油滴是先经一段变速运动，然后变为匀速运动，但变速运动的时间非常短(小于 0.01 s，与计时器的精度相当)，所以可以认为油滴立即匀速下落。当油滴下落到有“0”标记的格线时，立刻按下“计时”键，计时器开始记录油滴下落的时间；待油滴下落至有距离标志(1.6) 的格线时，再次按下“计时”键，计时器停止计时(计时位置见图 5-15-6)，此时油滴停止下落。“0 V/ 工作”键自动切换至“工作”，“平衡 / 提升”键处于“平衡”，可以通过“确认”键将此次测量数据记录到屏幕上。将“平衡 / 提升”键切换至“提升”，这时极板电压在原平衡电压的基础上增大约 200 V，油滴立即向上运动，待油滴提升到屏幕顶端时，切换至“平衡”，找到平衡电压，进行下一次测量。每个油滴共测量 5 次，系统会自动计算出这个油滴的电量。

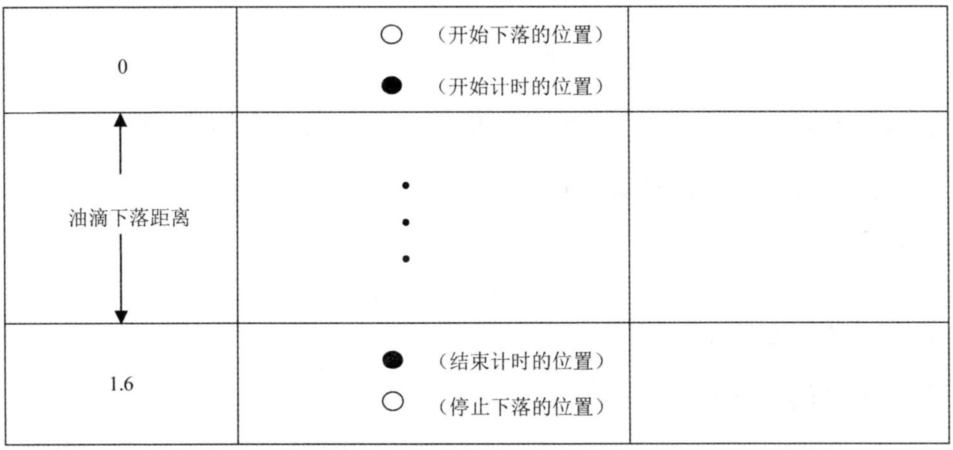

图 5-15-6 平衡法计时位置示意图

4. 正式测量

可选用平衡法(推荐)、动态法进行实验。实验前仪器必须调水平。下面用平衡法进行实验。

(1) 开启电源,进入实验界面,将“0 V/ 工作”键切换至“工作”,红色指示灯点亮;将“平衡 / 提升”键置于“平衡”位置。

(2) 将平衡电压调整为 400 V 左右,通过喷雾口向油滴盒内喷入油雾,此时监视器上将出现大量运动的油滴。选取合适的油滴,仔细调整平衡电压 U,使其平衡在起始(最上面)格线上。

(3) 将“0 V/ 工作”状态键切换至“0 V”,此时油滴开始下落,当油滴下落到有“0”标记的格线时,立即按下“计时”键,计时器启动,开始记录油滴的下落时间 t。

(4) 当油滴下落至有距离标记的格线(如 1.6)时,立即按下“计时”键,计时器停止计时,油滴立即静止,“0 V/ 工作”键自动切换至“工作”。通过“确认”键将此次测量的平衡电压和匀速下落时间同时记录在监视器屏幕上。

(5) 将“平衡 / 提升”键置于“提升”位置,油滴将向上运动,当回到高于有“0”标记格线的位置时,将“平衡 / 提升”键切换至“平衡”位置,油滴停止上升,重新调整平衡电压[注:如果此处的平衡电压发生了突变,则该油滴得到或失去了电子。这次测量不能记数,应从步骤(2)开始重新找油滴]。

(6) 重复步骤(3)、(4)、(5),并将数据(平衡电压 U 及下落时间 t)记录到屏幕上。当 5 次测量完成后,按“确认”键,系统将计算 5 次测量的平均平衡电压 $\overline{U}$ 和平均匀速下落时间 $\overline{t}$,根据这两个参数自动计算并显示出油滴的电量 q。

(7) 重复以上步骤,共找 5 个油滴,并测量每个油滴的电量 q_i。

【数据记录和处理】

1. 计算法

至少测量 5 个油滴,记录每个油滴的电量 q_i,利用公式 $n_i = \dfrac{q_i}{e_{\text{理论}}}$,对商四舍五入取整后得到每个油滴所带电子数 n_i。利用公式 $\dfrac{q_i}{n_i} = e_i$ 得到每次测量的电子电量,再求出 n 次测量的 $\overline{e}$,与理论值比较,并求百分误差及不确定度。

2. 作图法

得到 q_i 和对应的 n_i 后,以 q 为纵坐标,n 为横坐标作图,拟合得到的直线的斜率即为电子电量 $e_{\text{测量}}$,与理论值比较,并求百分误差及不确定度。

【误差分析】

$$q = \frac{18\pi}{\sqrt{2\rho g}}\left[\frac{\eta l}{t_g\left(1+\dfrac{b}{pa}\right)}\right]^{3/2}\frac{d}{U}$$

式中，$a=\dfrac{9\eta l}{2\rho g t_{\mathrm{g}}}$。其中，油的密度 $\rho=981\ \mathrm{kg/m^3}$，重力加速度 $g=9.80\ \mathrm{m/s^2}$，空气的黏度 $\eta=1.83\times10^{-5}\ \mathrm{kg/(m\cdot s)}$，油滴匀速下降的距离 $l=2.00\times10^{-3}\ \mathrm{m}$，修正常数 $b=8.47\times10^{-3}\ \mathrm{m\cdot Pa}$，大气压强 $p=1.013\times10^{5}\ \mathrm{Pa}$，平行极板的距离 $d=5.00\times10^{-3}\ \mathrm{m}$。

将以上数据代入公式得

$$q=\frac{1.43\times10^{-14}}{\left[t_{\mathrm{g}}(1+0.02\sqrt{t_{\mathrm{g}}})\right]^{3/2}}\cdot\frac{1}{U}$$

由于油的密度ρ、空气的黏度η都是温度的函数，重力加速度g和大气压强p又随实验地点和条件的变化而变化，因此上式的计算是近似的。其引起的误差约为1%，但运算方便多了，说明这是可取的。

为了证明电荷的不连续性和所有电荷都是电子电量 e 的整数倍，并得到电子电量 e 值，应对实验测得的各个电量值求出它们的最大公约数，此最大公约数就是电子电量 e 值。

由于实验有误差，求最大公约数比较困难，因此常用“倒过来验证”的办法进行数据处理。即用实验测得的每个电荷值q除以公认的电子电量$e=1.60\times10^{-19}\ \mathrm{C}$，得到一个接近于某一整数的数值，这个整数就是油滴所带的基本电荷的数目 n；再用实验测得的电荷值除以相应的 n，即得到电子电量 e。

$$\text{绝对误差：}\Delta e=|\bar{e}_i-e|=\underline{\qquad\qquad}$$

$$\text{相对误差：}E=\frac{|\bar{e}_i-e|}{e}=\frac{\Delta e}{e}=\underline{\qquad\qquad}$$

$$e=\bar{e}_i\pm\Delta e=\underline{\qquad\qquad}$$

【注意事项】

(1)CCD 盒、紧固螺钉、摄像镜头的位置不能变更，否则会对像距及成像角度造成影响。

(2) 仪器应在温度为 0 ～ 40 ℃ 的静态空气中使用。

(3) 注意调整进油量开关，避免外界空气流动对油滴测量造成影响。

(4) 仪器内有高压，实验人员应避免用手接触电极。

(5) 实验前应对仪器油滴盒内部进行清洁，防止异物堵塞落油孔。

(6) 注意仪器的防尘保护。

【分析与思考】

(1) 长时间检测一个油滴，由于油的挥发，它的质量会不断减小，这将使哪些测量值发生变化？

(2) 测量时间 t 时，为什么要让油滴下落一段距离后再开始计时？

(3) 在跟踪一个油滴时，如果原来清晰的像突然变模糊，应该怎么办？

平衡法系统参数

实验十六　霍尔效应综合实验

霍尔效应综合实验

【实验背景及应用】

霍尔效应是导电材料中的电流与外磁场相互作用而在垂直于磁场和电流方向的两个端面之间产生电动势的现象。1879 年，美国霍普金斯大学研究生霍尔在研究金属导电机制时发现了这种电磁现象，故称为霍尔效应。后来，曾有人利用霍尔效应制成测量磁场的磁传感器，但因金属的霍尔效应太弱而未能得到实际应用。随着半导体材料和制造工艺的发展，人们又利用半导体材料制成霍尔元件，由于它的霍尔效应显著而得到实用和发展，现广泛用于非电量检测、电动控制、电磁测量和计算装置等方面。在电流体中的霍尔效应也是目前在研究中的磁流体发电的理论基础。1980 年，德国物理学家冯·克利青研究二维电子气系统的输运特性时，在低温和强磁场下发现了量子霍尔效应，这是凝聚态物理领域最重要的发现之一。2013 年，薛其坤院士带领的团队首次在实验上观测到了量子反常霍尔效应。该研究成果有望推动新一代低能耗晶体管和电子学器件的发展，从而加速信息技术革命的进程。薛其坤院士获得了 2023 年国家最高科学技术奖，成为该奖项史上最年轻的获奖者。2023 年 10 月，美国物理学会宣布薛其坤获得了 2024 年巴克利奖，这是该奖自 1953 年设立以来首次颁发给中国籍物理学家。

在磁场、磁路等磁现象的研究和应用中，霍尔效应及其元件是不可缺少的，利用它检测磁场具有直观、干扰小、灵敏度高、效果明显等优点。

【实验教学目标】

1. 知识目标

了解霍尔效应原理及霍尔元件有关参数；学习用对称交换测量法消除副效应产生的系统误差；学习用霍尔效应测量磁感应强度分布。

2. 能力目标

通过实验教学，使学生掌握实验现象与数据的观察、测量、记录，数据分析与处理，实验结论与评价，撰写实验报告等。

3. 价值目标

通过严格的实验教学训练，培养学生将理论联系实际、格物致知的钻研精神，遵循规律、严谨求实的科学态度，以及团结协作、积极进取的良好品质。

【实验仪器】

实验电源，双刀双掷开关盒，导轨，C 形电磁铁(带滑块)，二维移动座，横向霍尔传感器模块，霍尔效应螺线管磁场测试仪，连接线。

【实验原理】

1. 霍尔效应

运动的带电粒子在磁场中受洛伦兹力 $\boldsymbol{f}_L$ 的作用而偏转。当带电粒子(电子或空穴)被约束在固体材料中时,这种偏转就导致在垂直于电流和磁场的方向上产生正、负电荷在不同侧的聚积,从而形成附加的横向电场。

如图 5-16-1 所示,磁场 $\boldsymbol{B}$ 沿 Z 轴正向,在与之垂直的半导体薄片上沿 X 轴正向通以工作电流 I_S,假设载流子为电子(N 型半导体材料),它沿着与电流 I_S 方向相反的 X 轴负向运动。

洛伦兹力用矢量式表示为

$$\boldsymbol{f}_L = -e\bar{\boldsymbol{v}} \times \boldsymbol{B} \tag{5-16-1}$$

式中,e 为电子电量,$e = 1.6 \times 10^{-19}$ C;$\bar{\boldsymbol{v}}$ 为电子运动平均速度;$\boldsymbol{B}$ 为磁感应强度。

由于洛伦兹力 $\boldsymbol{f}_L$ 的作用,电子即向图 5-16-1 中虚线箭头所指的位于 Y 轴负向的 B 侧偏转,并使 B 侧积累电子,而相对的 A 侧形成正电荷积累。与此同时,运动的电子还受到由于两种积累的异种电荷形成的反向电场力 $\boldsymbol{f}_E$ 的作用。随着电荷积累量的增加,$\boldsymbol{f}_E$ 增大,当两个力大小相等、方向相反,即 $f_L = -f_E$ 时,电子积累便达到动态平衡。这时在 A、B 两端面之间建立的电场称为霍尔电场,其电场强度用 $\boldsymbol{E}_H$ 表示,相应的电势差称为霍尔电压,用 U_H 表示。

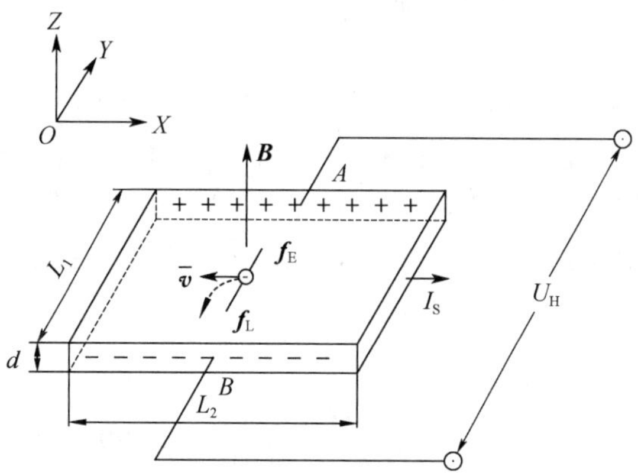

图 5-16-1　霍尔效应

电场作用于电子的力为

$$f_E = -eE_H = -eU_H/l \tag{5-16-2}$$

当达到动态平衡时,有

$$\bar{v}B = U_H/l \tag{5-16-3}$$

设霍尔元件宽度为 l,厚度为 d,载流子浓度为 n,则霍尔元件的工作电流为

$$I_S = ne\bar{v}ld \tag{5-16-4}$$

由式(5-16-3)、式(5-16-4) 可得

$$U_H = \frac{1}{ne}\frac{I_S B}{d} = R_H \frac{I_S B}{d} \tag{5-16-5}$$

即霍尔电压 U_H 与 I_S、B 的乘积成正比,与霍尔元件的厚度成反比,比例系数 $R_H = 1/(ne)$ 称为霍尔系数,它是反映材料霍尔效应强弱的重要参数。

当霍尔元件的厚度确定时,设

$$K_H = R_H/d = 1/(ned) \tag{5-16-6}$$

则式(5-16-5)可表示为

$$U_H = K_H I_S B \tag{5-16-7}$$

K_H 称为霍尔元件的灵敏度,它表示霍尔元件在单位磁感应强度和单位工作电流下的霍尔电压大小,其单位是 mV/(mA · T),一般要求 K_H 越大越好。

由于金属的电子浓度 n 很高,所以它的 R_H 或 K_H 都不大,因此不适宜作霍尔元件。此外,霍尔元件的厚度 d 越小,K_H 越大,所以制作时往往采用减小 d 的办法来增加灵敏度,因此霍尔元件都很薄,一般只有 0.2 mm 左右。

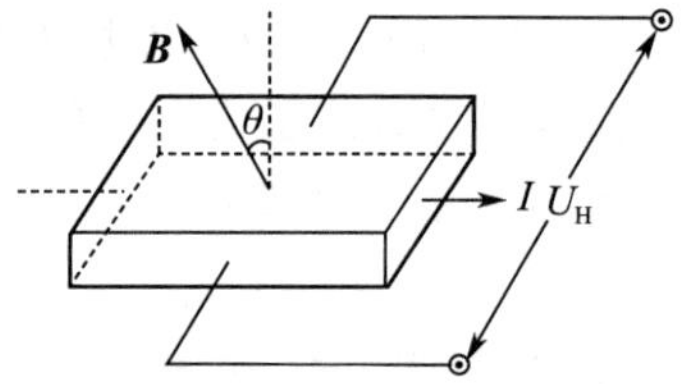

图 5-16-2　磁感应强度 $\boldsymbol{B}$ 和霍尔元件平面法线成一角度

应当注意,当磁感应强度 $\boldsymbol{B}$ 和霍尔元件平面法线成一角度(见图 5-16-2)时,作用在霍尔元件上的有效磁场是其法线方向上的分量 $B\cos\theta$,此时 $U_H = K_H I_S B\cos\theta$,所以一般在使用时应调整霍尔元件方位,使 U_H 达到最大,即 $\theta = 0$。

2. 霍尔效应的副效应及其消除方法

测量霍尔电压 U_H 时,不可避免地会产生一些副效应,由此产生的附加电压叠加在霍尔电压上,形成测量系统误差,这些副效应有如下四种。

(1) 不等位电压 U_0。

制作时,两个霍尔电极不可能绝对对称地焊在霍尔元件两侧[见图 5-16-3(a)]、霍尔元件的电阻率不均匀、工作电流极的端面接触不良[见图 5-16-3(b)]都可能造成 C、D 两极不在同一等势面上。此时虽未加磁场,但 C、D 间存在电势差 U_0,称为不等位电压,$U_0 = I_S R_0$,R_0 是 C、D 两极间的不等位电阻。由此可见,在 R_0 确定的情况下,U_0 与 I_S 的大小成正比,且其正负随 I_S 方向的改变而改变。

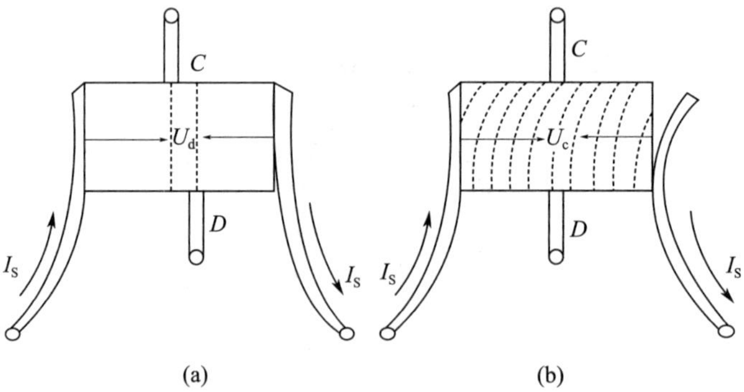

图 5-16-3　不等位电压

(2) 埃廷斯豪森效应。

当霍尔元件的 X 轴方向通以工作电流 I_S,Z 轴方向加磁感应强度为 $\boldsymbol{B}$ 的磁场时,由于霍尔元件内的载流子速度服从统计分布,有快有慢,在达到动态平衡时,在磁场的作用下慢速与快速的载流子将在洛伦兹力和霍尔电场的共同作用下,沿 Y 轴分别向相反的两侧偏转,这些载流子的动能将转化为热能,使两侧的温度不同,从而造成 Y 轴方向上两侧出现温差($\Delta T = T_C - T_D$)。

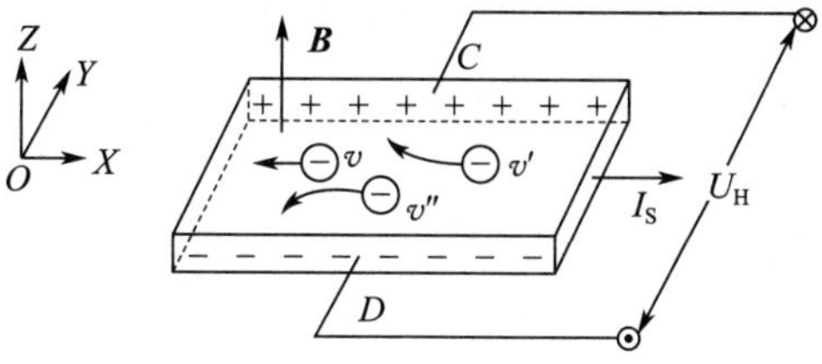

图 5-16-4　霍尔元件中电子实际运动情况(图中 $v' < v, v'' > v$)

因为霍尔电极和元件两者材料不同,电极和元件之间形成温差电偶,这一温差在 C、D 间产生温差电动势 U_E,且 $U_E \propto I_S B$。

这一效应称为埃廷斯豪森效应,U_E 的大小及正负号与 I_S、$\boldsymbol{B}$ 的大小和方向有关,和 U_H 与 I_S、$\boldsymbol{B}$ 的关系相同,所以不能在测量中消除。

(3) 能斯特效应。

由于工作电流的两个电极与霍尔元件的接触电阻不同,工作电流在两个电极处将产生不同的焦耳热,引起工作电流两极间的温差电动势。此电动势又产生温差电流(称为热电流)I_Q,热电流在磁场作用下将发生偏转,结果在 Y 轴方向上产生附加的电势差 U_N,且 $U_N \propto I_Q B$,这一效应称为能斯特效应,由上式可知,U_N 的符号只与 $\boldsymbol{B}$ 的方向有关。

(4) 里吉-勒迪克效应。

如(3) 所述,霍尔元件在 X 轴方向上有温度梯度,引起载流子沿梯度方向扩散而有热电流 I_Q 通过霍尔元件,在此过程中载流子受 Z 轴方向上的磁感应强度为 $\boldsymbol{B}$ 的磁场作用,在 Y 轴方向上引起类似于埃廷斯豪森效应的温差 $\Delta T = T_C - T_D$,由此产生的电势差 $U_R \propto I_Q B$,其符号与 $\boldsymbol{B}$ 的方向有关,与 I_S 的方向无关。

在确定的磁场 $\boldsymbol{B}$ 和工作电流 I_S 下,实际测出的电压是 U_H、U_0、U_E、U_N 和 U_R 这 5 种电势差的代数和。上述 5 种电势差与 $\boldsymbol{B}$ 和 I_S 方向的关系如表 5-16-1 所示。

表 5-16-1　5 种电势差与 $\boldsymbol{B}$ 和 I_S 方向的关系

U_H		U_0		U_E		U_N		U_R	
$\boldsymbol{B}$	I_S	$\boldsymbol{B}$	I_S	$\boldsymbol{B}$	I_S	$\boldsymbol{B}$	I_S	$\boldsymbol{B}$	I_S
有关	有关	无关	有关	有关	有关	有关	无关	有关	无关

为了减小和消除以上效应引起的附加电势差,利用这些附加电势差与霍尔元件工作电流 I_S、磁场 B(即相应的励磁电流 I_M) 的关系,采用对称(交换) 测量法测量 C、D 间的电势差。

① 当 $+I_M$, $+I_S$ 时,$U_{CD1} = +U_H + U_0 + U_E + U_N + U_R$;

② 当 $+I_M$, $-I_S$ 时,$U_{CD2} = -U_H - U_0 - U_E + U_N + U_R$;

③ 当 $-I_M$, $-I_S$ 时,$U_{CD3} = +U_H - U_0 + U_E - U_N - U_R$;

④ 当 $-I_M$, $+I_S$ 时,$U_{CD4} = -U_H + U_0 - U_E - U_N - U_R$。

对以上四式作如下运算:

$$\frac{1}{4}(U_{CD1} - U_{CD2} + U_{CD3} - U_{CD4}) = U_H + U_E \qquad (5\text{-}16\text{-}8)$$

可见,除埃廷斯豪森效应外的其他副效应产生的电势差会全部消除,因埃廷斯豪森效应所产生的电压 U_E 的符号和霍尔电压 U_H 的符号,与 I_S 及 $\boldsymbol{B}$ 的方向关系相同,故无法消除,但在非大电

流、非强磁场下，$U_H \gg U_E$，因而 U_E 可以忽略不计，故有

$$U_H \approx U_H + U_E = \frac{1}{4}(U_{CD1} - U_{CD2} + U_{CD3} - U_{CD4}) \tag{5-16-9}$$

【实验内容与步骤】

1. 实验内容

(1) 霍尔效应及霍尔传感器。

① 介绍霍尔传感器。

② 给出霍尔电压与励磁电流、工作电流的关系。

(2) 电磁铁空间磁场大小和分布。

① 学习用霍尔效应测量磁感应强度的原理。

② 测量电磁铁气隙中磁感应强度 $\boldsymbol{B}$ 的大小和分布。

2. 实验步骤

(1) 按图 5-16-5 将 C 形电磁铁(带滑块)、霍尔元件、双刀双掷开关盒和 ZKY-H/L 霍尔效应螺线管磁场测试仪(以下简称测试仪) 正确连接。

① 将工作电流、励磁电流调节旋钮逆时针旋转到底，使电流最小。

② 将测试仪的电压量程调至高量程。

③ 测试仪面板右下方为提供励磁电流 I_M 的恒流源输出端，接实验仪上励磁电流的输入端(将接线叉口与接线柱连接)。

④ 测试仪左下方为提供霍尔元件工作电流 I_S 的恒流源输出端，接实验仪上工作电流的输入端(将插头插入插孔)。

⑤ 实验仪上的霍尔电压输出端接测试仪中部下方的霍尔电压输入端。

⑥ 将测试仪与 220 V 交流电源相连，按下开机键。

注：为了提高霍尔元件测量的准确性，实验前霍尔元件应至少预热 5 min，具体操作为断开励磁电流开关，闭合工作电流开关，通入工作电流 5 mA，待至少 5 min 后才可以开始实验。

(2) 霍尔元件到二维移动座的距离为 190 mm，纵向上转接座上表面与“0”刻线对齐，闭合励磁电流开关，调节励磁电流 $I_M = 300$ mA，调节工作电流 $I_S = 1.00$ mA，2.00 mA，…，10.00 mA(间隔为 1.00 mA)，通过变换各换向开关，在($+I_M$，$+I_S$)、($-I_M$，$+I_S$)、($-I_M$，$-I_S$)、($+I_M$，$-I_S$) 四种测量条件下，分别测出对应的电压值 U_i($i = 1$、2、3、4)，记入表 5-16-2 中。

(3) 霍尔元件仍位于电磁铁气隙中心，调节 $I_S = 3.00$ mA，分别调节 $I_M = 100$ mA，200 mA，…，1 000 mA(间隔为 100 mA)，通过变换各换向开关，在($+I_M$，$+I_S$)、($-I_M$，$+I_S$)、($-I_M$，$-I_S$)、($+I_M$，$-I_S$) 四种测量条件下，分别测量对应的电压值 U_i，记入表 5-16-3 中。

(4) 调节 $I_M = 600$ mA，$I_S = 5.00$ mA，调节二位移动尺的垂直标尺，使霍尔元件处于电磁铁气隙垂直(Y) 方向的中心位置(“0” 刻线处)。移动二维移动座在导轨上的位置，使霍尔元件位于磁场中 X 轴方向上的中心位置(二维移动座和 C 形电磁铁间距为 190 mm)。设此时相对位置为$X = 0$，将二维移动座向左移动 25 mm，记此时的位置为 $X = -25$ mm，再将二维移动座向右移动 25 mm，记此时的位置为 $X = 25$ mm。按照上述方法测量相应的 U_i，记入表 5-16-4 中。

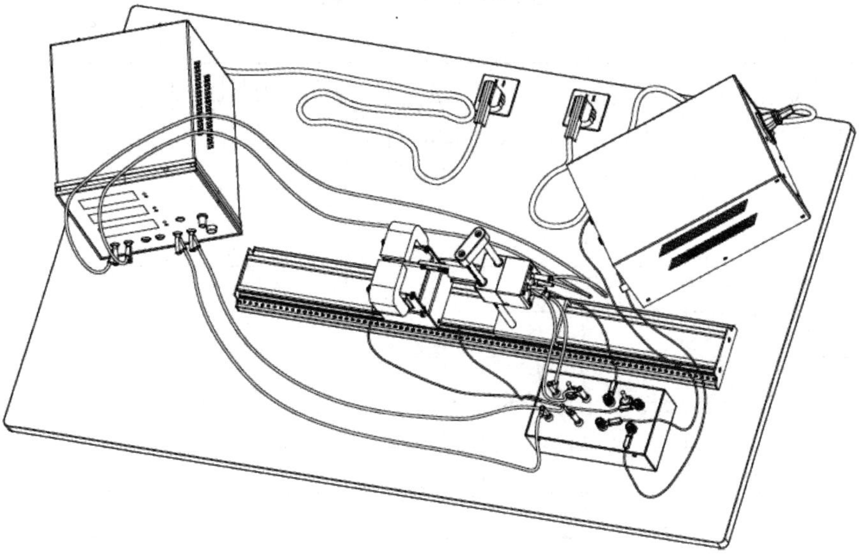

图 5-16-5　霍尔效应实验仪接线图

【数据记录和处理】

表 5-16-2　U_H-I_S 的关系

$I_M =$ ________ mA

I_S /mA	U_1/mV $(+I_M, +I_S)$	U_2/mV $(-I_M, +I_S)$	U_3/mV $(-I_M, -I_S)$	U_4/mV $(+I_M, -I_S)$	$U_H = \frac{\vert U_1\vert + \vert U_2\vert + \vert U_3\vert + \vert U_4\vert}{4}$ /mV	B /mT
1.00						
2.00						
3.00						
4.00						
5.00						
6.00						
7.00						
8.00						
9.00						
10.00						

(1) 根据表 5-16-2 中的 U_i 计算霍尔电压 U_H。

(2) 绘出 U_H-I_S 曲线，分析霍尔电压 U_H 与工作电流 I_S 之间的关系。

(3) 根据 $U_H = K_H I_S B$ 计算出各点的磁感应强度大小 B。

表 5-16-3　U_H-I_M 关系

$I_S =$ ____ mA

I_M /mA	U_1/mV ($+I_M$, $+I_S$)	U_2/mV ($-I_M$, $+I_S$)	U_3/mV ($-I_M$, $-I_S$)	U_4/mV ($+I_M$, $-I_S$)	$U_H = \frac{\lvert U_1\rvert + \lvert U_2\rvert + \lvert U_3\rvert + \lvert U_4\rvert}{4}$ /mV	B /mT
100						
200						
300						
400						
500						
600						
700						
800						
900						
1 000						

(4) 根据表 5-16-3 中的 U_i 计算霍尔电压 U_H。

(5) 绘出 U_H-I_M 曲线,分析霍尔电压 U_H 与励磁电流 I_M 之间的关系。

(6) 根据 $U_H = K_H I_S B$ 计算出各点的磁感应强度大小 B。

表 5-16-4　电磁铁气隙中磁感应强度 B 的分布

$I_M = 600$ mA, $I_S = 5.00$ mA

X/mm	U_1/mV ($+I_M$, $+I_S$)	U_2/mV ($-I_M$, $+I_S$)	U_3/mV ($-I_M$, $-I_S$)	U_4/mV ($+I_M$, $-I_S$)	$U_H = \frac{\lvert U_1\rvert + \lvert U_2\rvert + \lvert U_3\rvert + \lvert U_4\rvert}{4}$ /mV	B/mT
−25						
−20						
−15						
−10						
−5						
0						
5						
10						
15						
20						
25						

(7) 根据表 5-16-4 中的 U_i 计算霍尔电压 U_H。

(8) 根据 $U_H = K_H I_S B$ 计算出各点的磁感应强度大小 B。

(9) 绘出 B-X 曲线，描述电磁铁气隙内 X 轴方向上 $\boldsymbol{B}$ 的分布状态。

【注意事项】

(1) 实验中应遵循“接线 → 检查 → 通电 → 测量”的顺序。

(2) 由于励磁电流较大，所以千万不能将 I_M 和 I_S 接错，否则励磁电流将烧坏霍尔元件。

(3) 霍尔元件及二维移动座容易折断、变形，应注意避免受挤压、碰撞等。实验前应检查两者及电磁铁是否松动、移位，并加以调整。

(4) 为了不使电磁铁因过热而受到损坏，或影响测量精度，除在短时间内读取有关数据，通以励磁电流 I_M 外，其余时间最好断开励磁电流开关。

【分析与思考】

(1) 分析实验过程中产生误差的主要因素。

(2) 分析金属材料不适合制成霍尔元件的原因。

实验十七　共轴线圈磁场分布测量综合实验

【实验背景及应用】

共轴线圈磁场分布测量综合实验

磁场分布测量是物理学、电子学及工程技术等领域中的一项重要研究内容。设置共轴线圈磁场分布测量综合实验，特别是涉及亥姆霍兹线圈的实验，是为了更深入地了解磁场的基本性质及其在不同条件下的分布规律。亥姆霍兹线圈由两个完全相同的圆线圈彼此平行且共轴放置，当线圈间距等于线圈半径且通以同方向的电流时，会在中心轴线附近较大范围内产生匀强磁场。这种特殊的磁场分布特性使得亥姆霍兹线圈在科学实验、工程技术和医疗诊断等领域具有广泛的应用价值。

在物理学的研究中，共轴线圈磁场分布测量实验有助于验证磁场叠加原理、安培环路定理等基本物理定律，为磁场理论的研究提供实验支持。通过精确测量磁场分布，可以研究磁场的微观结构和性质，为电磁学、工程技术、医疗诊断等领域的研究提供新的思路和方法。在电子学领域，共轴线圈磁场分布测量技术可用于电子设备的磁屏蔽设计、电磁兼容性测试等方面，确保电子设备的正常运行和性能稳定。在电力工程和能源领域，磁场分布测量可用于电力设备的磁场监测和故障诊断，提高电力设备的运行可靠性和安全性。在核磁共振成像(MRI)等医疗设备中，亥姆霍兹线圈产生的匀强磁场是成像的关键要素之一，通过精确控制磁场分布，可以提高成像质量和诊断的准确性。在医学领域，共轴线圈磁场分布测量技术还可用于生物磁学、磁刺激疗法等方面的研究，通过测量生物体内的磁场分布，可以了解生物体的生理状态和病理变化，为疾病的诊断和治疗提供新的手段。

综上所述，共轴线圈磁场分布测量综合实验不仅具有深厚的实验背景，还在科学研究、工程技术、医疗诊断以及教育和培训等多个领域具有广泛的应用价值。

【实验教学目标】

1. 知识目标

(1) 学习测量载流圆线圈的磁场分布。

(2) 了解亥姆霍兹线圈磁场分布的特点。

(3) 验证磁场叠加原理和安培环路定理。

2. 能力目标

能够独立组装共轴线圈。

3. 价值目标

培养学生科学的思维方法及分析和解决问题的能力;培养学生科学的工作、学习态度,以及创新精神。

【实验仪器】

实验电源,电源及电流电压测试仪,双刀双掷开关盒,导轨,螺线管,共轴线圈(带滑块),轴向霍尔传感器模块等,如图 5-17-1 所示。

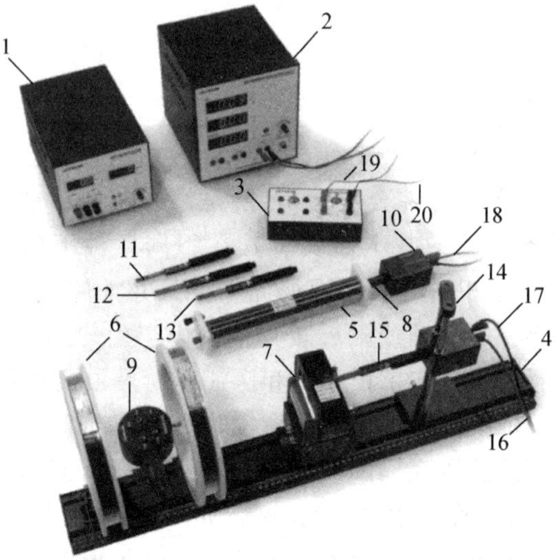

1— 实验电源;2— 电源及电流电压测试仪;3— 双刀双掷开关盒;4— 导轨;5— 螺线管;
6— 共轴线圈(带滑块);7—C 形电磁铁(带滑块);8— 轴向霍尔传感器模块;9— 各向异性磁阻传感器模块;
10— 四芯航空插座转接座;11— 巨磁电阻传感器模块;12— 磁性隧道结模块;13— 隧道磁电阻传感器模块;
14— 二维移动座;15— 横向霍尔传感器模块;16、17、18、19、20— 单芯连接线。

图 5-17-1　磁学综合实验仪器

【实验原理】

图 5-17-2 为一对共轴线圈,且绕线方向一致。当两个线圈都通以电流 I_M,且中心间距 l 等于线圈的等效半径 R 时,可在线圈的轴线上得到不太强的均匀磁场,此时这对共轴线圈称为亥姆霍兹线圈。但是,如果这对共轴线圈的间距不等于等效半径,轴线上的磁场分布就不均匀,

呈现欠耦合、过耦合状态，线圈的耦合度可以通过霍尔元件来检测。当 $l > R$、$l = R$ 和 $l < R$ 时，两个线圈的磁场分布如图 5-17-3 所示。

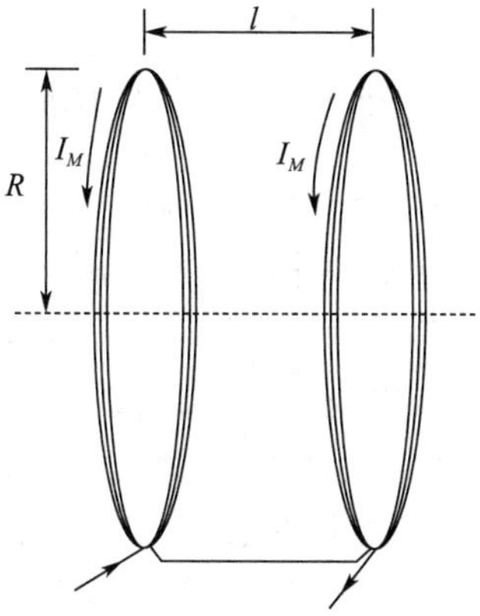

图 5-17-2　共轴线圈

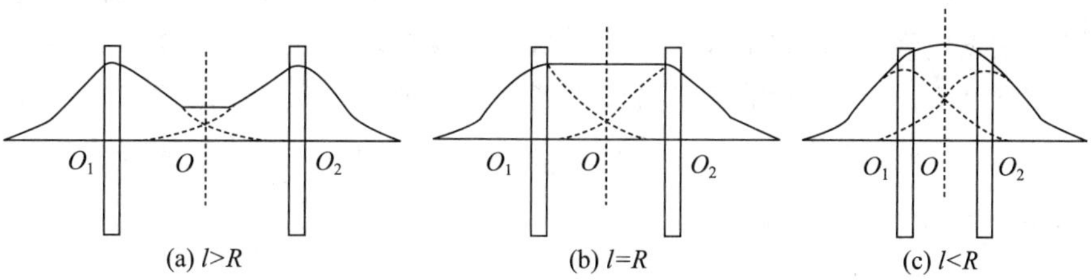

图 5-17-3　三种条件下磁场的分布情况

通过测量单个线圈和两个线圈的磁场分布，证明磁场叠加原理。

(1) 测量单个载流圆线圈轴线上的磁场分布。

由毕奥-萨伐尔定律得，载流圆线圈在其轴线上某点的磁感应强度大小为

$$B = \frac{\mu_0 N I_M R^2}{2\,(R^2 + x^2)^{3/2}} \tag{5-17-1}$$

式中，N 为圆线圈的总匝数，I_M 为通过圆线圈的励磁电流的强度，R 为圆线圈的等效半径，x 为该点到圆线圈轴线中心的距离。在单个圆线圈中心，即 $x = 0$ 处，有

$$B = \frac{\mu_0 N I_M}{2R} \tag{5-17-2}$$

在无穷远，即 $x \gg R$ 处，有

$$B = \frac{\mu_0 N I_M R^2}{2x^3} \approx 0$$

(2) 测量载流亥姆霍兹线圈磁场分布，证明磁场叠加原理。

在亥姆霍兹线圈中，若以两个线圈中点为坐标原点，则轴线上任意一点的磁感应强度是两个线圈在该点产生的磁感应强度之和，即

$$B(x) = \frac{\mu_0 N R^2 I}{2\left[R^2 + \left(\frac{R}{2} + x\right)^2\right]^{3/2}} + \frac{\mu_0 N R^2 I}{2\left[R^2 + \left(\frac{R}{2} - x\right)^2\right]^{3/2}}$$

$$= B_0 \frac{5^{3/2}}{16}\left\{\frac{1}{\left[1+\left(\frac{1}{2}+\frac{x}{R}\right)^2\right]^{3/2}}+\frac{1}{\left[1+\left(\frac{1}{2}-\frac{x}{R}\right)^2\right]^{3/2}}\right\} \tag{5-17-3}$$

式中,B_0 是 $x=0$ 时,亥姆霍兹线圈公共轴线中点的磁感应强度,即 $B_0=\frac{8\mu_0 NI_M}{5^{3/2}R}$。表 5-17-1 列出了 x 取不同值时 $B(x)/B_0$ 值的理论计算结果。

表 5-17-1　x 取不同值时 $B(x)/B_0$ 值的理论计算结果

位置 x	$-0.5R$	$-0.4R$	$-0.3R$	$-0.2R$	$-0.1R$	0	$0.1R$	$0.2R$	$0.3R$	$0.4R$	$0.5R$
$B(x)/B_0$	0.946	0.975	0.992	0.998	1.000	1.000	1.000	0.998	0.992	0.975	0.946

从表 5-17-1 中可以看出,亥姆霍兹线圈轴线上两个线圈中心之间可看成均匀磁场。在生产和科学研究中往往需要把样品放在均匀磁场上进行测试,因此当所需的磁场不太强时,使用亥姆霍兹线圈是比较方便的。

在亥姆霍兹线圈的轴线上,分别测量直流电流通过单个圆线圈,即左线圈 a 和右线圈 b 时产生的磁场的磁感应强度 B_a 和 B_b,再测量将两个线圈串联起来组成的亥姆霍兹线圈产生的磁场的磁感应强度 B_{a+b},由实验数据来验证磁场叠加原理。

改变左、右线圈间的距离,分别使线圈中心间距 $l>R$ 和 $l<R$,重复上述过程。

【实验内容与步骤】

1. 实验内容

(1) 熟练掌握用霍尔效应测量磁感应强度的原理。

(2) 测量单个圆线圈轴线上磁场的分布。

(3) 测量亥姆霍兹线圈轴线上磁场的分布。

(4) 验证磁场叠加原理。

2. 实验步骤

(1) 将线圈 a(左线圈)、b(右线圈)构成亥姆霍兹线圈,记亥姆霍兹线圈轴线中点为坐标原点,此时 $x=0$。对线圈 a 单独通电,确保磁场方向向右。从线圈 a 左侧距离中心 -50 mm(此时 $x=-100$ mm)处开始计数。调节测试仪工作电流 I_S 和励磁电流 I_M 旋钮,分别固定在某一值,如 8.00 mA 和800 mA。改变 I_M 和 I_S 的极性,记录此时的 U_H 值。向右移动二维移动座直到 $x=100$ mm,每隔 10 mm(或者其他数据)记录一次 U_H 值于表 5-17-2 中。

(2) 对线圈 b 单独通电,确保磁场方向向右。霍尔元件位于线圈 b 左侧 50 mm 处时记 $x=0$。从线圈 b 左侧 -150 mm(此时 $x=-100$ mm)处开始计数,调节测试仪工作电流 I_S 和励磁电流 I_M 旋钮,分别固定在某一值,如 8.00 mA 和 800 mA。重复上述步骤,将实验数据记在表 5-17-3 中。

(3) 在测量亥姆霍兹线圈磁场分布之前,应先测量 a、b 两个单线圈在相同的励磁电流 I_M 下的磁场的磁感应强度 B_a 和 B_b。测量方法同上,可分别得到两组数据——B_a 和 B_b 的值。然后再测量两个线圈串联后在相同的励磁电流 I_M 下的磁场分布,将数据记在表 5-17-4 中。

【数据记录和处理】

表 5-17-2　线圈 a(左线圈) 测量 U_H-x 关系

$I_M = 800$ mA, $I_S = 8.00$ mA

x/mm	U_1/mV	U_2/mV	U_3/mV	U_4/mV	$U_H = \dfrac{U_1 - U_2 + U_3 - U_4}{4}$/mV
	$+I_M, +I_S$	$-I_M, +I_S$	$-I_M, -I_S$	$+I_M, -I_S$	
−100					
−80					
−60					
−40					
−20					
0					
20					
40					
60					
80					
100					

根据表 5-17-2 中的数据描绘 U_H-x 关系曲线，由灵敏度 $K_H = 166.42$ mV/(mA · T) 和 $U_H = K_H I_S B$ 计算出对应的 B_a 值，记录在表 5-17-5 中。

表 5-17-3　线圈 b(右线圈) 测量 U_H-x 关系

$I_M = 800$ mA, $I_S = 8.00$ mA

x/mm	U_1/mV	U_2/mV	U_3/mV	U_4/mV	$U_H = \dfrac{U_1 - U_2 + U_3 - U_4}{4}$/mV
	$+I_M, +I_S$	$-I_M, +I_S$	$-I_M, -I_S$	$+I_M, -I_S$	
−100					
−80					
−60					
−40					
−20					
0					
20					
40					
60					
80					
100					

根据表 5-17-3 中的数据描绘 U_H-x 关系曲线，由灵敏度 $K_H = 166.42$ mV/(mA · T) 和

$U_H = K_H I_S B$ 计算出对应的 B_b 值,记录在表 5-17-5 中。

表 5-17-4　线圈 a、b(左、右线圈)串联时 U_H-x 关系

$I_M = 800$ mA,$I_S = 8.00$ mA

x/mm	U_1/mV	U_2/mV	U_3/mV	U_4/mV	$U_H = \frac{U_1 - U_2 + U_3 - U_4}{4}$ /mV
	$+I_M, +I_S$	$-I_M, +I_S$	$-I_M, -I_S$	$+I_M, -I_S$	
−100					
−80					
−60					
−40					
−20					
0					
20					
40					
60					
80					
100					

根据表 5-17-4 中的数据描绘 U_H-x 关系曲线,由灵敏度 $K_H = 166.42$ mV/(mA · T) 和 $U_H = K_H I_S B$ 计算出对应的 B_{a+b} 值,记录在表 5-17-5 中。

表 5-17-5　$l = R$ 时线圈轴线上磁场的分布

$I_M = 800$ mA,$I_S = 8.00$ mA

x/mm	−100	−80	−60	−40	−20	0	20	40	60	80	100
B_a											
B_b											
$B_a + B_b$											
B_{a+b}											

根据表 5-17-5 中的数据,验证磁场叠加原理。在同一坐标纸上同时描绘 B_a-x、B_b-x、($B_a + B_b$)-x 和 B_{a+b}-x 曲线。同理,可分别设计测量 $l > R$ 和 $l < R$ 条件下两组线圈的磁场分布。

【分析与思考】

(1) 实验产生误差的主要原因是什么?

(2) 该实验是否验证了磁场叠加原理?如果是,请简述原因。

磁场分布测量　　核磁共振测磁场

实验十八　巨磁电阻效应实验

巨磁电阻
效应实验

【实验背景及应用】

2007 年，诺贝尔物理学奖授予了巨磁电阻（giant magnetoresistance，GMR）效应的发现者——法国物理学家阿尔贝·费尔和德国物理学家彼得·格林贝格尔。巨磁电阻效应的发现打开了一扇通向新技术世界的大门。

兰州重离子
研究装置

巨磁电阻作为自旋电子学的开端具有深远的科学意义。传统的电子学是以电子的电荷移动为基础的，电子自旋往往被忽略了。巨磁电阻效应表明，电子自旋对于电流的影响非常强烈，电子的电荷与自旋两者都可能载运信息。自旋电子学的研究和发展，引发了电子技术与信息技术的一场新的革命。

目前，巨磁电阻效应广泛应用在计算机、音乐播放器等各类数码电子产品所装备的硬盘磁头中。利用巨磁电阻效应制成的多种传感器，广泛应用于各种测量和控制领域。此外，在单晶、多晶等多种形态的钙钛矿结构的稀土锰酸盐以及一些磁性半导体中，都发现了巨磁电阻效应。

北京正负电子
对撞机

【实验教学目标】

1. 知识目标

理解磁阻效应的定义和产生机理，掌握测量磁阻的方法和对实验数据进行分段拟合的处理方法。

2. 能力目标

培养学生独立思考，发现问题、分析问题、解决问题和学以致用的能力。

3. 价值目标

培养学生追求真理、勇于探索的科学精神，激发学生科技报国的家国情怀和科技强国的使命担当，帮助学生树立正确的世界观、人生观和价值观。

【实验仪器】

实验电源，电源及电流电压测试仪，双刀双掷开关盒，导轨，螺线管，巨磁电阻传感器模块等。

【实验原理】

根据导电的微观机理，电子在导电时并不是沿电场线方向直线前进，而是不断和晶格中的原子产生碰撞（又称散射），每次散射后电子都会改变运动方向，总的运动是电场对电子的定向加速与这种无规则散射运动的叠加。称电子在两次散射之间经过的平均路程为平均自由程。电子散射概率小，则平均自由程长，电阻率低。电阻定律 $R=\rho l/S$ 中，把电阻率 ρ 视为常数，与材料的几何尺度无关，这是因为通常材料的几何尺度远大于电子的平均自由程，可以忽略边界效应。当材料的几何尺度小到纳米量级,即只有几个原子的厚度时,电子在边界上的散射概率大大增加,此时可以明显观察到厚度减小、电阻率增大的现象。

电子除携带电荷外,还具有自旋特性,自旋磁矩有平行或反平行于外磁场两种可能取向。早在 1936 年,英国物理学家、诺贝尔奖获得者莫脱便指出:在过渡金属中,自旋磁矩与材料的磁场方向平行的电子,散射概率远小于自旋磁矩与材料的磁场方向反平行的电子。总电流是两类自旋电流之和;总电阻是两类自旋电流的并联电阻,这就是两电流模型。

巨磁电阻效应可以简单地用两电流模型来理解。最简单的模型为两层铁磁金属层中夹一层非磁金属层,如图 5-18-1 所示。

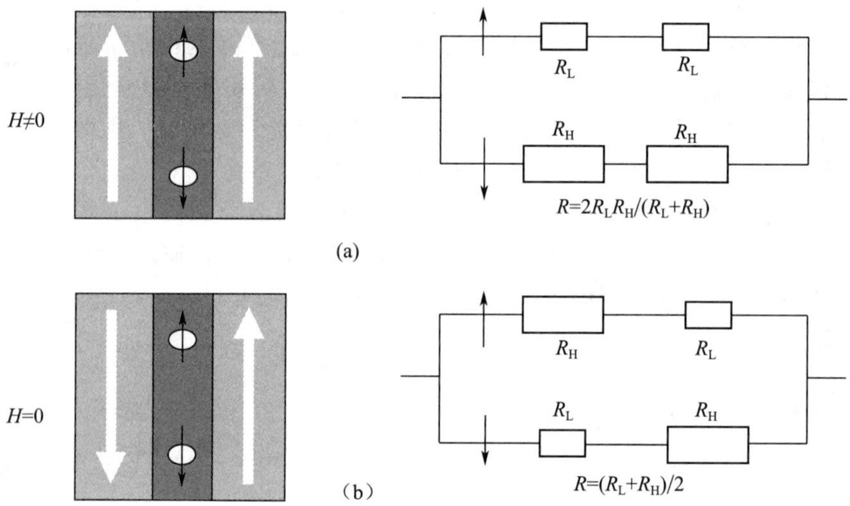

图 5-18-1 巨磁电阻效应器件结构示意图和两电流模型

两层铁磁金属层的矫顽力不同,因此在外加磁场作用下,两层铁磁金属层的磁矩将出现平行排列和反平行排列两种状态。

先考虑磁矩平行排列的情况,如图 5-18-1(a) 所示,铁磁金属层磁矩都向上,电子自旋方向与磁矩方向一致,即图中自旋向上的电子将在界面受到铁磁金属层较小的散射;而自旋方向与磁矩方向不一致,即图中自旋向下的电子将在铁磁金属层和非磁金属层的界面处受到铁磁金属层较大的散射。将自旋向上的电子和自旋向下的电子形成的电流区分开来,得到的是并联的电流,自旋向上的电子在两界面都经历低阻态,电阻为 $2R_L$;而自旋向下的电子在两个界面都经历高阻态,电阻为 $2R_H$。通过并联电阻的计算方法,可得到总电阻为 $2R_LR_H/(R_L+R_H)$。

若两层铁磁金属层的磁矩反平行排列,如图 5-18-1(b) 所示,那么不管是自旋向上的电子还是自旋向下的电子,在界面处都将经历一个低阻态(自旋方向与铁磁金属层磁矩方向平行的界面) 和一个高阻态(自旋方向与铁磁金属层磁矩方向反平行的界面),从而其电阻都是 R_L+R_H,总电阻为 $(R_L+R_H)/2$,大于或等于磁矩平行排列的情况。

因此磁电阻为

$$\mathrm{MR}=\frac{\Delta R}{R}=\frac{R_{平行}-R_{反平行}}{R_{反平行}}=\frac{\dfrac{2R_LR_H}{R_L+R_H}-\dfrac{R_L+R_H}{2}}{\dfrac{R_L+R_H}{2}}=-\frac{(R_H-R_L)^2}{2(R_L+R_H)^2}$$

【实验内容与步骤】

1. 实验内容

(1) 理解磁阻效应的定义和产生机理。

(2) 测量巨磁电阻传感器的特性。

(3) 测量磁阻。

2. 实验步骤

(1) 按图 5-18-2 所示接线，将巨磁电阻传感器置于螺线管轴线中心。

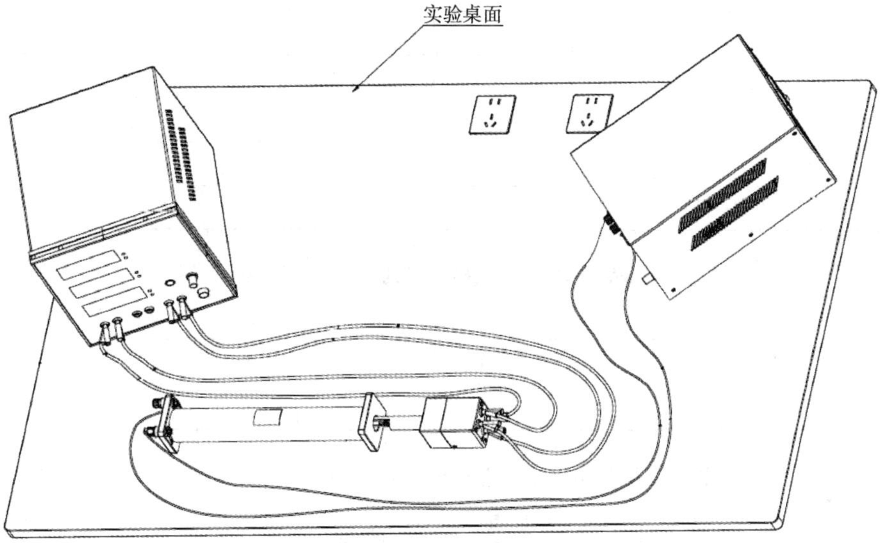

图 5-18-2　巨磁电阻传感器输出特性测量接线图

(2) 固定传感器的工作电压 $U_S = 4.00$ V，调节励磁电流 I_M 的大小和方向，在减小磁场和增大磁场两种情况下，测量巨磁电阻传感器的输出电压 U_{out}。

(3) 固定励磁电流 I_M，调节工作电压 U_S 的大小，测量巨磁电阻传感器的输出电压。

【数据记录和处理】

将所得数据填入表 5-18-1 和表 5-18-2 中。

表 5-18-1　巨磁电磁的 U_{out}-B 关系

$U_S = 4.00$ V

I_M/mA	$B/(10^{-4}$ T)	U_{out}/mV		I_M/mA	$B/(10^{-4}$ T)	U_{out}/mV	
		减小磁场	增大磁场			减小磁场	增大磁场
500				−10			
300				−20			
200				−30			
150				−40			

续表

I_M/mA	$B/(10^{-4}\ T)$	U_{out}/mV		I_M/mA	$B/(10^{-4}\ T)$	U_{out}/mV	
		减小磁场	增大磁场			减小磁场	增大磁场
100				−50			
90				−60			
80				−70			
70				−80			
60				−90			
50				−100			
40				−150			
30				−200			
20				−300			
10				−500			
0							

表 5-18-2　巨磁电阻的 U_{out}-U_S 关系

$I_M = 70$ mA

U_S/V	0	1.00	2.00	3.00	4.00	5.00	6.00
U_{out}/mV							

根据表 5-18-1 作减小磁场和增大磁场两种情况下的 U_{out}-B 关系曲线，在线性范围内测量巨磁电阻传感器的输出灵敏度 S_G。根据表 5-18-2 作 U_{out}-U_S 关系曲线，确认两者之间的变化规律。

【分析与思考】

(1) 不同材料的磁阻效应规律是否一样?

(2) 该实验有哪些可以改进的地方?

(3) 分析实验中可能产生的误差。

实验十九　法拉第磁光效应实验

【实验背景及应用】

法拉第磁光效应实验

外加磁场作用所引起材料的光学各向异性称为磁光效应。1845 年，法拉第在探索电磁现象和光学现象之间的联系时发现：当一束平面偏振光穿过非旋光介质时，如果给介质沿光的传播方向加上磁场，就会观察到光经过介质后偏振面转过一定角度(即磁场使介质具有了旋光性)的现象，这种现象称为法拉第磁光效应。

利用法拉第磁光效应制作的法拉第旋光器广泛应用于各种激光系统，如光开关、磁光调制器、磁光隔离器等，可以有效避免反射光造成的光学损伤和系统的不稳定。例如，在激光打靶核聚变实验中，需要多级光放大来获得高功率密度的定向强光束，使用磁光效应隔离器可以避免前后级之间因端面反射引起的光束反馈振荡自激。

磁光调制是利用某些晶体的磁光效应，对光信号进行调制，使光信号的振幅随着调制信号的变化而变化，实现把调制信号加载到光信号上的过程。通过测量光束经过某种物质时偏振面的旋转角度来检测物质的活性，在光电检测、光通信、光显示、生物和化学以及生命科学等领域有着广泛的应用，如物质的纯度控制、糖分测定，不对称合成化合物的纯度测定，制药业中的产物分析和纯度检测，医疗和生化中酶作用的研究，生命科学中核糖和核酸的研究以及生命物质中左旋氨基酸的测量，人体血液中或尿液中糖分的测定等。

【实验教学目标】

1. 知识目标

(1) 了解磁光调制实验原理。

(2) 研究磁场与光场相互作用的物理过程。

2. 能力目标

(1) 测量磁光效应的旋光特性和调制特性。

(2) 了解磁光效应在各个专业领域的应用。

3. 价值目标

(1) 通过了解法拉第发现磁光效应的过程，明确把握科学前沿信息和使用新式实验设备的重要性。

(2) 将先进的哲学思想与前沿的科学思想结合，探索创新的本质。

(3) 学习法拉第坚定的毅力和百折不挠的精神，明确坚持科学本质问题的重要性。

【实验仪器】

磁光调制器系统结构由两大单元组成，如图 5-19-1 所示。

由半导体激光器、起偏器、带调制线圈的磁光介质(铽玻璃)、检偏器、光电传感器和直流励磁的电磁铁组装在精密光具座上，组成磁光调制器的光路系统。铽玻璃与重火石玻璃是磁光效应相差悬殊的两种介质，后者因韦尔代常数甚小而必须置于电磁铁的励磁线圈中，才能显著地呈现出磁光调制现象。

铽属于重稀土元素，在地壳中的含量很低，主要存在于高钇离子型重稀土矿中。金属铽是一种银白色金属，有延展性，质软，能用小刀切割，在空气中很稳定，氧化膜略带淡黄色。由于在总稀土含量中所占比例很小，铽算得上是稀土中的“贵族”。重火石玻璃是一种非晶态玻璃，其主要成分是二氧化硅、氧化铝和碱金属氧化物。相对于轻火石玻璃，它的密度较大，硬度高，抗热性能好。

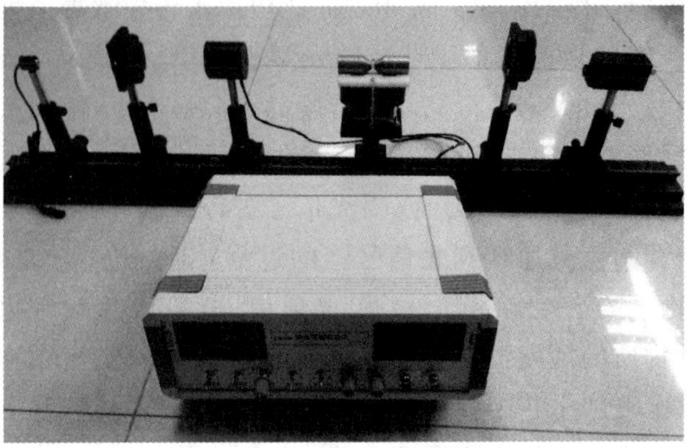

图 5-19-1　磁光调制器系统结构

【实验原理】

1. 磁光效应

当平面偏振光穿透某种介质时，若在沿平行于光的传播方向上施加一磁场，光的偏振面会发生旋转，其旋转角 θ 正比于外加磁场的磁感应强度大小 B，即

$$\theta = VlB \tag{5-19-1}$$

称为法拉第效应，也称为磁致旋光效应或磁光效应。式中，l 为光波在介质中的路径；V 为表征磁光效应特征的比例系数，称为韦尔代常数。由于磁致旋光的偏振方向会使反射光引起的旋转角加倍，而与光的传播方向无关，利用这一特性在激光技术中可制成具有光调制、光开关、光隔离、光偏转等功能的磁光器件，其中磁光调制是最典型的一种。

如图 5-19-2 所示，在磁光介质的外围加一个励磁线圈就构成了基本的磁光调制器件。

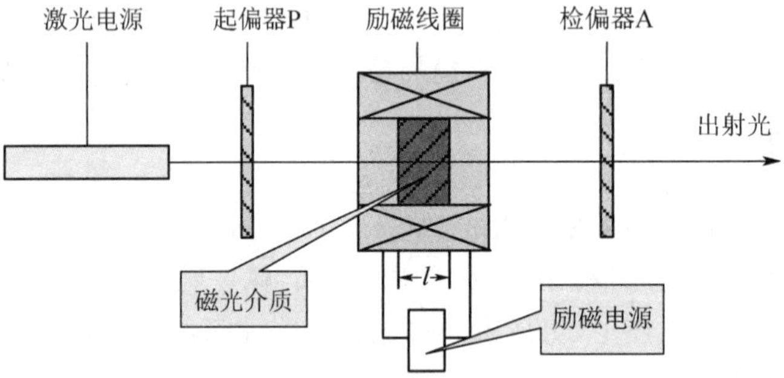

图 5-19-2　磁光效应示意图

2. 直流磁光调制

当线偏振光平行于外磁场入射磁光介质的表面时，偏振光的光强 I 可以分解成如图 5-19-3 所示的左旋圆偏振光 I_L 和右旋圆偏振光 I_R(两者旋转方向相反)。由于介质对两者具有不同的折射率 n_L 和 n_R，当它们穿过厚度为 l 的介质后产生不同的相位差，体现在角位移上有

$$\theta_L = \frac{2\pi}{\lambda} n_L l$$

$$\theta_R = \frac{2\pi}{\lambda} n_R l$$

式中，λ 为光波的波长。因 $\theta_L - \theta = \theta_R + \theta$，即

$$\theta = \frac{1}{2}(\theta_L - \theta_R) = \frac{\pi}{\lambda}(n_L - n_R) \times l \tag{5-19-2}$$

折射率之差($n_L - n_R$)正比于磁感应强度 B，其中磁感应强度与线圈匝数等因素有关，通过式(5-19-1)，由 θ 值与测得的 B 与 l，可求出韦尔代常数 V。

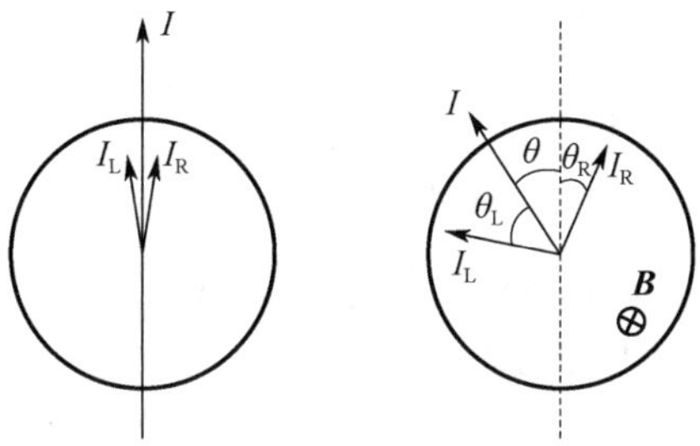

图 5-19-3　入射光偏振面的旋转移动

3. 交流磁光调制

用交流电信号对励磁线圈进行激励，使其对介质产生一交变磁场，就组成了交流(信号)磁光调制器(此时的励磁线圈称为调制线圈)。在线圈未通电流且不计光损耗的情况下，设起偏器 P 的线偏振光的振幅为 A_0，则 A_0 可分解为 $A_0\cos\alpha$ 及 $A_0\sin\alpha$ 两个垂直分量，其中只有平行于检偏器 A 平面的 $A_0\cos\alpha$ 分量才能通过检偏器，故输出光强为

$$I = (A_0\cos\alpha)^2 = A_0^2\cos^2\alpha$$

式中，$I_0 = A_0^2$ 为其光强幅值，α 为起偏器 P 与检偏器 A 主截面之间的夹角。当线圈通以交流电信号 $i = i_0\sin\omega t$ 时，设调制线圈产生的磁场的磁感应强度为 $B = B_0\sin\omega t$，则介质相应地会产生旋转角 $\theta = \theta_0\sin\omega t$，故从检偏器输出的光的光强为

$$I = I_0\cos^2(\alpha + \theta) = \frac{I_0}{2}[1 + \cos 2(\alpha + \theta)] = \frac{I_0}{2}[1 + \cos 2(\alpha + \theta_0\sin\omega t)] \tag{5-19-3}$$

式中，$\theta_0\sin\omega t$ 是交变法拉第旋转角 θ 的幅度，称为调制幅度。由式(5-19-3)可知，当 α 一定时，输入光强 I 仅随 θ 变化，而 θ 是受磁感应强度为 B 的磁场控制的，因此 I 随 B 而变化，这就是光强的磁光调制。显然，由于交变磁场引起的法拉第旋转，输出光强幅度变化(磁光调制幅度)为

$$I_0\cos^2(\alpha - \theta_0) - I_0\cos^2(\alpha + \theta_0) = I_0\sin 2\alpha \cdot \sin 2\theta_0 \tag{5-19-4}$$

由式(5-19-4)可知，当 θ_0 为定值时，磁光调制幅度随 α 而变化。当 $\alpha = 45°$ 时，磁光调制幅度最大[见图 5-19-4(a)]。此时，由式(5-19-3)得

$$I(45° + \theta) = \frac{I_0}{2}(1 - \sin 2\theta) \tag{5-19-5}$$

I 随 θ 做正弦变化。

(1) 当 $\alpha = 45°$ 时，$\theta_0 = 45°$，磁光调制幅度最大。由式(5-19-5)可以看出，当 $\theta_0 > 45°$ 时，调制波形将产生畸变。

(2) 当 $\alpha \neq 45°$ 时，I 不仅与 θ 有关，而且与 α 的变化有关，因此调制波形及其幅度将随起偏器和检偏器的夹角 α 的变化而变化。$\theta_0 < 45°$ 也会引起调制波形的畸变，如图 5-19-4(b)、(c)

所示。

(3) 当 $\alpha = 90^\circ$,即两个偏振器处于正交位置时,输出光强为

$$I(90^\circ + \theta) = I_0 \cos^2(90^\circ + \theta) = \frac{I_0}{2}(1 - \cos 2\theta) \tag{5-19-6}$$

此时,I 是 θ 的偶函数,输出光强仅与 θ 的大小有关,即与交变磁场的磁感应强度大小 B 有关,与磁场的方向无关。显然,此时输出调制信号的频率是输入调制信号频率的两倍[见图 5-19-4(d)]。由此可见,当用如图 5-19-1 所示的测量装置检测出倍频信号时,即可确定两个偏振器处于正交(消光)位置。

(4) 当 $\alpha = 0^\circ$ 时,输出光强为

$$I(\theta) = I_0 \cos^2\theta = \frac{I_0}{2}(1 + \cos 2\theta) \tag{5-19-7}$$

输出光强 I 的变化情况与 $\alpha = 90^\circ$ 时类似。从式(5-19-6)、式(5-19-7)可以看出,在 $\alpha = 0^\circ$、90° 情况下,磁光调制(倍频信号)幅度随 θ 的增大而增大,而 $\theta_0 = 90^\circ$ 时,其幅度最大。

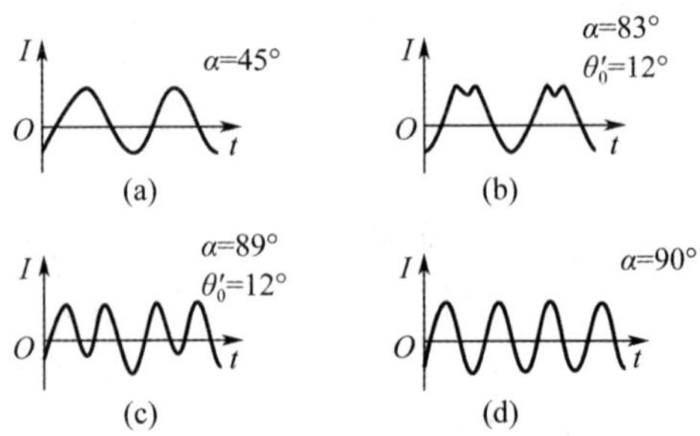

图 5-19-4 磁光调制时的波形

4. 磁光调制的基本参量

磁光调制时,其性能主要由以下两个基本参量来描述。

(1) 调制深度 η。

$$\eta = \frac{I_{\max} - I_{\min}}{I_{\max} + I_{\min}} \tag{5-19-8}$$

式中,$I_{\max}$ 和 $I_{\min}$ 分别为调制输出光强的最大值和最小值。在 $0 \leqslant \alpha + \theta \leqslant \frac{\pi}{2}$ 的条件下,由式(5-19-3)得到在 $\mp\theta$ 时的输出光强分别为

$$\begin{aligned} I_{\max} &= \frac{I_0}{2}[1 + \cos 2(\alpha - \theta)] \\ I_{\min} &= \frac{I_0}{2}[1 + \cos 2(\alpha + \theta)] \end{aligned} \tag{5-19-9}$$

(2) 调制角幅度 θ_0。

令 $I_A = I_{\max} - I_{\min}$ 为光强调制幅度,将式(5-19-9)代入并化简得

$$I_A = I_0 \sin 2\alpha \sin 2\theta \tag{5-19-10}$$

由此可见,若起偏器与检偏器主截面之间的夹角 $\alpha = 45^\circ$,则调制幅度可达 $I_{\max} = I_0 \sin 2\theta$,此时调制输出的极值光强为

$$\begin{cases} I_{max} = \dfrac{I_0}{2}(1 + \sin 2\theta) \\ I_{min} = \dfrac{I_0}{2}(1 - \sin 2\theta) \end{cases} \tag{5-19-11}$$

将式(5-19-11)代入式(5-19-8)，得 $\alpha = 45°$ 时的调制深度和调制角幅度分别为

$$\eta = \sin 2\theta$$

$$\theta = \theta_0 = \frac{1}{2}\arcsin\frac{I_{max} - I_{min}}{I_{max} + I_{min}} \tag{5-19-12}$$

【实验内容与步骤】

1. 实验准备

(1) 在光具座两端各放置激光器和光电传感器。

(2) 光路准直。

① 打开激光器电源，调整光具座使激光器光源输出口高度与光电传感器中心同高，此时激光器头部保持固定。

② 调节光电传感器的位置使光强指示最大，读数应在“5”左右，此后激光器与接收器的位置不宜再动。

2. 交流磁光调制实验

(1) 观察交流磁光调制现象。

① 光路准直后，插入起偏器、检偏器，调节起偏器，使光强指示器接近 0(达到最小)，表示检偏器与起偏器的光轴处于正交状态，记下起偏器的角度。再将起偏器旋转 45°，即 $\alpha = 45°$，使两个偏振面在此夹角下的调制幅度达最大 $I_{max} = I_0 \sin 2\theta$。

② 用所提供的 BNC 线分别将“调制监视”与“解调监视”插座与双踪示波器的 CH1 和 CH2 相连，打开调制信号开关，在示波器上可同时观察到调制波形与解调输出波形。

③ 将调制线圈插入光具座后对准中心，使激光束正射透过。调节检偏器，使接收光强接近于 0(达到最小)。为了增加倍频时信号的显示幅度，方便观察倍频信号，先将调制幅度和解调幅度调至最大，微调检偏器，此时从示波器中观察应出现倍频现象，即解调信号频率是调制信号频率的两倍。调节检偏器的过程中，若出现解调信号饱和的现象，则是调制信号幅度过大所致，属于正常现象。

④ 减小调制幅度，观察减小调制幅度后对波形的影响。

(2) 测量调制深度与调制角幅度。

将调制幅度旋钮确定于某一位置，当示波器中显示出解调波形时，调节检偏器偏角，读出波形曲线上相应的光强信号的最大值 I_{max}(波形不失真的情况下的最大光强）和最小值 I_{min}(I_{min} 即为倍频状态时的光强)，代入式(5-19-8)和式(5-19-12)，计算出调制深度 η 和调制角幅度 θ_0。

3. 直流磁光调制实验

观察直流磁光调制现象，并测量直流磁场对磁光介质的影响。

(1) 在交流磁光调制倍频状态下，将插有重火石玻璃的励磁电磁铁(见图 5-19-5)置于光具座上的检偏器前。注意在进行操作之前要先确认励磁开关处于关闭状态且励磁强度旋扭逆

时针旋到底，防止磁铁突然吸引磁轭(放置在磁体回路或两磁极中心，引导磁场线通过以减少磁通量损失的高磁导率材料，一般为软磁铁、纯铁或低碳钢)导致重火石玻璃破裂，另外实验完成后取下重火石玻璃时要先关闭励磁开关。操作时一定要小心，不要损坏重火石玻璃。

(2) 将励磁强度置于 0，此时仍能观察到倍频现象。此步骤后，光电接收器前的检偏器的粗调盘不得再转动，记录检偏器角度 θ_1。

图 5-19-5 励磁电磁铁及重火石玻璃

(3) 开启直流励磁开关，适当增加励磁强度，使励磁线圈通以直流电流 I_{DC}，此时原来的倍频现象消失。再微调检偏器，使光强读数接近于 0，重新出现倍频现象，记下此时检偏器读数 θ_2，差值 $|\theta_2 - \theta_1|$ 即为偏振面的旋转角 θ。

(4) 均匀改变直流电流的大小(由励磁电流表读出)，测出相应的偏振面的旋转角 θ，将结果记入表 5-19-1，画出 θ-B (I_{DC})(B 可以通过拟合预先知道的电流与磁感应强度的对应关系得到，采用高斯计标定，每台仪器测量一次标定后作为已知数据使用)的关系曲线。为了克服起始段过弱的调制效应，可调节起偏器(或检偏器)的旋转角，使其适当偏离正交状态后，再开始作 θ-B (I_{DC}) 关系曲线。

(5) l 为光波在磁光介质重火石玻璃中的路径(参考值为 30 mm)，根据 $\theta = VlB$，可计算出重火石玻璃的韦尔代常数 V。

4. 光通信实验

在倍频实验的基础上，保持光路组件位置不变，将“音频输入”开关拨到“开”，即可使扬声器播放音乐。改变偏压(调节幅度调节旋钮)或旋转检偏器，试听扬声器音量与音质的变化。用不透光物体遮住激光光线，声音消失，说明音频信号是调制在激光上的，从而验证光通信。

【数据记录和处理】

(1) 根据交流磁光调制实验测量数据光强信号的最大值 I_{max} 和最小值 I_{min}，代入式(5-19-8)和式(5-19-12)，计算出调制深度 η 和调制角幅度 θ_0。

(2) 将直流磁光调制实验测量数据记入表 5-19-1，并画出 θ-B (I_{DC}) 关系曲线。

表 5-19-1 数据记录表

$\theta_1 =$ ________

励磁电流 /A	0.2	0.4	0.6	0.8	1.0
磁感应强度 B/mT	28.9	54.7	83	113.3	144
θ_2/(′)					
旋转角 θ/(′)					

(3) 根据 $\theta = VlB$，使用最小二乘法拟合直线，求出重火石玻璃的韦尔代常数 V。参考公式为

$$y = kx + b$$

$$k = \frac{\overline{xy} - \bar{x} \cdot \bar{y}}{\overline{x^2} - \bar{x}^2}$$

【注意事项】

(1) 调节过程中应避免激光直射人眼，以免对眼睛造成损害。

(2) 禁止用手触摸光学元件的透光表面。

(3) 在把重火石玻璃放入两磁轭时，一定要小心，最好双手一起拿，防止重火石玻璃断裂。在把磁轭和重火石玻璃放到直流励磁电磁铁上前，要先确认励磁开关处于关闭状态，防止磁铁突然吸引磁轭导致重火石玻璃破裂。实验完成后取下重火石玻璃前，要先关闭励磁开关。

(4) 不要打开磁光调制器的外壳，防止其中的铽玻璃掉落。

(5) 做实验时，不要长时间打开直流励磁电磁铁的开关，尤其是大电流状态时。需要做直流调制实验，并记录数据时再打开，防止长时间大电流烧毁电磁铁。

(6) 做完实验，检查励磁开关和调制开关是否处于关闭状态。如果长时间不记录数据，应该及时关闭调制开关和励磁开关，防止烧毁实验仪内部的功率放大器。

【分析与思考】

(1) 直流磁光调制实验为何在交流磁光调制倍频状态下进行？这样做有何好处？

(2) 直流电磁铁的剩磁现象会对实验数据带来一定程度的影响，请问实验过程中用什么方法可以消除剩磁现象？

实验二十　液晶电光效应综合实验

液晶电光效应
综合实验

【实验背景及应用】

液晶是介于液体与晶体之间的一种物质状态。一般的液体内部分子排列是无序的，而液晶既具有液体的流动性，其分子又按一定规律有序排列，使它呈现晶体的各向异性。当光通过液晶时，会产生偏振面旋转、双折射等效应。液晶分子是含有极性基团的极性分子，在电场作用下，偶极子会按电场方向取向，导致分子原有的排列方式发生变化，从而使液晶的光学性质也随之发生改变，这种因外电场引起的液晶光学性质的改变称为液晶的电光效应。

1888 年，奥地利植物学家莱尼茨尔(Reinitlzer) 在做有机物溶解实验时，在一定的温度范围内观察到了液晶。1961 年，美国无线电(RCA) 公司的海梅尔(Heimeier) 发现了液晶的一系列电光效应，并制成了显示器件。从 20 世纪 70 年代开始，日本公司将液晶与集成电路技术结合，制成了一系列液晶显示器件，并至今在这一领域保持领先地位。液晶显示器件由于具有驱动电压低(一般为几伏)、功耗极小、体积小、寿命长、环保无辐射等优点，在当今各种显示器件的竞争中独领风骚。

【实验教学目标】

1. 知识目标

(1) 在掌握液晶光开关的基本工作原理的基础上，测量液晶光开关的电光特性曲线，并由电光特性曲线得到液晶的阈值电压和关断电压。

(2) 测量驱动电压周期变化时，液晶光开关的时间响应曲线，并由时间响应曲线得到液晶的上升响应时间和下降响应时间。

(3) 测量由液晶光开关矩阵所构成的液晶显示器的视角特性以及在不同视角下的对比度，了解液晶光开关的工作条件。

2. 能力目标

了解液晶光开关构成图像矩阵的方法，学习和掌握这种矩阵所组成的液晶显示器构成文字和图形的显示模式，从而了解一般液晶显示器件的工作原理。

3. 价值目标

引导学生了解中国显示技术从落后到领先，从追赶到反超的崛起之路，激发学生对我国科技，尤其是显示技术发展的信心以及投身显示科技研究领域的动力。

【实验仪器】

液晶光开关电光特性综合实验仪，液晶片，示波器。

本实验所用仪器为液晶光开关电光特性综合实验仪，其外部结构如图 5-20-1 所示。下面简单介绍仪器各个按钮和按键的功能。

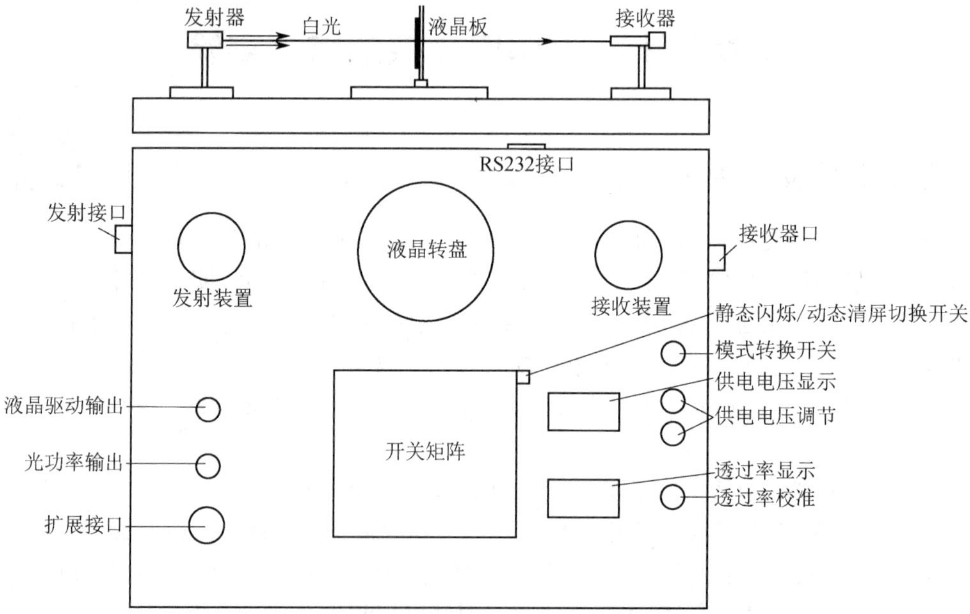

图 5-20-1 液晶光开关电光特性综合实验仪外部结构

模式转换开关：切换液晶的静态和动态(图像显示)两种工作模式。在静态时，所有液晶单元所加电压相同；在动态(图像显示)时，每个单元所加的电压由开关矩阵控制。同时，当开关处于静态时打开发射器，当开关处于动态时关闭发射器。

静态闪烁/动态清屏切换开关：当仪器工作在静态时，此开关可以切换到闪烁和静止两种方式；当仪器工作在动态时，此开关可以清除液晶屏幕因按动开关矩阵而产生的斑点。

供电电压显示：显示加在液晶板上的电压，范围为 0.00 ～ 7.60 V。

供电电压调节：改变加在液晶板上的电压，调节范围为 0.00 ～ 7.60 V。其中，单击“+”键（或“—”键），可以增大（或减小）0.01 V。按住“+”键（或“—”键）2 s 以上，可以快速增大（或减小）供电电压，但当电压大于或小于一定范围时需要单击按键才可以改变电压。

透过率显示：显示光透过液晶板后光强的相对百分比。

透过率校准：在接收器处于最大接收状态（供电电压为 0 V）时，如果显示值大于“250”，则按住该按键 3 s 可以将透过率校准为 100%；如果供电电压不为 0 V，或显示值小于“250”，则该按键无效，不能校准透过率。

液晶驱动输出：接存储示波器，显示液晶的驱动电压。

光功率输出：接存储示波器，显示液晶的时间响应曲线，可以根据此曲线得到液晶的上升响应时间和下降响应时间。

扩展接口：连接 LCDEO 信号适配器的接口，通过信号适配器可以使用普通示波器观测液晶光开关特性的响应时间曲线。

发射器：为仪器提供较强的光源。

液晶板：本实验仪器的测量样品。

接收器：将透过液晶板的光强信号转换为电压信号输入透过率显示表。

开关矩阵：此为 16 × 16 的按键矩阵，用于液晶的显示功能实验。

液晶转盘：承载液晶板一起转动，用于液晶的视角特性实验。

RS232 接口：只有微机型实验仪才可以使用RS232 接口，用于和计算机的串行端口进行通信。通过配套的软件，可以实现将软件设计的文字或图形送到液晶片上显示出来的功能。必须注意的是，只有当液晶实验仪模式开关处于动态的时候才能和计算机软件通信。具体操作见软件操作说明书。

【实验原理】

1. 液晶光开关的工作原理

液晶的种类很多，仅以常用的 TN（扭曲向列相）型液晶为例，说明其工作原理。

TN 型光开关的结构如图 5-20-2 所示。在两块玻璃板之间夹有正性向列相液晶，液晶分子的形状如同火柴一样，为棍状。棍的长度为十几埃（$1\ \text{Å} = 10^{-10}\ \text{m}$），直径为 4 ～ 6 Å，液晶层厚度一般为 5 ～ 8 μm。玻璃板的内表面涂有透明电极，电极的表面预先进行了定向处理（可用软绒布朝一个方向摩擦，也可在电极表面涂取向剂），这样，液晶分子在透明电极表面就会“躺倒”在摩擦所形成的微沟槽里；电极表面的液晶分子按一定方向排列，且上、下电极上的定向方向相互垂直。上、下电极之间的那些液晶分子因范德瓦尔斯力的作用，趋向于平行排列。然而由于上、下电极上液晶的定向方向相互垂直，所以从俯视方向看，液晶分子的排列从上电极沿 −45° 方向排列逐步地、均匀地扭曲到下电极沿 +45° 方向排列，整个扭曲了 90°，如图 5-20-2(a) 所示。

理论和实验都证明，上述均匀扭曲排列起来的结构具有光波导的性质，即偏振光从上电极表面透过扭曲排列起来的液晶传播到下电极表面时,偏振方向会旋转 90°。

取两张偏振片贴在玻璃的两面上,偏振片 P_1 的透光轴与上电极的定向方向相同,偏振片 P_2 的透光轴与下电极的定向方向相同,于是偏振片 P_1 和偏振片 P_2 的透光轴相互正交。

在未加驱动电压的情况下,来自光源的自然光经过偏振片 P_1 后只剩下平行于透光轴的线偏振光,该线偏振光到达输出面时,其偏振面旋转了 90°。这时光的偏振面与偏振片 P_2 的透光轴平行,因而有光通过。

在施加足够电压(一般为 1 ~ 2 V) 的情况下,在静电场的作用下,除了基片附近的液晶分子被基片"锚定"以外,其他液晶分子趋于平行于电场方向排列。于是原来的扭曲结构被破坏,变成了均匀结构,如图 5-20-2(b) 所示。从偏振片 P_1 透射出来的偏振光的偏振方向在液晶中传播时不再旋转,保持原来的偏振方向到达下电极。这时光的偏振方向与偏振片 P_2 的透光轴正交,因而光被关断。

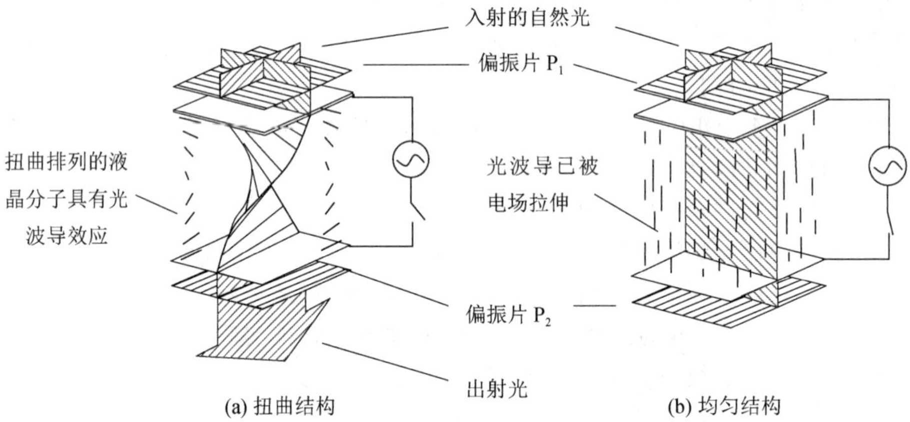

图 5-20-2 TN 型光开关的结构

由于上述光开关在没有电场的情况下让光透过,加上电场的时候光被关断,因此称为常通型光开关,又称为常白模式。若 P_1 和 P_2 的透光轴相互平行,则构成常黑模式。

液晶可分为热致液晶与溶致液晶。热致液晶在一定的温度范围内呈现液晶的光学各向异性,溶致液晶是溶质溶于溶剂中形成的液晶。目前,用于显示器件的都是热致液晶,它的特性随温度的改变而有一定变化。

2. 液晶光开关的电光特性

图 5-20-3 所示为光线垂直入射液晶面时所用液晶相对透射率(不加电场时的透射率为 100%) 与外加电压的关系。

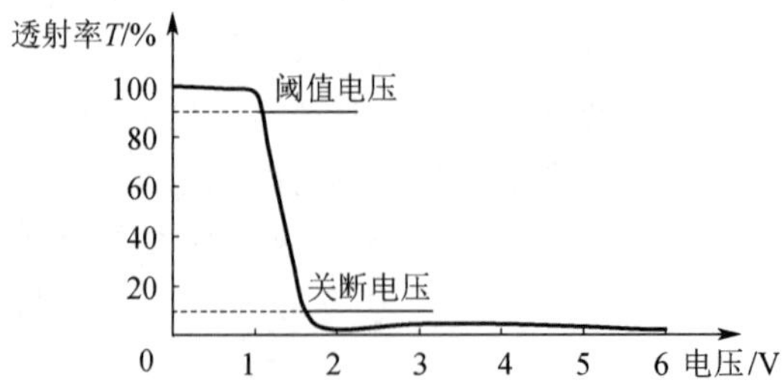

图 5-20-3 液晶光开关的电光特性曲线

由图 5-20-3 可见，对于常白模式的液晶，其透射率随外加电压的升高而逐渐降低，在一定电压下达到最低点，此后略有变化。可以根据此电光特性曲线得出液晶的阈值电压和关断电压。

阈值电压：透过率为 90% 时的驱动电压。

关断电压：透过率为 10% 时的驱动电压。

液晶的电光特性曲线越陡，即阈值电压与关断电压的差值越小，由液晶开关单元构成的显示器件允许的驱动路数就越多。TN 型液晶最多允许 16 路驱动，故常用于数码显示。在计算机、电视机等需要高分辨率的显示器件中，常采用 STN（超扭曲向列相）型液晶，以改善电光特性曲线的陡度，增加驱动路数。

3. 液晶光开关的时间响应特性

加上（或去掉）驱动电压能使液晶的开关状态发生改变，是因为液晶的分子序列发生了改变，这种重新排序需要一定时间，反映在时间响应曲线上，用上升响应时间 τ_r 和下降响应时间 τ_d 描述。给液晶开关加上一个如图 5-20-4(a) 所示的周期性变化的电压，就可以得到液晶的时间响应曲线，如图 5-20-4(b) 所示。

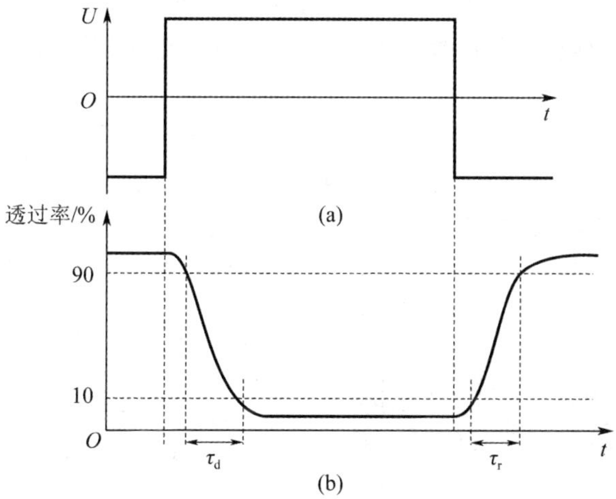

图 5-20-4　液晶驱动电压和时间响应曲线

上升响应时间：透过率由 10% 升到 90% 所需的时间。

下降响应时间：透过率由 90% 降到 10% 所需的时间。

液晶的响应时间越短，显示动态图像的效果越好，这是液晶显示器的重要指标。早期的液晶显示器在这方面逊色于其他显示器，现在通过结构方面的技术改进，已达到很好的效果。

4. 液晶光开关的视角特性

液晶光开关的视角特性表示对比度与视角的关系。对比度定义为光开关打开和关断时透射光的光强之比，对比度大于 5 时，可以获得令人满意的图像；对比度小于 2 时，图像就模糊不清了。

图 5-20-5 表示某种液晶视角特性的理论计算结果，用与原点的距离表示垂直视角（入射光线方向与液晶屏法线方向的夹角）的大小。图中 3 个同心圆分别表示垂直视角为 30°、60° 和 90° 的情况。90° 同心圆外面标注的数字表示水平视角（入射光线在液晶屏上的投影与 0° 方向

之间的夹角）的大小，闭合曲线为不同对比度时的等对比度曲线。

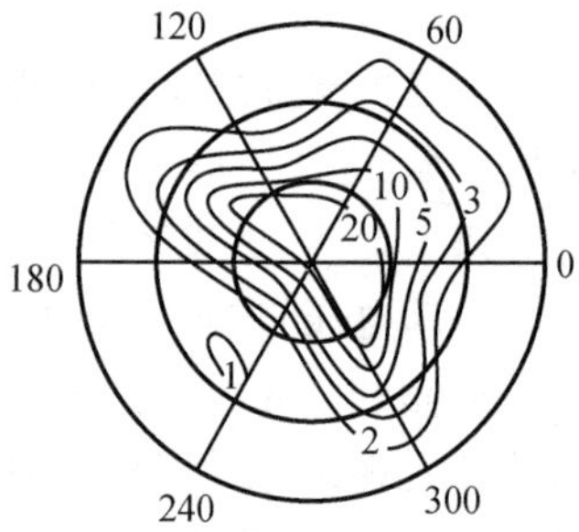

图 5-20-5　液晶的视角特性

由图 5-20-5 可以看出，液晶的对比度与垂直视角和水平视角都有关，而且具有非对称性。若把视角特性的液晶开关逆时针旋转，以 220° 方向向下，并由多个显示开关组成液晶显示屏，则该液晶显示屏的左、右视角特性对称，在左、右和俯视 3 个方向上，垂直视角接近 60° 时对比度为 5，观看效果较好。在仰视方向上，对比度随着垂直视角的加大迅速降低，观看效果差。

5. 液晶光开关构成图像显示矩阵的方法

除了液晶显示器外，其他显示器靠自身发光来实现信息显示功能。这些显示器主要有阴极射线管(CRT) 显示器、等离子体显示器(PDP)、电致发光显示(ELD) 器、发光二极管(LED) 显示器、有机发光二极管显示(OLED) 器、真空荧光显示(VFD) 器、场致发射显示(FED) 器。这些显示器因为要发光，所以要消耗大量的能量。

液晶显示器通过对外界光线的开关控制来完成信息显示任务，为非主动发光型显示器，其最大的优点在于能耗极低。正因为如此，液晶显示器在便携式装置的显示方面，如电子表、万用表、手机、传呼机等中具有不可代替的地位。下面来看如何利用液晶光开关来实现图形和图像的显示任务。

矩阵显示方式是把如图 5-20-6(a) 所示的横条形状的透明(ITO) 电极装在一块玻璃片上，称为行驱动电极，简称行电极(常用 Xi 表示)；而把竖条形状的电极装在另一块玻璃片上，称为列驱动电极，简称列电极(常用 Si 表示)。把这两块玻璃片面对面组合起来，把液晶灌注在这两块玻璃片之间构成液晶盒。为了画面简洁，通常将横条形状和竖条形状的 ITO 电极抽象为横线和竖线，分别代表扫描电极和信号电极，如图 5-20-6(b) 所示。

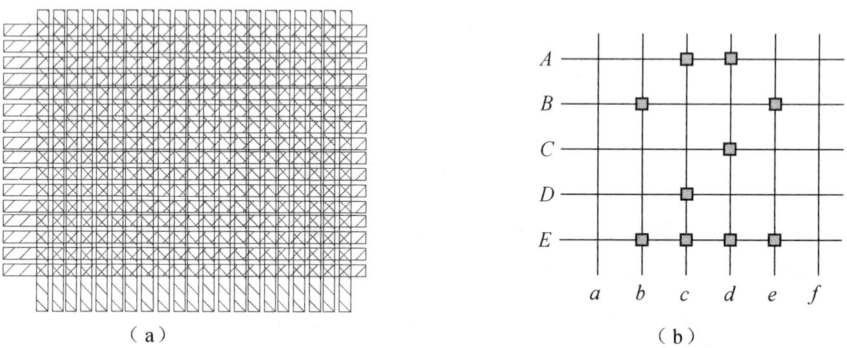

图 5-20-6　液晶光开关组成的矩阵式图形显示器

矩阵型显示器的工作方式为扫描方式。显示原理可依以下的简化说明进行介绍。

欲显示图 5-20-6(b) 所示的那些有方块的像素，首先在第 A 行加上高电平，其余行加上低电平，同时在列电极的对应电极 c、d 上加上低电平，于是第 A 行的那些带有方块的像素就被显示出来了。然后在第 B 行加上高电平，其余行加上低电平，同时在列电极的对应电极 b、e 上加上低电平，因而第 B 行的那些带有方块的像素被显示出来了。然后是第 C 行、第 D 行…… 以此类推，最后显示一整场的图像。这种工作方式称为扫描方式。

这种分时间扫描每一行的方式是平板显示器的共同的寻址方式，依据这种方式，可以让每一个液晶光开关按照其上的电压的幅值让外界光关断或通过，从而显示出任意文字、图形和图像。

【实验内容与步骤】

1. 实验内容

(1) 测量液晶的电光特性，从而得到液晶的阈值电压和关断电压。

(2) 测量液晶的时间响应特性，测量液晶的上升响应时间和下降响应时间。

(3) 测量液晶的视角特性(液晶板方向可以参照图 5-20-7)。

(4) 验证液晶的图像显示原理。

将液晶板金手指 1[见图 5-20-7(a)]插入转盘上的插槽，液晶凸起面必须正对光源发射方向。打开电源开关，点亮光源，使光源预热 10 min 左右。在正式进行实验前，首先需要检查仪器的初始状态，看发射器光线是否垂直入射到接收器上；在静态 0 V 供电电压条件下，查看透过率显示经校准后是不是“100％”。如果显示正确，则可以开始实验；如果显示不正确，指导教师可以将仪器调整好再让实验者进行实验。

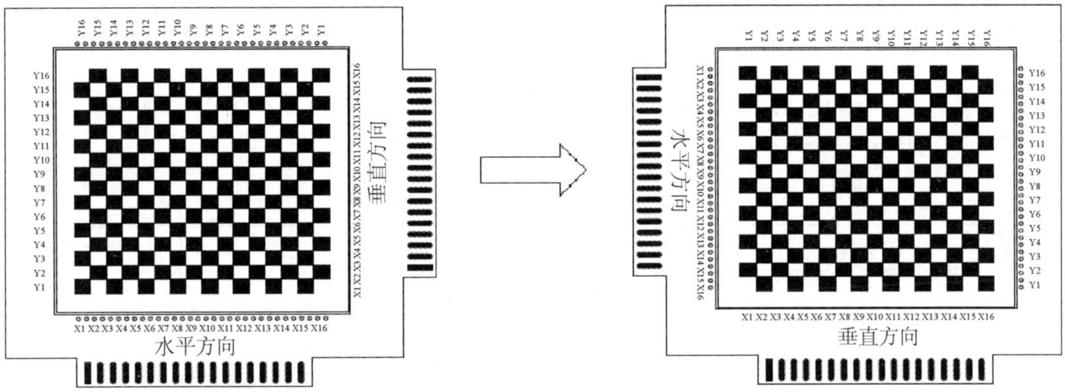

(a) 水平方向(金手指1)　　(b) 垂直方向(金手指2)

图 5-20-7　液晶板方向(视角为正视液晶屏凸起)

2. 液晶光开关电光特性测量

将模式转换开关置于静态模式，透过率显示校准为 100％，按表 5-20-1 中的数据改变电压，使电压值从 0.0 V 到 6.0 V 变化，记录相应电压下的透射率数值。重复 3 次并计算相应电压下透射率的平均值，依据实验数据绘制电光特性曲线，可以得出阈值电压和关断电压。

3. 液晶的时间响应的测量

将模式转换开关置于静态模式，透过率显示校准为 100％，然后将液晶供电电压调到 2.2 V。在液晶静态闪烁状态下，用存储示波器观察此光开关时间响应曲线，并在坐标纸上作出时间响应曲线。由时间响应曲线可以得到液晶的上升响应时间 τ_r 和下降响应时间 τ_d，将数据分别记入表 5-20-2 和表 5-20-3 中。

4. 液晶的视角特性实验

将模式转换开关置于静态模式，透过率显示校准为100%，以水平方向插入液晶板，在供电电压为0 V时，调节液晶屏与入射激光的角度，在每一角度下测量光强透过率的最大值 T_{max}。将供电电压设为2.2 V，再次调节液晶屏的角度，测量光强透过率的最小值 T_{min}，将数据记入表5-20-4中，并计算其对比度。

将液晶板以垂直方向插入插槽，按照与测量水平方向视角特性相同的方法，测量垂直方向视角特性，并将数据记入表5-20-5中。

5. 液晶显示器显示原理

将模式转换开关置于动态(图像显示)模式，液晶供电电压调为5 V左右。此时矩阵开关板上的每个按键位置对应一个液晶光开关像素。初始时，各像素都处于开通状态，按一次矩阵开关板上的某一按键，可改变相应液晶像素的通断状态，所以可以利用点阵输入关断(或点亮)对应的像素，使暗像素(或点亮像素)组合成一个字符或文字。以此让学生体会液晶显示器件显示图像和文字的工作原理。矩阵开关板右上角的按键为清屏键，用以清除已输入在显示屏上的图形。

实验完成后，关闭电源开关，取下液晶板妥善保存。

【数据记录和处理】

(1) 由表5-20-1作电光特性曲线，观察透过率变化情况和响应曲线情况，得到液晶的阈值电压和关断电压。

表 5-20-1 液晶光开关电光特性测量

电压/V		0.0	0.5	0.8	1.0	1.2	1.3	1.4	1.5	1.6	1.7	2.0	3.0	4.0	5.0	6.0
透射率/%	1															
	2															
	3															
	平均值															

(2) 由所作的开关时间响应曲线得到液晶的上升响应时间和下降响应时间。

表 5-20-2 上升响应时间

时间/ms									
透过率/%									

表 5-20-3 下降响应时间

时间/ms									
透过率/%									

(3) 由表5-20-4和表5-20-5的对比观察得到液晶的视角特性。

表 5-20-4　水平方向视角特性

正角度/(°)	0	5	10	15	20	25	30	35	40	45	50	55	60	65	70	75
T_{max}/%(0 V)																
T_{min}/%(2.2 V)																
T_{max}/T_{min}																
负角度/(°)	0	5	10	15	20	25	30	35	40	45	50	55	60	65	70	75
T_{max}/%(0 V)																
T_{min}/%(2.2 V)																
T_{max}/T_{min}																

由表 5-20-4 中的数据可以找出比较好的水平视角显示范围。

表 5-20-5　垂直方向视角特性

正角度/(°)	0	5	10	15	20	25	30	35	40	45	50	55	60	65	70	75
T_{max}/%(0 V)																
T_{min}/%(2.2 V)																
T_{max}/T_{min}																
负角度/(°)	0	5	10	15	20	25	30	35	40	45	50	55	60	65	70	75
T_{max}/%(0 V)																
T_{min}/%(2.2 V)																
T_{max}/T_{min}																

由表 5-20-5 中的数据可以找出比较好的垂直视角显示范围。

【注意事项】

(1) 禁止用光束照射他人眼睛或直视光束，以防损害眼睛。

(2) 在进行液晶视角特性实验，更换液晶板方向时，务必先断开总电源开关，否则会损坏液晶板。

(3) 液晶板凸起面必须要朝向光源发射方向，否则实验测得的数据为错误数据。

(4) 在校准透过率为 100% 时，如果透过率显示不稳定，则可能是光源预热时间不够，或光路没有对准，需要仔细检查，调节好光路。

(5) 在校准透过率为 100% 前，必须将液晶供电电压显示调到 0 V 或显示大于“250”，否则无法校准透过率为 100%。在实验中，当电压为 0 V 时，不要长时间按住“透过率校准”按钮，否则透过率显示将进入非工作状态，测得的数据为错误数据，需要重新进行测量。

【分析与思考】

(1) 液晶显示屏是通过液晶发光来实现信息显示的吗？

(2)“本实验中，如果入射到液晶片上的是自然光，那么出射的光也应该是自然光”，这个结论正确吗？

(3) 如果入射到液晶片上的光是线偏振光,会有什么现象?

液晶电光效应实验

实验二十一　LED 综合特性及应用实验

【实验背景及应用】

LED 综合特性及应用实验

1962 年,美国通用电气公司的尼克·何伦亚克发明了第一只发光二极管(light emitting diode,LED)。LED 早期主要作为指示灯使用。20 世纪 80 年代,LED 的亮度有了很大提高,开始广泛应用于各种大屏幕显示。1994 年,日本科学家中村秀二在氮化镓(GaN) 基片上研制出第一只蓝光 LED,1997 年诞生了蓝光芯片加荧光粉的白光 LED,使 LED 的发展和应用进入了全彩应用及普通照明阶段。

LED 是一种固态的半导体器件,它可以直接把电转化为光,具有体积小、耗电量低、易于控制、坚固耐用、寿命长、环保等优点。

【实验教学目标】

1. 知识目标

掌握 LED 方面的基本知识、工作原理。

2. 能力目标

掌握测量 LED 的伏安特性、电光转换特性、输出光空间分布特性的方法。

3. 价值目标

培养学生基本的职业道德修养、严谨的科学思维方式、实践创新能力、工匠精神和爱国主义情怀。

【实验仪器】

LED 综合特性实验装置如图 5-21-1 所示。实验装置由 LED 光发射器、LED 组件盒、照度检测探头、激励电源、测试控制器及实验仪组成。

【实验原理】

发光二极管是由 P 型和 N 型半导体组成的二极管。P 型半导体中有相当数量的空穴,几乎没有自由电子;N 型半导体中有相当数量的自由电子,几乎没有空穴。当两种半导体结合在一起形成 PN 结时,N 区的电子(带负电) 向 P 区扩散, P 区的空穴(带正电) 向 N 区扩散,在 PN 结附近形成空间电荷区与势垒电场(见图 5-21-2)。势垒电场会使载流子向扩散的反方向做漂

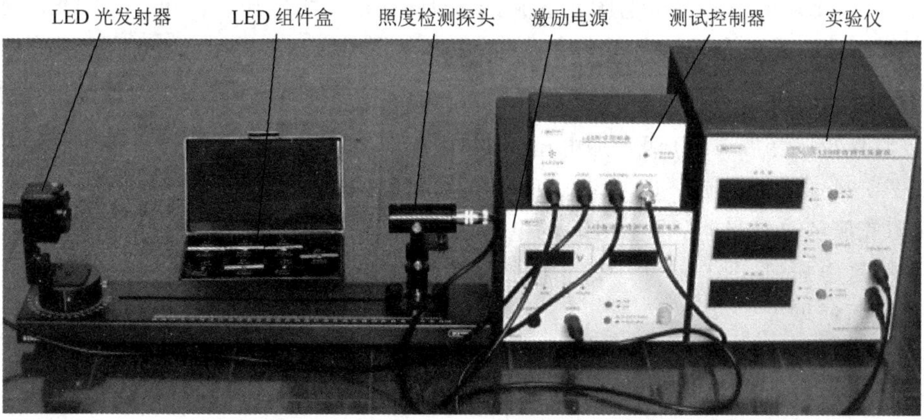

图 5-21-1　LED 综合特性实验装置

移运动，最终扩散与漂移达到平衡，使流过 PN 结的净电流为零。在空间电荷区内，P 区的空穴被来自 N 区的电子复合，N 区的电子被来自 P 区的空穴复合，使该区几乎没有能导电的载流子，又称为结区或耗尽区。

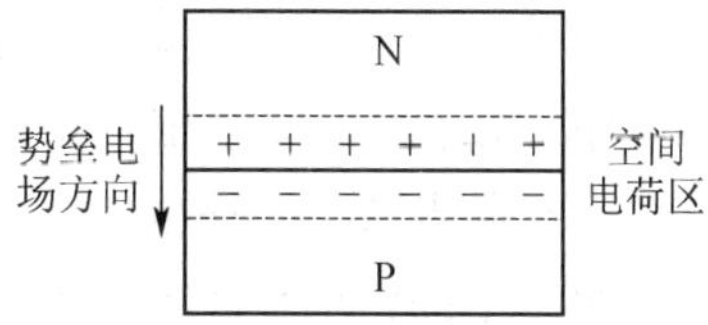

图 5-21-2　半导体 PN 结示意图

当加上与势垒电场方向相反的正向偏压时，结区变窄，在外电场作用下，P 区的空穴和 N 区的电子就向对方扩散，从而在 PN 结附近产生电子与空穴的复合，并以热能或光能的形式释放能量。采用适当的材料，使复合能量以发射光子的形式释放，就构成了发光二极管。发光二极管发射光谱的中心波长由组成 PN 结的半导体材料的禁带能量所确定，采用不同的材料及材料组分，可以获得发射不同颜色的发光二极管。

LED 的光谱线宽度一般有几十纳米，可见光的光谱范围是 400 ～ 700 nm。白光 LED 一般采用三种方法形成：第一种是在蓝光 LED 管芯上涂敷荧光粉，蓝光与荧光粉产生的宽带光谱合成白光；第二种是采用几种发射不同色光的管芯封装在一个组件外壳内，通过色光的混合构成白光；第三种是紫外 LED 加三基色荧光粉，通过三基色荧光粉的光谱合成白光。

【实验内容与步骤】

LED 特性测量原理图如图 5-21-3 所示。

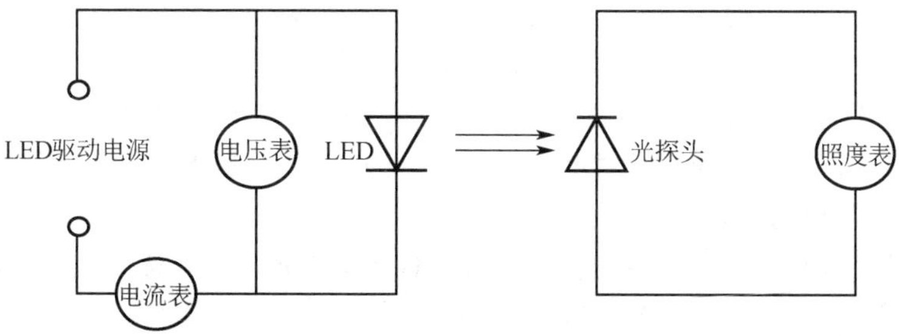

图 5-21-3　LED 特性测量原理图

电压表、电流表、照度表都装在 LED 综合特性实验仪上。调节激励电源的输出调节旋钮，可以改变LED驱动电源的输出电压或电流。LED两端电压由电压表读出,流经LED的电流由电流表读出,LED输出光强经光探头接收后由照度表读出。

1. 测量LED的伏安特性

伏安特性反映了在LED两端加电压时,电流与电压的关系,如图5-21-4所示。在LED两端加正向电压,当电压较小,不足以克服势垒电场时,通过LED的电流很小。当正向电压超过死区电压(见图5-21-4中的正向拐点)后,电流随电压的增大迅速增大。

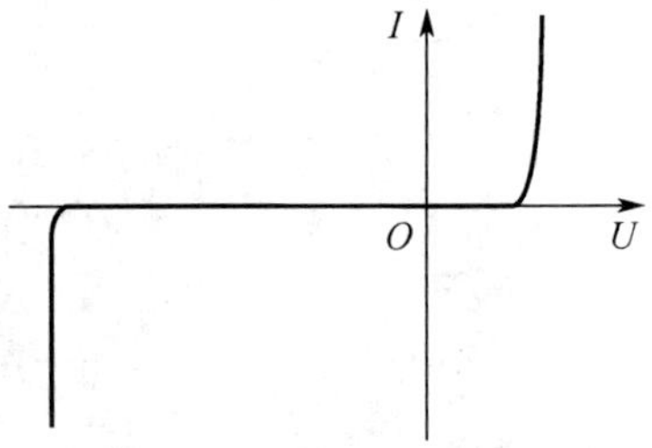

图 5-21-4　LED的伏安特性曲线

正向工作电流指的是LED正常发光时的正向电流值,根据不同二极管的结构和输出功率的大小,其值在几十毫安到1 A之间。正常工作电压指的是LED正常发光时加在二极管两端的电压。允许功耗指的是加于LED的正向电压与电流乘积的最大值。超过此值,LED会因过热而损坏。

LED的伏安特性与一般二极管相似。在LED两端加反向电压,此时只有微安级的反向电流。反向电压超过击穿电压(一般为几十伏)后,管芯被击穿损坏。为安全起见,激励电源提供的最大反向电压低于击穿电压。

2. 测量LED的电光转换特性

图5-21-5反映了发光二极管的驱动电流与输出照度的关系。发光二极管输出照度值与驱动电流近似呈线性关系,这是因为驱动电流与注入PN结的电子数成正比,在复合发光的量子效率一定的情况下,输出照度与注入电子数成正比。

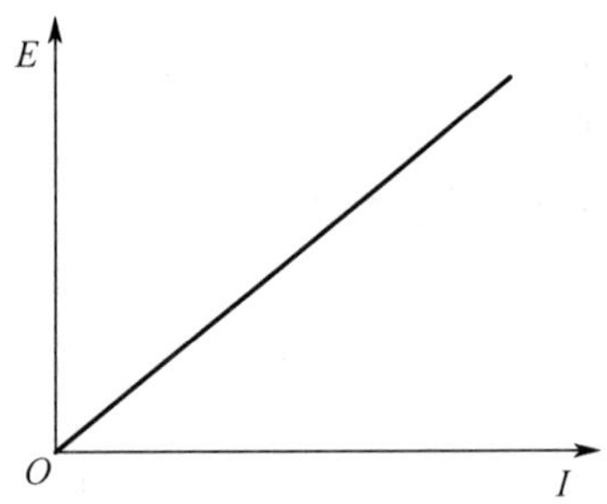

图 5-21-5　LED电光转换特性曲线

3. 测量伏安特性与电光转换特性

(1) 将电源输出调节旋钮逆时针旋转到底,此时输出电压、电流均为0。(注:只有在电源电压输出为0时,才可进行切换电源和实验仪的挡位、更换LED组件、关闭电源等操作,否则会导致电源或仪器损坏。)

(2) 将待测的LED安装在LED发射器上,调节发射器位置,使其正对接收探头。

(3) 将照度检测探头至LED的距离调节为20 cm。调节探头的高度和角度,使其正对LED。

(4) 选择输出模式为稳压,选择电源输出挡位为0～36 V。此时测试控制器上的红色指示灯熄灭,表明加在LED上的为反向电压,测量反向特性。

(5) 将实验仪电压表选择40 V挡,电流表选择100 μA挡,照度表选择100 lx挡。

(6) 记录电源电压输出为0时照度表的示值,此示值是背景光和探头0位调节误差导致的背景值。记录照度时应扣除背景值。

(7) 将输出调节旋钮右旋至输出－20 V,测量反向电流。然后逐渐减小反向电压,观察反向电流的变化,将实验数据记入表5-21-1。

(8) 反向电压调节到0后,将电源输出挡位切换为0～4 V。此时测试控制器上的红色指示灯亮,表明加在LED上的为正向电压,测量正向特性。

(9) 实验仪电压表选择4 V挡,若测量高亮LED的正向特性,则电流表选择40 mA挡,将实验数据记入表 5-21-1。

(10) 不同颜色、不同材料、不同工艺的 LED 死区电压差别较大，而允许的最大电流相近。故越过死区电压后，将电流调节到某些值，记录相应的电压和照度。测量完一只二极管后，将电源调节到输出为 0，更换 LED 组件，重复以上测量。

4. 测量 LED 输出光空间分布特性

发光二极管的芯片结构及封装方式不同，输出光的空间分布也不一样，如图 5-21-6 所示，给出其中两种二极管输出光的空间分布特性。图 5-21-6 的发射光强是以最大值为基准，此时方向角定义为 0°，发射光强定义为 100%。当方向角改变时，发射光强相应改变。发射光强降为峰值的一半时，对应的角度称为方向半值角。

发光二极管出光窗口附有透镜，可使其指向性更好，如图 5-21-6(a) 的曲线所示，方向半值角大约为 ± 7°，可用于光电检测、射灯等要求出射光束能量集中的应用环境。图 5-21-6(b) 所示为未加透镜的发光二极管的角度特性曲线，方向半值角大约为 ± 50°，可用于普通照明及大屏幕显示等要求视角宽广的应用环境。

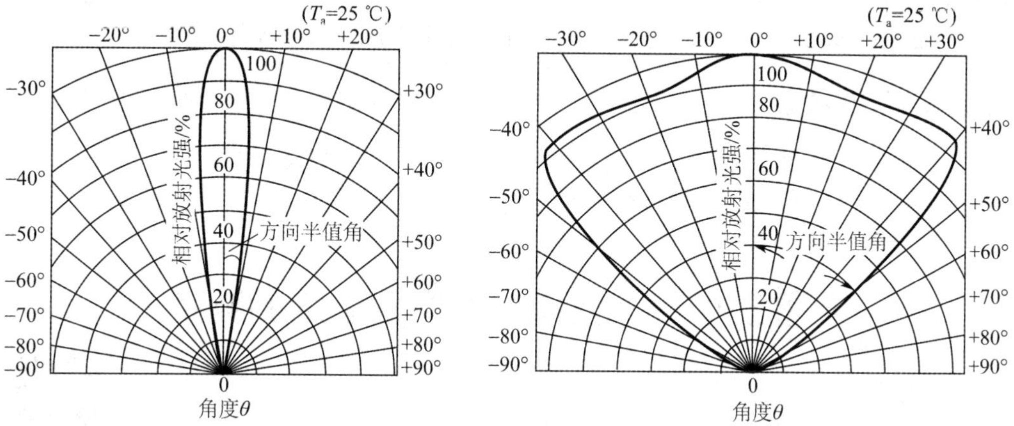

(a) A型管(加装透镜) (b) B型管

图 5-21-6 两种发光二极管的角度特性曲线图

【数据记录和处理】

表 5-21-1 高亮 LED 伏安特性与电光转换特性的测量

LED 型号	测量结果						照度背景值:							
红色高亮	电压 /V	−20	−10	0	0.6	1.2								
	电流 /mA						0.1	0.2	0.5	1	2	4	8	16
	照度 /lx	—	—											
绿色高亮	电压 /V	−20	−10	0	0.8	1.6								
	电流 /mA						0.1	0.2	0.5	1	2	4	8	16
	照度 /lx	—	—											

续表

LED 型号	测量结果 照度背景值：													
蓝色高亮	电压 /V	−20	−10	0	0.8	1.6								
	电流 /mA						0.1	0.2	0.5	1	2	4	8	16
	照度 /lx	—	—											
白色高亮	电压 /V	−20	−10	0	0.8	1.6								
	电流 /mA						0.1	0.2	0.5	1	2	4	8	16
	照度 /lx	—	—											

根据实验数据，作出 4 只高亮 LED 的伏安特性与电光转换特性曲线，并与图 5-21-4 和图 5-21-5 比较。

【注意事项】

只有在电源电压输出为 0(电源输出调节旋钮逆时针旋转到底) 时，才可切换电源和实验仪的挡位，更换 LED 组件，开启、关闭电源，否则会导致电源或仪器损坏。

【分析与思考】

(1) 为什么 LED 的发光强度的测量值(cd) 不能转换成光通量(lm)？

(2) 有哪些方法可以提高 LED 的发光强度？

实验二十二　铁磁材料居里温度的测定

【实验背景及应用】

铁磁材料居里温度的测定

居里温度又称为居里点或磁性转变点，是指磁性材料中自发磁化强度降到零时的温度，是铁磁性或亚铁磁性物质转变成顺磁性物质的临界点。当温度低于居里温度时，该物质成为铁磁体，此时和材料有关的磁场很难改变。当温度高于居里温度时，该物质成为顺磁体，顺磁体的磁场很容易随周围磁场的改变而改变。居里温度可以作为表征磁性材料性质和特征的重要参量。测量磁导率和居里温度的仪器很多，如磁天平、振动样品磁强计、磁化强度和居里温度测试仪等，测量方法有感应法、谐振法、电桥法等。居里温度也是磁性材料的本征参数之一，它仅与材料的化学成分和晶体结构有关，几乎与晶粒的大小、取向及应力分布等结构因素无关，因此又称为结构不灵敏参数。测定铁磁材料的居里温度，对磁材料、磁性器件的研究和研制，以及工程技术的应用都具有十分重要的意义。

【实验教学目标】

磁悬浮列车

1. 知识目标

了解居里温度的物理和化学意义，掌握测量居里温度的实验原理和方法，学习并理解居里温度的实验规律以及应用。

2. 能力目标

熟练掌握转换法这一科学研究方法，将样品的磁化强度 M 转换为线圈中产生的感应电压来测量，描绘电压随温度变化曲线，从而求出居里温度。

3. 价值目标

(1) 培养学生的问题意识，引导学生发现新的问题，培养学生的创新精神和实践能力。

(2) 增强学生的民族自豪感和勇攀高峰的科学精神。

【实验仪器】

JZB-1 型居里温度实验仪，包括加热装置、控温及测温装置、磁化及测试装置，如图 5-22-1 所示。

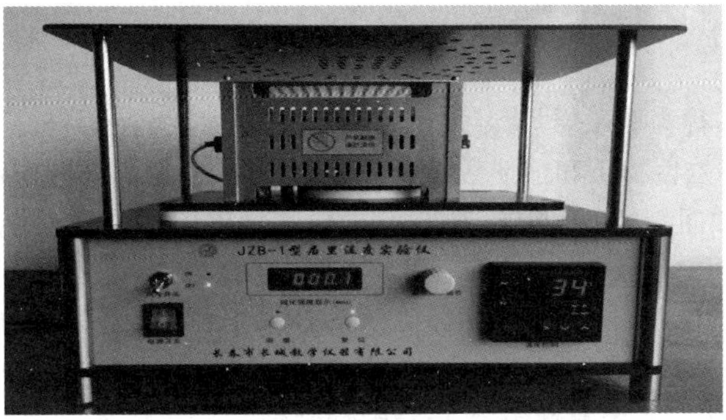

图 5-22-1　JZB-1 型居里温度实验仪

【实验原理】

磁性是物质的一种基本属性，从微观粒子到宏观物体，以至宇宙天体，无不具有某种程度的磁性，只是其强弱程度不同，这里说的磁性是指物质在磁场中可以受到力或力矩作用的一种物理性质。使物质具有磁性的物理过程称为磁化，一切可以被磁化的物质都称为磁介质。磁介质的磁化规律可用磁感应强度 B、磁化强度 M、磁场强度 H 来描述。当介质为各向同性时，它们满足下列关系：

$$B = \mu_0(H+M) = \mu_0(1+\chi_m)H = \mu_0\mu_r H = \mu H \tag{5-22-1}$$

式中，$\mu_r = 1+\chi_m$，μ_r 称为相对磁导率，是个无量纲的量，常把 μ_r 简称为介质磁导率；χ_m 称为磁化率；$\mu_0 = 4\pi\times10^{-7}$ H/m，称为真空磁导率；$\mu=\mu_0\mu_r$，称为绝对磁导率；$M=\chi_m H$。

在真空中，$M=0$，H 和 B 中只需知道一个便可完全描述场的性质。但在介质内部，H 和 B 是两个不同的量，选择用 H 还是用 B 作为描述磁场的本征量，需要根据磁场的性质的各种不同的表现来确定。因为 H 和 B 描述了不同情况下磁场的性质，它们都是描述磁场性质的宏观量。在某些问题，如在电磁感应、霍尔效应、测量地磁水平分量等中，起作用的是磁通量的时间变化率，涉及 B；而如果考虑材料内部某处磁矩所受的作用，如求退磁能及磁矩所做的功等，起作用的就是 H。

从 $B=\mu_0\mu_r H$ 的关系看，表面上 B 和 H 是线性的，但实际上，由于 μ_r 是一个与 χ_m 值有关的量,而 χ_m 值又与温度、磁化场有关,所以 μ_r 是一个复杂的量,不能简单地从 B 和 H 的形式上来判断它们之间是线性的还是非线性的。

不同磁体在磁性上有很大的不同,从实用的观点出发,可以根据磁体的磁化率大小和符号将磁性分为五类。

(1) 抗磁性:是一种原子系统在外磁场作用下,获得与外磁场方向相反的磁矩的现象。某些物质受到外磁场 $\boldsymbol{H}$ 作用后,感生出与 $\boldsymbol{H}$ 方向相反的磁化强度,其磁化率 $\chi_m < 0$,这种物质称为抗磁性物质。

(2) 顺磁性:许多物质在受到外磁场作用后,感生出与磁化场同方向的磁化强度,其磁化率 $\chi_m > 0$,但数值很小,仅显示微弱磁性,这种磁性称为顺磁性。多数顺磁性物质的 χ_m 与温度 T 有密切关系,服从居里定律,即

$$\chi_m = C/T \tag{5-22-2}$$

式中,C 为居里常数,T 为绝对温度。然而,更多的顺磁性物质的 χ_m 与温度的关系遵循居里-外斯定律,即

$$\chi_m = C/(T - T_p) \tag{5-22-3}$$

式中,T_p 为临界温度,称为顺磁居里温度。

(3) 铁磁性:这种磁性物质和前述磁性物质大不相同,它们只要在很小的磁场作用下就能被磁化到饱和状态,如图 5-22-2 所示。在磁化前磁畴的磁矩方向各不相同,结果相互抵消,矢量和为零,整个物体的磁矩为零,它也就不能吸引其他磁性材料。当磁性材料被磁化以后,它能对外显示出磁性,磁化率 $\chi_m > 0$,而且数值达到 $10 \sim 10^6$ 数量级,其磁化强度 M 与磁场强度 H 之间的关系是非线性的复杂函数关系。反复磁化时出现磁滞现象,物质内部的原子磁矩是按区域自发平行取向的。上述类型的磁性称为铁磁性。

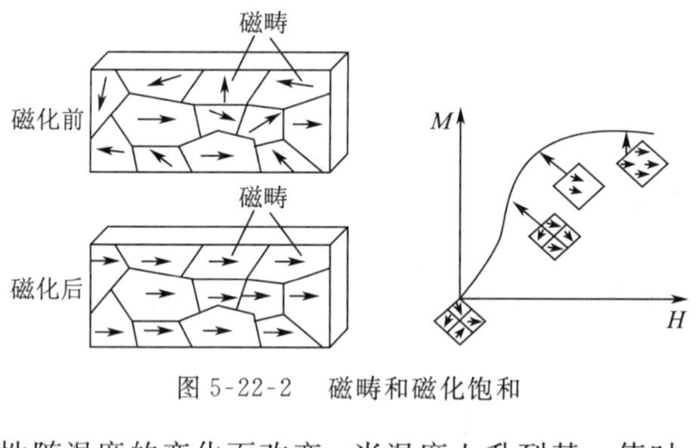

图 5-22-2　磁畴和磁化饱和

铁磁性物质的磁性随温度的变化而改变。当温度上升到某一值时,铁磁性材料就由铁磁状态转变为顺磁状态,如图 5-22-3 所示,即失掉铁磁性物质的特征而转变为顺磁性物质,这个温度称为居里温度,以 T_C 表示,并服从居里-外斯定律,即

$$\chi_m = C/(T - T_C) \tag{5-22-4}$$

式中,C 为居里常数。

(4) 亚铁磁性:除了上面四种磁性外,还有一类磁性,宏观磁性与铁磁性相同,仅仅是磁化率的数量级稍低一些,为 $10 \sim 10^3$ 数量级,这类磁性称为亚铁磁性。

(5) 反铁磁性:另有一种物质,当温度达到某个临界值 T_N(奈尔温度) 以上时,其磁化率与温度的关系与正常顺磁性物质的相似,服从居里-外斯定律;但是,当 $T < T_N$ 时,磁化率迅速降

低，并逐渐趋于定值，此时，物质由于温度的降低失去磁性。所以，这类物质的磁化率在温度等于 T_N 处存在极大值。显然，T_N 是个临界温度，它是由奈尔发现的，故称为奈尔温度。上述磁性称为反铁磁性。

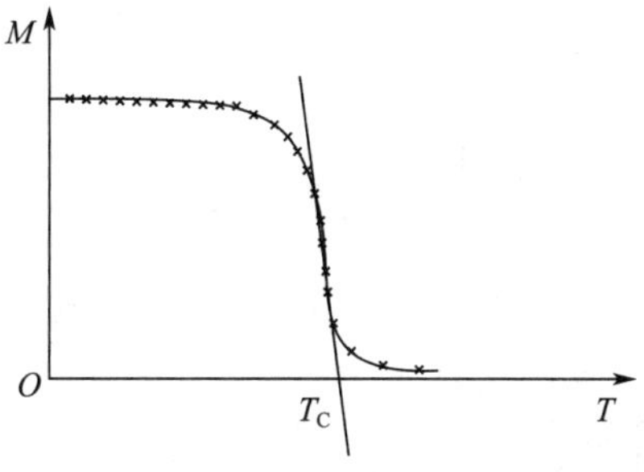

图 5-22-3　磁化强度 M- 温度 T 曲线

一般自发磁化强度 M_S 与磁化强度 M(不随外磁场变化时的磁化强度) 很接近，可用饱和磁化强度近似代替自发磁化强度，并根据饱和磁化强度随温度变化的特性来判断居里温度。但由于有些永磁材料的饱和磁化需要很强的外磁场(如钕铁硼永磁材料，其饱和磁化的外磁场达 4 ～ 5 T)，室温下的直流磁场在 4 T 以上是很难实现的，且所需设备庞大，造价昂贵，因此测量饱和磁化强度与温度的关系曲线就变得非常困难。可以利用样品在某一外场作用下的磁化强度与温度的关系曲线来代替。因此，在测量精度要求不高的情况下，可通过测定样品在某一外场磁化下的磁化强度随温度变化曲线来确定居里温度。

1. 磁化强度 M 的测量

将样品放在永磁铁构成的磁场中央，在其附近放置一对轴线与磁场平行的探测线圈，样品在磁场中被磁化，即有一磁矩，当样品被突然抽走后，将在探测线圈中感应出一个电压，此电压与样品磁矩的微分成正比，即 $U=-K\dfrac{\mathrm{d}M}{\mathrm{d}t}$，经过电子积分器积分后，就可获得与样品的磁化强度 M 成正比的电压。

2. 温度的测量

温度的测量和显示由控温仪完成，它可以实现加温、控温、温度的测量和显示及温度的预置等操作。温度测量的传感器是由镍铬-康铜材料做成的热电偶。它的温度测量范围为 −270 ～ 1 000 ℃，其非线性校正是由控温仪内的单片机来完成的。

3. 仪器的各部分功能及使用方法

本实验仪器有两部分：一部分为磁化强度的测量(电子积分器)，另一部分为温度控制和测量(温度控制器)，如图 5-22-4 所示。

(1) 电子积分器的使用方法。仪器面板由信号输入端、调零旋钮、复位开关、量程开关和显示表头组成。信号输入端将由探测线圈接收到的信号送入仪器；调零旋钮主要是在无信号输入时，将电子积分器调到漂移最小的工作状态(通过与复位开关互相配合)；复位开关的主要作用为消零；量程开关由四组按键开关组成，共分为四挡，根据信号的大小选择合适的量程；显示表头是一个三位半的数字电压表，用来显示与磁化强度成正比的电压值。

(2) 温度控制器的功能非常多，经常使用的主要是两个功能：温度的预置、温度的显示和测量。

(3) 温度预置。通过数据增大和减小键来实现温度的预置,一般只能预置室温以上的温度,预置的温度值由 SV 来显示,PV 显示的是实测的温度值。

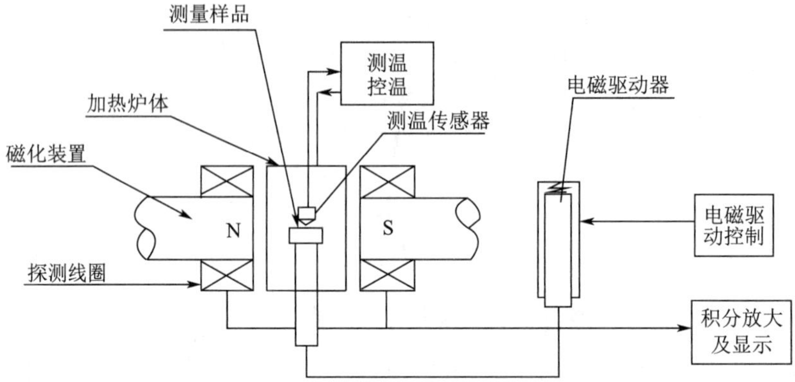

图 5-22-4　JZB-1 居里温度实验仪示意图

【实验内容与步骤】

1. 实验内容

(1) 仔细阅读仪器使用说明,熟悉仪器各部分功能。

(2) 测量 Nd-Fe-B 样品的居里温度。

(3) 测量镍(Ni) 升温过程和降温过程的 *M-T* 曲线。

2. 实验步骤

(1) 先将实验仪前面板上的信号输入、温度输入和后面板上的加温输出接口与实验台的三对接线接口连接,切不可将温度输入接口与加温接口接反,否则将烧坏测温传感器。

(2) 将样品杆从加热炉体中拉出,将待测样品装上,再送入加热炉体内,使其定位销准确进入定位孔,并将其推靠。

(3) 打开电源开关,预热数分钟,可进行实验。

(4) 首先将清零 / 测量开关置于“测量”,通过调节调零电位器先对电子积分器进行调零,调好后再将清零 / 测量开关置于“清零”,等待测量。

(5) 对控温仪进行温度预置,通过观察给定值显示窗和调整数据增、减键,把温度设置在想要达到的值。温度预置完成后,内部加热电路将自动对炉体加热,直至达到预置温度后即稳定在这一温度值。

当温度平衡 1 ~ 2 min 后,将清零 / 测量开关打开,将样品从炉体中拉出,这时电子积分器的数字表头示数即为样品在这一温度下与该样品磁化强度成正比的电压值,记录温度值、电压值。将清零 / 测量开关置于“清零”,改变温度预置值,达到平衡后,重复上述过程,记录新的温度下的温度值和电压值,一直测到转变温度以上。

3. 测量要求

对于 Ni 样品,从 200 ℃ 开始,每隔 20 ℃ 测量一点;当温度达到 300 ℃ 时,每隔 5 ℃ 测量一点,测至 380 ℃ 为止。对于 Nd-Fe-B 样品,由于此样品为永磁材料,它的矫顽力非常高,几乎无法在饱和磁化状态下进行居里温度的测量，本实验是采取热退磁后在低场下测量，测量的居里温度曲线与理论曲线没有什么差别。所以在实验之前，须先将样品经过热退磁（即将样品加热至居里温度以上，使其失去磁性）。对于Nd-Fe-B样品，从200 ℃开始，每隔10 ℃测量一点；当温度达到230 ℃时，每隔5 ℃测量一点；当温度达到290 ℃时，每隔20 ℃测量一点；当温度达到320 ℃时，每隔20 ℃测量一点，测量至380 ℃为止。将数据分别记入表5-22-1和表5-22-2。

【数据记录和处理】

根据所测温度值和电压值，参考表5-22-1的形式填写，并描绘磁化强度 M 与温度 T 的曲线，在其斜率最大处作切线，切线与横坐标（温度）的交点即为样品的居里温度 T_C。

表 5-22-1　Nd-Fe-B 样品数据记录表

U/mV											
T/℃											

表 5-22-2　Ni 样品数据记录表

U/mV											
T/℃											

【注意事项】

(1) 测量样品的居里温度时，一定要让炉温从低温开始升高，即每次等待加热炉降温后再放入样品，这样可避免由于样品和温度传感器响应时间的不同而引起的居里温度测量值的不同。

(2) 当温度升至80 ℃以上时，要小心烫伤。

(3) 注意控制升温速率。

【分析与思考】

(1) 如何测量居里温度？

(2) 在本实验中有哪些因素会影响测量结果？

(3) 为什么样品温度达到了 T_C 以上，而磁化强度仍然不是零？

实验二十三　太阳能电池特性综合实验

太阳能电池特性综合实验

【实验背景及应用】

随着社会经济的不断发展，能源问题的重要性日益凸显。人类对能源的需求随着社会经济的发展越发膨胀。专家估计，目前每年能源消耗总量约为 200 亿吨标准煤，这其中 90% 左右是依靠不可再生的化石能源来维持的。太阳能作为清洁无污染、零排放的可再生能源，可有效解决能源危机和环境污染问题。2020 年 9 月，我国向全世界提出“双碳”目标：二氧化碳排放量力争于 2030 年达到峰值，2060 年力争实现碳中和。为加快能源结构的调整步伐，太阳能电池产业在我国蓬勃发展，产量跃居世界第一。我国多地已建成大型太阳能光伏发电站，截至 2023 年，我国太阳能发电装机容量为 6.1 亿千瓦，成为世界太阳能光伏发电产业主体。

太阳能电池是一种将太阳或其他光源的光能通过光电效应或者光化学效应直接转换成电能的器件。当满足一定照度条件的光照射光电池时，光电池瞬间就可输出电压并在有回路的情况下产生电流。太阳能电池的转换效率是衡量太阳能电池的重要标准。2023 年 12 月，我国隆基绿能自主研发的背接触晶硅异质结太阳能电池获得了 27.09% 的电池转换效率，创造了新的单结晶硅太阳能电池效率的世界纪录。

根据所用材料的不同，太阳能电池可分为硅太阳能电池、化合物太阳能电池、聚合物太阳能电池、有机太阳能电池等。其中硅太阳能电池是目前发展最成熟的，在应用中居主导地位。本实验研究单晶硅太阳能电池的特性。

绿色能源——太阳能

【实验教学目标】

1. 知识目标

(1) 了解太阳能发电技术中 PN 结的基本结构与工作原理，测量太阳能电池的暗伏安特性。

(2) 观察并测量太阳能电池的开路电压、短路电流和光强变化之间的关系。

(3) 了解太阳能电池的输出特性参数的含义，学会太阳能电池输出特性的测试方法。

2. 能力目标

培养学生的实验操作能力，包括暗伏安特性的测量，光照特性曲线的测量，开路电压、短路电流的测量，占空比和转换效率的测量和计算。

3. 价值目标

培养学生遵循马克思主义辩证唯物观、人与自然和谐发展观，自觉服务双碳目标，强化环保意识，建立科技强国、服务社会的责任感和使命感。

【实验仪器】

太阳能电池实验装置如图 5-23-1 所示，太阳能电池特性实验仪面板如图 5-23-2 所示。

光源采用碘钨灯，它的输出光谱接近太阳光谱。调节光源与太阳能电池之间的距离可以改变照射到太阳能电池上的光强，具体数值由光强探头测量。实验仪可以测量并显示电流、电压、光强的数值。实验仪操作平台元器件：超级电容和铅蓄电池为储能模块，匹配负载、DC-DC 模块、逆变升压器为太阳能电池输出调整模块，12 V 直流风扇、12 V LED 灯和 AC 220 节能灯为太阳能电池的负载模块。

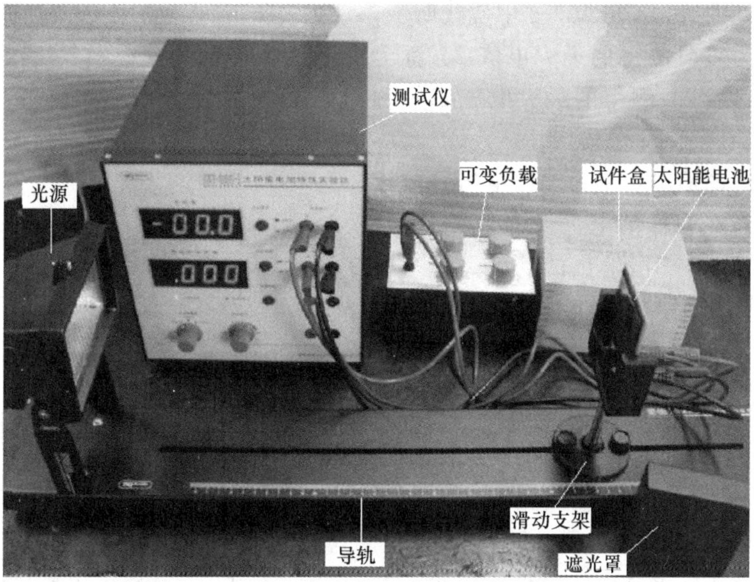

图 5-23-1　太阳能电池实验装置

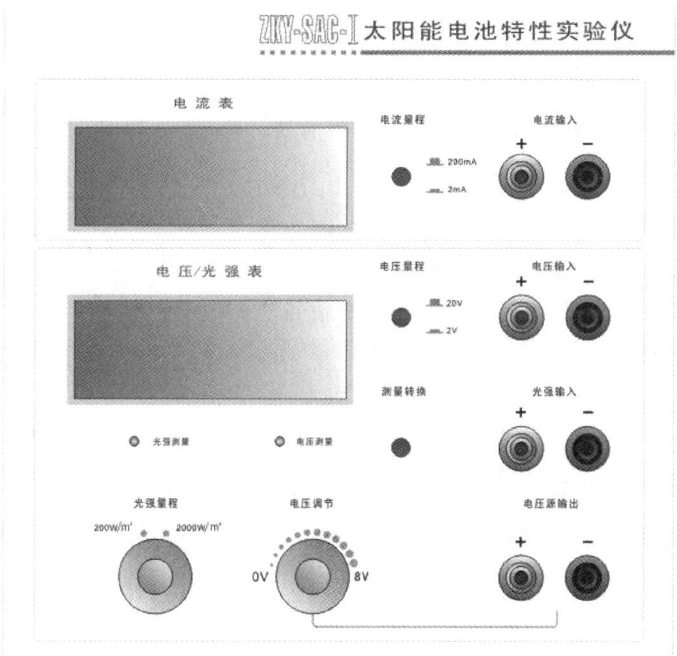

图 5-23-2　太阳能电池特性实验仪面板

【实验原理】

当光电池受光照射时，部分电子被激发而产生电子-空穴对，在结区激发的电子和空穴分别被势垒电场推向 N 区和 P 区，使 N 区有过量的电子而带负电，P 区有过量的空穴而带正电，PN 结两端形成电压，这就是光伏效应，若将 PN 结两端接入外电路，就可向负载输出电能。

在一定的光照条件下，改变太阳能电池负载电阻的大小，测量其输出电压与输出电流，得到输出伏安特性曲线,如图 5-23-3 中实线所示。

负载电阻为零时测得的最大电流 I_{SC} 称为短路电流,负载断开时测得的最大电压 U_{OC} 称为开路电压。

太阳能电池的输出功率为输出电压与输出电流的乘积。当在同样的电池及光照条件下,负载电阻大小不一样时,输出的功率是不一样的。以输出电压为横坐标,输出功率为纵坐标,绘出的 P-V 曲线如图 5-23-3 中点画线所示。

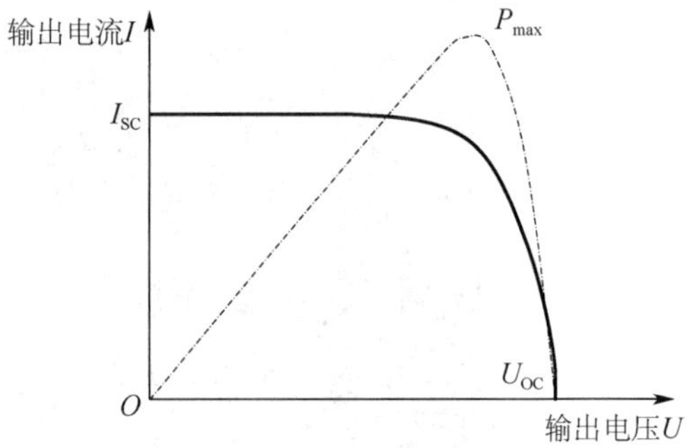

图 5-23-3　太阳能电池的输出伏安特性曲线

输出电压与输出电流的最大乘积称为最大输出功率 P_{max}。

填充因子 FF 定义为

$$FF=\frac{P_{max}}{U_{OC}\times I_{SC}} \tag{5-23-1}$$

填充因子是表征太阳能电池性能优劣的重要参数,其值越大,电池的光电转换效率越高,一般的硅光电池 FF 值为 0.75 ~ 0.8。

转换效率 η_s 定义为

$$\eta_s=\frac{P_{max}}{P_{in}}\times 100\% \tag{5-23-2}$$

式中,P_{in} 为入射到太阳能电池表面的光功率。

理论分析及实验表明,在不同的光照条件下,短路电流随入射光功率线性增长,而开路电压在入射光功率增大时只略微增大,如图 5-23-4 所示。

硅太阳能电池分为单晶硅太阳能电池、多晶硅薄膜太阳能电池和非晶硅薄膜太阳能电池三种。

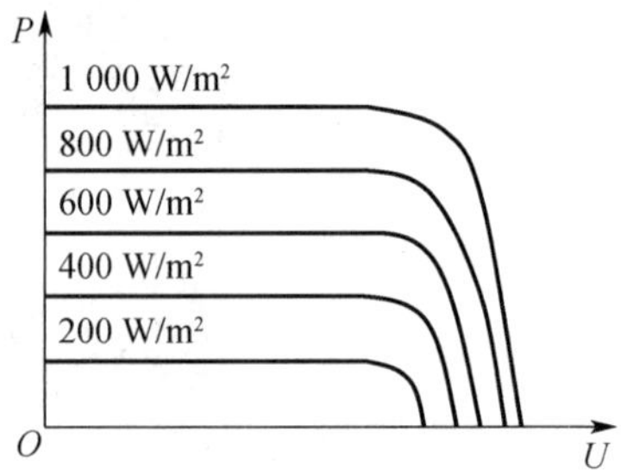

图 5-23-4　不同光照条件下的 P-U 曲线

【实验内容与步骤】

1. 硅太阳能电池的暗伏安特性测量

暗伏安特性是指无光照射时,流经太阳能电池的电流与外加电压之间的关系。

太阳能电池的基本结构是一个大面积平面 PN 结,单个太阳能电池单元的 PN 结面积已远大于普通的二极管。在实际应用中,为得到所需的输出电流,通常将若干电池单元并联。为得到所需的输出电压,通常将若干已并联的电池组串联。因此,它的伏安特性虽类似于普通二极管,但取决于太阳能电池的材料、结构及组成组件时的串、并联关系。

本实验提供的组件是将若干单元并联。要求测试并画出单晶硅、多晶硅、非晶硅太阳能电池组件在无光照时的暗伏安特性曲线。

伏安特性测试原理图如图 5-23-5 所示。将待测的太阳能电池接到测试仪上的“电压输出”接口,电阻箱调至 50 Ω 后串联进电路起保护作用,用电压表测量太阳能电池两端的电压,用电流表测量回路中的电流。

用遮光罩罩住太阳能电池。将电压源调到 0 V,然后逐渐增大输出电压,每间隔 0.3 V 记一次电流值，将数据记录到表 5-23-1 中。

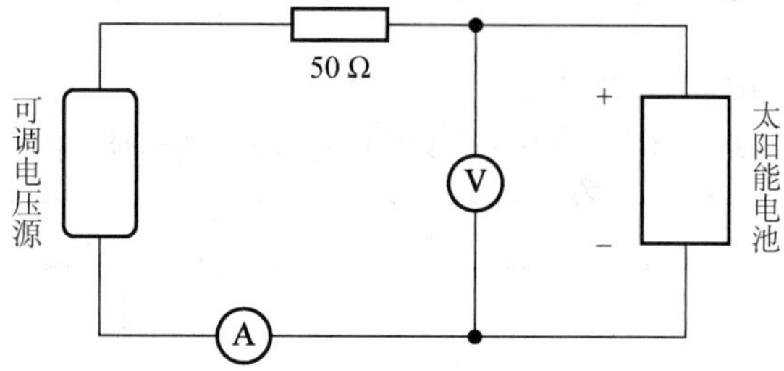

图 5-23-5　伏安特性测试原理图

将电压输入调到 0 V，然后将“电压输出”接口的两根连线互换，即给太阳能电池加上反向电压。逐渐增大反向电压，记录电流随电压变化的数据于表 5-23-1 中。

2. 开路电压、短路电流与光强关系测量

打开光源开关，预热 5 min。

打开遮光罩，将光强探头装在太阳能电池板位置，探头输出线连接到太阳能电池特性实验仪的“光强输入”接口上。将实验仪设置为“光强测量”。由近及远移动滑动支架，测量距光源一定距离的辐射照度(光强 I)，将测量到的辐射照度记入表 5-23-2。

将光强探头换成单晶硅太阳能电池，将实验仪设置为“电压测量”。按图 5-23-6(a) 所示接线，按测量光强时的距离值(光强已知)，记录开路电压值于表 5-23-2 中。

按图 5-23-6(b) 所示接线，记录短路电流值于表 5-23-2 中。

将单晶硅太阳能电池更换为多晶硅太阳能电池，重复测量步骤，并记录数据。

将多晶硅太阳能电池更换为非晶硅太阳能电池，重复测量步骤，并记录数据。

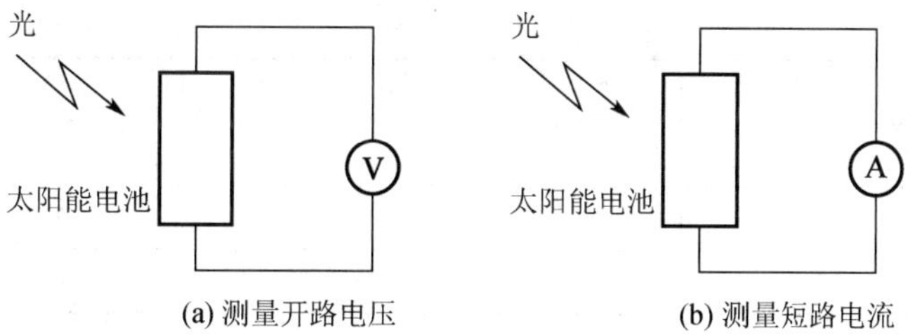

图 5-23-6　开路电压、短路电流与光强关系测量示意图

3. 太阳能电池输出特性实验

按图 5-23-7 所示接线，以电阻箱作为太阳能电池负载。在同一辐射照度下(将滑动支架固定在导轨上 25 cm 处)，分别将三种太阳能电池板安装到支架上，通过改变电阻箱的电阻值，记录太阳能电池的输出电压 U 和电流 I，并计算输出功率 $P_o = U \times I$，将数据记录于表 5-23-3 中。

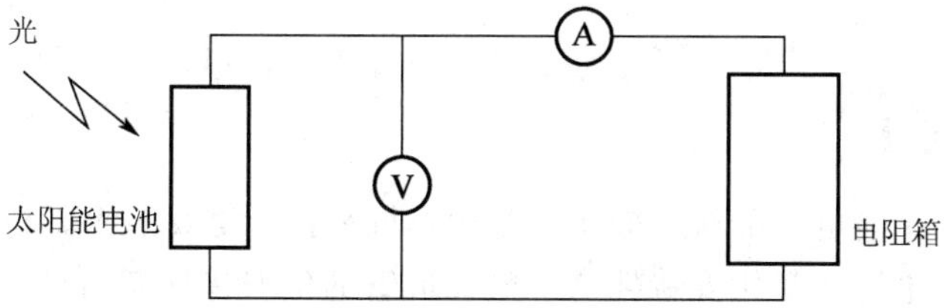

图 5-23-7　测量太阳能电池输出特性

【数据记录和处理】

1. 硅太阳能电池的暗伏安特性测量

表 5-23-1　单晶硅太阳能电池的暗伏安特性测量

电压 U/V	−7	−6	−5	−4	−3	−2	−1	0	0.3	0.6	0.9	1.2	1.5	1.8	2.1	2.4	2.7	3
电流 I/mA																		

以电压为横坐标，电流为纵坐标，根据表 5-23-1 画出单晶硅太阳能电池的暗伏安特性曲线。

2. 开路电压、短路电流与光强关系测量

表 5-23-2　单晶硅太阳能电池开路电压、短路电流与光强关系测量

距离 /cm	15	20	25	30	35	40	45	50
光强 I/(W/m^2)								
开路电压 U_{OC}/V								
短路电流 I_{SC}/mA								

(1) 根据表 5-23-2 画出单晶硅太阳能电池的开路电压随光强变化的关系曲线。

(2) 根据表 5-23-2 画出单晶硅太阳能电池的短路电流随光强变化的关系曲线。

3. 太阳能电池输出特性实验

表 5-23-3　单晶硅太阳能电池输出特性实验

$d = 25$ cm，光强 $I =$ ________ W/m^2

输出电压 U/V	0	0.3	0.6	0.9	1.2	1.5	1.8	2.1	2.4
输出电流 I/mA									
输出功率 P_o/W									
负载电阻 /Ω									

(1) 根据表 5-23-3 画出单晶硅太阳能电池的输出伏安特性曲线及功率曲线，并与图 5-23-3 比较，找出最大功率点，对应的电阻值即为最佳匹配负载。

(2) 由式(5-23-1) 计算填充因子。

(3) 由式(5-23-2) 计算转换效率。入射到太阳能电池板上的光功率 $P_{in} = I \times S_1$，式中，I 为入射到太阳能电池板表面的光强，S_1 为太阳能电池板的面积。单晶硅、多晶硅太阳能电池板的尺寸为 6 cm×6 cm，非晶硅太阳能电池板的尺寸为 5 cm×5 cm。若时间允许，可改变照度(改变滑动支架的位置)，重复前面的实验步骤。

【分析与思考】

(1) 市面上的太阳能电池的转换效率是多少？与实验所得效率相比是高还是低？为什么？

(2) 讨论太阳能电池的暗伏安特性与一般二极管的伏安特性有何异同。

第六章　设计性实验

实验二十四　双棱镜干涉法测量光的波长

【实验背景及应用】

双棱镜干涉法测量光的波长

光的本性问题是贯穿光学发展的一个根本问题。早在几百年前，关于光的本性认识就存在两种观点：牛顿的粒子说和惠更斯的波动说。由于当时牛顿在力学中的绝对权威，一时间光的微粒说占据了统治地位。直到 19 世纪初期，对光的本性的认识才出现了转机。1801 年，英国物理学家托马斯·杨设计了物理学发展史上的十大经典实验之一——杨氏双缝干涉实验，为惠更斯的波动说增加了重要的砝码。然而，微粒说的拥护者却对利用双缝产生的干涉提出了质疑，认为明暗相间的条纹并非真正的干涉图样，而是双缝的边缘效应所致。对此非议，在接下来的几年间，菲涅耳在建立较严密的光的干涉理论的同时，设计了几个撇开双缝的双棱镜干涉实验，为光的干涉现象的存在提供了无可辩驳的证据，更为波动光学奠定了坚实的基础。

1818 年，菲涅耳通过自己设计的双棱镜实验，利用光的干涉测出光波的波长，验证了光的波动性。由此认为菲涅耳双棱镜实验是光的波动理论被普遍承认的决定性实验，自此之后，光的波动理论获得了全面的认可。两束光波产生相干的必要条件是频率相等、振动方向相同、相位差恒定。产生相干光的方法包括分振幅法和分波面法。菲涅耳双棱镜干涉法属于分波面法。

用双棱镜干涉法测量光波的波长是一个非常经典而又重要的光学实验，所使用的实验仪器简单且巧妙，是以宏观物理量为桥梁来实现对微观量测量的实验典范，其实验的历史意义、思想方法和测量技巧具有很高的启发性和教学价值，值得借鉴。

【实验教学目标】

1. 知识目标

观察双棱镜产生的干涉现象，掌握获得双光束干涉的一种方法，并能够利用双棱镜测定光波的波长。

2. 能力目标

培养学生完成精密科学实验的能力，培养学生发现问题、解决问题的能力。

3. 价值目标

引导学生意识到基础研究的重要性,鼓励学生在具有扎实理论的基础上自由探索,锤炼出真正的创新能力;激发学生不断探索、追求真理的精神;培养学生对现代科技的敏感度,厚植科技强国的爱国情怀。

【实验仪器】

半导体激光器,扩束镜,可调狭缝,光阑,双棱镜,成像屏,测微目镜,米尺。

【实验原理】

菲涅耳双棱镜可以看成由两块底面相接、棱角很小的直角棱镜合成。若将单色光源 S 置于双棱镜的正前方,则从 S 射来的光束通过双棱镜的折射后,变为两束重叠的光,这两束光仿佛是从光源 S 的两个虚像 S_1 和 S_2 射出的一样。由于 S_1 和 S_2 是两个相干光源,所以若在两束光重叠的区域内放置一个屏,即可观察到明暗相间的干涉条纹。

如图 6-24-1 所示,设虚光源 S_1 和 S_2 的距离是 d,D 是虚光源到屏的距离。令 M 为屏上任意一点,r_1 和 r_2 分别为从 S_1 和 S_2 到 M 点的距离,则从 S_1 和 S_2 发出的光线到达 M 点的光程差是

$$\Delta L = r_2 - r_1$$

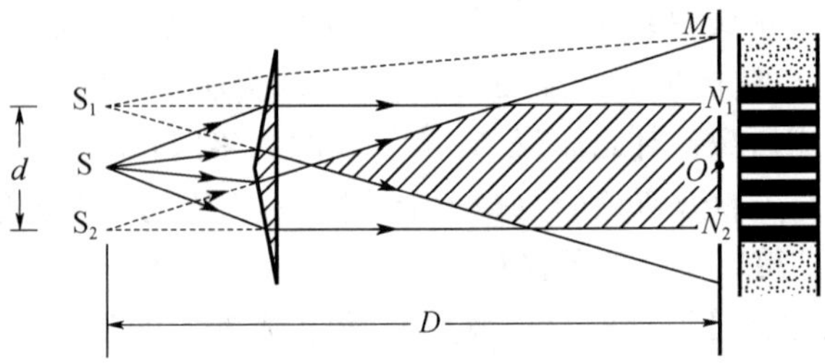

图 6-24-1　双棱镜测定光波的波长光路图

令 N_1 和 N_2 分别为 S_1 和 S_2 在屏上的投影,O 为 N_1N_2 的中点,并设 $OM = x$,那么由 $\triangle S_1N_1M$ 及 $\triangle S_2N_2M$ 得

$$r_1^2 = D^2 + \left(x - \frac{d}{2}\right)^2,\quad r_2^2 = D^2 + \left(x + \frac{d}{2}\right)^2$$

两式相减,得

$$r_2^2 - r_1^2 = 2dx$$

另外,又有 $r_2^2 - r_1^2 = (r_2 - r_1)(r_2 + r_1) = \Delta L(r_2 + r_1)$。通常 D 较 d 大很多,所以 $r_2 + r_1$ 近似等于 $2D$,因此光程差为

$$\Delta L = \frac{d}{D}x \tag{6-24-1}$$

如果 λ 为光源发出的光波的波长,干涉极大和干涉极小处的光程差为

$$\Delta L = \frac{dx}{D} = \begin{cases} k\lambda & (k = 0, \pm 1, \pm 2, \cdots)\ (\text{明纹}) \\ \dfrac{2k+1}{2}\lambda & (k = 0, \pm 1, \pm 2, \cdots)\ (\text{暗纹}) \end{cases} \tag{6-24-2}$$

由式(6-24-2)可知，两个干涉条纹之间的距离是

$$\Delta x = \frac{D}{d}\lambda \tag{6-24-3}$$

所以用实验方法测得 Δx、D 和 d 后，即可算出该单色光源的波长为

$$\lambda = \frac{d}{D}\Delta x \tag{6-24-4}$$

1. 光源的选择

当双棱镜与屏的位置确定之后，干涉条纹的间距 Δx 与光源的波长 λ 成正比。为了获得清晰的干涉条纹，本实验采用单色光源，如激光、钠光等。

2. 测量方法

干涉条纹间距 Δx 可直接用测微目镜测出。虚光源间距 d 用二次成像的方法测得：当保持物、屏位置不变且间距 D 大于 $4f$ 时，移动透镜可在其间的两个位置成清晰的实像，一个是放大像，一个是缩小像。设 b 为虚光源缩小像间距，b' 为放大像间距，则两个虚光源的实际距离为 $d=\sqrt{bb'}$，其中 b 和 b' 由测微目镜读出。同时根据两次成像的规律，若分别测出成缩小像和放大像时的物距 S、S'，则物到像屏之间的距离 $D=S+S'$。根据波长的计算公式，得波长和各测量值之间的关系是

$$\lambda = \frac{\Delta x\sqrt{bb'}}{S+S'}$$

3. 光路组成

实验装置如图 6-24-2 所示，S 为半导体激光器，K 为扩束镜，B 为双棱镜，P 为偏振片，E 为测微目镜。L 为测虚光源间距 d 所用的凸透镜，透镜位于 L_1 位置，将使虚光源 S_1、S_2 在目镜处成放大像；透镜位于 L_2 处，将使虚光源在目镜处成缩小像。所有光学元件都放在光具座上，光具座上附有米尺，可读出各元件的位置。

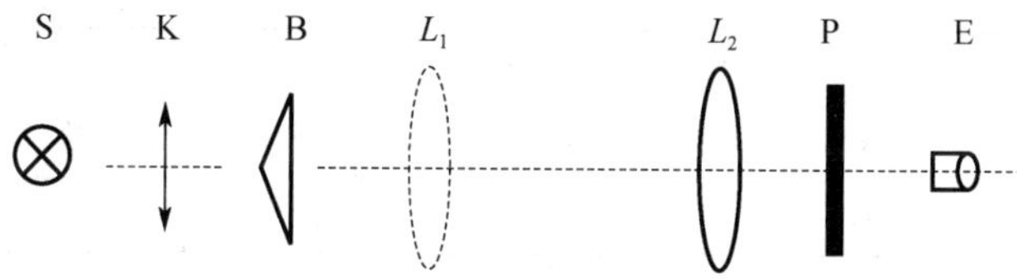

图 6-24-2　实验装置

【实验内容与步骤】

1. 各光学元件的共轴调解

(1) 调节激光束平行于光具座。

沿导轨移动白屏，观察白屏上激光光点的位置是否改变，相应地调节激光方向，直至在整个导轨上移动白屏时光点的位置不再变化。至此，激光光束与导轨平行。

(2) 调节双棱镜与光源共轴。

将双棱镜放入横向可调支座上进行调节，使激光点打在棱脊正中位置，此时在双棱镜后面的白屏上应观察到两个等亮并列的光点，这两个光点的质量对虚光源像距 b 及 b' 的测量至关重要。此后将双棱镜置于距激光器约 30 cm 的位置。

(3) 粗调测微目镜与其他元件等高共轴。

将测微目镜放在距双棱镜约 70 cm 处，调节测微目镜，使光点穿过其透光中心。此时激光尚未扩束，绝不允许直视测微目镜内的视场，以防激光灼伤眼睛。

(4) 粗调凸透镜与其他元件等高共轴。

将凸透镜放在双棱镜后面，调节透镜，使双光点穿过透镜的中心。

(5) 用扩束镜使激光束变成点光源。

在激光器与双棱镜之间距双棱镜 20 cm 处放入扩束镜并进行调节，使激光穿过扩束镜。在测微目镜前放置偏振片，旋转偏振片使测微目镜内视场亮度适中。

(6) 用二次成像法细调凸透镜与测微目镜等高共轴。

通过“大像追小像”，不断调节透镜和测微目镜的位置，直至虚光源大、小像的中心与测微目镜叉丝重合。

(7) 干涉条纹调整。

去掉透镜，适当微调双棱镜，使通过测微目镜能观察到清晰的干涉条纹。

2. 波长的测量

(1) 测量干涉条纹间距 Δx。连续测量 20 个干涉条纹的位置 x_i。如果视场内干涉条纹没有布满，则可对测微目镜的水平位置略作调整；如果视场太暗，则可旋转偏振片调亮。

(2) 测量虚光源缩小像间距 b 及透镜物距 S。测 b 时应在鼓轮正反向前进时，各测量一次。注意，不能改变扩束镜、双棱镜及测微目镜的位置；用测微目镜读数时要消除空程。

(3) 同样地，用上述方法测量虚光源放大像间距 b' 及透镜物距 S'。

将以上所测数据填入表 6-24-1 ～ 表 6-24-4 中。

【数据记录和处理】

表 6-24-1 各元件初始位置

单位：mm

K 扩束镜	B 双棱镜	L_1 透镜大像	L_2 透镜小像	E 测微目镜

表 6-24-2 小像间距 b 与大像间距 b' 的测量

单位：mm

		b_1	b_2	$b=b_2-b_1$	b
虚光源小像位置读数	从左至右读				
	从右至左读				
		b'_1	b'_2	$b'=b'_2-b'_1$	b'
虚光源大像位置读数	从左至右读				
	从右至左读				

表 6-24-3　透镜物距

单位：mm

透镜物距 S	
透镜物距 S'	

表 6-24-4　Δx 的测量

单位：mm

i	1	2	3	4	5	6	7	8	9	10
x_i										
x_{i+10}										
$10\Delta x$										

采用逐差法计算 Δx，可得

$$\overline{\Delta x} = \underline{\qquad\qquad} \text{ mm}$$

物到像屏之间的距离 D 为

$$D = S + S' = \underline{\qquad\qquad} \text{ mm}$$

计算波长 λ 得

$$\lambda = \frac{\Delta x\sqrt{bb'}}{D} = \underline{\qquad\qquad} \text{ nm}$$

标准不确定度为

$$U_a(\Delta x) = \sqrt{\frac{\sum_{i=1}^{10}(\overline{\Delta x} - \Delta x_i)^2}{10 \times 9}} = \underline{\qquad\qquad} \text{ mm}$$

$$U_b(\Delta x) = \frac{\Delta_{仪}}{\sqrt{3}} = \frac{0.005}{\sqrt{3}} \text{ mm} = \underline{\qquad\qquad} \text{ mm}$$

$$U(\Delta x) = \sqrt{U_a^2(\Delta x) + U_b^2(\Delta x)} = \underline{\qquad\qquad} \text{ mm}$$

成像位置判断不准引起的误差为

$$\Delta(S) = \Delta(S') = \underline{\qquad\qquad} \text{ mm}$$

$$U(S) = U(S') = \sqrt{\left[\frac{\Delta(S)}{\sqrt{3}}\right]^2 + \left(\frac{\Delta_{仪}}{\sqrt{3}}\right)^2} = \underline{\qquad\qquad} \text{ mm}$$

$$\Delta b = 0.025b \quad \Delta b' = 0.025b'$$

$$U(b) = \sqrt{\left(\frac{\Delta b}{\sqrt{3}}\right)^2 + \left(\frac{\Delta_{仪}}{\sqrt{3}}\right)^2} = \underline{\qquad\qquad} \text{ mm（忽略小量 } \Delta_{仪}\text{）}$$

$$U(b') = \sqrt{\left(\frac{\Delta b'}{\sqrt{3}}\right)^2 + \left(\frac{\Delta_{仪}}{\sqrt{3}}\right)^2} = \underline{\qquad\qquad} \text{ mm（忽略小量 } \Delta_{仪}\text{）}$$

由 $\lambda = \dfrac{\Delta x\sqrt{bb'}}{D}$ 可得

$$U(\lambda) = \lambda\sqrt{\left[\frac{U(\Delta x)}{\Delta x}\right]^2 + \left[\frac{U(b)}{2b}\right]^2 + \left[\frac{U(b')}{2b'}\right]^2 + \left[\frac{U(S)}{S+S'}\right]^2 + \left[\frac{U(S')}{S+S'}\right]^2} = \underline{\qquad\qquad} \text{ nm}$$

最终有

$$\lambda \pm U(\lambda) = \underline{\qquad\qquad} \text{nm}$$

误差计算:已知半导体激光器的波长标称值为 650 nm,所以有

$$\frac{\lambda_0 - \lambda}{\lambda_0} \times 100\% = \underline{\qquad\qquad} \%$$

【分析与思考】

常用光源的谱线波长

(1) 双棱镜干涉条纹是由什么样的两束光产生的?

(2) 为什么狭缝方向必须与双棱镜棱脊平行才可以看到干涉条纹?

(3) 使用读数显微镜时要注意哪些问题?

实验二十五　自组望远镜和显微镜实验

【实验背景及应用】

自组望远镜和显微镜实验

从伽利略的望远镜第一次指向苍穹的那一刻起,人类在探索宇宙的征程上就越走越远。被誉为"中国天眼"的500 m口径球面射电望远镜FAST于2016年9月落成启用,历时22年。它是由中国科学院国家天文台主导建设的、具有国家自主知识产权的世界最大单口径射电望远镜。FAST 项目的首席科学家南仁东先生,一生朴素宽厚,淡泊名利,为我国天文学事业的发展做出了突出贡献。

基础望远镜是由两组凸透镜 —— 目镜和物镜组成的。它的结构特点是物镜的焦距长而目镜的焦距短,成像原理是:物镜将远处物体缩小成一个倒立的实像,目镜起放大镜的作用,将倒立的、缩小的实像放大成一个正立的、放大的虚像。

显微镜也是由目镜和物镜组成的。细微物体在物镜的焦距之外十分靠近物镜焦点的位置,生成一个倒立的、放大的实像,这个倒立的、放大的实像经目镜放大为一个倒立的(对原物而言)、放大的虚像。目前,我国研发了具有自主知识产权的双光子 -STED 显微系统,这是我国首创的显微系统。该显微系统可以清晰地拍摄到肝癌活细胞在肝癌靶向药物的作用下被杀死的过程,拍摄到的海马区神经元丝状伪足运动的图像,能够加速靶向药的研制速度。

【实验教学目标】

1. 知识目标

了解放大镜、显微镜和望远镜的基本结构及工作原理。

2. 能力目标

学会组装望远镜和显微镜,掌握它们的使用方法;掌握助视仪器的视角放大率及其测量方法。

3. 价值目标

结合显微镜和望远镜的发展过程,培养学生刻苦钻研、勇于创新的精神,强化学生严谨的

治学态度和精益求精的工匠精神。

【实验仪器】

导轨，固定移动座，可调移动座，可调平面反射镜（含三维调节架，用自准直法测透镜焦距），双杆透镜夹，一字形物屏（测透镜焦距时作参考物），测微目镜支架，带刻度网格屏（观察屏），带孔白色像屏（观察物镜成像），激光光源，白炽灯光源（光源）。

凸透镜直径为 30 ～ 40 mm，f：50 mm、200 mm、150 mm 各一片（凸透镜 f：50 mm，凸透镜 f：200 mm 可组成望远镜；凸透镜 f：50 mm，凸透镜 f：150 mm 可组成显微镜）。

【实验原理】

成像的光学仪器基本上可以分为成实像或成虚像两大类：成实像的光学仪器有照相机、幻灯机、电影放映机、投影仪等；成虚像的光学仪器有放大镜、显微镜、望远镜等，由于所成的虚像都是直接用眼睛来观察的，因此这类光学仪器也称为助视仪器。本实验主要研究助视仪器。

1. 放大镜

为了观察微小物体或物体的细节，常使用放大镜。最简单的放大镜就是一个焦距 f 比明视距离（眼睛长时间观察一个物体而不感吃力的最近距离称为明视距离，正常人的明视距离为 $s_0 = 25$ cm）小得多的凸透镜。凸透镜所成的像对眼睛所张的视角 α' 大于原物在明视距离 s_0 对眼睛所张的视角 α。在傍轴条件下，放大镜的视角放大率为

$$M = \frac{\alpha'}{\alpha} \approx \frac{s_0}{f} \tag{6-25-1}$$

2. 显微镜

为了观察更加微小的物体，可在放大镜 L_E 之前再加一凸透镜 L_O，使物体经 L_O 放大后再通过 L_E 来观察 L_O 所成的像，这就是显微镜的基本原理。在显微镜里，起放大镜作用的目镜 L_E 的焦距 f_E 较长，而物镜 L_O 的焦距 f_O 很短。

使用时，镜筒的长度不变，调节被观测的物体 AB 到物镜 L_O 的距离略大于 f_O，从而在 L_O 后方空间生成一放大实像 $A'B'$。目镜 L_E 将中间像 $A'B'$ 在其明视距离 s_0 附近生成一个放大的虚像 $A''B''$，为此 $A'B'$ 应成在 L_E 的焦点以内距焦点极近处。由于虚像 $A''B''$ 的视角比物体 AB 位于明视距离的视角大得多，因而能看得更清楚，如图 6-25-1 所示。

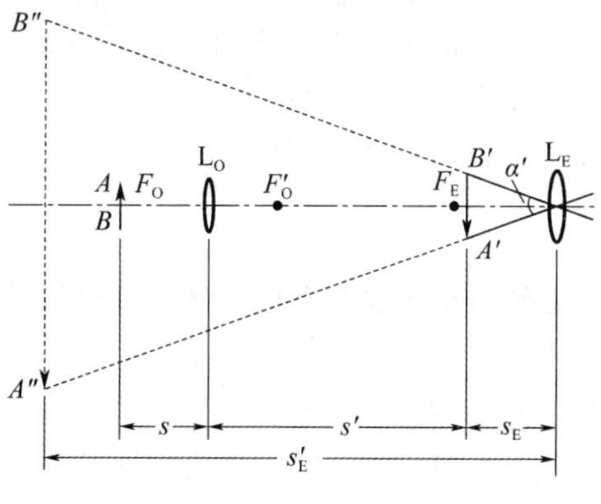

图 6-25-1　显微镜成像原理

显微镜的视角放大率的定义与放大镜相同,也是虚像 $A''B''$ 的视角 α' 与物体在明视距离 s_0 时的视角 α 之比。在傍轴条件下,并考虑到 $A''B''$ 与 $A'B'$ 的视角相同且均为 α',可得视角放大率为

$$M = \frac{\alpha'}{\alpha} = \frac{\overline{A'B'}/f_E}{\overline{AB}/s_0} = \frac{\overline{A'B'}}{\overline{AB}} \cdot \frac{s_0}{f_E} \tag{6-25-2}$$

式中,右端第一项是物镜 L_O 的横向放大率 $V_0 = \overline{A'B'}/\overline{AB}$,第二项是目镜 L_E 的视角放大率 $M_E = s_0/f_E$,因此式(6-25-2)可改写为

$$M = V_0 M_E \tag{6-25-3}$$

式(6-25-3)表明,显微镜的视角放大率 M 等于物镜的横向放大率 V_0 与目镜的视角放大率 M_E 的乘积。

3. 望远镜

望远镜是用来观察、瞄准和测量远处物体的助视仪器,其类型较多。本实验讨论的是被称为天文望远镜的开普勒望远镜。

图 6-25 2 所示是由两个凸透镜组成的望远镜成像原理图。L_O 为物镜,焦距为 f_O;L_E 为目镜,焦距为 f_E,通常 f_O 比 f_E 大得多。远处的物体 AB 经物镜 L_O 在其焦点 F'_O 以外焦点极近处生成一缩小的实像 $A'B'$,由于物镜焦点 F'_O 与目镜焦点 F_E 几乎重合,作为放大镜的目镜再将中间像 $A'B'$ 放大成一虚像 $A''B''$。

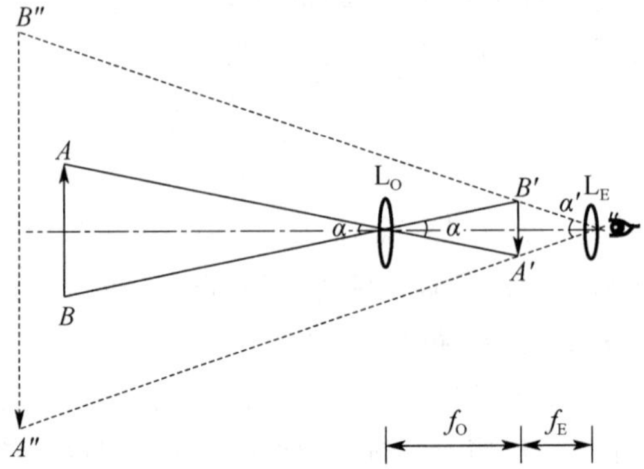

图 6-25-2 望远镜成像原理图

望远镜的作用是观察远方的物体,所以在计算望远镜的视角放大率时,再把 α 取为物体位于明视距离 s_O 处对眼睛所张的视角就没有意义了。因此,望远镜的视角放大率定义为像的视角 α' 与物体在被观测距离上的视角 α 之比。由图 6-25-2 可知,$A''B''$ 与 $A'B'$ 的视角相同且均为 α',在共轴条件下可得到望远镜的视角放大率为

$$M = \frac{\alpha'}{\alpha} \approx \frac{f_O}{f_E} \tag{6-25-4}$$

一般对望远镜有 $f_O \gg f_E$,通过望远镜看到的虚像比原物的视角大,因而人感觉物体被放大了,或感觉物体近了。

4. 望远镜视角放大率的测量方法

1) 比较法

最简单的方法是把物和像的长度直接对比,如图 6-25-3 所示。远处放置长度为 y 的标尺

AB，对人眼的视角为 α，将望远镜对准 AB，调节望远镜目镜与物镜之间的距离，使人眼从望远镜中看到清晰的像 $A'B'$，其长度为 y'，视角为 α'，现将像 $A'B'$ 投影到物 AB 所在的平面上为 $A''B''$，其长度为 y''，则视角放大率为

$$M=\frac{\alpha'}{\alpha}\approx\frac{\tan\alpha'}{\tan\alpha}=\frac{y''}{y} \tag{6-25-5}$$

2）公式法

将望远镜聚焦于无穷远处，此时目镜和物镜的距离等于 $f_{\mathrm{O}}+f_{\mathrm{E}}$，取下物镜，在物镜处放一已知长度为 y_1 的物，该物通过目镜成一缩小的实像，长度为 y_2。由透镜成像公式 $\frac{1}{s}+\frac{1}{s'}=\frac{1}{f}$ 和式(6-25-4)可求出

$$M=\frac{f_{\mathrm{O}}}{f_{\mathrm{E}}}=\frac{y_1}{y_2} \tag{6-25-6}$$

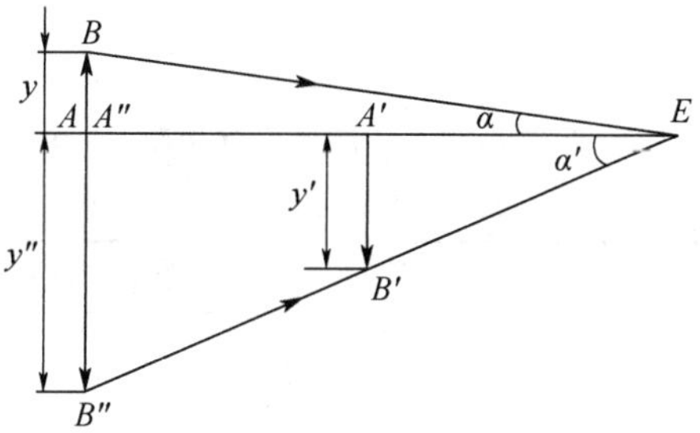

图 6-25-3　比较法原理

【实验内容与步骤】

1. 设计实验方法，测量所给凸透镜的焦距并加以记录

2. 在光具座上组装简易显微镜

(1) 将扩展光源、有细微特征的物屏、物镜和目镜按顺序装在光具座上进行共轴调节。

(2) 在物镜和目镜之间加入毛玻璃屏，调节物镜及毛玻璃屏的位置，使屏上成一清晰放大的实像(此实像不宜过大)。

(3) 移动目镜，眼紧贴目镜观察，直到看清放大的虚像为止(无严重色散)。

(4) 拿掉毛玻璃屏，仔细移动眼睛的位置到主光轴上，依然能看到这一虚像。

3. 在光具座上组装简易望远镜

(1) 在光具座上装上物镜和目镜，按共轴要求调好，就组成了开普勒望远镜。

(2) 在物镜和目镜之间加入毛玻璃屏，并使目镜远离物镜，将物镜对准远方的景物，调节毛玻璃屏生成清晰的倒立实像，将屏固定，调节目镜与屏的距离，同时眼紧贴目镜观察，直到看清景物的虚像为止。

4. 用比较法测量自组望远镜的视角放大率

(1) 将大标尺置于距物镜 5 m 处，并使尺面垂直于望远镜的光轴。用一只眼睛直接看标尺，另一只眼睛通过望远镜看标尺，调节目镜至物镜的距离，使成像清晰。双眼经过一段时间的自然调节，就能同时看清标尺和望远镜中标尺的虚像。

（2）微调望远镜的指向，使视野中两列刻度线分别在左、右两侧，两者靠近并对齐，如图 6-25-4 所示，数出望远镜中看到的一格相当于标尺的几格，代入式(6-25-5)，可求得望远镜的视角放大率，并与理论结果($M = f_O/f_E$)进行比较和讨论。

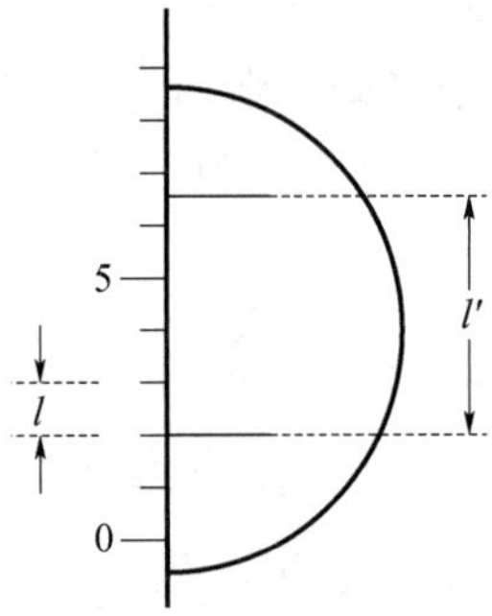

图 6-25-4　比较法测量

5. 用公式法测量成品望远镜的视角放大率

（1）用直接观察法或自准直法将望远镜聚焦于无穷远处。

（2）取下物镜，在原物镜位置放一个待测物，并用扩展光源照明。

（3）用读数显微镜直接测量待测物的长度 y_1 和它经目镜成一缩小实像的长度 y_2，代入式(6-25-6)，可求得视角放大率，并与望远镜的标称值进行比较。

将以上各步骤测得的数据记入表 6-25-1 至表 6-25-3 中。

【数据记录和处理】

表 6-25-1　测量透镜焦距

单位：mm

透镜	透镜 1(大)	透镜 2(中)	透镜 3(小)
物屏位置 x_1			
透镜位置 x_2			
焦距 $f = \|x_2 - x_1\|$			

表 6-25-2　显微镜数据记录表

单位：mm

<table>
<tr><td>物镜焦距 f_O</td><td>目镜焦距 f_E</td><td>物屏位置</td><td>物镜位置</td><td>目镜位置</td></tr>
<tr><td rowspan="2"></td><td rowspan="2"></td><td></td><td></td><td></td></tr>
<tr><td colspan="2">物屏与物镜的距离 L_1</td><td>物镜与目镜的距离 L_2</td></tr>
<tr><td colspan="2">填写“>”“<”“=”</td><td colspan="2">$2f_O$ ____ L_1 ____ f_O</td><td>L_2 ____ $2f_O$</td></tr>
</table>

表 6-25-3　望远镜数据记录表

单位：mm

<table>
<tr><td>物镜焦距 f_O</td><td>目镜焦距 f_E</td><td>物屏位置</td><td>物镜位置</td><td>目镜位置</td></tr>
<tr><td rowspan="2"></td><td rowspan="2"></td><td></td><td></td><td></td></tr>
<tr><td colspan="2">物屏与物镜的距离 L_1</td><td>物镜与目镜的距离 L_2</td></tr>
<tr><td colspan="2">填写“>”“<”“=”</td><td colspan="2">L_1 ____ $2f_O$</td><td>L_2 ____ f_O</td></tr>
</table>

【分析与思考】

（1）用同一台望远镜观测不同距离的物体时，其视角放大率是否改变？

（2）本实验中使用的测量显微镜的线放大率为 1 000 倍，目镜的视放大率约为 10 倍。当用它来测量无焦系统中像高 y'' 的大小时，为什么显微镜目镜的放大作用不用考虑？

实验二十六　温度传感器的特性研究与应用

【实验背景及应用】

温度传感器的
特性研究与应用

温度是一个重要的热学物理量，它不仅和人们的生活环境密切相关，在科研及生产过程中，温度的变化对实验及生产的结果也是至关重要的，所以温度传感器的应用是十分广泛的。温度传感器是指能感受温度并能将其转换成可用输出信号的传感器。温度传感器是温度测量仪表的核心部分，种类繁多。温度传感器的用途十分广阔，可用作温度测量与控制，温度补偿，流速、流量和风速测定，液位指示，紫外光和红外光测量，微波功率测量等，因此广泛应用于彩电、电脑彩色显示器、切换式电源、热水器、电冰箱、空调、汽车等设备。近年来，汽车电子、消费电子行业的快速发展带动了我国温度传感器需求的快速增长。

直流电桥是一种用比较法测量电阻的电路，因测量精度高，简单方便，得到了广泛的应用。直流电桥主要分单臂电桥和双臂电桥。单臂电桥又称惠斯通电桥，一般用来测量 $10^2 \sim 10^6\ \Omega$ 的电阻；双臂电桥又称开尔文电桥，可用来测量 $10^{-5} \sim 10^{-2}\ \Omega$ 的电阻。通过传感器，利用电桥电路还可以测量一些非电量，如温度、湿度、应变等，被广泛应用在工业生产的自动控制方面。

本实验是用电阻箱和检流计等仪器组成惠斯通电桥电路，掌握调节电桥平衡的方法，并测量温度传感器的温度特性。

【实验教学目标】

1. 知识目标

测量铂电阻 Pt100、铜电阻 Cu50 等典型温度传感器的温度特性。

2. 能力目标

掌握用惠斯通电桥测电阻的原理和方法。

3. 价值目标

通过温度传感器的实验训练，培养学生将理论联系实际、格物致知的钻研精神。

【实验仪器】

FB716- 型物理设计性（热学）实验装置，直流电源，检流计，电阻，五盘十进精密电阻箱，导线。

【实验原理】

温度传感器是利用一些金属、半导体等材料与温度相关的特性制成的。常用的温度传感器的类型、测温范围和特点如表 6-26-1 所示。本实验将通过测量常用的温度传感器的特征物理量随温度的变化，来了解温度传感器的工作原理。

表 6-26-1 常用的温度传感器的类型、测温范围和特点

类型	温度传感器	测温范围 /℃	特点
热电阻	铂电阻	−200 ~ 650	准确度高,测量范围大
	铜电阻	−50 ~ 150	
	镍电阻	−60 ~ 180	
	半导体热敏电阻	−50 ~ 150	电阻率大,温度系数大,线性度差,一致性差
热电偶	铂铑-铂(S)	0 ~ 1 300	用于高温测量、低温测量两大类,必须有恒温参考点(如冰点)
	铂铑-铂铑(B)	0 ~ 1 600	
	镍铬-镍硅(K)	0 ~ 1 000	
	镍铬-康铜(J)	−20 ~ 750	
	铁-康铜(J)	−40 ~ 600	
其他	PN 结温度传感器	−50 ~ 150	体积小,灵敏度高,线性度好,一致性差
	IC 温度传感器	−50 ~ 150	线性度好,一致性好

1. Pt100(铂电阻)温度传感器[Cu50(铜电阻)类似,不赘述]

铂电阻是一种利用铂金属导体电阻随温度变化的特性制成的温度传感器。铂的物理性质、化学性质都非常稳定,抗氧化能力强,复制性好,容易批量生产,而且电阻率较高。因此,铂电阻大多用于工业检测中的精密测温和作为温度标准。其显著的缺点是高质量的铂电阻价格十分昂贵;温度系数偏小;由于其对磁场的敏感性,所以会受电磁场的干扰。按 IEC 标准,铂电阻的测温范围为 −200 ~ 650 ℃。每百度电阻比 $W(100) = 1.385\,0$,当 $R_0 = 100\ \Omega$ 时,称为 Pt100;当 $R_0 = 10\ \Omega$ 时,称为 Pt10。其允许的 A 类不确定度为 $\pm(0.15\ ℃ + 0.002|t|)$,B 类不确定度为 $\pm(0.3\ ℃ + 0.05|t|)$。

当温度 t 为 −200 ~ 0 ℃ 时,铂电阻的阻值与温度之间的关系式为

$$R_t = R_0[1 + At + Bt^2 + C(t - 100\ ℃)t^3] \tag{6-26-1}$$

当温度 t 为 0 ~ 650 ℃ 时,其关系式为

$$R_t = R_0(1 + At + Bt^2) \tag{6-26-2}$$

式(6-26-1)、式(6-26-2)中,R_t、R_0 分别为铂电阻在温度为 t ℃、0 ℃ 时的电阻值;A、B、C 为温度系数。对于常用的工业铂电阻,有

$$A = 3.908\,02 \times 10^{-3}\ ℃^{-1}$$
$$B = -5.801\,95 \times 10^{-7}\ ℃^{-1}$$
$$C = -4.273\,50 \times 10^{-12}\ ℃^{-1}$$

在 0 ~ 100 ℃ 范围内,R_t 的表达式可近似线性为

$$R_t = R_0(1 + A_1 t) \tag{6-26-3}$$

式(6-26-3)中,A_1 为温度系数,近似为 $3.85 \times 10^{-3}\ ℃^{-1}$。Pt100 的阻值:$t = 0$ ℃ 时,$R_t = 100\ \Omega$;$t = 100$ ℃ 时,$R_t = 138.5\ \Omega$。

2. 惠斯通电桥测量电阻的原理

惠斯通电桥的原理电路如图 6-26-1 所示,四个电阻 R_1、R_2、R_3 和 R_t 称为电桥的四个臂,

组成一个四边形 $ABCD$，对角 D 和 B 之间接检流计 G 构成“桥”，用以比较“桥”两端的电势。当 D 和 B 两点的电势相等时，检流计 G 指零，电桥达到了平衡状态。此时有

$$I_1R_1 = I_2R_2,\quad I_3R_3 = I_tR_t$$

由于 $I_2 = I_t, I_3 = I_1$，因此可得

$$R_t = \frac{R_2}{R_1}R_3 \tag{6-26-4}$$

式(6-26-4)为惠斯通电桥的平衡条件，根据 R_1、R_2 和 R_3 的大小，可以计算出待测电阻 R_t 的阻值，一般称 R_1、R_2 为比率臂，R_3 为比较臂。

【实验内容与步骤】

(1) 按图 6-26-1 所示连接电路。

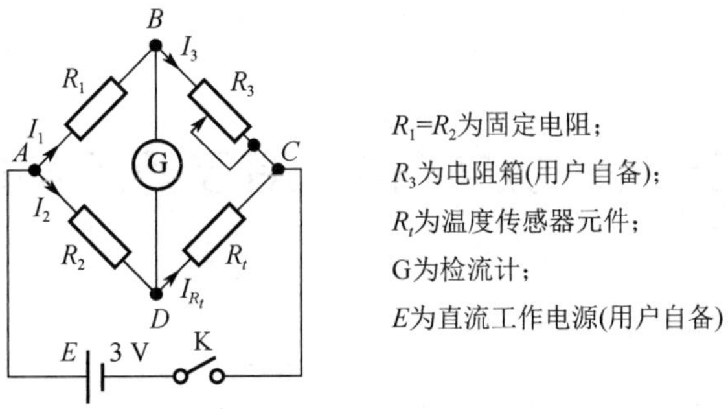

图 6-26-1　用单臂电桥测量 Pt100(Cu50) 金属电阻的温度特性的实验线路图

(2) 在环境温度高于 0 ℃ 时，先把温度传感器放入致冷井中，利用半导体致冷把温度降到 0 ℃，并以此温度作为起点进行测量，每隔 10 ℃ 测量一次。直到需要待测温度高于环境温度时，就把温度传感器转移到加热干井中，然后开启加热器，控温系统每隔 10 ℃ 设置一次，待控温稳定 2 min 后，调节电阻箱 R_3 使输出电压为 0 V[R_3 为五盘十进精密电阻箱(用户自备)]。电桥平衡，记录 R_1、R_2 及 R_3 的值，并按式(6-26-4)计算待测 Pt100(Cu50) 的阻值 R_t，将数据记入表 6-26-2(或表 6-26-3) 中。

【数据记录和处理】

表 6-26-2　Pt100 温度特性测试数据表格

序号	1	2	3	4	5	6	7	8	9	10	11
t/℃	0	10	20	30	40	50	60	70	80	90	100
R_3/Ω											
R_t/Ω											

表 6-26-3　Cu50 温度特性测试数据表格

序号	1	2	3	4	5	6	7	8	9	10	11
t/℃	0	10	20	30	40	50	60	70	80	90	100
R_3/Ω											
R_t/Ω											

R_1 = ________ Ω;R_2 = ________ Ω。将测量数据 R_t 用最小二乘法进行直线拟合,求出结果。温度系数 A = ________。

【注意事项】

温控仪温度稳定地达到设定值所需要的时间较长,一般需要 10 ~ 15 min,务必耐心等待。

【分析与思考】

(1) 电桥直流电源的输出不稳定,对温度测量有影响吗?请说明理由。

(2) 单臂电桥的组成有哪几部分?电桥的平衡条件是什么?

(3) 分析下列因素是否会影响用电桥测电阻的误差:

① 电源电压不太稳定;② 检流计没有调好零点;③ 检流计灵敏度不够高;④ 导线电阻不能完全忽略。

实验二十七　数字电表原理及万用表的设计

【实验背景及应用】

数字电表原理及万用表的设计

万用表是一种多功能、多量程、便于携带的电学仪器,可以用它的不同的量程测量直流电流、直流电压、交流电压及电阻。万用表具有准确度高、分辨率高、功能完善、性能稳定、体积小、易于携带等特点,它在工业现场、电子领域发挥重要作用的同时,在日常生活中也扮演着不可或缺的角色。在监测电池状态、排查家庭电路故障、节能环保、测试电子设备兼容性以及监测室内环境等方面,万用表已成为人们解决问题、提高生活质量的得力工具。因此,熟练掌握万用表的使用方法、学习制作和设计万用表,不仅能够提升电路分析能力,也将为人们的生活带来更多便利。

【实验教学目标】

1. 知识目标

(1) 了解万用表的特性、组成和工作原理。

(2) 学习数字电表的基本原理及常用双积分模数转换芯片外围参数的选取原则、电表的校准原则。

(3) 掌握分压、分流电路的原理以及设计对电压、电流和电阻的多量程测量。

(4) 掌握交流电压相关参数的测量。

2. 能力目标

(1) 通过学习数字电表的原理,能够在实际操作应用中灵活应用数字电表。

(2) 掌握设计、测量过程中的常用技巧和常见误区,提高实验的准确性和规范性。

3. 价值目标

(1) 通过对实验规范性的严格要求,培养学生对待工作精益求精、细致严谨的态度。

(2) 鼓励学生树立职业使命,培养大国工匠精神情怀。

【实验仪器】

ZKY-DEM-Ⅱ 数字电表原理及万用表设计实验仪。

如图 6-27-1 所示(图中照片仅供参考,以实物为准),该仪器主要是由电源、实验板 1、实验板 2、实验板 3、改装表头和输入切换等部分组成。各部分详细说明见附录(以二维码形式呈现)。

图 6-27-1　数字电表原理及万用表设计实验仪

【实验原理】

1. 数字电表的原理

常见的物理量都是幅值大小连续变化的模拟量。指针式仪表可以直接对模拟电压和电流进行显示。而对数字式仪表,需要先把模拟电信号(通常是电压信号)转换成数字信号,再进行处理和显示。

数字信号与模拟信号不同,其幅值大小是不连续的,就是说数字信号的大小只能是某些分立的数值,所以需要进行量化处理。若最小量化单位为 Δ,则数字信号的大小是 Δ 的整数倍,该整数可以用二进制码表示。设 $\Delta = 0.1$ mV,把被测电压 U 与 Δ 比较,看 U 是 Δ 的多少倍,并把结果四舍五入取为整数 N。一般情况下,$N \geqslant 1\ 000$ 即可满足测量精度要求(量化误差 $\leqslant 1/1\ 000 = 0.1\%$)。常见的数字表头的最大示数为 1 999,称为三位半 $\left(3\dfrac{1}{2}\right)$ 数字表。例如,U 是 Δ(0.1 mV)的 1 861 倍,即 $N = 1\ 861$,显示结果为 186.1(mV)。这样的数字表头,再加上电压极性判别显示电路和小数点选择位,就可以测量并显示 $-199.9 \sim 199.9$ mV 的电压,显示精度为 0.1 mV。

2. 用 ICL7107A/D 转换器进行常见物理量的测量

(1) 直流电压测量的实现(直流电压表)。

① 当参考电压 $U_{\text{ref}} = 100$ mV 时,选择 $R_{\text{int}} = 47$ kΩ。此时采用分压法测量 $0 \sim 2$ V 的直流电压,电路图如图 6-27-2 所示。

② 直接使参考电压 $U_{ref}=1\ V$, $R_{int}=470\ k\Omega$ 来测量 0～2 V 的直流电压，电路图如图 6-27-3 所示。

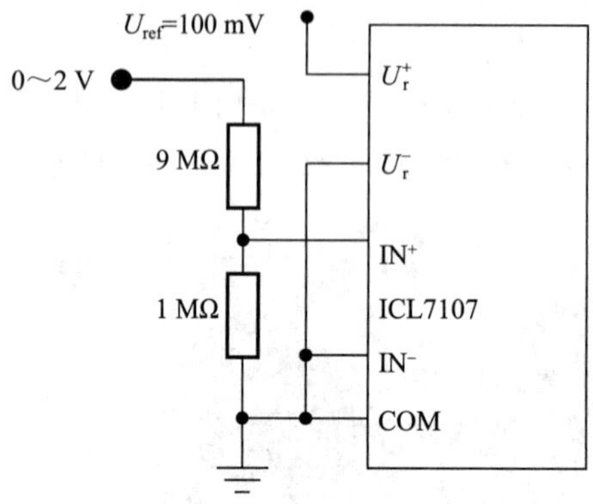

图 6-27-2　直流电压测量电路图一

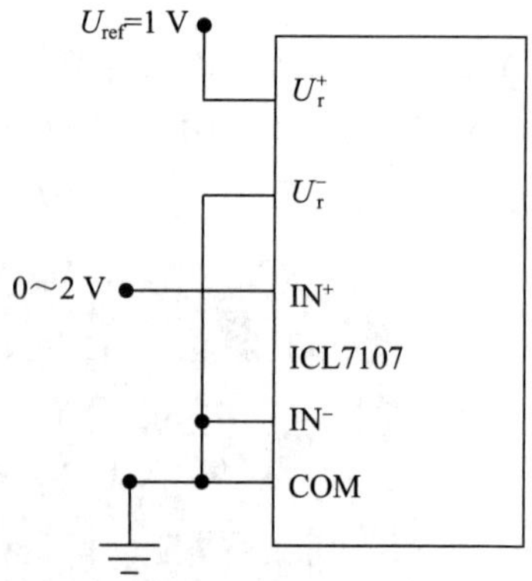

图 6-27-3　直流电压测量电路图二

(2) 直流电流测量的实现(直流电流表)。

直流电流的测量通常采用欧姆压降法，如图 6-27-4 所示，即让待测电流流过一定值的电阻 R_i，然后用 200 mV 的电压表测量此定值电阻上的压降 $R_i\times I_S$(在 $U_{ref}=100\ mV$ 时，保证 $R_i\times I_S\leqslant 200\ mV$)。因为待测电路中接入了电阻，此测量方法会对原电路有影响，测量电流变成$I_S=R_0\times I_S/(R_0+R_i)$，所以被测电路的内阻越大，误差将越小。

(3) 电阻值测量的实现。

现在的数字万用表都采用比例法来测量电阻，如图 6-27-5 所示，待测电阻 R_x 与标准电阻 R_s 串联后接在 ICL7107 的 U_r^+ 端和 COM 端之间。测试电压 U_d($U_d<1\ V$) 与 U_r^+ 端相连，IN^+ 端与 U_r^- 端相连，IN^- 端与 COM 端相连。测试电压向 R_s 和 R_x 提供测试电流，然后以 R_s 两端的压降作为基准电压 U_{ref}，R_x 两端的压降作为 ICL7107 的输入电压 U_{in}。由 ICL7107 的工作原理，存在

$$U_{ref}=U_+-U_-=\frac{U_d\times R_s}{R_s+R_x}\tag{6-27-1}$$

$$U_{in}=IN_+-IN_-=\frac{U_d\times R_x}{R_s+R_x}\tag{6-27-2}$$

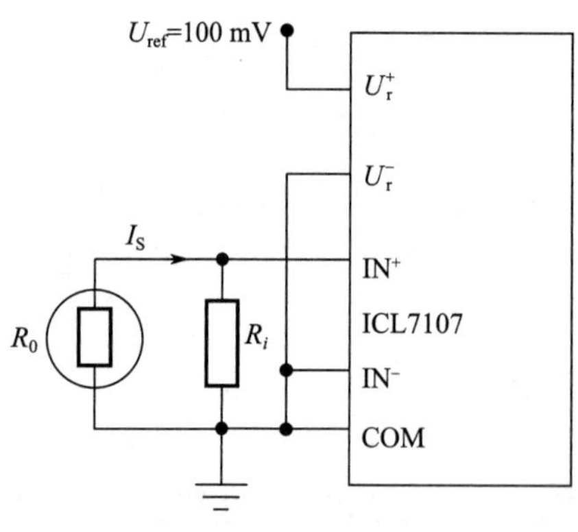

图 6-27-4　直流电流测量电路图

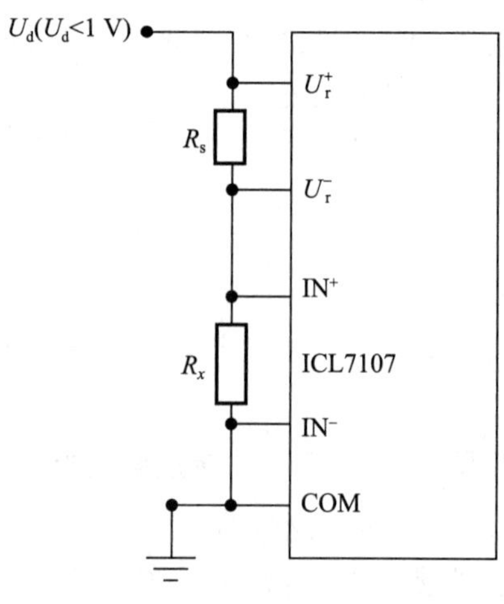

图 6-27-5　电阻值测量电路图

由前述理论 $N_2/N_1 = U_{in}/U_{ref}$，有

$$R_x = \frac{N_2}{N_1}R_s \tag{6-27-3}$$

从上式可以得出电阻的测量范围始终是 $0 \sim 2R_s(\Omega)$。

3. 数字万用表的设计

常用万用表需要对交直流电压、交直流电流、电阻、三极管 h_{FE} 和二极管正向压降等进行测量。图 6-27-6 所示为数字万用表测量基本原理图。下面主要介绍直流电压、交流电压、交流电流、电阻参数的测量，其余见附录。

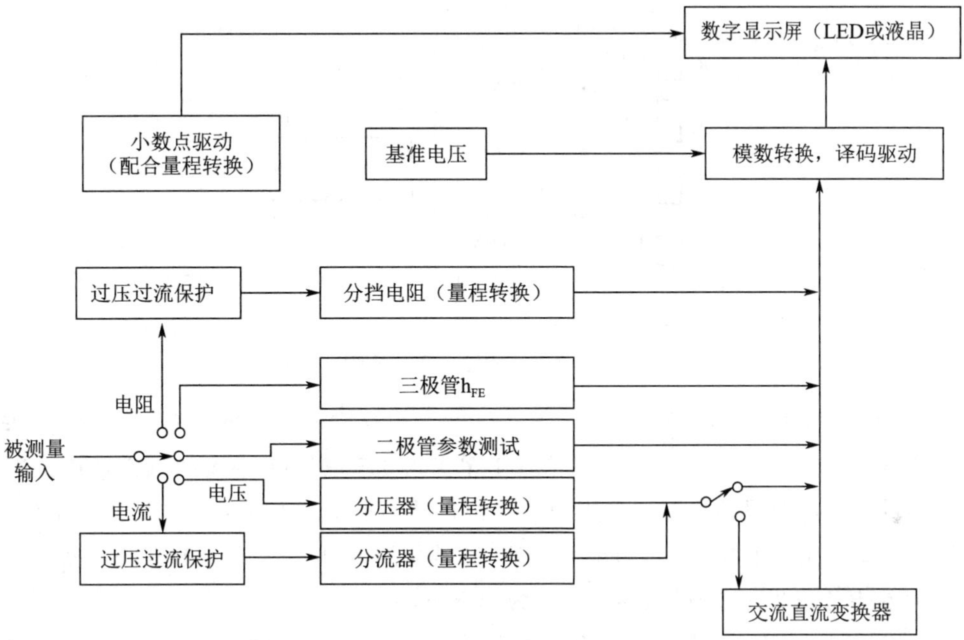

图 6-27-6　数字万用表测量基本原理图

本实验使用的是 DEM-Ⅱ 型数字电表原理及万用表设计实验仪，它的核心是由双积分模数 A/D 转换译码驱动集成芯片 ICL7107 和外围元件、LED 数码管构成。为了更好地理解其工作原理，在仪器中预留了 8 个输入端，包括 2 个测量电压输入端（IN^+、IN^-）、2 个基准电压输入端（U_r^+、U_r^-）、3 个小数点驱动输入端（DP_1、DP_2 和 DP_3）以及模拟公共端（COM）。

(1) 直流电压量程扩展测量。

在前面所述的直流电压表前面加一级分压电路（分压器），可以扩展直流电压测量的量程。实际通用数字万用表的直流电压挡分压电路如图 6-27-7 所示，它能在不降低输入阻抗（$R = R_1 + R_2 + R_3 + R_4 + R_5$）的情况下，达到同样的分压效果。例如，其中 20 V 挡的分压比为

$$\frac{R_3 + R_4 + R_5}{R_1 + R_2 + R_3 + R_4 + R_5} = \frac{100\ \text{k}\Omega}{10\ \text{M}\Omega} = 0.01$$

其余各挡位的分压比也可按此方法算出。

实际设计时是根据各挡的分压比以及考虑输入阻抗要求所确定的总电阻来确定各分压电阻的。首先确定总电阻：

$$R = R_1 + R_2 + R_3 + R_4 + R_5 = 10\ \text{M}\Omega$$

再计算 2 000 V 挡的分压电阻:

$$R_5 = 0.000\ 1R = 1\ \text{k}\Omega$$

然后计算 200 V 挡的分压电阻:

$$R_4 + R_5 = 0.001R$$

$$R_4 = 9\ \text{k}\Omega$$

这样依次计算出 R_3、R_2 和 R_1 的值。

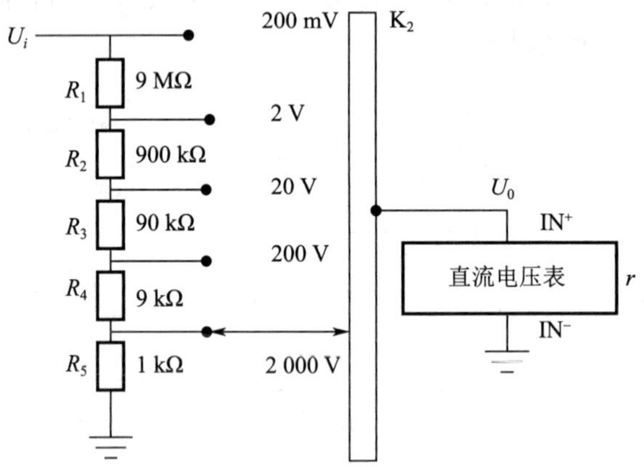

图 6-27-7　实际分压器原理

注:尽管上述最高量程挡的理论量程是 2 000 V,但通常的数字万用表出于耐压和安全考虑,规定最高电压量限为 1 000 V。由于只注重掌握测量原理,所以不提倡做高电压测量实验。

在转换量程时,波段转换开关可以根据挡位自动调整小数点的显示。可以自行设计这一实现过程,只要对应的小数位 DP_1、DP_2 或 DP_3 插孔接地,就可以实现小数点的点亮。

(2) 直流电流量程扩展测量(参考电压为 100 mV)。

电流测量原理:根据欧姆定律,用合适的取样电阻把待测电流转换为相应的电压,再进行测量。为防止数字表头出现过载,实际数字万用表的直流电流挡电路如图 6-27-8 所示。

图 6-27-8 中各挡分流电阻的阻值的计算如下。

先计算最大电流(默认为 2 A) 挡的分流电阻 R_5:

$$R_5 = \frac{U_0}{I_{m5}} = \frac{0.2\ \text{V}}{2\ \text{A}} = 0.1\ \Omega$$

同理,下一挡(200 mA 挡) 的 R_4 为

$$R_4 = \frac{U_0}{I_{m4}} - R_5 = \frac{0.2\ \text{V}}{0.2\ \text{A}} - 0.1\ \Omega = 0.9\ \Omega$$

这样依次计算出 R_3、R_2 和 R_1 的值。

注:用 2 A 挡测量时,若发现电流大于 1 A,则应尽量缩短测量时间,以免大电流引起的较高温升影响测量精度甚至损坏电表。

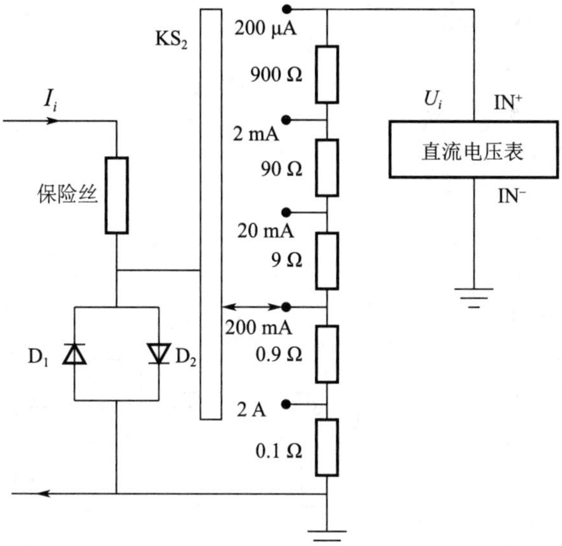

图 6-27-8　实用分流器原理

(3) 交流电压、交流电流测量(参考电压为 100 mV)。

数字万用表中交流电压、交流电流测量电路是在直流电压、直流电流测量电路的基础上，在分压器或分流器之后加入交、直流转换电路(即 AC-DC 变换电路)，实验仪中用图 6-27-9 所示的简化图代替。

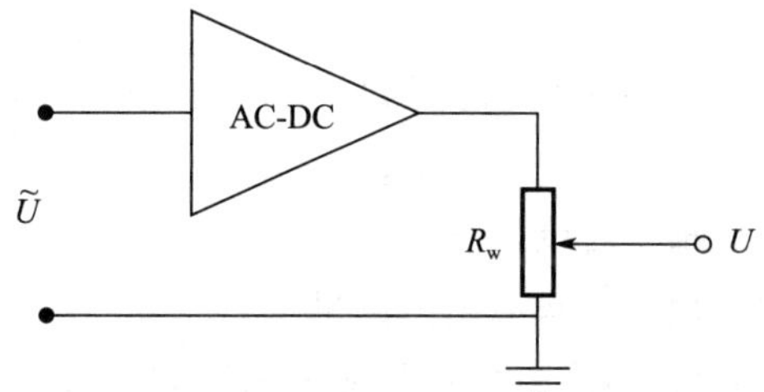

图 6-27-9　交、直流电压转换简化图

注：与直流电压挡类似，出于对耐压、安全方面的考虑，交流电压最高挡的量限通常为 750 V(有效值)。

(4) 电阻测量电路。

数字万用表中的电阻测量采用的是比例测量法，其原理电路图如图 6-27-5 所示。

如前所述，$N_2 = 1\,000 \times R_x/R_s$。当 $R_x = R_s$ 时，数字显示将为 1 000，选择相应的小数点位就可以实现电阻值的显示。若构成 200 Ω 挡，则取 $R_s = 100\ \Omega$，将小数点定在十位上，即让 DP$_1$ 插孔接地，当 R_x 变化时，显示从 0.1 ～ 199.9 Ω；若构成 2 kΩ 挡，则取 $R_s = 1\ \text{k}\Omega$，将小数点定在千位上，即让 DP$_3$ 插孔接地，当 R_x 变化时，显示从 0.001 ～ 1.999 kΩ；其他挡以此类推。

数字万用表多量程电阻挡电路如图 6-27-10 所示，测量前需选择 $R_{int} = 470\ \text{k}\Omega$。为降低测试电压并减小测试电流，将 +5 V 电压经过 R_v 和二极管(VD) 分压后，获得约 +0.65 V 的测试电压(即电阻挡的开路电压)。由正温度系数(PTC) 热敏电阻 R_t 与晶体管 T 组成过压保护电路，以防误用电阻挡测高电压时损坏集成电路。

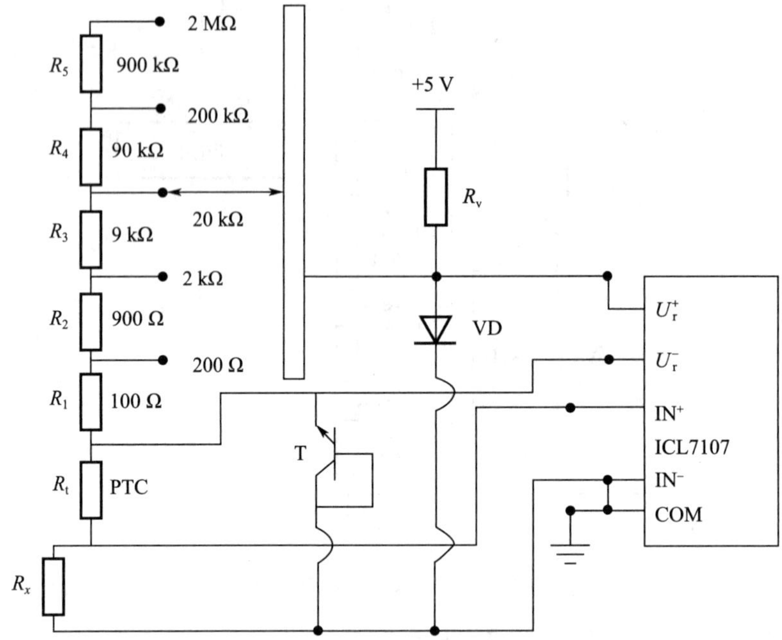

图 6-27-10　数字万用表多量程电阻挡电路

【实验内容与步骤】

1. 实验内容

(1) 设计制作多量程直流数字电压表，并利用分压器扩展电压表头，成为多量程直流电压表。

(2) 利用分流器设计多量程直流电流表。

(3) 利用分挡电阻原理实现多量程电阻的测量。

(4) 加入交直流电压转换模块，进行多量程交流电压的测量。

2. 实验步骤

1) 直流电压的测量

(1)200 mV 挡量程的校准。

① 将钮子开关 S_1 拨向 100 mV 挡，使积分电阻 $R_{int}=47$ kΩ。供电，调节 AD 参考电压模块中的电位器(上旋减小，下旋增加，下同)，同时用通用万用表 200 mV 挡测量其输出电压值，直到万用表的读数为 100.0 mV 为止。

② 调节直流电压电流模块中的电位器，同时用万用表 200 mV 挡测量该模块的输出电压值，使其输出电压值为 0 ~ 199.9 mV 中的某一具体值(如 100.0 mV)。

③ 将 DP_3 接地(GND)，使 ICL7107 模块中第三个数码管的小数点点亮，显示 XXX. X。

④ 按图 6-27-11 所示接线，观察数码管显示是不是 0 ~ 199.9 mV 中那一具体值(如 100.0 mV)。若有些许差异，稍微调整 AD 参考电压模块中的电位器，使模块显示读数为前述具体值(如 100.0 mV)。

⑤ 调节直流电压电流模块中的电位器，调节其输出电压，使模块输出电压为 199.9 mV，

180.0 mV，160.0 mV，…，20.0 mV，0 mV，同时记录万用表所对应的读数，再以模块显示的读数为横坐标，万用表显示的读数为纵坐标，绘制校准曲线。

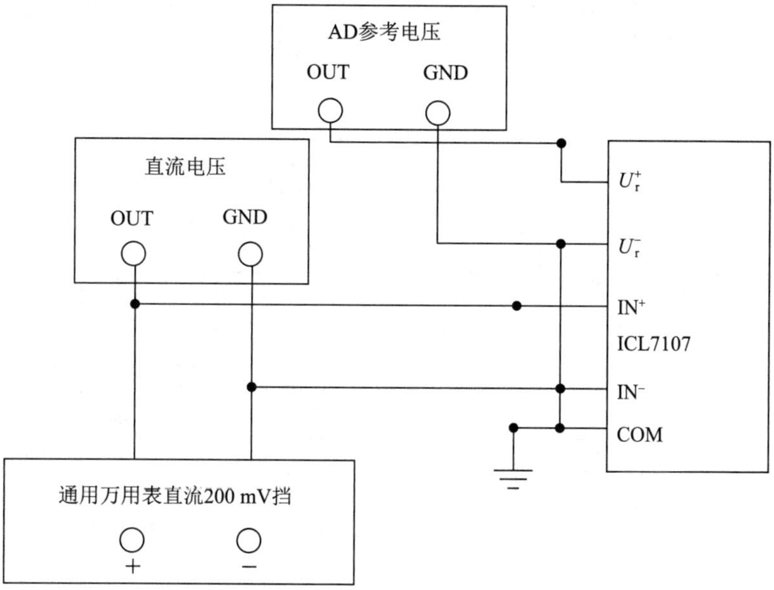

图 6-27-11 直流电压测量接线图

注：进行校准时，由于直流电压电流模块中的电位器精度不够，可能调整不到相应的值(如100.0 mV)，可以调整到一个接近的值。但是在稍微调整 AD 参考电压模块中的电位器时，一定要使模块显示值与实际测量的直流电压电流模块中输出的电压值一样。在后面的校准实验中也同样遵循这一原则。

(2)2 V 挡量程校准。

① 将钮子开关 S_1 拨向 1 V 挡，使积分电阻 $R_{int}=470\ k\Omega$。供电，调节 AD 参考电压模块中的电位器，同时用通用万用表 2 V 挡测量其输出电压值，直到万用表的读数为 1.000 V 为止。

② 调节直流电压电流模块中的电位器，同时用万用表 2 V 挡测量该模块输出电压值，使其输出电压值为 0 ～ 1.999 V 的某一具体值(如 1.000 V)。

③ 将 DP_1 接地(GND)，使 ICL7107 模块中第一个数码管的小数点点亮，显示 X.XXX。

④ 按图 6-27-11 所示接线，观察数码管显示是不是 0 ～ 1.999 V 中那一具体值(如 1.000 V)。若有些许差异，稍微调整 AD 参考电压模块中的电位器，使模块显示读数为前述具体值(如 1.000 V)。

⑤ 调节直流电压电流模块中的电位器，调节其输出电压，使模块输出电压为 1.999 V，1.800 V，1.600 V，…，0.020 V，0 V，同时记录万用表所对应的读数，再以模块显示的读数为横坐标，万用表显示的读数为纵坐标，绘制校准曲线。

2) 直流电流的测量

(1)20 mA 挡量程校准。

① 测量时先上旋直流电压电流模块中的电位器到底，使输出电流为 0。

② 将钮子开关 S_1 拨向 100 mV 挡，使积分电阻 $R_{int}=47\ k\Omega$。供电，调节 AD 参考电压模块中的电位器，同时用万用表 200 mV 挡测量其输出电压值，直到万用表的示数为 100.0 mV

为止。

③ 将 DP_2 接地(GND),使 ICL7107 模块中第二个数码管的小数点点亮,显示 XX. XX。

④ 按图 6-27-12 所示接线。向右旋转调节直流电压电流模块中的电位器,使万用表显示为 0 ~19. 99 mA 的某一具体值(如 10. 00 mA)。

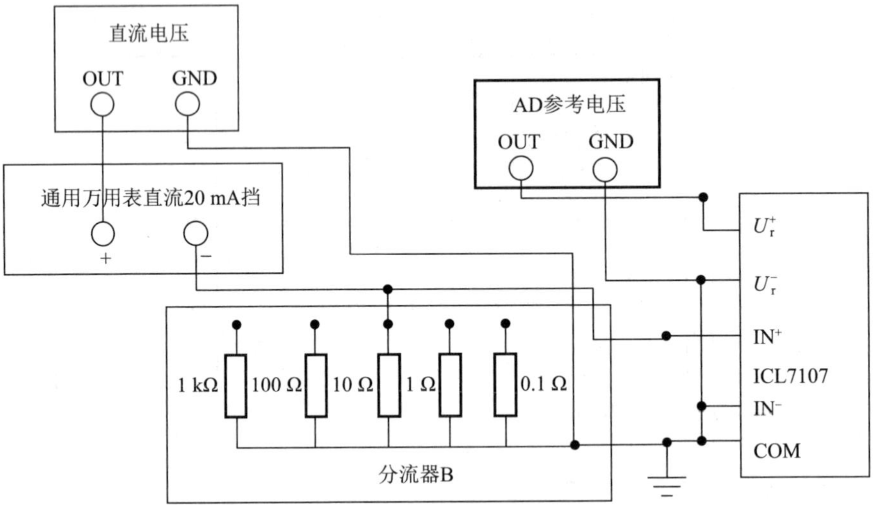

图 6-27-12　直流电流测量接线图

⑤ 观察模数转换模块中显示值是不是 0 ~ 19. 99 mA 中那一具体值(如 10. 00 mA)。若有些许差异,稍微调整 AD 参考电压模块中的电位器,使模块显示读数为前述具体值(如 10. 00 mA)。

⑥ 调节直流电压电流模块中的电位器,调节其输出电流,使显示模块输出电流为 19. 99 mA, 18. 00 mA,16. 00 mA,…,0. 20 mA,0 mA,同时记录万用表所对应的读数,再以模块显示的读数为横坐标,万用表显示的读数为纵坐标,绘制校准曲线。

(2)2 mA 挡量程校准。

若要进行 2 mA 挡校准,只需要将分流器 B 中的电阻选为 100 Ω,ICL7107 模块中数码管对应的显示调为 X. XXX,同时把万用表的量程选择为 2 mA 挡,然后重复实验步骤 ① ~ ⑥ 即可。

3)200 mV 交流电压的校准

① 先进行 200 mV 直流电压挡量程的校准(参照直流电压的测量)。

② 调节交流电压电流模块的交流电压输出,用万用表测量,使之为 0 ~ 199. 9 mV 中的某一具体值(如 100. 0 mV)。

③ 按图 6-27-13 所示接线,供电,观察模块的显示值是不是 0 ~ 199. 9 mV 中那一具体值(如 100. 0 mV)。若有些许差异,稍微调整交直流电压转换模块中的电位器,使模块与万用表测量的值相同即可。

④ 调节交流电压电流模块中的电位器,调节其输出电压,使模块输出电压为 199. 9 mV, 180. 0 mV,160. 0 mV,…,20. 0 mV,0 mV,同时记录万用表所对应的读数,再以模块显示的读数为横坐标,万用表显示的读数为纵坐标,绘制校准曲线。

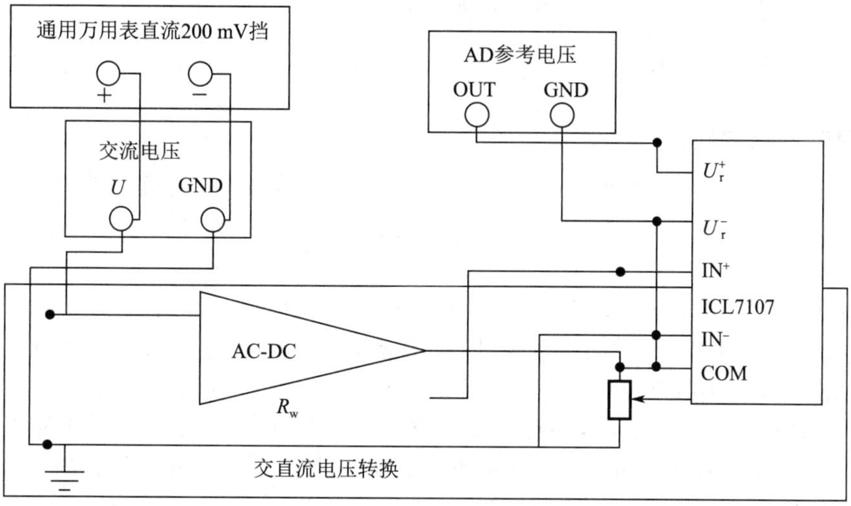

图 6-27-13　交流电压的测量

4)20 mA 交流电流的测量

① 进行 200 mV 交流电压的校准。

② 按图 6-27-14 所示接线,供电。

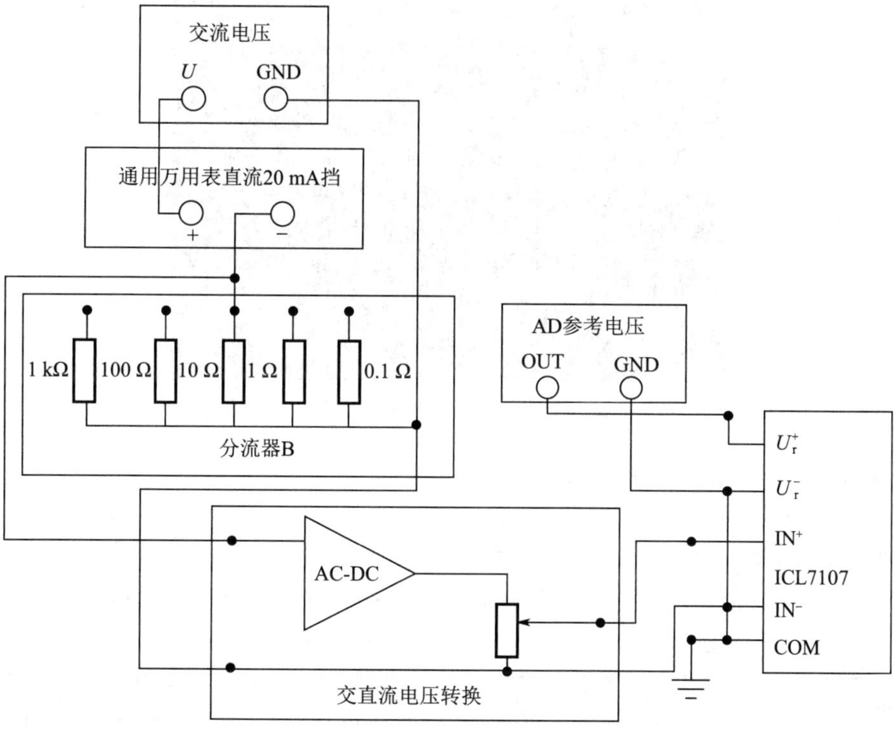

图 6-27-14　交流电流测量接线图

③ 调节交流电压电流模块中的电位器,减小输出电流,使显示模块输出电压为 19.99 mA,18.00 mA,16.00 mA,…,0.20 mA,0 mA,同时记录万用表对应的读数,再以模块显示的读数

为横坐标,万用表显示的读数为纵坐标,绘制校准曲线。

【数据记录和处理】

1. 万用表设计实验

此实验应遵循直流电压的测量范围为 0 ～ 36 V,交流电压的测量范围为 0 ～ 200 mV,直流电流的测量范围为 0 ～ 2 A,交流电流的测量范围为 0 ～ 20 mA 的原则。其他量程类推,了解实现的原理即可。

输入转换开关模块如图 6-27-15 所示。通过拨动转换开关,可以使 S_2 插孔依次和插孔 A、B、C、D、E 相连并且相应的量程指示灯亮,同时 S_1 插孔依次与插孔 a、b、c、d、e 相连。D_1 组开关用于设计时控制模块小数点位的点亮,D_2 组开关用于分压器、分流器以及分挡电阻中,实现多量程测量。在进行多量程扩展时,注意任意小数点位均不能与地接通,不能点亮小数点位,然后把插孔 a、b、c、d、e 和 DP_1、DP_2、DP_3 连接组合成需要的量程(控制相应量程的小数点位)。当拨动量程转换开关时,DP_1、DP_2、DP_3 中只有一个通过 a、b、c、d、e 与 S_1 相连,从而对应的小数点位将被点亮。具体的接线是:DP_1 － b、DP_1 － e;DP_2 － c;DP_3 － a、DP_3 － d。

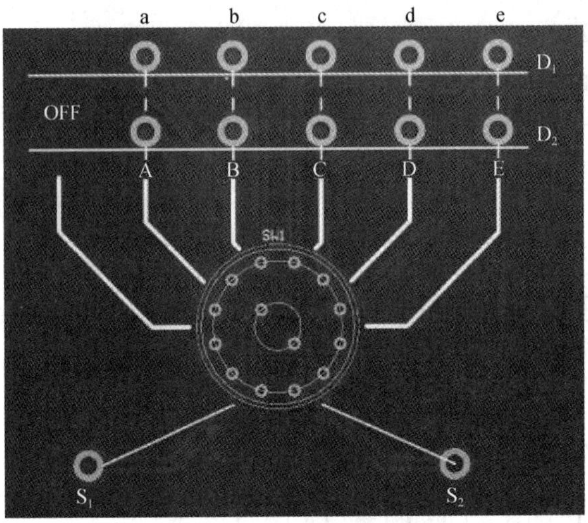

图 6-27-15　输入转换开关模块

(1) 设计制作多量程直流数字电压表。

① 制作 200 mV 直流数字电压表,并进行校准。

② 利用分压器扩展电压表头成为多量程直流电压表,参照图 6-27-7 和图 6-27-11 接线。

③ 将 200 mV 挡和 2 V 挡量程的校准数据记入表 6-27-1 中,并作校准曲线。

表 6-27-1　200 mV 挡和 2 V 挡量程的校准数据记录表

$U_{改}$								
$U_{标}$								
$\Delta U = U_{改} - U_{标}$								

$U_{改}$ 为改装的表头测量值,$U_{标}$ 为实际标准值,以 $U_{改}$ 为横轴,$\Delta U = U_{改} - U_{标}$ 为纵轴,在坐

标纸上作校准曲线(注:校准曲线为折线,即将相邻两点用直线连接)。

(2) 设计制作多量程直流数字电流表。

① 制作 200 mV 直流数字电压表,并进行校准。

② 利用分流器设计多量程直流电流表,参照图 6-27-8 和图 6-27-12 接线。

③ 将 2 mA 挡和 20 mA 挡量程的校准数据记入表 6-27-2 中,并作校准曲线。

表 6-27-2　2 mA 挡和 20 mA 挡量程的校准数据记录表

$I_{改}$								
$I_{标}$								
$\Delta I = I_{改} - I_{标}$								

$I_{改}$ 为改装的表头测量值,$I_{标}$ 为串联在测量回路中的标准电流表测量值,以 $I_{改}$ 为横轴,$\Delta I = I_{改} - I_{标}$ 为纵轴,在坐标纸上作校准曲线。

(3) 设计制作多量程电阻表。

利用分挡电阻原理实现多量程电阻测量,参照图 6-27-10 接线。

(4) 设计制作多量程交流电压表。

在多量程直流数字电压表的基础上再加入交直流电压转换模块,即可实现多量程交流电压的测量。

【注意事项】

(1) 严格按照实验步骤及要求进行实验。请遵循"先接线,再加电;先断电,再拆线"的原则。在加电前应确认接线已准确无误(特别是在测量高压或大电流时),避免短路造成事故。

(2) 信号地和电源地应分开连接。

(3) 虽然测量电路中已加入保护电路,但注意不要用电流挡或电阻挡测量电压,避免对仪器造成损坏。

(4) 当数字表头最高位显示"1"而其余位都不亮时,表明输入信号过大,即超量程,此时应尽快换大量程挡或减小(断开) 输入信号,避免长时间超量程工作损坏仪器。

(5) 出于对实验人员的安全考虑,被测量的电压信号不能高于 36 V。

【分析与思考】

(1) 为什么不能用万用表欧姆挡测量电源电阻?

(2) 为什么不能用欧姆表测量另一表头的内阻?

(3) 指针式仪表与数字式仪表有什么不同?

附录

第七章　研究性实验

实验二十八　双光栅衍射成像实验

【实验背景及应用】

双光栅衍射成像实验

衍射光栅是一种纳米精度周期性微结构的精密光学元件，在光谱学、天文学、激光器、光通信、信息存储等领域中有重要应用。光栅面积大可获得高集光率和分辨本领，精度高可获得更高的信噪比，但制造出大而精的光栅是世界性的难题。2016 年 11 月 11 日，中国科学院长春光机所承担的国家重大科研装备研制项目“大型高精度衍射光栅刻划系统的研制”通过验收，成功研制出尺寸为 400 mm × 500 mm、精度为 10 nm 的光栅，这是世界上最大面积的中阶梯光栅。这标志着我国大面积高精度光栅制造的相关技术达到国际领先水平，结束了在高精度大尺寸光栅制造领域受制于人的局面，帮助我国光谱仪器行业摆脱了“有器无心”局面，改变了我国光谱仪器产业处于行业低端的状况。

付绍军、洪义麟教授团队深耕衍射光栅领域三十余年，多项成果突破国外技术封锁和禁运，为国家重大任务提供了重要支撑。在部分大口径光栅工艺设备受到禁运，且可加工口径远远无法满足国内大口径光栅研制需要的情况下，他们攻坚克难，成功研制出米级反应离子束刻蚀机、米级等离子体灰化机、真空旋涂机等多套关键工艺设备。

传统的光栅衍射实验内容大多是利用分光计观察光栅衍射光谱，根据光栅方程测定光栅常量或谱线波长，对光栅特性的认识只限于它的色散作用。2001 年，广西大学张卫平教授经过多年的研究发现，若将两光栅组合为一系统并恰当配合，让第一个光栅起色散作用，第二个光栅起汇合光谱作用，则可使复色物光波经过两个光栅的两次衍射后仍能形成无色散的清晰的物体虚像，这就是光栅的色散-汇合光谱成像（也称双光栅衍射消色散成像）效应。该效应具有“隔屏观物”的效果，利用该效应可以完成图像的传递，因此可以将两个光栅组合形成一种新型的图像传递系统 —— 双光栅成像系统。

【实验教学目标】

1. 知识目标

(1) 观察光栅的色散现象，判断衍射光的级次。

(2) 通过调节两个光栅，观察汇合光谱成像及消色散成像现象。

(3) 研究光栅色散-汇合光谱成像关系方程。

2. 能力目标

(1) 通过对光栅色散和汇合光谱成像现象的观察和调节，培养学生综合使用光栅、望远镜等仪器的能力。

(2) 通过对光栅色散-汇合光谱成像关系方程的验证，培养学生的逻辑推理能力。

(3) 培养学生对实验结果进行数据处理和问题分析的能力。

3. 价值目标

(1) 通过分析光栅衍射的特点，训练学生逻辑推理的科学思维，增强学生的创新精神。

(2) 通过介绍我国制成世界上最大面积的中阶梯光栅，激发学生的学习兴趣，培养学生的民族自信心和自豪感。

【实验仪器】

实验仪器结构图如图 7-28-1 所示。

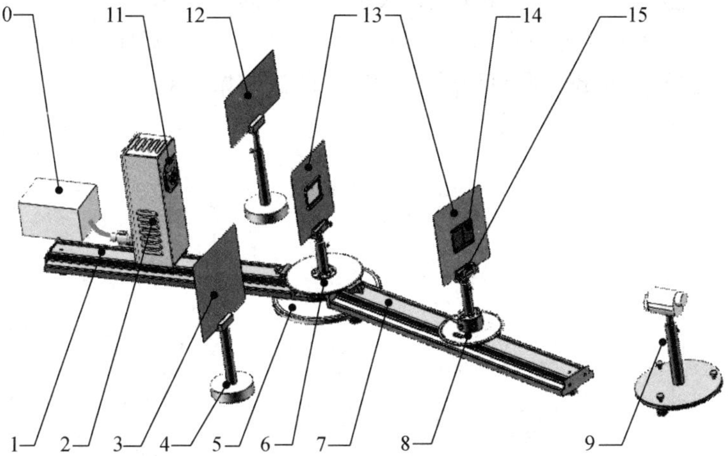

1— 短导轨；2— 光源；3— 黑屏；4— 移动底座；5— 基座；6— 中心刻度盘；7— 长导轨；8— 滑块刻度盘；9— 望远镜整件；10— 汞灯电源；11— 观察物；12— 辅助屏；13— 光栅；14— 单缝光阑；15— 平口夹。

图 7-28-1　实验仪器结构图

(1) 短导轨：在导轨底部万向滚轮的支撑下，可使导轨绕基座上的转轴灵活转动。短导轨上有标尺，量程约为 60 cm，标尺分辨力为 1 mm。导轨一侧固定有对称角度游标，如图 7-28-2 所示。

(2) 光源：内置高压汞灯，用于产生分立谱线的光。光源出光孔装有插槽，可插接观察物。光源底部装有滑块，可通过滑块沿短导轨移动。

(3) 黑屏：挡光用，避免汞灯光源发出的光直接进入光栅 G_2 或望远镜。

(4) 移动底座：未与导轨或基座连接的、可自由移动、起支撑稳定作用的底座。

(5) 基座：起稳定仪器的作用，基座中心有转轴。

(6) 中心刻度盘：如图 7-28-3 所示，分辨力为 0.5°，配合导轨上的角度游标(分辨力为 2′)使用。安装在其上的光栅法向对齐中心刻度盘的 0°，且方向固定。

(7) 长导轨：在导轨底部万向滚轮的支撑下，可使导轨绕基座上的转轴灵活转动。长导轨上有标尺,量程约为 70 cm,标尺分辨力为 1 mm。导轨一侧固定有对称角度游标。

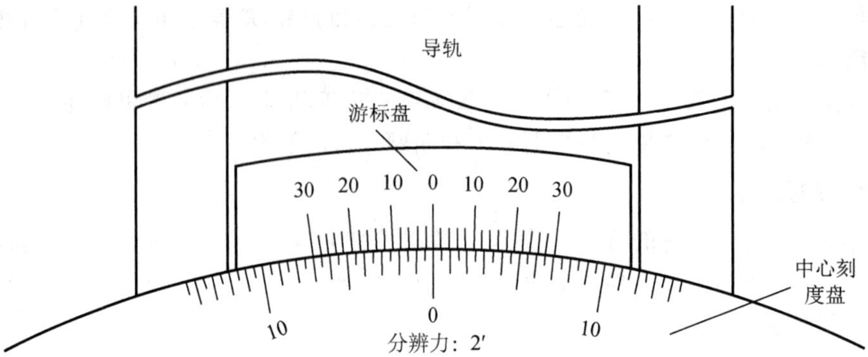

图 7-28-2　游标盘示意图

(8) 滑块刻度盘:刻度分布如图 7-28-3 所示,分辨力为 0.5°,滑块刻度盘可通过滑块沿长导轨移动,其滑块上刻线所对齐的导轨上标尺的刻度值即为光栅 G_2 中心与光栅 G_1 中心沿导轨方向的距离(注:放置在中心刻度盘和滑块刻度盘上的光栅分别标记为 G_1 和 G_2,下同)。滑块刻度盘的 0° 方向始终对齐长导轨中轴,光栅 G_2 的法向始终对齐指针指示方向。光栅 G_2 可绕滑块刻度盘中心轴转动。

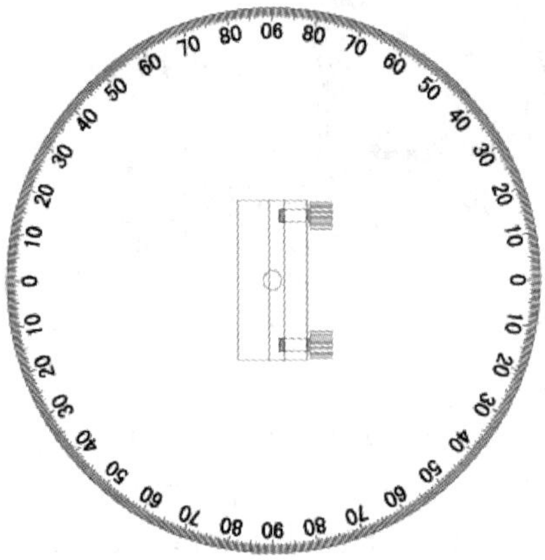

图 7-28-3　中心刻度盘示意图

(9) 望远镜整件:包括望远镜和升降支架。望远镜放大倍数为 8,焦距连续可调;升降支架可调高度、水平转角及俯仰倾角。

(10) 汞灯电源:规格为交流 220 V、50 Hz,用于给汞灯供电。

(11) 观察物:观察物上有匀光板及一定形状的透光孔,使物光均匀、便于区分。仪器配的观察物是箭头镜。

(12) 辅助屏:带网格线及横向标尺,标尺分辨力为 1 cm,可对衍射光谱进行定位。

(13) 光栅:安装在光栅板上(光栅面与光栅板共面,光栅另一面为玻璃面),方便拿取,同时避免手指直接接触光栅。实验室提供多种不同空间频率的光栅,空间频率的数值用透明数码膜贴在光栅玻璃面的一角。

(14) 单缝光阑:使用时挂在光栅 G_2 上,单缝对齐光栅 G_2 中央,作为望远镜的观察窗口。

(15) 平口夹：平口夹升降杆上铣有精密一维线槽，可限制平口夹的运动方向。

注：游标盘上角度的读取方向是游标盘 0 刻线在中心刻度盘 0 刻线哪一侧，则读取游标盘上同侧游标。

【实验原理】

1. 光栅的色散作用

对于复色光，除 0 级光束外，各衍射级中波长不同，则衍射角不同。波长越长，衍射角越大，形成光谱，这就是光栅的色散。

复色光倾斜入射到光栅上的光栅色散方程为

$$d(\sin\alpha \pm \sin\beta_{ki}) = k\lambda_i \tag{7-28-1}$$

式中，d 为光栅常量；α 为入射角；λ_i 为复色光中第 i 个波长；β_{ki} 为第 i 个波长的 k 级衍射角；$k = 0, \pm 1, \pm 2, \cdots$ 为衍射级次。

2. 光栅的汇合光谱效应

若让图 7-28-4 中第 k 级衍射光中的各波长的光逆向回射到光栅上，即 $\lambda_1, \lambda_2, \lambda_3, \cdots$ 的光以入射角 $\beta_{11}, \beta_{12}, \beta_{13}, \cdots$ 入射到光栅上，如图 7-28-5 所示，则根据光的可逆性，它们经光栅衍射后的第 k 级衍射光谱的衍射角都为 α，即各色光的第 k 级衍射光汇合为一束，这就是光栅的汇合光谱效应，此时的第 k 级为汇合光谱级。

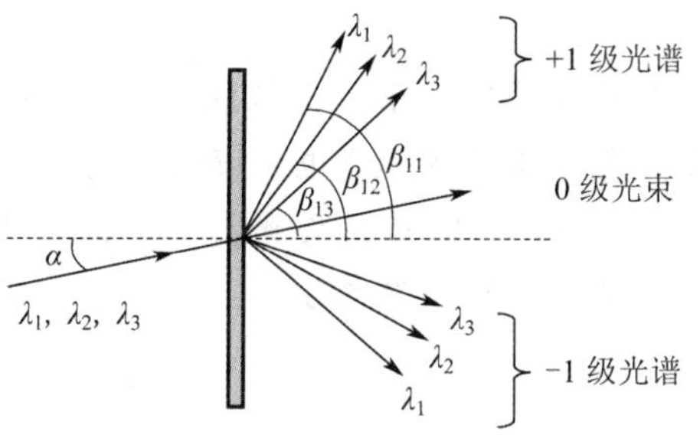

图 7-28-4　色散光路图

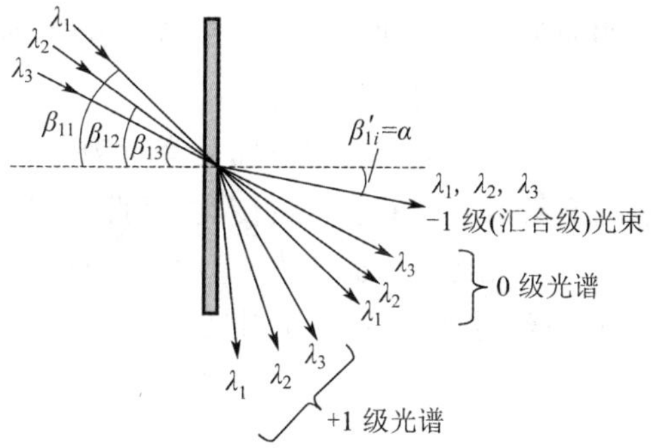

图 7-28-5　汇合光路图

3. 光栅的色散-汇合光谱成像方程

成像光路如图 7-28-6 所示，图中 G_1 和 G_2 分别为平面等周期透射光栅(光栅条纹沿 y 轴方向，即垂直于纸面)，O 处放有被观察的目标物，P 是黑屏。成像过程为来自 O 点的物光通过 G_1 后衍射形成各级物光谱波(图中仅画出了其中的某一级，k_1 级)，k_1 级衍射光经 G_2 后，再次衍射形成 G_2 的衍射光谱。当 G_2 的放置方位使其中的某一级(k_2 级) 光谱满足汇合光谱条件时，这一级衍射光便形成汇合光谱光束，从中可观察到没有色散的清晰的物体图像。该成像光路为“之”字形，但观察者看到的汇合像就像是直接来自 O 处，因而具有“隔屏观物”的效果。为了获得较好的成像效果，光源所在位置应使通过 G_1 进入 G_2 的 k_1 级衍射光满足入射角等于衍射角这一条件。

要使两个光栅产生双光栅消色散成像效应，两个光栅的空间频率、衍射光的级次及放置方位需要满足如下双光栅消色散成像关系方程：

$$\frac{k_1 z_1}{d_1} = -w\frac{k_2 z_2}{d_2} \tag{7-28-2}$$

式中，负号表示成像光束经过两光栅衍射时的级次符号相反；d_1、d_2 为光栅常量；k_1、$1/d_1$、z_1 分别代表光栅 G_1 的衍射级次、G_1 的空间频率(指每毫米具有的光栅线数，单位为 L/mm)、G_1 至物体的距离；k_2、$1/d_2$、z_2 分别代表光栅 G_2 的衍射级次、G_2 的空间频率、G_2 至虚光谱的距离；w 为系数，与 G_2 的放置方位有关。

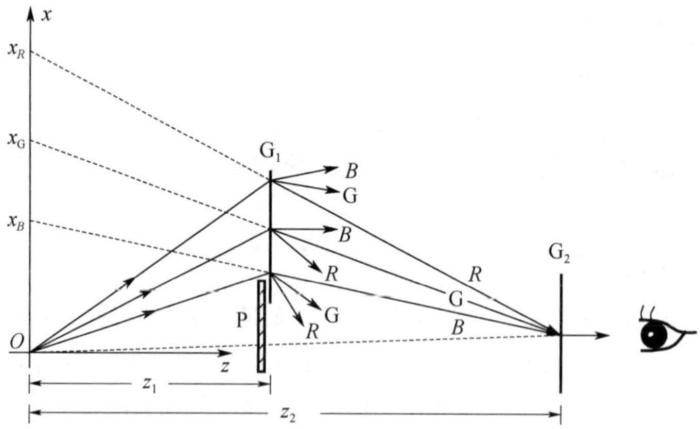

图 7-28-6　复合光光栅衍射成像示意图

当两平面等周期透射光栅平行放置时(两光栅的夹角为零)，$w \approx 1$；若两光栅平行放置且 $k_1/d_1 = 2k_2/d_2$ 时，$w = 1$。

当两光栅并非平行放置而是有不为零的夹角时，则双光栅消色散成像效应发生时，G_2 的位置与平行放置时有较大的变化，因此方程中的系数 w 随着夹角的变化也有较大变化。

若已知光源 O 处到光栅 G_1 中心的直线距离 L_1，以及光栅 G_2 中心到光栅 G_1 中心的直线距离 L，同时经过光栅 G_1 的光满足入射角等于衍射角，根据简单的几何关系，式(7-28-2) 可变形为

$$\frac{k_1 L_1}{d_1} = -w\frac{k_2 (L_1 + L)}{d_2} \tag{7-28-3}$$

本实验主要用式(7-28-3) 来进行。

【实验内容与步骤】

1. 实验准备

实验前，将光源固定在短导轨上，光源出光孔一侧朝向基座。在汞灯电源未通电的情况下连接汞灯电源和光源，然后打开汞灯电源，点亮汞灯，预热至少 20 min。

注：不要直视光源，避免伤害眼睛；光源点亮后其外壳上半部分温度较高，应避免接触光源外壳上半部分，以免烫伤；若需要移动光源，可用手接触光源外壳距离底部 5 cm 内的部分进行移动。

2. 观察光栅的色散现象

(1) 将箭头镜插在光源上的插槽内，将空间频率为 300 L/mm 的光栅左右对称地固定在中

心刻度盘的平口夹上。[注：光栅的光栅面应朝向光源一侧(G_1 和 G_2 均遵循此规定，下同)。]调节平口夹高度，使光栅中心与光源出光孔中心等高。

(2) 将短导轨转动到中心刻度盘的 0° 方向，将光源移动到适当位置(推荐 30 cm) 并固定，将辅助屏放在箭头镜旁边并与其基本共面(带网格线一面朝向 G_1 一侧)，以便于观察光栅的分光现象。

(3) 通过该光栅观察箭头镜(光源) 周围的情况，可以看到除光源处的箭状(0 级衍射光) 为白色外，周围全是按一定颜色顺序排开的各级光谱的虚像。随着级次的增大，各级光谱之间的间距增大，各颜色光之间的距离增大。

3. 观察汇合光谱成像及消色散成像现象

(1) 调节短导轨方位。

取光栅 G_1 的空间频率为 1 000 L/mm($1/d_1 = 1\ 000$ L/mm)，将光源固定在短导轨上适当位置 L_1(如取 $L_1 = 30$ cm)；转动短导轨，使需要的 k_1 级衍射光满足衍射角等于入射角，然后锁紧短导轨固定入射角。将长导轨转动至同一对称角度并锁紧(注：关于包含游标的角度读取方法请参见相关资料，这里不再详述)。当满足此条件时，虚光谱落在与观察物 O 处处于同一平面的辅助屏上，没有视差。

(2) 调节汇合光谱成像及消色散成像现象。

完成上述步骤，固定 $L_1 = 30$ cm，取光栅 G_2 的空间频率为 300 L/mm($1/d_2 = 300$ L/mm)，转动 G_2，使滑块刻度盘上指示的角度等于长导轨转动的角度(精确到滑块刻度盘上的半格即可)，以保证光栅 G_1 与 G_2 基本平行。将黑屏放置在 G_1 旁边，以避免光源的光直射入 G_2，将 G_2 沿长导轨不断移动(注：G_2 移动时应保证滑块上无锁紧螺钉的一侧始终贴着导轨，避免滑块存在转动影响两光栅平行)，同时人眼观察 k_2 级物光谱的变化，直到移至 $L = 70$ cm 附近。在此过程中，通过 G_2 可以看到 $k_2 = 1$ 级物光谱中色散的物体虚像逐渐汇集叠合，形成无色散物体像(光谱汇合像)。为了准确观察，此时将单缝光阑对称地挂在 G_2 上，换上望远镜，通过单缝光阑继续观察光谱汇合像，并细调 G_2 在长导轨上的位置，使该虚像光谱汇合得最好。此即实现了双光栅对物体的消色散成像。

注：有时会观察到汇合光谱只有水平方向能够汇合而竖直方向无法汇合的情况，这是由于两光栅的栅线方向没有严格平行，若要消除该现象，可将 G_1、G_2 中任意一个光栅以 z 轴方向为轴转动一小角度即可。

4. 验证双光栅衍射消色散成像关系方程

在上述实验 3 的基础上，将两光栅平行放置，取 $1/d_1 = 1\ 000$ L/mm，在表 7-28-1 中设定的 L_1 下，调整 G_1 的位置，使 $k_1 = -1$ 级衍射光满足衍射角等于入射角这一条件。根据表 7-28-1 中设定的空间频率对 G_2 进行更换，移动 G_2 直到表 7-28-1 中设定的衍射级(k_2) 发生消色散成像，记录 L 于表 7-28-1 中，重复测量 3 次。

【数据记录和处理】

表 7-28-1　验证双光栅衍射消色散成像方程并计算 w

$1/d_1=1\ 000$ L/mm, $k_1=-1$

测量序号	1	2	3	4	5	6	7	8	9	10
L_1/cm	30	30	30	30	40	40	40	50	50	50
$\frac{1}{d_2}\Big/$(L/mm)	300	300	300	300	400	400	400	500	500	500
k_2	1	2	1	1	2	1	1	2	1	1
L/mm(1)										
L/mm(2)										
L/mm(3)										
L 平均值 /mm										
w										

【不确定度分析】

将表 7-28-1 中的数据代入式(7-28-3),求出 w,并计算出空间频率 1 000 与 300 组合、1 000 与 500 组合及 1 000 与 600 组合下的 w 的算术平均值(为 w 的实验值),与给定的参考理论值 $w=1$ 进行比较,利用公式 $E=\frac{|w_{理论}-w_{实验}|}{w_{理论}}\times 100\%$ 计算每个组合下 w 的相对误差。

【注意事项】

(1) 实验最好在昏暗环境中进行,现象更明显。

(2) 实验桌面应平整并保证导轨在同一平面上转动,避免转轴磨损影响仪器寿命。

(3) 光源点亮后勿直视光源,避免强光伤害眼睛。

(4) 光源外壳发热,小心烫手。

(5) 望远镜上的镜片及各光栅应避免直接用手触摸或与硬物触碰。

(6) 长、短导轨上的螺钉不要拧得过紧,以免损坏。

【分析与思考】

(1) 沿中心刻度盘转动短导轨会发现什么现象?

(2) 如何判断 G_1 衍射光的级次?0 级衍射光与非 0 级衍射光有何区别?

(3) 更换不同空间频率的光栅观察色散情况,比较并分析异同。

(4) 如何测量未知光栅的空间频率?$\left[\text{提示:利用光栅色散-汇合光谱成像关系方程 } \frac{k_1L_1}{d_1}=-w\frac{k_2(L_1+L)}{d_2}\text{。}\right]$

实验二十九　PASCO 法拉第电磁感应定律实验

【实验背景及应用】

PASCO 法拉第电磁感应定律实验

19 世纪初期，电学和磁学的研究已经取得了一些重要的成果。例如，1820 年，丹麦物理学家奥斯特发现了电流的磁效应，即电流可以产生磁场。这一发现引起了科学界的广泛关注，并促使人们开始思考磁是否也能产生电。英国物理学家法拉第对电磁现象进行了深入的研究。他坚信磁能产生电，并进行了一系列实验来验证这一想法。通过将线圈与灵敏电流计相连，然后将磁铁插入或拔出线圈，他发现当磁铁插入或拔出线圈时，灵敏电流计的指针会发生偏转，这表明线圈中产生了电流。这种电流称为感应电流，产生感应电流的现象称为电磁感应现象。

法拉第电磁感应实验的成功，不仅证明了磁能产生电，而且为电磁学的发展奠定了基础。它揭示了电和磁之间的内在联系，为麦克斯韦方程组的建立提供了实验依据。关于法拉第电磁感应实验的应用非常广泛，如发电机、变压器、电磁流量计和电磁炉等，这些设备的发明和应用极大地提高了人类的生产效率和生活质量。

【实验教学目标】

1. 知识目标

了解法拉第电磁感应定律的基本原理，理解楞次定律的物理内涵。

2. 能力目标

学会使用电磁感应相关的实验仪器，培养学生测量和分析数据的能力。

3. 价值目标

通过了解电磁感应定律在社会中的应用，理解物理规律对科技发展和社会进步的重要推动作用，培养学生重实验、重观察、重分析、精益求精的科学态度。

【实验仪器】

实验仪器装置图如图 7-29-1 所示。

感应棒：通过在磁场中摆动来产生感应电动势的实验部件。

气隙可变磁铁：可以调节磁铁的气隙，从而改变磁场的强度。

大型支架底座：用于支撑和固定其他实验组件，确保实验的稳定性。

45 cm 长不锈钢杆：作为实验的一部分，可用于固定或连接其他部件。

多功能卡：用于精确测量或固定实验部件。

电压传感器：用于测量线圈在磁场中摆动时产生的感应电动势。

二轴磁场传感器：用于测量磁场的磁感应强度大小和方向。

转动传感器：用于测量线圈摆动的角度和速度。

PASCO Capstone 软件：用于控制实验设备，记录和分析实验数据。

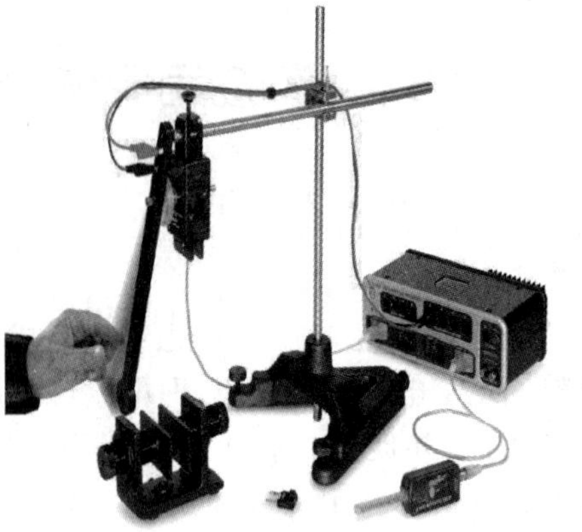

图 7-29-1　实验仪器装置图

【实验原理】

当穿过闭合电路的磁通量发生变化时,电路中就会产生感应电动势,若电路是闭合的,则会产生感应电流,具体包含以下几种情况。

1. 导体切割磁场线运动

当闭合电路的一部分导体在磁场中做切割磁场线运动时,导体中的自由电子会受到洛伦兹力的作用。洛伦兹力使电子沿着导体定向移动,从而在导体两端产生感应电动势。如果电路是闭合的,就会产生感应电流。例如,把一根金属棒两端连接到电流表上,然后让金属棒在磁场中快速移动,当金属棒切割磁场线时,电流表的指针会发生偏转,说明产生了感应电流。

感应电动势的大小与导体切割磁场线的速度、磁感应强度以及导体在磁场中的有效长度等因素有关。一般来说,切割速度越快、磁感应强度越大、导体有效长度越长,产生的感应电动势就越大。

2. 磁场变化

当磁场的磁感应强度的大小、方向或分布发生变化时,即使导体不做切割磁场线运动,穿过闭合电路的磁通量也会发生改变,从而在电路中产生感应电动势和感应电流。例如,将一个线圈放置在变化的磁场中,线圈中的磁通量会随着磁场的变化而变化,在线圈中就会产生感应电流。

这种情况下,感应电动势的大小与磁通量的变化率成正比。也就是说,磁场变化得越快,磁通量的变化率越大,产生的感应电动势就越大。感应电动势的方向可以通过楞次定律或右手定则(见图 7-29-2) 来确定。楞次定律指出感应电流的磁场总要阻碍引起感应电流的磁通量的变化;右手定则是伸平右手使拇指与四指垂直,手心向着磁场的 N 极,拇指的方向与导体运动的方向一致,四指所指的方向即为导体中感应电流(感应电动势) 的方向。

根据法拉第电磁感应定律,对于一个不稳定的变化电场,线圈中的感应电动势可写为

$$\varepsilon = -N \cdot \frac{d\Phi}{dt} \tag{7-29-1}$$

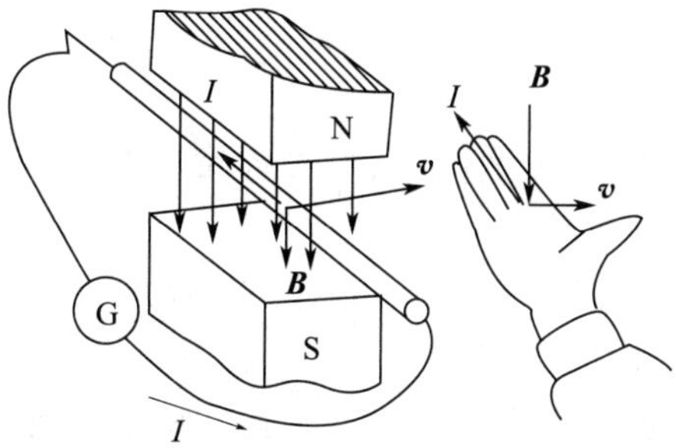

图 7-29-2　右手定则示意图

式中 $\Phi=\int \boldsymbol{B}\cdot \mathrm{d}\boldsymbol{A}=BA$，并且在这个区域 A(线圈面积) 中，如果磁感应强度 B 是一个常数，第二个等式才有意义，并且磁感应强度 $\boldsymbol{B}$ 的方向要垂直于线圈平面 A。这对于本实验来讲，是近似成立的。N 是线圈匝数。对于本实验来讲，线圈在进入或者离开磁场的过程中，其面积 A 是一个常数，那么式(7-29-1) 可以改写为

$$\varepsilon=-NA\frac{\mathrm{d}B}{\mathrm{d}t} \tag{7-29-2}$$

假设线圈中的每一匝面积都相同，法拉第电磁感应定律通常可以写为式(7-29-2) 的形式。而本实验中所用的线圈规格为 200 匝，最大线圈的面积是最小线圈面积的 3 倍。因此所有线圈面积的总和可以表示为 $\sum A_i$。这个求和的过程很复杂，它可以近似地写为(误差在 2% 以内)

$$\sum A_i=N[\pi r_{av}^2] \tag{7-29-3}$$

式中，r_{av} 是线圈的平均半径，那么式(7-29-2) 可以写为

$$\varepsilon=-N[\pi r_{av}^2]\frac{\mathrm{d}B}{\mathrm{d}t} \tag{7-29-4}$$

在 Δt 时间间隔内，平均感应电动势可以写为

$$\varepsilon=-N[\pi r_{av}^2]\frac{B}{\Delta t} \tag{7-29-5}$$

【实验内容与步骤】

1. 实验内容

在本实验中，在磁场中摆动的线圈会产生感应电动势，可验证法拉第电磁感应定律和楞次定律，并可比较电阻上消耗的能量以及线圈摆损失的能量。

通过法拉第电磁感应定律计算线圈在磁场中运动的半个周期来直接测量气隙可变磁铁两极磁感应强度的最大值。进一步通过对比电压传感器测量平均感应电动势来验证法拉第电磁感应定律。验证磁场对间隙的依赖性，通过改变气隙可变磁铁的间隙大小来改变磁感应强度的大小。根据线圈进入磁场和离开磁场时感应电动势的方向，可以验证和分析楞次定律。

此外，将磁场传感器装在摆上，通过法拉第电磁感应定律计算瞬时感应电动势，并与检测的感应电动势对照。定性地分析法拉第电磁感应定律，并分析实验测量与理论上的产生定量的误差的影响因素。

2. 实验步骤

(1) 实验准备步骤。

① 安装感应棒：如图 7-29-1 所示，在支架上固定一个感应棒，并在其末端装上转动传感器。

② 连接转动传感器：如图 7-29-3 所示，用导线将转动传感器连接到三级滑轮的连接点。

③ 放置线圈：如图 7-29-4 所示，将线圈放置到磁铁上，调节气隙可变磁铁的间隙宽度，确保线圈尽可能接近磁铁表面地通过磁场，气隙可变磁铁两个磁板之间的宽度约为1.5 cm。

④ 调节线圈高度：调节线圈高度使其能达到磁铁的中央，并保证线圈顺利穿过磁铁而不碰撞。

⑤ 连接传感器：连接电压传感器到 850 通用接口的 A 分析输入端口，并将转动传感器、磁场传感器连接至 PasPort 的输入端。将电压传感器的插头连接至线圈的末端口，如图 7-29-5 所示，应确保线圈不会在转动过程中产生附加的转矩。

图 7-29-3　连接转动传感器

图 7-29-4　放置线圈

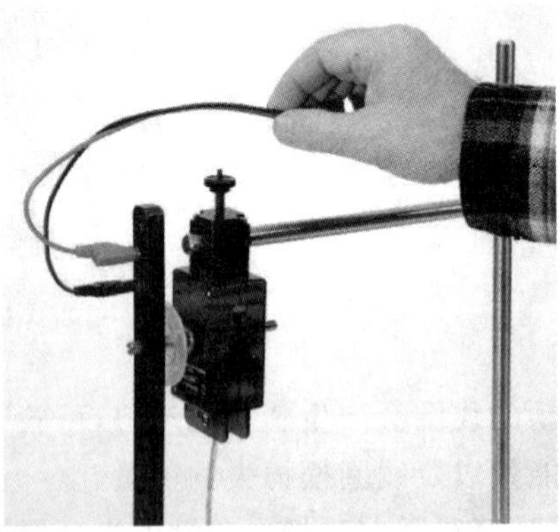

图 7-29-5　连接传感器

(2) 实验过程。

① 按下 2 轴磁场传感器的清零按钮，本实验主要关注磁场的垂直分量。传感器的位置由透明塑料棒顶端附近的白点指示。当磁场线从传感器贴有标签的一侧出来时，磁感应强度为正值。从物理上讲，这意味着传感器的另一侧是 N 极，而贴有标签的一侧是 S 极。

② 如图 7-29-6 所示，将感应棒置于一旁，并将磁场传感器探头装到磁场的两个磁盘之间。

按“记录”按钮，使用磁场传感器确定哪块极板是N极，并进行标记。使用磁场传感器探测磁板间的磁感应强度。

图 7-29-6　测量磁感应强度

③ 举起感应棒使其自由摆动，测量 10 次摆动的时间，计算周期。

④ 将感应棒拉出零场位置，按“记录”按钮，当探测器上出现数据时，释放感应棒，使它在U形电磁铁之间来回移动。之后，按 STOP 按钮。将以上数据标记为“强磁场”。

⑤ 增加磁铁间隙至 3.0 cm，并重复步骤 ①～④，注意使感应棒具有相同的起始位置。将这次运行标记为“弱磁场”。

【数据记录和处理】

将实验数据记入表 7-29-1 和表 7-29-2 中。

(1) 理解感应电动势的产生：当线圈在磁场中摆动时，穿过线圈的磁通量发生变化，根据法拉第电磁感应定律，线圈中会产生感应电动势。

(2) 分析“强磁场”和“弱磁场”数据：比较在不同磁铁间隙(即不同磁感应强度)下记录的电压与时间的图表。观察在强磁场和弱磁场条件下，感应电动势的大小和方向有何不同。

(3) 计算平均感应电动势：从图表中选择一个包含两个上升脉冲和两个下降脉冲的 1.2 s 数据段。使用磁场数据表中的中心磁场感应强度值(B_{max})和图表中的时间间隔(Δt)，应用法拉第电磁感应定律计算平均感应电动势(E_{av})：

$$E_{av} = -N[\pi r_{av}^2]\frac{\Delta B}{\Delta t}$$

式中，N 是线圈的匝数(本实验中为 200 匝)，r_{av} 是线圈的平均半径，ΔB 是磁感应强度的变化量，Δt 是时间的变化量。

(4) 比较理论值与测量值：将电压传感器测量的平均电压与理论计算的平均感应电动势进行比较，记录比较结果，并分析任何差异的可能原因。

表 7-29-1　法拉第电磁感应定律实验数据记录表

实验编号	线圈摆动周期 /s	感应电动势峰值 /V	磁感应强度 /T	摆动角度 /rad	最大高度 /m
1					
2					
3					

此外，根据实验中观察到的现象和数据，利用楞次定律来分析感应电动势的方向。

表 7-29-2　楞次定律预测表

序号	外部磁场变化	感应磁场方向	感应电流方向	电压极性
1	增加(+)	正(+)	逆时针(ccw)	正(pos)
2	增加(+)	负(−)	顺时针(cw)	负(neg)
3	减少(−)	正(+)	顺时针(cw)	负(neg)
4	减少(−)	负(−)	逆时针(ccw)	正(pos)

进行如下说明。

(1) 外部磁场变化：描述线圈在磁场中摆动时，穿过线圈的外部磁场是增大还是减小。

(2) 感应磁场方向：根据楞次定律，感应电流产生的磁场方向应该反对外部磁场的变化。如果外部磁场增大，感应磁场应该试图减小它；如果外部磁场减小，感应磁场应该试图增大它。

(3) 感应电流方向：描述感应电流在线圈中的流动方向。可以使用右手定则来确定，即如果四指指向磁场变化的方向，则拇指指向感应电流的方向。

(4) 电压极性：描述电压传感器测量的电压极性。如果感应电流从电压传感器的红色探头流出，则测量的电压为正；如果感应电流流入黑色探头，则测量的电压为负。

【注意事项】

(1) 在实验开始前，检查所有仪器设备是否完好无损，包括感应棒、磁铁、传感器等。

(2) 确保所有传感器和仪器都按照说明书正确连接，避免短路或错误的信号输入。

(3) 操作磁铁时要小心，避免磁铁相互吸引时造成损坏或对实验人员造成伤害。

【分析与思考】

(1) 根据法拉第电磁感应定律，感应电动势与磁场的磁感应强度之间有什么关系？如果磁感应强度增大，感应电动势会如何变化？

(2) 在实验中，如果线圈的匝数增多，感应电动势会如何变化？为什么会出现这种变化？

(3) 改变线圈在磁场中的运动方向时，感应电流的方向会如何变化？

实验三十　高温超导体转变温度的测量与研究

【实验背景及应用】

高温超导体转变温度的测量与研究

一般金属材料(超导材料除外)的电阻随着温度的降低而减小，当温度低于某一值时，材料还有一定的电阻，此时电阻不再随着温度而变化，通常称为残余电阻。

但有些材料当温度低于某一值后，电阻突然消失，呈现出零电阻的现象，经过进一步研究，发现当材料出现零电阻现象时，也伴随着另一个物理现象的出现，即完全抗磁性，所以超导体同时具有两个重要的物理性质:零电阻和完全抗磁性。后来又发现了量子隧道效应。自从发现了超导现象(1911 年),人们就被其奇特的物理性质深深吸引,但在此后的七八十年的时间里,所有已发现的超导体都只是在极低温度(20 K)下才显示超导电性,使其应用受到了极大的限制。20 世纪 80 年代,超导材料有了重大突破,即从液氦温区进入了液氮温区,这是超导体的一大飞跃,与原有的液氦温区的超导体相比,液氮温区的超导体称为高温超导体,但实际的转变温度也仅在 100 K 左右。由于进入了液氮温区,因此普通的物理实验室具备了进行超导实验的条件。

超导体的应用非常广泛,大致可分为三大类:大电流应用(强电应用)、电子学应用(弱电应用)和抗磁性应用。大电流应用主要包括超导发电机、电力传输、电力储能、超导螺线管强磁场等,电子学应用主要包括超导计算机、超导天线、超导微波器件和磁性测量传感器等,抗磁性应用主要包括磁悬浮列车、热核聚变反应堆等。由于超导体的应用前景广阔且十分诱人,因此人们始终对它的研究情有独钟。

【实验教学目标】

1. 知识目标

学习一种简单的低温试验技术。了解超导体的五大基本现象:超导电性、临界磁场、迈斯纳效应(抗磁性)、临界电流和磁通量子化。

2. 能力目标

掌握用高温超导体电阻转变温度测量仪测量钇钡铜氧系高温超导体的电阻转变温度,并由 R-T 曲线确定中点转变温度和转变宽度等物理量。

3. 价值目标

在学习超导基础理论建立的历史进程中,使学生体会到基础科学理论的建立不是一日之功,需要突破陈规、勇于创新和求真务实的精神;在学习提升超导体的临界温度的发展历程中,使学生体会到我国在这方面做出的较为突出的贡献,从而增强其爱国意识。

【实验仪器】

实验装置图如图 7-30-1 所示。

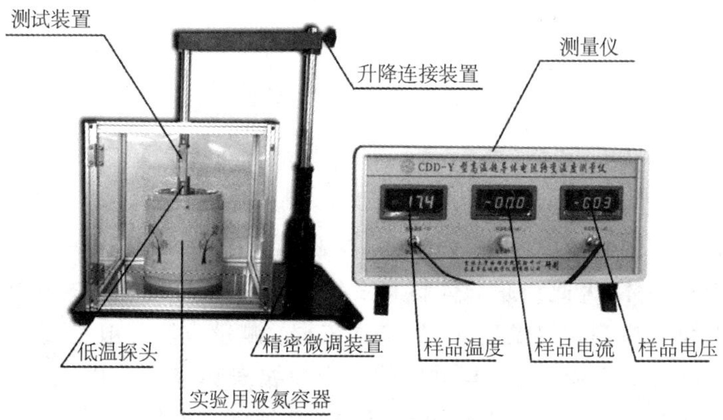

图 7-30-1　实验装置图

【实验原理】

1. 基本原理

当物质的温度下降到某一确定值 T_c 以下时，其直流电阻突然降到零，把这种低温下发生的零电阻现象称为物质的超导电性，具有超导电性的材料称为超导体，电阻突然消失的某一确定温度 T_c 称为超导体的转变温度或临界温度。

超导现象不仅与温度条件有关，通过深入研究，人们发现约束超导现象的还有临界电流和临界磁场强度等，即当电流或磁场强度大于某一值时，也会破坏超导电性，此值分别称为临界电流 I_c 和临界磁场强度 H_c。所以要使物质具有超导态，必须使其置于三个临界值以下。

本实验只在电流、磁场及其他外部条件小于临界值的情况下进行，通过测量电阻与温度的关系曲线，进而确定高温超导转变温度 T_c。

理论上，超导临界温度的定义为当电流、磁场及其他外部条件为不影响转变温度测量的足够低值时，超导体呈现超导态的最高温度。实验上常用电阻法测临界温度，通常把降温过程中电阻的温度曲线开始从直线偏离处的温度称为起始温度 T，把临界温度 T_c 定义为待测样品电阻从起始温度转变处下降到一半时对应的温度，也称为超导转变的中点温度 T_{cm}；把电阻变化 10% ～ 90% 所对应的温度间隔定义为转变宽度；把电阻刚好降到零时的温度称为完全转变温度，即零电阻温度 T_{co}，T_{co} 的大小反映了材料品质的好坏。

2. 测量原理

利用常规的 U-I 四端引线法(见图 7-30-2)，在恒定电流下测量 R-T 关系，测定转变温度；在电阻测量中，采用四端引线法可以减小引线和接触电阻的影响。

样品中共计四根引线，其中外侧的两根为电流引线，将测量电流 I 提供给样品，内侧的两根引线为取样电压引线，用于测量电流 I 在样品上所形成的电势差 U，将其输入放大器后由表头显示，由欧姆定律可知 $U = IR$，I 在整个测量过程中保持恒定，则取样电压 U 与 R 成正比。

四端引线法是国际上通用的标准测量方法，利用此方法可以大大减小甚至排除引线与接触电阻对测量的影响，是低电阻测量的常用方法。

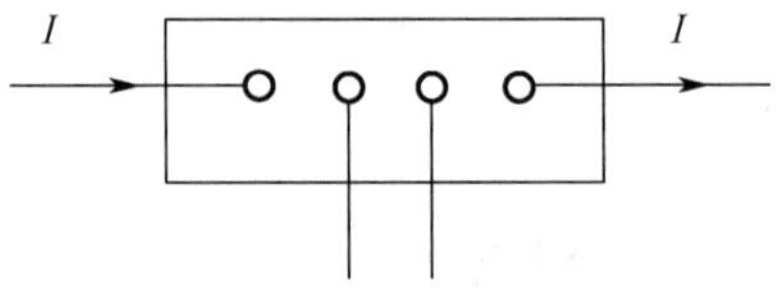

图 7-30-2　四端引线法

3. 实验方法

(1)T_c 的测量。

测量原理示意图如图 7-30-3 所示。

超导体是完善的导体，因此当超导体材料发生从正常态到超导态的转变时，电阻消失，这种电性质的显著变化是检测临界温度 T_c 的基本依据。测量方法一般是使样品温度缓慢改变，并监测样品电压的变化，利用此温度与电压的转变曲线来确定 T_c。由于氧化物超导体样品的室温电阻通常只有 $10^{-3} \sim 10^{-2}\ \Omega$，而被测样品的电引线很细(为了减少漏热) 很长，而且测量样品室的温度变化很大(77 ～ 300 K)，这样引线电阻较大且不稳定。另外，引线与样品的连接也不可避免地出现接触电阻。为了避免引线电阻和接触电阻的影响，实验中采用四端引线法测得样品的电压，根据欧姆定律，可得样品的电阻，由样品的尺寸可算出电阻率，通过测得的 R-T 曲线可计算出临界温度 T_c。

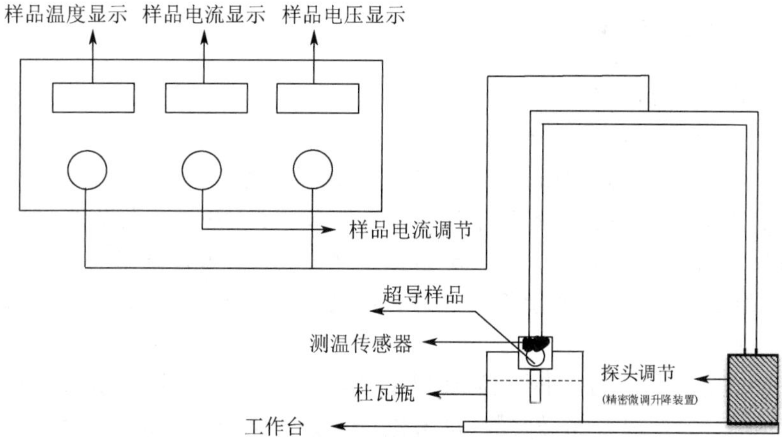

图 7-30-3　测量原理示意图

(2) 温度的测量。

温度的测量是低温物理中首要和基本的测量，是超导测量中不可缺少的手段。在低温物理中，温度测量方法有很多，主要使用温度计、气体温度计、蒸汽压温度计、电阻温度计、热电偶温度计、半导体温度计等，可根据测量的温度范围、稳定性及重复性、精度等主要因素来选择适当的测温传感器。本实验测量高温超导体的转变温度，其温度范围为 77 ～ 300 K，所以选用铂电阻温度计作为测量元件。铂电阻温度计是利用铂的电阻随温度的变化来测量温度的，铂具有正的电阻示数，一般在 0 ℃ 时铂的电阻为 100 Ω，随着温度的变化，铂的电阻也将变化。由于金属铂有很好的化学稳定性，体积小且易于安装和检测，国际上用它作为测温标准元件，铂电阻测温元件的测温范围为 － 200 ～ 600 ℃。

(3) 温度的控制。

测量超导体的临界参数转变温度需要低温条件，对于液氮温区的超导体，低温由液氮提供，通常有两种控温方式：恒温器控温法和温度梯度法。恒温器控温法一般是利用绝热的恒温器内电阻丝加热来平衡液池冷量的，从而控制样品的温度，使其稳定在某个所需温度上，通过恒温器位置的升降及加热功率的大小可使温度升高或降低。这种方法的优点是控温精度较高，温度稳定时间长，其测量装置复杂，并需要相应的温度控制系统。温度梯度法是利用低温容器内液面以上空间存在的温度梯度来取得所需温度的一种简便易行的控温方法。温度梯度法要求测试探头有较大的热容量及温度均匀性。所以，采用导热性能好的紫铜作为恒温装置，加入有机玻璃外罩，与外部环境隔离，减小样品温度波动，样品的温度控制则是靠在测量过程中改变探头在液氮容器内的位置来实现的，故又称为连续测量法(样品温度下降或上升)，其优点是装置比较简单，不足之处是控温精度及温度均匀性不如恒温器控温法好。为了保证样品的温度与测温传感器的温度一致，测温传感器要与样品有良好的热接触，样品应处于良好的温度均匀区。

4. 超导材料零电阻现象的主要参数

(1) 起始转变温度 T_c:超导体发生零电阻现象的起始温度。

(2) 零电阻转变温度 T_{co}:超导体发生零电阻现象的结束温度。

(3) 中点转变温度 T_{cm}:零电阻现象的起始与结束之间 1/2 处的温度。

【实验内容与步骤】

(1) 打开主机电源,预热 5 min。

(2) 将样品工作电流调至 100 mA。

(3) 灌注液氮,注意掌握液面的高度,一般倒至杜瓦瓶的 2/3 处为宜。

(4) 若作降温曲线,则通过精密升降调节装置调节探头,将其逐渐下调,然后逐点测量温度值和电压值,当接近转变温度时,应微调,以保证测量精度。若作升温曲线,应从电阻为零时开始测量(为了避免低温探头与液氮容器底部相碰撞,精密升降及调节探头出厂时已经调好最低位置,且已定位)。

对于一般的超导体,当其达到转变温度以上时,电阻基本上呈线性增长,为了节省测量时间,建议降温到 −100 ℃ 时开始做实验,每隔 2 ℃ 记录数据,到 −135 ℃ 时,每隔 1 ℃ 记录数据。升温时也是由最低温度逐点记录,到 −135 ℃ 时,再每隔 2 ℃ 记录数据,直到 −100 ℃ 即可。由于探头的热容量很大,使其降到室温所需时间很长,且没有物理意义。

(5) 数据处理。以温度为横坐标,样品电压为纵坐标作图,由图中的曲线求得起始转变温度、中点转变温度和零电阻转变温度。

将测得的数据记入表 7-30-1 中。

【数据记录和处理】

表 7-30-1　样品曲线数据表

t/℃	R/μV	t/℃	R/μV	t/℃	R/μV

【注意事项】

(1) 由于氧化物超导样品非常容易潮解,做完实验后,应将样品从低温处取出,用热吹风烘干表面潮气,置于有干燥剂的容器内密封保存。

(2) 取样品焊接时,应注意不要将样品的引线碰断。

(3) 倒液氮时,应带上手套,注意安全,慢慢倾倒,防止液氮溅到手上,发生冻伤。

【分析与思考】

(1) 为什么采用四端引线法可避免引线电阻和接触电阻的影响?

(2) 提高测量精度应采取哪些措施?

(3) 实验中如何测量电阻?

实验三十一　光纤特性及传输实验研究

【实验背景及应用】

光纤特性及传输实验研究

光纤通信就是用光波作载波,用光纤传输光信号的通信方式。现代通信技术中,为了避免信号互相干扰,提高通信质量与通信容量,通常用信号对载波进行调制,用载波传输信号,在接收端再将需要的信号解调还原出来。调制后的载波要占用一定的频带宽度,载波的频率间隔若小于信号带宽,则不同信号间要互相干扰。能够用于无线电通信的频率资源非常有限,国际、国内都对通信频率进行了统一规划和管理,仍难以满足日益增长的信息传输需求。光波的波长比微波短得多,用光波作载波,其潜在的通信容量是微波通信无法比拟的。

近年来,我国在光纤技术上不断创新,特别是在超高速光通信、光纤传感和光纤网络架构等领域取得了显著进展。5G、物联网等新技术的兴起,进一步推动了光纤技术的应用和发展。我国的光纤技术逐渐走向国际市场,参与全球竞争。同时,与其他国家的技术合作也在不断深化。

【实验教学目标】

光传感技术实验研究

1. 知识目标

了解光纤通信的原理及基本特性。学会测量激光二极管的伏安特性、电光转换特性和光电二极管的伏安特性。

2. 能力目标

培养学生的实验操作能力,掌握基带(幅度)调制传输实验、频率调制传输实验、音频信号传输实验和数字信号传输实验的操作。

3. 价值目标

培养学生严谨的态度和责任感,强化学生对未来科技发展的关注与思考。

【实验仪器】

实验系统由光纤发射装置、光纤接收装置、光纤跳线、光纤适配器及示波器组成。光纤发射与接收装置面板图分别如图 7-31-1、图 7-31-2 所示。

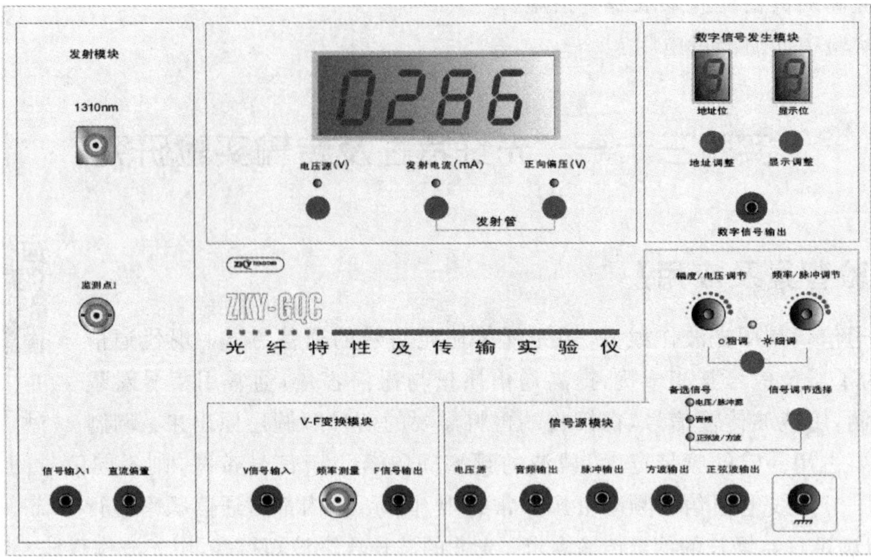

图 7-31-1　光纤发射装置面板图

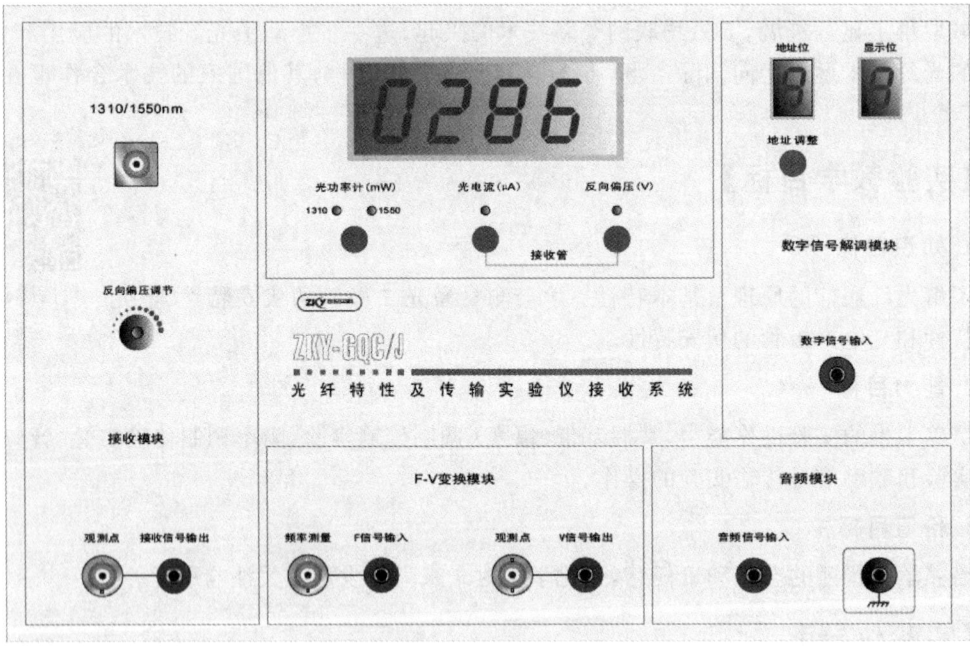

图 7-31-2　光纤接收装置面板图

【实验原理】

1. 光纤

光纤是由纤芯、包层、防护层组成的同心圆柱体,其横截面结构如图 7-31-3 所示。纤芯与包层的材料大多为高纯度的石英玻璃,通过掺杂使纤芯折射率大于包层折射率,形成一种光波导效应,使大部分的光被束缚在纤芯中传输。若纤芯的折射率分布是均匀的,在纤芯与包层的界面处折射率突变，称为阶跃型光纤。若纤芯从中心的高折射率逐渐变到边缘与包层折射率一致，则称为渐变型光纤。若纤芯直径小于 10 μm，则只有一种模式的光波能在光纤中传播，称为单模光纤。若纤芯直径约为 50 μm，则有多种模式的光波能在光纤中传播，称为多模光纤。防护层由缓冲涂层、加强材料涂覆层及套塑层组成。通常将若干根光纤与其他保护材料组合起来构成光缆，便于工程上敷设和使用。

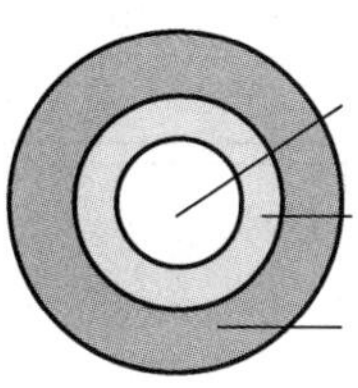

图 7-31-3　光纤的横截面结构

衡量光纤性能的主要标准是它的损耗特性与色散特性。

损耗特性决定了光纤传输的中继距离。光在光纤中传输时，材料的散射、吸收会使光信号衰减，当信号衰减到一定程度时，就必须对信号进行整形放大处理，然后再进行传输，才能保证信号在传输过程中不失真，这段传输的距离称为中继距离。损耗越小，中继距离越长。光纤的损耗与光波的波长有关，研究发现，石英光纤在 0.85 μm、1.30 μm、1.55 μm 附近有 3 个低损耗窗口，实用的光纤通信系统的光波的波长都在低损耗窗口区域内。损耗用损耗系数表示。光在有损耗的介质中传播时，光强按指数规律衰减。在通信领域，损耗系数用单位长度的分贝值(dB) 表示，定义为

$$\alpha = \frac{10}{L}\lg\frac{P_0}{P_1}\ (\mathrm{dB/km}) \tag{7-31-1}$$

已知损耗系数，可计算光通过任意长度 L 后的光强为

$$P_1 = P_0 10^{-\frac{\alpha L}{10}} \tag{7-31-2}$$

式(7-31-1) 和式(7-31-2) 中，L 是传播距离，P_0 是入射光强，P_1 是损耗后的光强。

2. 激光二极管(FP-LD)

光通信的光源为半导体激光器(LD) 或发光二极管(LED)，本实验采用半导体激光器。

半导体激光二极管简称半导体激光器，它通过受激辐射发光，是一种阈值器件。处于高能级 E_2 的电子在光场的感应下发射一个和感应光子一模一样的光子而跃迁到低能级 E_1，这个过程称为光的受激辐射。所谓一模一样，是指发射光子和感应光子不仅频率相同，而且相位、偏振方向和传播方向都相同，它和感应光子是相干的。由于受激辐射与自发辐射的本质不同，导致半导体激光器不仅能产生高功率(大于或等于 10 mW) 辐射，而且输出光发散角窄(垂直发散角为 30° ～ 50°，水平发散角为 0° ～ 30°)，与单模光纤的耦合效率高(30% ～ 50%)，辐射光谱线窄($\Delta\lambda = 0.1 \sim 1.0$ nm)，载流子复合寿命短，能进行高速信号(频率大于 20 GHz) 直接调制，非常适合作高速长距离光纤通信系统的光源。

LD 和 LED 都是半导体光电子器件，其核心部分都是 PN 结。因此，其具有与普通二极管类似的 U-I 特性，如图 7-31-4 所示。

由于结构上的不同，LD 和 LED 的 P-I 特性曲线有很大的差别。LED 的 P-I 特性曲线基本上是一条近似的直线。而 LD 的 P-I 特性曲线如图 7-31-5 所示。可以看出，有一阈值电流 I_{th}，只有在工作电流 $I > I_{\mathrm{th}}$ 部分，P-I 特性曲线才近似为一条直线；而在 $I < I_{\mathrm{th}}$ 部分，LD输出的光功率几乎为零。

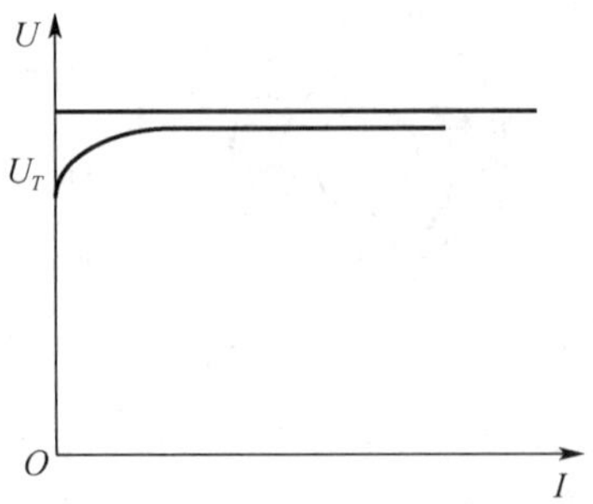

图 7-31-4　LD 激光器输出 U-I 特性曲线示意图

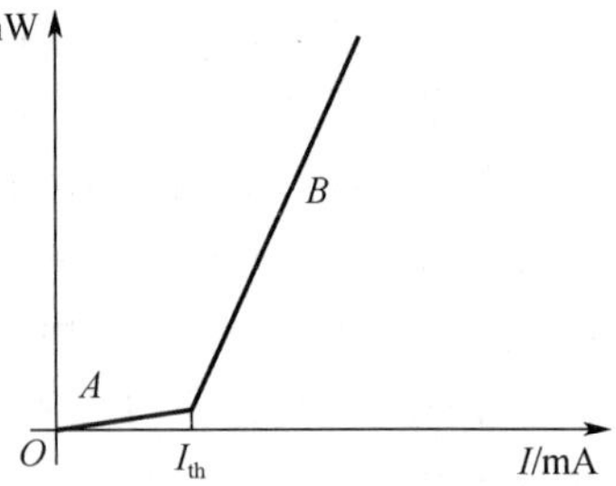

图 7-31-5　LD 激光器 P-I 特性曲线示意图

3. 光电二极管

光通信接收端由光电二极管完成光电转换与信号解调。光电二极管是工作在无偏压或反向偏置状态下的 PN 结，反向偏压电场方向与势垒电场方向一致，使结区变宽，无光照时只有很小的暗电流。当 PN 结受光照射时，价电子吸收光能后挣脱价键的束缚成为自由电子，在结区产生电子-空穴对，在电场作用下，电子向 N 区运动，空穴向 P 区运动，形成光电流。

光通信常用 PIN 型光电二极管进行光电转换。它与普通光电二极管的区别在于在 P 型和 N 型半导体之间夹有一层没有渗入杂质的本征半导体材料，称为 I 型区。这样的结构使得结区更宽，结电容更小，可以提高光电二极管的光电转换效率和响应速度。

图 7-31-6 所示是反向偏置电压下光电二极管的伏安特性曲线。无光照时的暗电流很小，它是由少数载流子的漂移形成的。有光照时，在较低反向偏置电压下，光电流随反向电压的增大有一定升高，这是因为反向偏置电压增大使结区变宽，结电场增强，提高了光生载流子的收集效率。当反向偏置电压进一步增大时，光生载流子的收集接近极限，光电流趋于饱和，此时，光电流仅取决于入射光功率。在适当的反向偏置电压下，入射光功率与饱和光电流之间呈较好的线性关系。

图 7-31-7 所示是光电转换电路，光电二极管接在晶体管基极，集电极电流与基极电流之间有固定的放大关系，基极电流与入射光功率成正比，则流过 R 的电流与 R 两端的电压也与入射光功率成正比。若入射光功率随调制信号变化，R 两端的电输出解调出原调制信号。

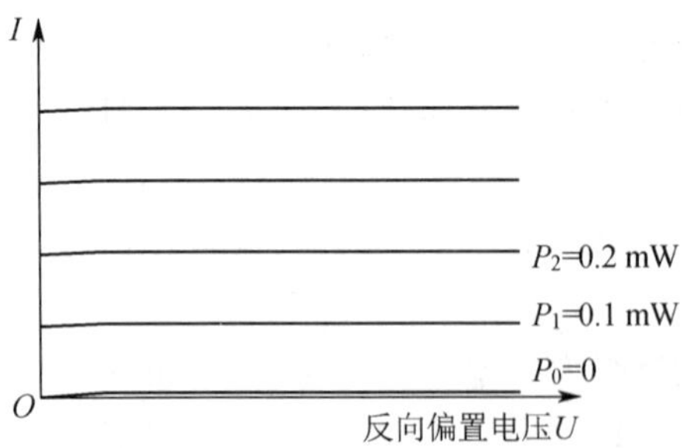

图 7-31-6　光电二极管的伏安特性曲线

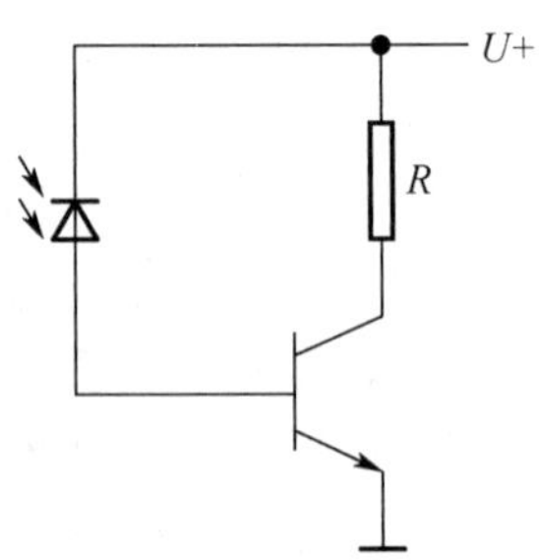

图 7-31-7　光电转换电路

4. 光源的调制

对光源可以采用内调制或外调制。内调制用信号直接控制光源的电流，使光源的发光强度随外加信号变化。内调制易于实现，一般用于中低速传输系统。外调制时光源输出功率恒定，利用光通过介质时的电光效应、声光效应或磁光效应实现信号对光强的调制，一般用于高速传输系统。本实验采用内调制。

图 7-31-8 所示是简单的调制电路。调制信号耦合到晶体管基极，流过发光二极管的集电极电流由基极电流控制，R_1、R_2 提供直流偏置电流。图 7-31-9 所示是调制原理图，由于光源的输出光功率与驱动电流是线性关系，在适当的直流偏置下，随调制信号变化的电流变化由发光二极管转换成了相应的光输出功率变化。

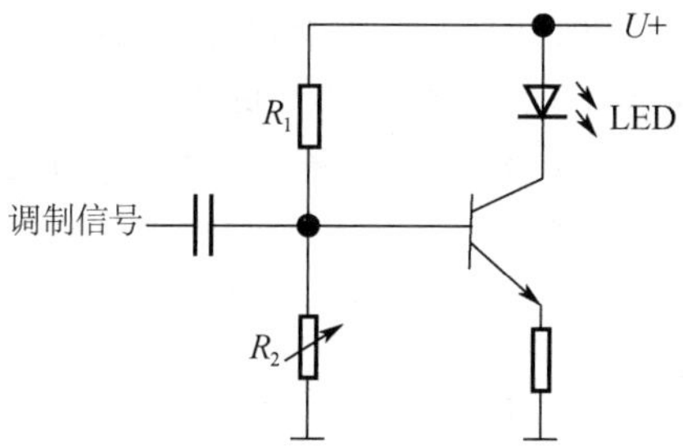

图 7-31-8　简单的调制电路

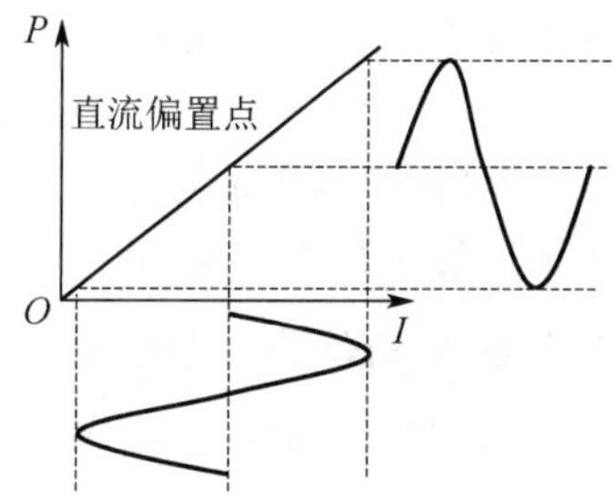

图 7-31-9　调制原理图

5. 副载波调频调制

对副载波的调制可采用调幅、调频等不同方法。调频具有抗干扰能力强、信号失真小的优点。本实验采用调频法。

图 7-31-10 所示是副载波调制传输框图。如果载波的瞬时频率偏移随调制信号 $m(t)$ 线性变化，即

$$\omega_d(t) = k_f m(t) \tag{7-31-3}$$

则称为调频，其中 k_f 是调频系数，代表频率调制的灵敏度，单位为 2π Hz/V。

图 7-31-10　副载波调制传输框图

调频信号可写成下列一般形式，即

$$u(t) = A\cos\left[\omega t + k_f\int_0^t m(\tau)\mathrm{d}\tau\right] \tag{7-31-4}$$

式中，ω 为载波的角频率，$k_f\int_0^t m(\tau)\mathrm{d}\tau$ 为调频信号的瞬时相位偏移。

下面考虑两种特殊情况。

① 假设 $m(t)$ 为电压为 U 的直流信号，则式(7-31-4) 可以写为

$$u(t) = A\cos\left[(\omega + k_f U)t\right] \tag{7-31-5}$$

式(7-31-5) 表明，直流信号调制后的载波仍为余弦波，但角频率偏移了 $k_f U$。

② 假设 $m(t) = U\cos\Omega t$，则式(7-31-5) 可以写为

$$u(t) = A\cos\left(\omega t + \frac{k_f U}{\Omega}\sin\Omega t\right) \tag{7-31-6}$$

可以证明，已调信号包括载频分量 ω 和若干个边频分量($\omega \pm n\Omega$)，边频分量的频率间隔为 Ω。

任意信号可以分解为直流分量与若干余弦信号的叠加，则式(7-31-5)、式(7-31-6) 可以

帮助理解一般情况下调频信号的特征。

【实验内容与步骤】

1. 激光二极管的伏安特性与输出特性测量

用 FC-FC 光跳线将光发送口与光接收口相连。设置发射显示为“发射电流”,接收显示为“光功率计”。

调节电压源以改变发射电流,记录发射电流与接收器接收到的光功率(与发射光功率成正比)。设置发射显示为“正向偏压”,记录与发射电流对应的发射管两端的电压于表 7-31-1 中。

依次改变发射电流(可能显示电流值不能精确达到表 7-31-1 的设定数值,只要尽量接近即可),将数据记录于表 7-31-1 中。

2. 光电二极管的伏安特性测量

连接方式与实验 1 相同。调节发射装置的电压源,使光电二极管接收到的光功率如表 7-31-2 所示。

调节接收装置的反向偏置电压,在不同输入光功率时,切换显示状态,分别测量光电二极管的反向偏置电压与光电流,记录于表 7-31-2 中。

3. 基带(幅度)调制传输实验

(1) 用 FC-FC 光跳线将光发送口与光接收口相连。

(2) 将信号源模块正弦波输出端口与发射模块信号输入 1 端口相连,将电压源信号接到发射模块的直流偏置处,调节直流偏置电压为 3.2 ～ 3.5 V。

(3) 将监测点 1 接入双踪示波器的其中一路,观测输入信号的波形。将接收装置上的接收模块观测点接入双踪示波器的另一路,观测经光纤传输后接收模块输出的波形。

(4) 观测信号经光纤传输后,波形是否失真,频率有无变化,记入表 7-31-3 中。

(5) 调节正弦波信号幅度,当幅度超过一定值后,可观测到接收信号明显失真,记录信号不失真对应的最大输入信号幅度及对应的接收端输出信号幅度于表 7-31-3 中。

(6) 将正弦波信号改为方波信号,重复以上步骤,将数据记录于表 7-31-3 中。

4. 副载波调制传输实验

(1) 观测调频电路的电压频率关系。

用 FC-FC 光跳线将光发送口与光接收口相连。将发射装置中的电压源输出端口与 U-F 变换模块的 U 信号输入(用直流信号作调制信号) 端口相连。根据调频原理,直流信号调制后的载波角频率偏移 $k_f U$。将 F 信号输出的频率测量接入示波器,观测输入电压与输出频率之间的 U-F 变换关系。调节电压源,通过在示波器上读输出信号的周期来换算成频率。将输出频率 f_U 随电压的变化记入表 7-31-4 中。

(2) 副载波调制传输实验。

用 FC-FC 光跳线将光发送口与光接收口相连。将信号源模块正弦波输出端口与发射装置 U-F 变换模块的 U 信号输入端口相连,再将 U-F 变换模块的 F 信号输出端口与发射模块信号输入 1 端口相连(用副载波信号作激光二极管调制信号)。将电压源信号接到发射模块的直流偏置处,调节直流偏置电压为 3.2 V。

用示波器观测基带信号(“正弦输出” 与“地” 之间),在保证正弦波不失真的前提下调节其幅度和频率到一个固定值,记录幅度和频率于表 7-31-5 中。此时接收装置接收信号输出端输出的是经光电二极管还原的副载波信号,将接收信号输出接入 *F-U* 变换模块 *F* 信号输入端,在 *U* 信号输出端输出经解调后的基带信号。

用示波器观测经调频、光纤传输后解调的基带信号波形(*F-U* 变换模块的"观测点"),将观测情况记入表 7-31-5 中。改变输入基带信号(正弦波)的频率和幅度,观测 *F-U* 变换模块输出的波形,记录于表 7-31-5 中。

基带调制是幅度调制。在基带传输实验中,衰减会使输出幅度减小,传输过程的非线性会使信号失真。副载波传输采用频率调制,解调电路的输出只与接收到的瞬时频率有关,可以观察到衰减对输出几乎无影响,表明调频方式抗干扰能力强,信号失真小,对表 7-31-5 的结果进行定性讨论。

【数据记录和处理】

表 7-31-1　激光二极管的伏安特性与输出特性测量

正向偏压 /V										
发射管电流 /mA	0	5	6	8	10	15	20	25	30	35
光功率 /mW										

根据表 7-31-1 中的数据,作所测激光二极管的伏安特性曲线、输出特性曲线。讨论所作曲线与图 7-31-4、图 7-31-5 所描述的规律是否符合。

表 7-31-2　光电二极管的伏安特性测量

反向偏置电压 /V		0	1	2	3	4
$P=0$	光电流 /μA					
$P=0.1$ mW						
$P=0.2$ mW						

根据表 7-31-2 中的数据,作光电二极管的伏安特性曲线,讨论所作曲线与图 7-31-6 所描述的规律是否符合。

表 7-31-3　基带(幅度)调制传输实验

激光二极管调制电路输入信号			光电二极管光电转换电路输出信号		
波形	频率 /kHz	幅度 /V	波形	频率 /kHz	幅度 /V
正弦波			正弦波		
方波			方波		

对表 7-31-3 的结果进行定性讨论。

表 7-31-4　调频电路的 f_U-U 关系

输入电压 U/V	0	0.2	0.4	0.6	0.8	1.0	1.2	1.4	1.6	1.8	2.0
输出频率 f_U/kHz											

以输入电压为横坐标,输出角频率 $\omega_U = 2\pi f_U$ 为纵坐标,在坐标纸上作图。直线与纵轴的交点为副载波的角频率 ω,直线的斜率为调频系数 k_f,求出 ω 与 k_f。

表 7-31-5 副载波调制传输实验

基带信号		光纤传输后解调的基带信号		
幅度 /V	频率 /kHz	幅度 /V	频率 /kHz	信号失真程度

【注意事项】

(1) 本实验需要经常连接和断开光跳线(尾纤)与光发射器、光检测器,应轻拿轻放,使用时切忌用力过大。

(2) 实验完毕后,请立即将防尘帽盖住光纤输入、输出端口,用光纤端面防尘盖盖住光纤跳线端面,防止灰尘进入光纤端面而影响光信号的传输。

(3) 若不小心把光纤输出端的接口弄脏,需用酒精棉球进行清洗。

(4) 光纤跳线接头应妥善保管,防止磕碰,使用后及时戴上防尘帽。

(5) 光纤弯曲半径一般不小于 30 mm,不要用力拉扯光纤,否则可能导致光纤折断。

【分析与思考】

根据实验数据分析发光二极管的伏安特性和输出特性。

第八章　大学物理虚拟仿真实验

大学物理实验课程是理工科高等学校对学生进行科学实验基本训练的必修基础课程，是本科生接受系统的实验方法和实验技能训练的开端。物理实验课覆盖面广，具有丰富的实验思想、方法、手段，同时能提供综合性很强的基本实验技能训练，是培养学生科学实验能力、提高学生科学素质的重要基础，在培养学生严谨的治学态度、活跃的创新意识、理论联系实际和适应科技发展的综合应用能力等方面具有其他实践类课程不可替代的作用。

大学物理虚拟仿真实验

仿真实验通过设计虚拟仪器，建立虚拟实验环境，使学生可以在这个环境中自行设计实验方案、拟定实验参数、操作仪器，模拟真实的实验过程，营造了自主学习的环境，在大面积进行开放性、设计性、研究性实验教学中发挥着重要的作用。

未做过实验的学生通过软件可对实验的整体环境和所用仪器的原理、结构建立起直观的认识。仪器的关键部位可拆解，在调整中可以实时观察仪器各种指标和内部结构的动作变化，增强对仪器原理和功能的理解，以及对使用方法的训练。在实验中，仪器实现了模块化，学生可对提供的仪器进行选择和组合，用不同的方法完成同一实验目标，可培养学生的设计思考能力，并且通过对不同实验方法的优劣和误差大小的比较，可提高学生的判断能力和实验技术水平。

仿真实验通过深入解剖教学过程，在设计上充分体现教学思想的指导，学生必须在理解的基础上通过思考才能正确操作，克服了实际实验中出现的盲目操作和“走过场”现象，大大提高了实验教学的质量和水平。对实验相关的理论进行的演示和讲解，以及对实验的背景和意义、应用等方面进行的介绍，可使仿真实验成为连接理论教学与实验教学，培养学生将理论与实践相结合思维的一种崭新的教学模式，为大面积开设设计性、研究性实验提供了良好的教学平台和教学环境。实验自带操作指导，学生可以对实验结果进行自测。

虚拟仿真实验教学云平台网址：http://aryun.ustcori.com:8430。

大学物理仿真实验使用方法

8.1　仿真实验预习系统

预习是物理实验教学的重要环节，通过预习，学生才能在实验中有目的、有指导地进行操作和观察，独立思考，利用掌握的知识对现象进行合理分析、讨论，解决实验问题。

实际教学中，由于实验室和师资力量等的限制，很难给学生提供大面积实验预习的环境，使学生无法对实验环境建立直观的认识，加之教学时间和手段的限制，教师也无法有效地对学生的预习情况进行检查。这就导致实验教学中长期存在“走过场”现象，严重影响了教学质量。

大学物理实验预习报告及实验报告自动评判系统采用计算机虚拟现实技术，进一步加强虚拟实验的模型设计,建设与理论考试相结合的在线实验预习环境,从根本上解决了实验仪器的限制及师资力量不足的问题,为开展面向大部分学生的大学物理实验课程预习考核提供了可操作的平台。大学物理实验预习报告与实验报告自动评判系统的应用和推广,将有效提升大学物理实验的教学质量,促进大学物理实验教学改革和发展。

1. 在线预习子系统(见表 8-1-1)

表 8-1-1 在线预习子系统简介

功能模块	子功能	说明
预习题管理	操作题管理	系统中内置了大量操作题,可用于学生的实验操作考核。组卷时可以只选择某个实验的操作题,也可以将不同实验的操作题同时组织在一张试卷上
	传统题管理	支持单选、多选、填空、判断等传统题型。可根据需要增删试题库中的题目。可对题目定义分值、难易程度、所属实验、学科等信息分类
试卷管理	组建试卷	系统中内置了首批 10 个实验的试卷,可直接用于物理实验考试,也可根据教学需要自行组建试卷,并设置分值、考试时间等
	试卷分配	将指定的试卷用于某次预习考核
组织预习	预习安排管理	用于建立、修改、取消某次预习考核。可指定预习考核用的试卷,指定参加的学生、预习的起止时间等
	学生预习	学生登录系统后,在指定的时间内参加预习,在线完成预习考核。预习考核过程中系统自动设置成“学生不能切换程序,只能进行预习考核”的状态
试卷批阅与成绩管理	试卷自动批阅	系统中的所有试卷都是由系统自动评阅和统计的。用户可以对自动评阅的结果进行必要的修改和调整
	成绩调整	用户可以通过手工评阅试卷来修改卷面成绩,也可以直接在列表中修改总评成绩
	成绩导出	把当前考试的成绩以 Excel 表格的形式导出
	成绩查询	学生预习后可以在本系统中查询个人成绩
系统设置	用户管理	设置班级信息,对学生、教师用户进行管理
	下载升级	管理员可以上传最新的考试大厅和仿真实验程序,软件可自动在线升级
	实验管理	管理员可对系统中的仿真实验进行管理

2. 基于组件的大学物理仿真实验(见表 8-1-2)

表 8-1-2　基于组件的大学物理仿真实验

实验名称	说明
单摆法测量重力加速度	① 自行选择测量仪器、设计实验方案,应用误差均分原理设计单摆装置,测量重力加速度,满足相应的测量精度要求。 ② 学习累积放大法的原理和应用,分析基本误差的来源及进行误差修正的方法
钢丝杨氏模量的测定	① 学会用静态拉伸法测定杨氏模量。 ② 掌握机械和光学放大原理,以及利用光杠杆测定微小形变的方法。 ③ 掌握两种数据处理的方法,即逐差法和作图法
光电效应和普朗克常量的测定	① 了解光电效应基本规律,并用光电效应方法测量普朗克常量。 ② 测量光电管在正压下的伏安特性曲线。 ③ 测定光电管的光电特性,即饱和光电流与照射光光强的关系曲线
密立根油滴实验	① 学习测量电子电量的方法,证明电荷的不连续性,所有电荷的电量都是电子电量 e 的整数倍。 ② 训练实验时应有的严谨态度和坚韧不拔的科学精神。 ③ 提供静态法、动态法等方法测量电子电量
迈克耳孙干涉仪	① 掌握迈克耳孙干涉仪的干涉原理。 ② 研究非定域干涉和时间相干性。 ③ 测量激光的波长和介质的折射率
偏振光的观察与研究	① 实验联系课堂理论教学,理解偏振光的物理本质,学会几种偏振光的鉴别方法。 ② 可研究多种光源(自然光、线偏振光、圆偏振光、椭圆偏振光、部分偏振光)的偏振性质
声速的测量	① 用压电换能器来测定超声波在空气中的传播速度,它是非电量电测方法的一个典型实验。 ② 可选择驻波法、相位法测声速,加深对振动合成、波动干涉等理论知识的理解
示波器实验	① 了解示波器的基本原理和结构。 ② 学习使用示波器观察波形和测量信号周期及其时间参数的方法。 ③ 可用直接法、李萨如图形法测未知信号
双臂电桥测低电阻实验	① 熟悉双臂电桥的原理、特点和接线方法。 ② 掌握测量低电阻的特殊性和采用四端引线法的必要性。 ③ 了解金属电阻率测量方法的要点
用凯特摆测重力加速度	① 学习一种比较精确的测量重力加速度的方法。 ② 学习凯特摆的实验设计思想和技巧

续表

实验名称	说明
不良导体热导率的测量	① 观察和认识传热现象、过程及其规律。 ② 学习用稳态平板法测量不良导体的热导率,并用作图法求冷却速率
动态磁滞回线的测量	① 掌握铁磁材料磁滞回线的概念。 ② 掌握用示波器测量动态磁滞回线的原理和方法
分光计实验	① 训练分光计的调整技术和技巧。 ② 用分光计测量三棱镜的偏向角
干涉法测微小量	① 通过对牛顿环及尖劈条纹的观察和测量,了解干涉的基本理论。 ② 学会正确使用读数显微镜、CCD 和监视器
霍尔效应实验	① 通过用霍尔元件测量磁场,判断霍尔元件载流子的类型。 ② 计算载流子的浓度和迁移速度。 ③ 了解霍尔效应测试中的各种副效应及消除方法
检流计的特性研究	① 了解磁电式检流计的结构、原理和运动规律。 ② 掌握测量临界电阻的方法。 ③ 通过测量检流计的灵敏度和内阻,学习检流计的正确使用方法
交流电桥	① 掌握交流电桥的组成原理和电桥平衡的调节方法。 ② 用交流电桥测量电感和电容
交流谐振电路及介电常量的测量	① 研究 RLC 串、并联电路的交流谐振现象。 ② 学习测量谐振曲线的方法。 ③ 学习并掌握电路品质因数 Q 的测量方法及其物理意义
三线摆法测刚体的转动惯量	① 掌握用三线摆测定物体转动惯量的方法。 ② 验证转动惯量的平行轴定理
直流电桥测量电阻	① 用电阻箱和检流计等仪器组成惠斯通电桥电路,以加深对直流单电桥测量电阻原理的理解。 ② 通过用惠斯通电桥测量电阻,掌握调节电桥平衡的方法。 ③ 要求了解电桥灵敏度与元件参数之间的关系,从而正确选择这些元件,以达到所要求的测量精度

8.2 虚拟仿真实验内容

虚拟仿真实验内容

1. 单摆法测量重力加速度(见图 8-2-1)

本实验中,要求学习进行简单设计性实验的基本方法;根据已知条件和测量精度的要求,学会应用误差均分原理选用适当的仪器和测量方法,学习累积放大法的原理和应用,分析基本误差的来源及进行修正的方法。

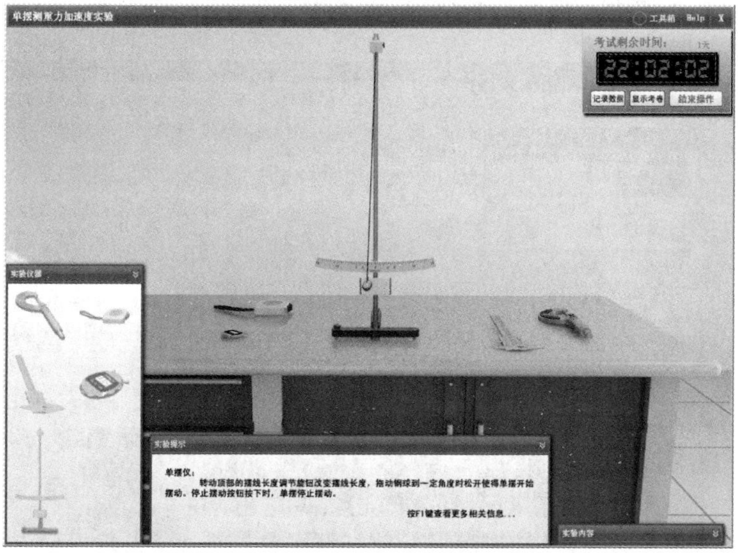

图 8-2-1　单摆法测重力加速度场景图

实验内容如下。

(1) 用误差均分原理设计单摆装置,测量重力加速度,测量精度要求 $\Delta g/g < 1\%$。

(2) 对重力加速度 g 的测量结果进行误差分析和数据处理,检验实验结果是否达到设计要求。

2. 钢丝杨氏模量的测定(见图 8-2-2)

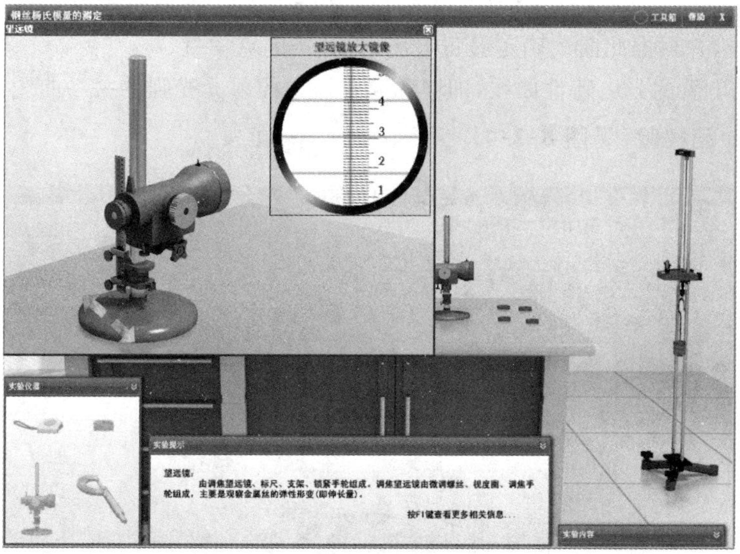

图 8-2-2　钢丝杨氏模量的测定场景图

本实验中,要求学会用静态拉伸法测定杨氏模量;掌握机械和光学放大原理,以及利用光杠杆测定微小形变的方法;掌握两种数据处理的方法,即逐差法和作图法。

实验内容如下。

用静力拉伸法测钢丝杨氏模量。

3. 光电效应和普朗克常量的测定(见图 8-2-3)

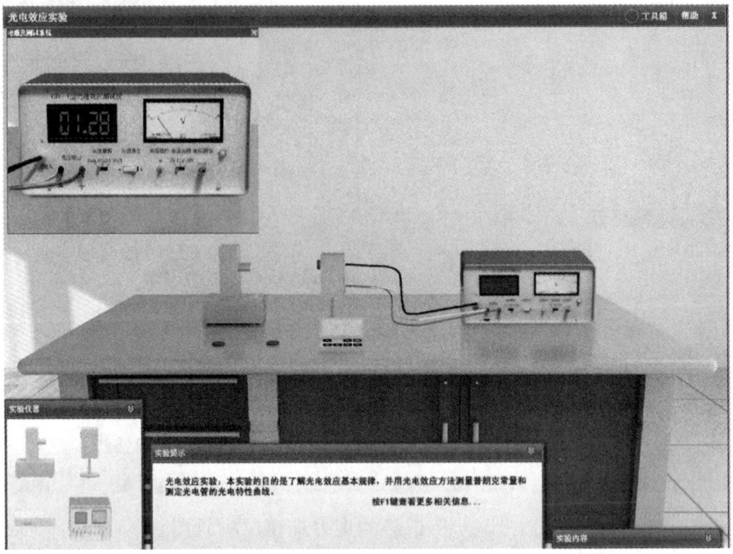

图 8-2-3　光电效应和普朗克常量的测定场景图

本实验中,要求了解光电效应基本规律,并用光电效应方法测量普朗克常量和测定光电管的光电特性曲线。

实验内容如下。

(1) 在波长分别为 577.0 nm、546.1 nm、435.8 nm、404.7 nm 的四种单色光下测出光电管的伏安特性曲线,并根据此曲线确定遏止电压,计算普朗克常量。

(2) 测定光电管的光电特性曲线,即饱和光电流与照射光光强的关系曲线。

4. 密立根油滴实验(见图 8-2-4)

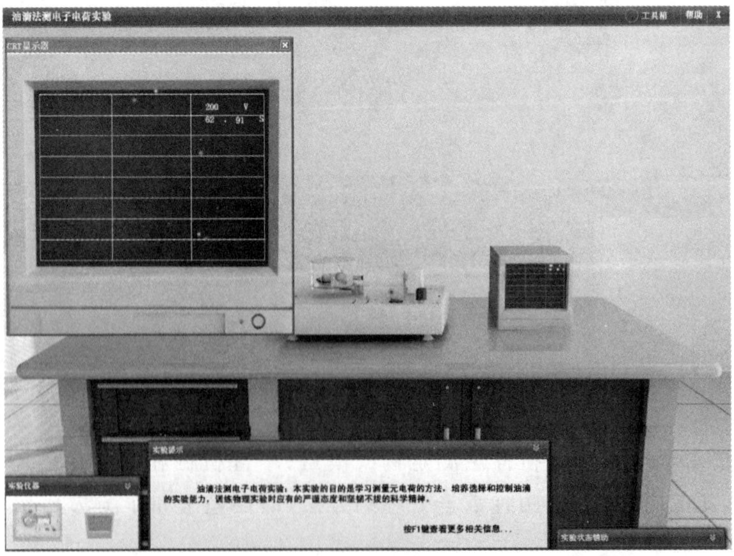

图 8-2-4　密立根油滴实验场景图

本实验中,要求学习测量电子电量的方法,证明电荷的不连续性,所有电荷的电量都是电子电量 e 的整数倍;训练实验时应有的严谨态度和坚韧不拔的科学精神。

实验内容如下。

(1) 用静态法测量电子电量。

(2) 用动态法测量电子电量。

5. 迈克耳孙干涉仪(见图 8-2-5)

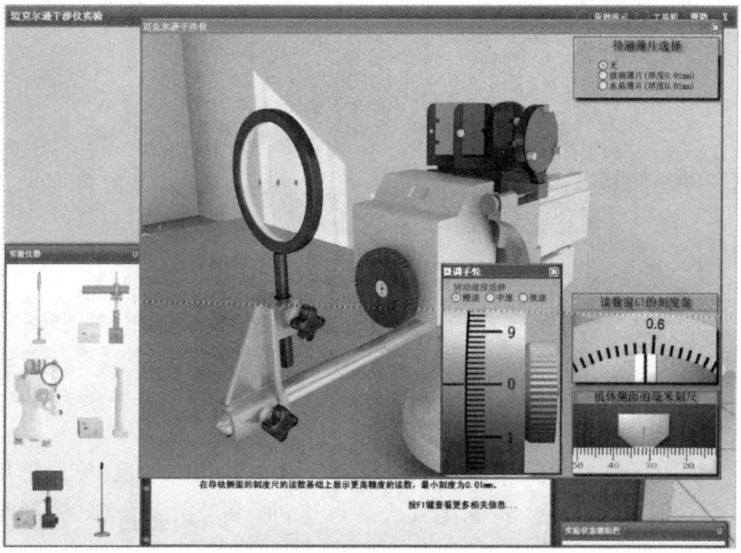

图 8-2-5　迈克耳孙干涉仪场景图

本实验中,要求掌握迈克耳孙干涉仪的干涉原理;研究非定域干涉和时间相干性;测量激光的波长和介质的折射率。

实验内容如下。

(1) 观察非定域干涉条纹,以及干涉条纹的形状、疏密及中心"吞""吐"条纹随光程差的改变而变化的情况。

(2) 测量 He-Ne 激光的波长。

(3) 测量钠黄光的波长及钠黄光双线的波长差,观察条纹的可见度的变化。

(4) 测量钠黄光的相干长度,观察 He-Ne 激光的相干情况。

(5) 调节并观察白光干涉条纹,测定透明薄片的折射率。

6. 偏振光的观察与研究(见图 8-2-6)

本实验中,要求实验联系课堂理论教学,理解偏振光的物理本质,学会几种偏振光的鉴别。

实验内容如下。

(1) 起偏。将激光投射到屏上,在激光束中插入一块偏振片,使偏振片在垂直于光束的平面内转动,观察透过光强的变化,并据此判断激光束的偏振情况。

(2) 消光。在第一块偏振片和屏之间加入第二块偏振片,将第一块偏振片固定,转动第二块偏振片,观察现象,能否找到一个消光位置,此时观察两块偏振片的位置关系。

(3) 椭圆偏振光的实验中,在起偏器与检偏器中间依次置入四分之一波片和二分之一波片,转动检偏器,可得到光强与角度的关系。

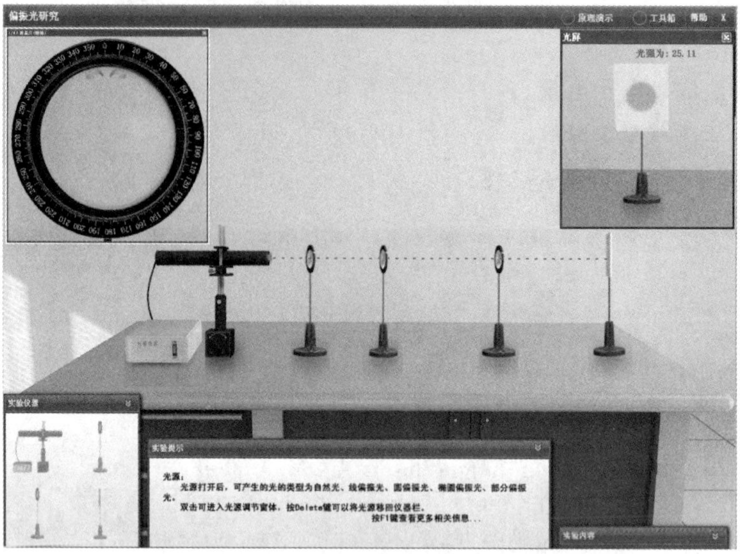

图 8-2-6　偏振光的观察与研究场景图

7. 声速的测量(见图 8-2-7)

本实验中,要求用压电换能器来测定超声波在空气中的传播速度,它是非电量电测方法的一个典型实验。可选择用驻波法、相位比较法测声速,加深对振动合成、波动干涉等理论知识的理解。

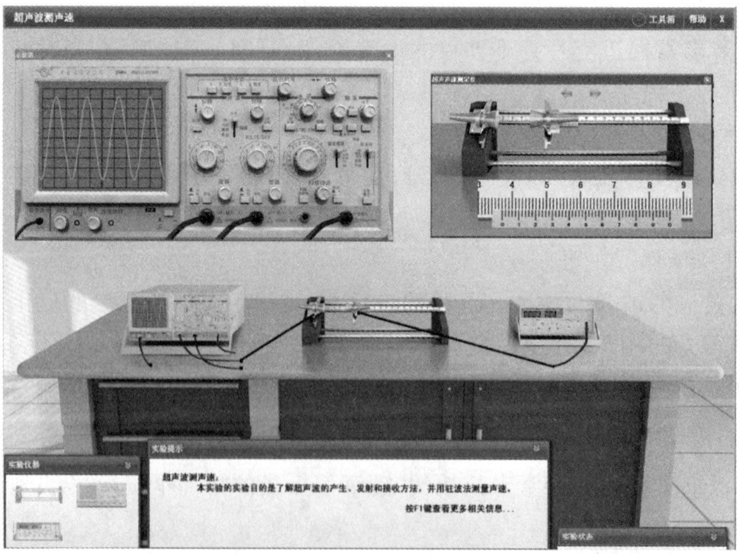

图 8-2-7　声速的测量场景图

实验内容如下。

(1) 用驻波法(共振干涉法) 测超声波的声速。

(2) 用相位比较法测超声波的声速。

8. 示波器实验(见图 8-2-8)

本实验中,要求了解示波器的基本原理和结构,学习使用示波器观察波形和测量信号周期及其时间参数的方法。

实验内容如下。

(1) 用直接法测量未知信号。

(2) 用李萨如图形法测未知信号的频率。

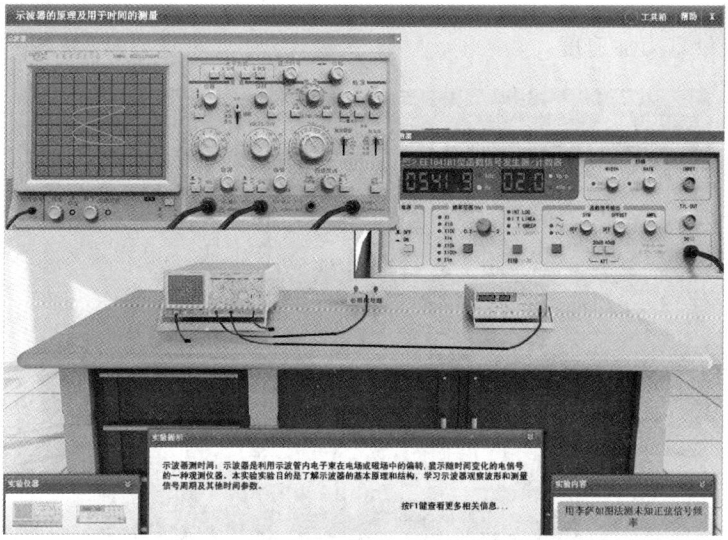

图 8-2-8　示波器实验场景图

9. 双臂电桥测低电阻实验(见图 8-2-9)

本实验中,要求熟悉双臂电桥的原理、特点和接线方法;掌握测量低电阻的特殊性和采用四端引线法的必要性;了解金属电阻率测量方法的要点。

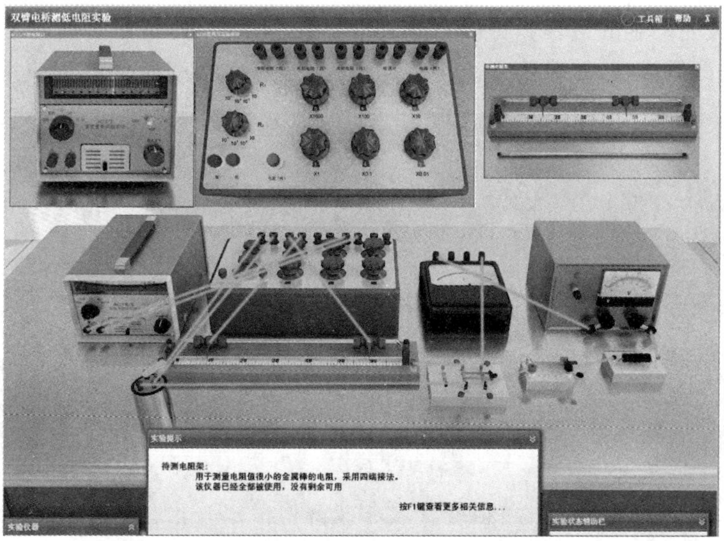

图 8-2-9　双臂电桥测低电阻场景图

实验内容如下。

(1) 用四端引线法测量铜棒的电阻率。

(2) 用四端引线法测量铝棒的电阻率。

10. 用凯特摆测重力加速度(见图 8-2-10)

本实验中,要求学习一种比较精确的测量重力加速度的方法;学习凯特摆的实验设计思想和技巧。

实验内容如下。

用凯特摆测量重力加速度。

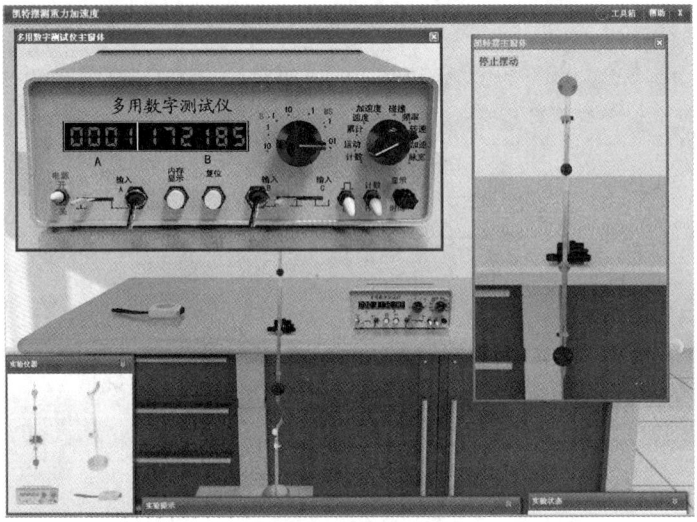

图 8-2-10 用凯特摆测重力加速度场景图

11. 荧光粉的合成与光谱分析虚拟仿真实验(见图 8-2-11)

本实验中,要求分析并测试固体的荧光光谱。通过固体粉末和稀土发光材料荧光光谱的测定,了解固体荧光产生的机理和特征光谱的相关概念;学习荧光光谱仪的结构和工作原理;掌握荧光光谱的测量方法,并对荧光光谱在物质特性分析和生产实际中的应用有初步了解。

图 8-2-11 荧光粉的合成与光谱分析虚拟仿真实验场景图

实验内容如下。

(1) 了解荧光光谱仪的结构和工作原理。

(2) 掌握荧光光谱的测量方法。

(3) 分析实验结果，了解荧光光谱在物质特性分析和实际中的应用。

12. AD590 温度特性测试与研究(见图 8-2-12)

随着科技的发展，各种新型的集成电路温度传感器不断涌现，并大批量生产和扩大应用。这类集成电路测温器件有以下优点：① 温度变化引起输出量的变化呈现良好的线性关系；② 不需要参考点；③ 抗干扰能力强；④ 互换性好，使用简单方便。因此，这类传感器已在科学研究、工业和家用电器等领域被广泛应用于温度的精确测量和控制。AD590 集成温度传感器具有线性好、精度适中、灵敏度高、体积小、使用方便等优点，得到了广泛应用。

本实验中，要求测量电流型集成电路温度传感器的输出电流与温度的关系，熟悉该传感器的基本特性，并采用非平衡电桥法，组装一台测温范围为 30 ～ 80 ℃ 的数字式温度计。

实验内容如下。

(1) 用 AD590 集成温度传感器设计数字温度计。

(2) 测量 AD590 集成温度传感器的电流 I 与温度 t 的关系。

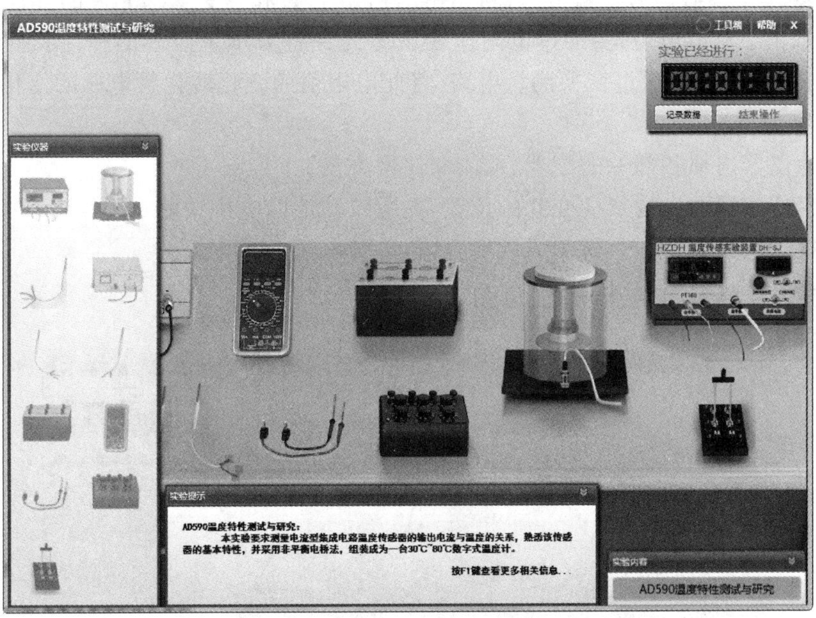

图 8-2-12 AD590 温度特性测试与研究场景图

13. 电阻应变式传感器灵敏度特性研究(见图 8-2-13)

传感器是实验测量中获取信息的重要工具。通常，传感器是指一个完整的测量系统或装置，它能感受规定的被测量，并按一定规律将其变换成电信号或其他所需形式的信息输出，以满足信息的传输、处理、存储、显示、记录和控制等要求。由于传感器所感受的信号不必是电信号，因此这种转换在非电量的电测法中应用极为广泛。

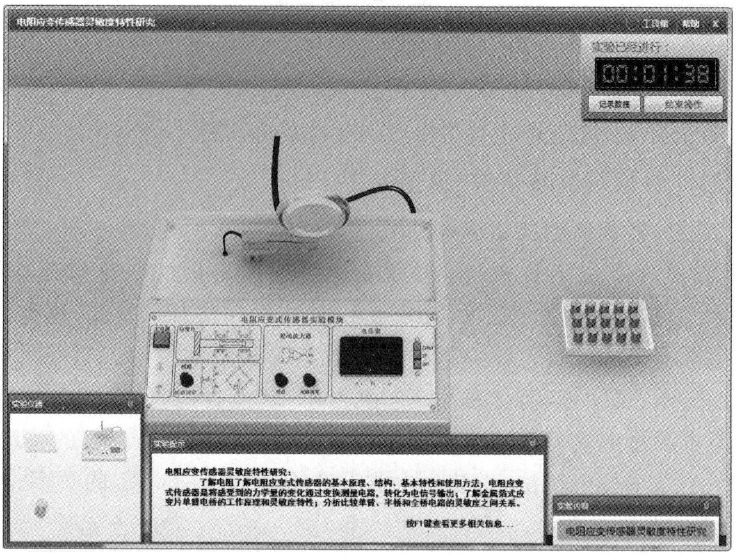

图 8-2-13　电阻应变式传感器灵敏度特性研究场景图

电阻应变式传感器是力学量传感器,是由已粘贴了电阻应变敏感元件的弹性元件和变换测量电路组成的。总体思想是:通过电阻应变敏感元件将力学量引起的弹性元件的形变转换为自身电阻值的变化,再通过变换测量电路,将此电阻值的变化转化为电压的变化后输出。

实验内容如下。

(1) 熟悉仪器内部各部件的配置、功能和使用方法。

(2) 观察传感器的结构及应变片的位置,熟悉仪器上的电桥线路。

(3) 测量传感器半桥和全桥的灵敏度,并与单臂电桥进行比较。

14. 热电偶特性及其应用研究(见图 8-2-14)

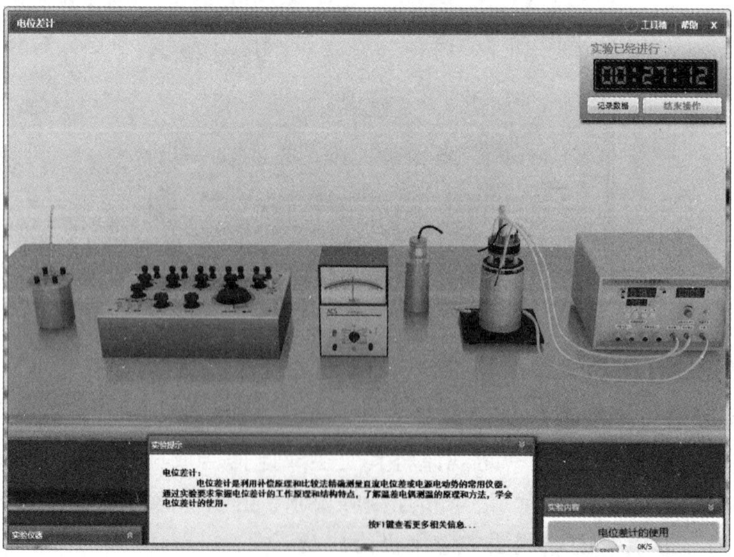

图 8-2-14　热电偶特性及其应用研究场景图

电位差计是利用补偿原理和比较法精确测量直流电位差或电源电动势的常用仪器，其准确度高、使用方便，测量结果稳定可靠，还常被用来精确地间接测量电流、电阻和校正各种精密电表。在现代工程技术中，电子电位差计还广泛用于各种自动检测和自动控制系统中。

实验内容如下。

(1) 测量铜-康铜热电偶的温差系数，根据室温求出标准电池电动势的数值，按电位差计的使用方法调节好电位差计。

(2) 加热杯中的液体达到一定温度后停止加热，在读出水银温度计的示数时，用电位差计测出温差电动势的大小。在液体冷却过程中，高温端温度每降低 5 ℃，测量一次温差电动势，测 8 组以上数据。

15. 法拉第效应实验(见图 8-2-15)

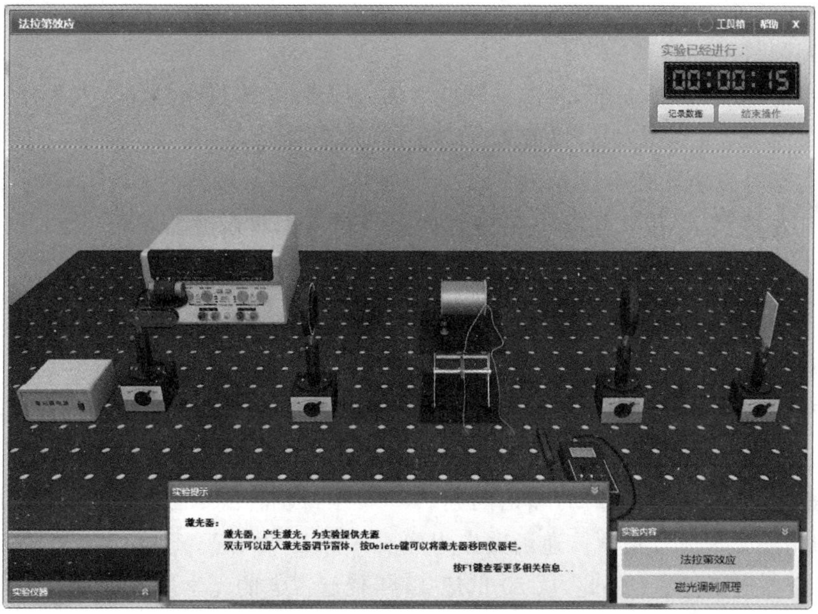

图 8-2-15　法拉第效应实验场景图

法拉第效应有许多重要的应用，尤其在激光技术发展后，其应用越来越受到重视。如用于光纤通信中的磁光隔离器，是应用法拉第效应中偏振面的旋转只取决于磁场的方向，而与光的传播方向无关，以使光沿规定的方向通过同时阻挡反方向传播的光，从而减少光纤中器件表面反射光对光源的干扰；磁光隔离器也被广泛应用于激光多级放大和高分辨率的激光光谱、激光选模等技术中。在磁场测量方面，利用法拉第效应弛豫时间短的特点制成的磁光效应磁强计可以测量脉冲强磁场、交变强磁场。在电流测量方面，利用电流的磁效应和光纤材料的法拉第效应，可以测量几千安的大电流和几兆伏的高压电流。

本实验的目的是学习法拉第效应的基本原理，学习利用消光法测量旋光角，并测量几种不同材料的韦尔代常数。

实验内容如下。

(1) 测量励磁电流恒定的条件下，线圈的磁感应强度；并以 I 为横坐标，B 为纵坐标，作出 B-I 的拟合曲线，求出曲线的斜率。

选择合适的励磁电流($I=0$ A、0.25 A、0.5 A、0.75 A、1.0 A),用特斯拉计反复测量线圈两端管口的磁感应强度,线圈内部的磁感应强度 B 近似满足关系 $B=1.8B_{管口}$,由此求得线圈内部的磁感应强度。

(2) 在线圈中恒定磁场的条件下,测量不同波长激光的重火石玻璃的韦尔代常数。

将激光器、起偏器、螺旋线圈、检偏器和白屏按顺序依次摆放好,打开激光器,并调整起偏器和检偏器的夹角为 90°,此时屏幕上光斑消失。然后接通电源,选择合适的励磁电流($I=\pm 0.5$ A、± 1 A),在线圈中放入重火石玻璃样品,重新调至消光,记录磁致旋光的角度,从而计算重火石玻璃的韦尔代常数。

(3) 测量液体的韦尔代常数。

将线圈中的样品换成纯水、乙醇或者食盐水,重复(2) 的操作,测量并计算液体的韦尔代常数。

(4) 磁光调制和解调。

调制。打开 405 nm 激光器,将重火石玻璃放入线圈,信号发生器输入波形接入线圈,其中波形选择为正弦,频率为 1 kHz,幅值为 20 V。

解调。将信号发生器频率设置为 1 kHz,同时将它输入示波器的 CH1 通道。其中,光敏电阻与取样电阻串联接入 15 V 直流电压,取样电阻为 90 kΩ,将示波器并联在取样电阻两端并接入示波器的 CH2 通道。在消光位置附近转动检偏器,观察并记录 CH2 的频率变化并分析原因(可观察李萨如图形)。

16. 傅里叶光学实验(见图 8-2-16)

傅里叶光学原理的发明最早可以追溯到 1893 年阿贝为了提高显微镜的分辨本领所做的努力。他提出了一种新的相干成像的原理,以波动光学衍射和干涉的原理来解释显微镜的成像的过程,解决了提高成像质量的理论问题。1906 年,波特用实验验证了阿贝的理论。1948 年,全息术提出。1955 年,光学传递函数作为像质评价工具兴起。1960 年,激光器的出现使相干光学的实验得到新装备。因此,从 20 世纪 40 年代起古老的光学进入了现代光学的阶段,而现代光学的蓬勃发展阶段是从 20 世纪 60 年代开始的。由于阿贝理论的启发,人们开始考虑到光学成像系统与电子通信系统都是用来收集、传递或者处理信息的,因此,20 世纪 30 年代后期电子信息论的结果被大量应用于光学系统分析中。两者一个是时间信号,一个是空间信号,但都具有线性性和不变性,所以在数学上都可以用傅里叶变换的方法将光学衍射现象和傅里叶变换频谱分析对应起来,进而应用于光学成像系统的分析中。这不仅是以新的概念来理解熟知的物理光学现象,而且使近代光学技术得到了许多重大的发展,如泽尼克相衬显微镜、光学匹配滤波器等,因此形成了现代光学中一门技术性很强的分支学科 —— 傅里叶光学。

实验内容如下。

(1) 熟悉各个仪器的工作原理和使用方法。

(2) 调节平行光,测傅里叶透镜的焦距。

(3) 利用夫琅禾费衍射测一维光栅常量。

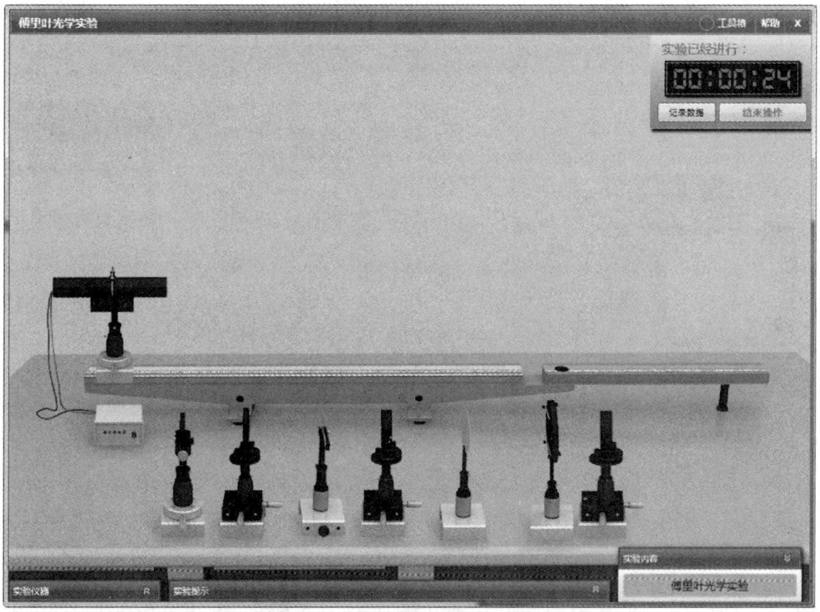

图 8-2-16　傅里叶光学实验场景图

17. 光栅单色仪实验(见图 8-2-17)

单色仪是指从一束电磁辐射中分离出波长范围极窄的单色光的仪器，按照色散元件的不同可分为两大类：以棱镜为色散元件的棱镜单色仪和以光栅为色散元件的光栅单色仪。单色仪的构思萌芽可以追溯到 1666 年，牛顿在研究三棱镜时发现太阳光通过三棱镜时被分解成七色光的彩色光光谱，他首先将此分解现象称为色散。1814 年，夫琅禾费设计了包括狭缝、棱镜和视窗的光学系统，并研究发现了太阳光谱中的吸收谱线(夫琅禾费谱线)。棱镜的色散起源于棱镜材料的折射率对波长的依赖关系，对多数材料而言，折射率随着波长的缩短而增大(正常色散)，波长越短的光，在介质中的传播速度越慢。1860 年，克希霍夫和本生为研究金属光谱设计了较完善的现代光谱仪，这标志着现代光谱学的诞生。由于棱镜光谱是非线性的，人们开始研究光栅光谱仪。光栅光谱仪是利用衍射作为光学元件，用光栅衍射的方法获得单色光的仪器。光栅光谱仪具有比棱镜单色仪更高的分辨率和色散率。衍射光栅可以工作于从数十埃到数百微米的整个光学波段，比色散棱镜的工作波长范围宽。此外，在一定范围内，光栅产生的是均排光谱，比棱镜光谱的线性性要好得多。它也可以从复合光的光源(即不同波长的混合光的光源)中提取单色光，即通过光栅一定的偏转的角度得到某个波长。

实验内容如下。

(1) 光栅单色仪的定标及汞灯光谱线的测量。适当选取上述实验参数，如“负高压”“增益”等，点燃钠灯，以钠灯 589.0 nm 和 589.6 nm 谱线为基准，运行软件进行波长修正；获取钠双线完全分离的光谱曲线(谱线波长为 490 ～ 620 nm)，测量钠光谱线四个线系的波长值，计算里德伯常量。测量汞光灯光谱曲线，获得高压汞灯的各个分离峰的光谱曲线和幅值；使用汞光灯作为光源，运行软件进行测量，获得汞光灯光谱曲线(谱线波长为 360 ～ 585 nm)。

(2) 光栅单色仪的定标及氢氘灯光谱线的测量。使用氢氘灯作为光源，运行软件进行测量，获得氢氘巴尔末线系在可见光范围内的四对谱线(谱线波长为 400 ～ 660 nm)，测量氢氘巴尔末线系可见光区的各波长值,计算氢氘里德伯常量的值。

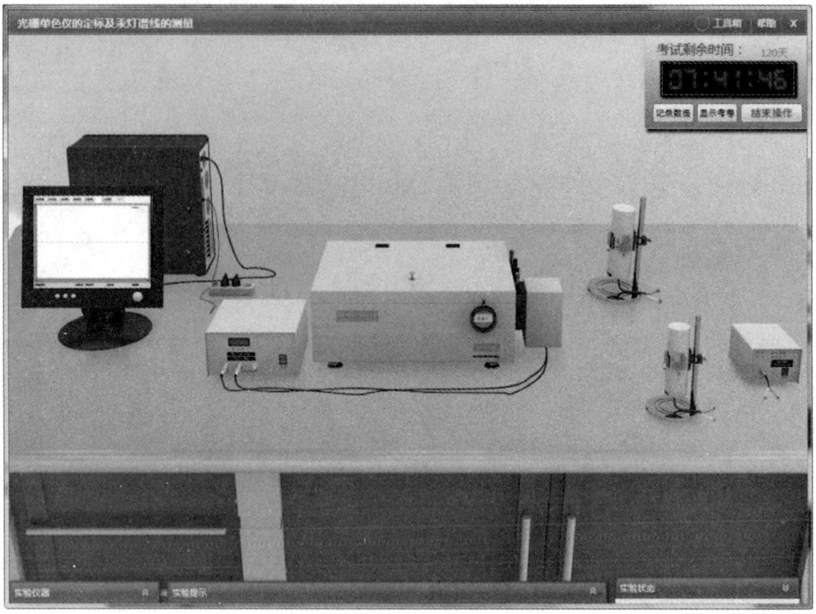

图 8-2-17　光栅单色仪实验场景图

18. 光纤传感器实验(见图 8-2-18)

光纤特性的研究和应用是 20 世纪 70 年代末发展起来的一个新的领域。光纤传感器件具有体积小、重量轻、抗电磁干扰强、防腐性好、灵敏度高等优点,用于测量压力、应变、微小折射率变化、微振动、微位移等。光纤通信已经成为现代通信网的主要支柱。光纤通信的发展极为迅速,新的理论和技术不断产生和发展。因此,在大学物理实验课程中开设光纤特性研究实验已经成为培养现代高科技人才的必然趋势。传感器是信息技术的三大技术之一。随着信息技术进入新时期,传感技术也进入了新阶段。"没有传感器技术就没有现代科学技术"的观点已被全世界所公认,因此,传感技术受到各国的重视,特别是备受发达国家的重视,我国也将传感技术纳入国家重点发展项目。

光纤特性研究和应用是一门综合性的学科,理论性较强,知识面较广,可以激发学生对理论知识的学习兴趣,培养学生的实践能力和创新能力,所以光纤干涉系列实验课程的开设就显得非常重要。基于这个目的,我们对光纤干涉实验教学进行了初步探索,在此基础上,还可以进行一些设计性及研究性实验。

实验内容如下。

(1) 光纤端面制作。用光纤剥线钳剥去涂敷层,光纤有三层、四层、五层之分,如果是三层光纤,先用剥线钳剥去涂敷层,将剩下的包层和纤芯嵌入光纤夹具,用宝石刀切割端面,制备出完好的光纤端面;若是四层光纤,应先剥去外保护层,其他步骤同上;若是五层光纤,应先剥去第五和第四保护层,其他步骤同上。

(2) 测量光纤耦合效率。

(3) 光纤传感实验:让加热装置自然降温,在显示器上选择合适的参考位置,观察条纹变化,记录降温时的温度变化数据,给出降温时光纤的温度灵敏度。

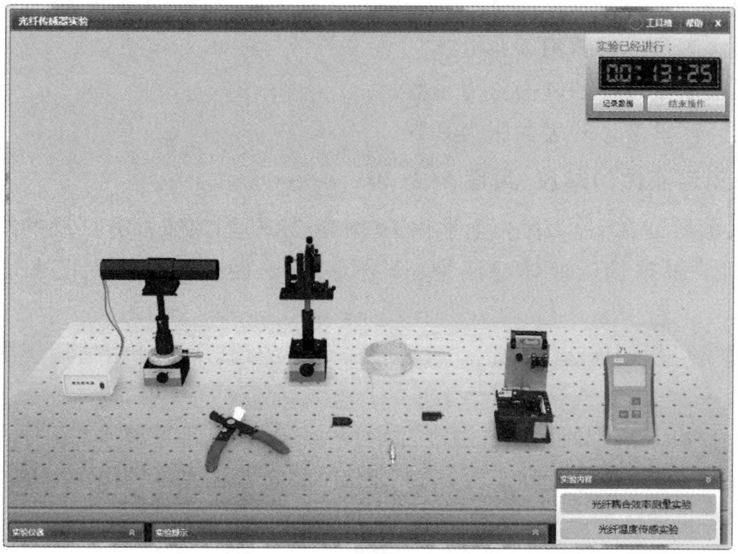

图 8-2-18　光纤传感器实验场景图

19. 液体表面张力系数的测定(见图 8-2-19)

液体表层指液体与气体、液体与固体以及不相混合的液体之间的界面。液体表层分子有从液面挤入液体内部的倾向,这使得液体的表面自然收缩。就整个液面来说,如同拉紧的弹性薄膜,这种沿着表面、使液面收缩的力称为表面张力。表面张力在船舶制造、水利学、化学化工、凝聚态物理中都有重要的应用。

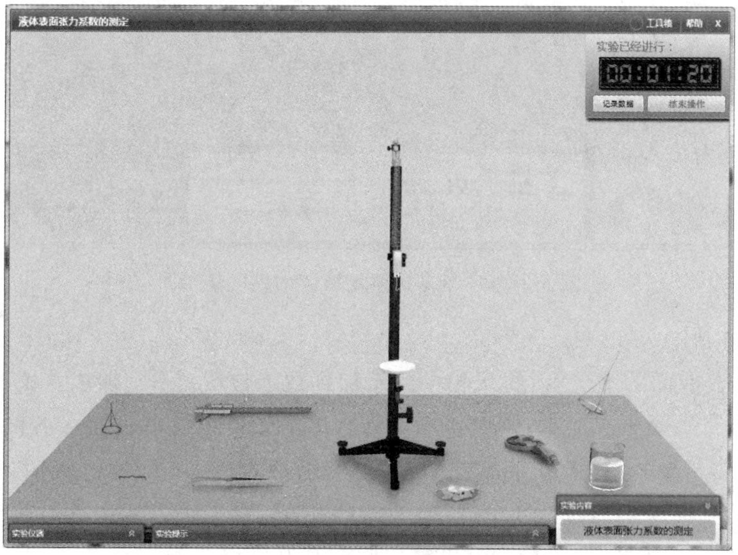

图 8-2-19　液体表面张力系数的测定场景图

测量液体(如水)的表面张力系数有多种方法,如最大泡压法、平板法(也称拉普拉斯法)、毛细管法、焦利氏秤法、扭力天平法等。这里只介绍焦利氏秤法。本实验首先利用逐差法测量焦利氏秤弹簧的刚度系数,然后利用拉脱法测量液体的表面张力系数。

实验内容如下。

(1) 用逐差法测量弹簧的刚度系数。

(2) 用金属框测量液体的表面张力系数。

(3) 用金属环测量液体的表面张力系数。

20. 落球法测定液体的黏度(见图 8-2-20)

对液体黏性的研究在流体力学、化学化工、医疗、水利等领域都有广泛的应用,例如,在用管道输送液体时要根据输送液体的流量、压力差、输送距离及液体黏度来设计输送管道的口径。

测量液体黏度可用落球法、毛细管法、转筒法等方法,其中落球法适用于测量黏度较高的液体。

黏度的大小取决于液体的性质与温度,温度升高,黏度将迅速减小。例如,对于蓖麻油,在室温附近温度改变 1 ℃,黏度值改变约 10%。因此,测定液体在不同温度下的黏度有很大的实际意义。欲准确测量液体的黏度,则必须精确控制液体的温度。

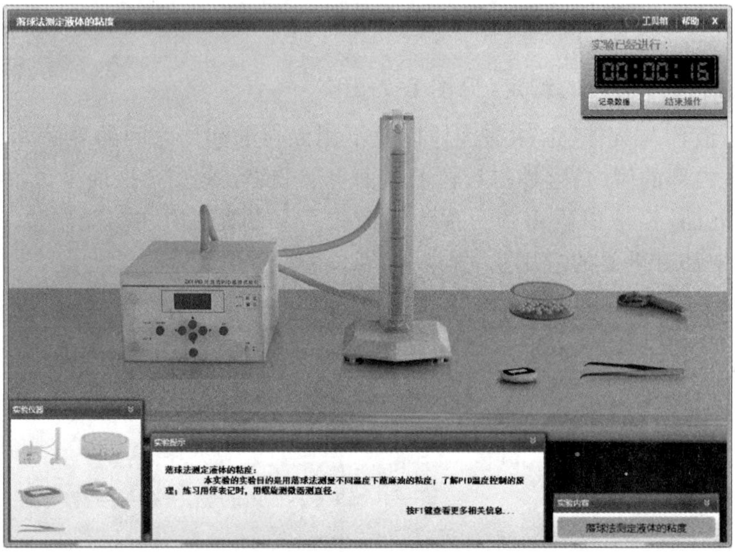

图 8-2-20　落球法测定液体的黏度场景图

实验内容如下。

(1) 检查仪器前面的水位管,将水箱中的水加到适当位置。平常加水从仪器顶部的注水孔注入。若水箱排空后第 1 次加水,则应该用软管从出水孔将水经水泵加入水箱,以便排出水泵内的空气,避免水泵空转(无循环水流出)或发出嗡鸣声。

(2) 设定 PID 参数。

若对 PID 调节原理及方法感兴趣,可在不同的升温区段有意识地改变 PID 参数组合,观察参数 PID 的改变对调节过程的影响,探索最佳控制参数。

(3) 测定小球直径。

用螺旋测微器测定小球的直径 d,并记录测量结果,求出小球直径的平均值。

(4) 测定小球在液体中的下落速度并计算黏度。

21. PN 结温度特性与伏安特性的研究(见图 8-2-21)

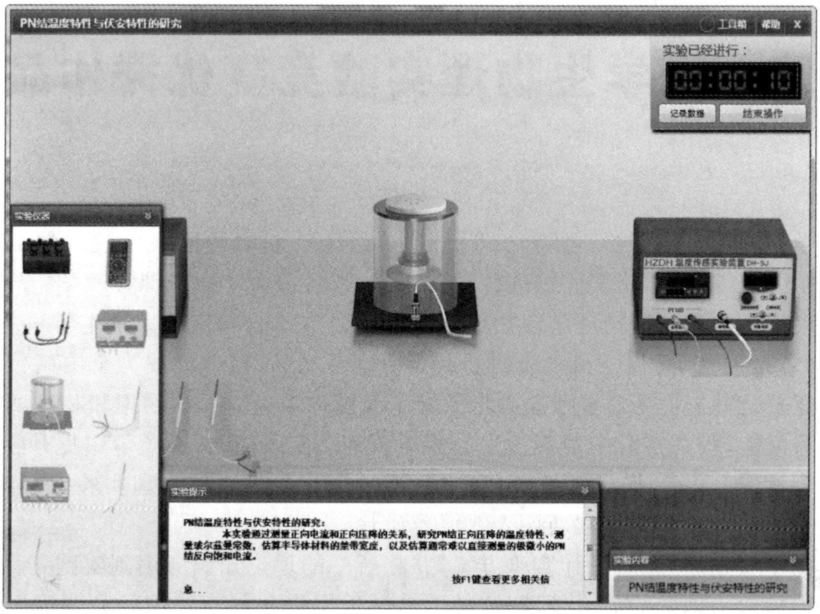

图 8-2-21　PN 结温度特性与伏安特性的研究场景图

本实验中，通过测量正向电流和正向压降的关系，研究 PN 结的正向特性。由可调微电流源输出一个稳定的正向电流，测量不同温度下的 PN 结正向电压值，以此分析 PN 结正向压降的温度特性，测量玻尔兹曼常量，估算半导体材料的禁带宽度，以及估算通常难以直接测量的极微小的 PN 结反向饱和电流。

实验内容如下。

(1) 在恒定温度条件下，测量正向电压随正向电流的变化关系，绘制伏安特性曲线。

(2) 在恒定电压条件下，测绘 PN 结正向压降随温度的变化曲线。

(3) 计算玻尔兹曼常量 k，与公认值 1.38×10^{-23} J/K 比较，并计算误差。

(4) 求被测 PN 结正向压降随温度变化的灵敏度 S(mV/℃)。

第九章　大学生物理实验竞赛优秀作品介绍

全国大学生物理实验竞赛(创新)(以下简称“竞赛”)是由国家级实验教学示范中心联席会物理学科组、全国高等学校实验物理教学研究会、教育部大学物理课程教学指导委员会大学物理实验专项委员会和中国物理学会物理教学委员会主办的国家级大学生学科竞赛,2020年开始组织举办,是列入“高校学科竞赛排行榜”的竞赛之一,目前已成为全国高校广泛参与的综合性学科竞赛之一。竞赛的举办进一步激发了我国大学生对大学物理和物理实验课程的学习兴趣和学习潜能,可在实践中培养学生的创新精神和实践能力,在竞争中提升学生的团队协作意识和综合素质。竞赛“搭台”,教学“唱戏”,不断深化我国高校物理实验教学改革,着力提高物理实验教学质量和高素质创新性人才培养质量。

竞赛鼓励学生独立思考、设计实验方案,并将所学的理论知识应用到实践中。在解决实际问题的过程中探索物理学的前沿领域,这种培养学生探索和创新意识的方式为未来的科学研究和实际应用奠定了基础。大连工业大学自2012年开始组织学生参加辽宁省大学生物理实验竞赛,学校一直以来特别注重对学生创新能力的培养。在参赛学生的备赛过程中,从校赛到省赛,最终到达决赛,学生可以学会如何在压力下保持冷静,如何快速适应变化,以及如何更有效地沟通和协作。在一丝不苟的备赛工作中,在每天群策群力的头脑风暴中,在每天不遗余力的培训中,始终抱以全力以赴的态度,对项目精益求精,最终斩获佳绩。下面节选了大连工业大学参赛学生历年的优秀作品。

9.1　基于电容储能的电磁发射演示仪

基于电容储能的电磁发射演示仪

制作人:徐冉、朱光亮、高新建。

获奖等级:2015年辽宁省大学生物理实验竞赛一等奖。

电磁轨道发射是一种能将物体加速至超高速的新型发射方式。与传统火炮发射相比,电磁发射具有射程远、速度快、射击无声响、无烟雾、无炮口火烟等特点,它利用电磁力驱动有效载荷,能将电磁能转化成动能。由于电磁炮是以脉冲电源作为能源,成本远远低于火药,而且发射过程中的可控性和安全性也是化学发射器所不能比拟的。

电磁炮是根据通电线圈之间磁场的相互作用原理而工作的,加速线圈固定在炮管中,当它通入交变电流时,产生的交变磁场就会在弹丸线圈中产生感应电流。感应电流的磁场与加速线圈电流的磁场互相作用,产生洛伦兹力,使弹丸加速运动并发射出去(见图9-1-1)。

1. 发射系统

发射系统主要由能源、加速器、开关三部分组成。能源通常采用可蓄存能量的装置,目前实验用的能源有电容器。加速器是把电磁能量转换成炮弹动能,使炮弹达到高速运动状态的装置(见图9-1-2),主要有连续线圈结构的同轴同步加速器。

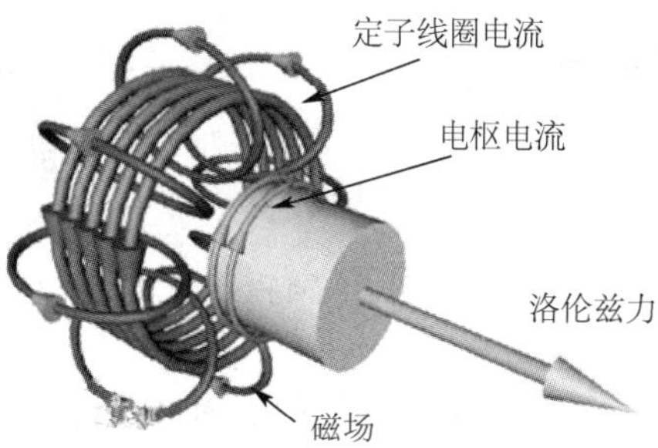

图 9-1-1　电磁发射原理示意图

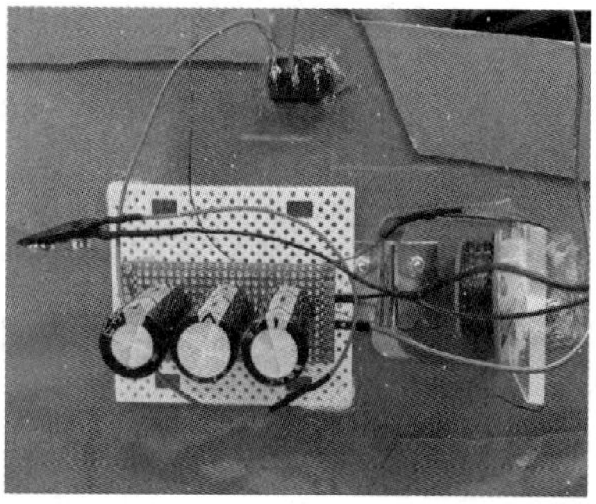

图 9-1-2　电磁发射系统

2. 避障预警系统

每一路传感器的红外发射管不断发射红外线，当发射出的红外线没有被反射回来或被反射回来但强度不够大时，红外接收管一直处于关断状态，此时模块的 TTL 输出端为高电平，相应指示二极管一直处于熄灭状态；当被检测物体出现在检测范围内时，红外线被反射回来且强度足够大，红外接收管导通，此时模块的 TTL 输出端为低电平，指示二极管被点亮。传感器的另一端与蜂鸣器相连，当有物体阻碍传感器时，蜂鸣器便报警，指示灯即亮，从而达到预警的效果（见图 9-1-3、图 9-1-4）。

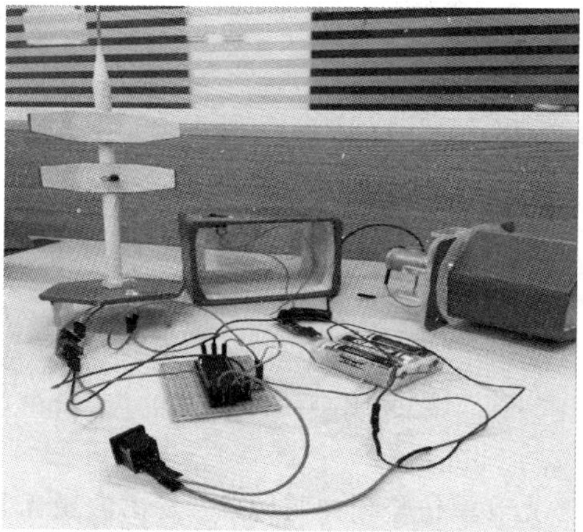

图 9-1-3　红外预警部分装置

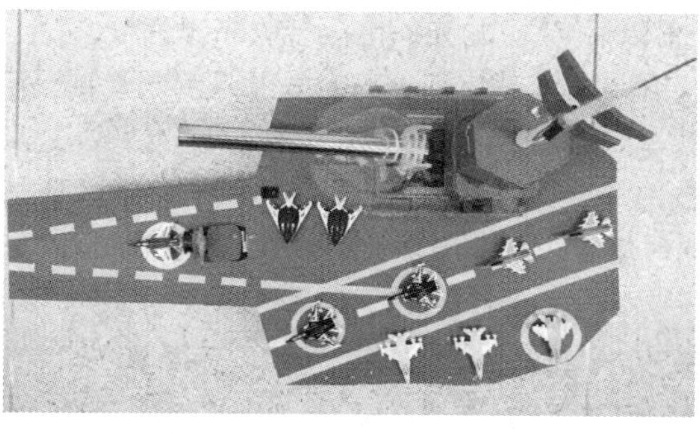

图 9-1-4　最终作品图

9.2　无弦激光竖琴

无弦激光竖琴

制作人:姜博、梁堃、杨礼。

获奖等级:2016 年辽宁省大学生物理实验竞赛二等奖、2017 年国家级大学生创新创业年会最佳创意项目。

制作人采用 Arduino 控制芯片,利用光的反射、丁达尔效应及不同频率的声波的音调不同的原理,制作了一把无弦激光竖琴。装置外形采用亚克力材料,底部 7 个激光发射器作为无弦激光竖琴的琴弦,上面的一元硬币作为激光的反射界面,下面的光敏电阻用于接收光源信号。激光柱通过侧面的空气加湿器呈现丁达尔效应。左、右两个对射传感器用于调节音调高低,单片机通过光敏电阻反馈的信号控制激光竖琴发出不同音调的声音。作品实物图及效果图分别如图 9-2-1、图 9-2-2 所示。

图 9-2-1　作品实物图

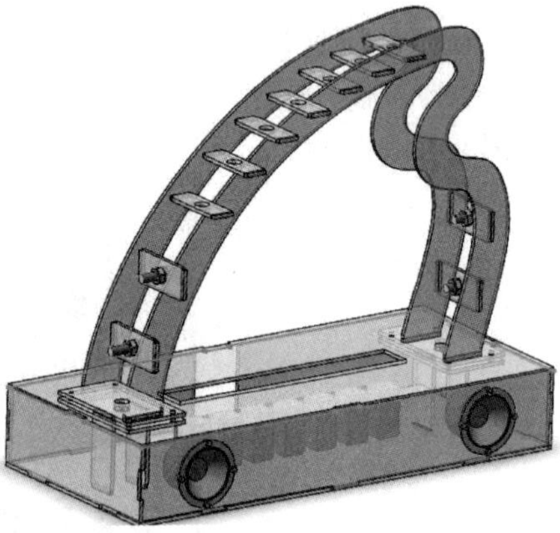

图 9-2-2　三维 SolidWorks 效果图

此无弦激光竖琴可发出 3 个音域共 21 个不同音调的声音,主要利用光电转换原理实现。装置包含发射、感应及响应 3 个部分。

(1) 发射部分:由 7 个激光管模仿竖琴琴弦构成。发出的激光是平行光,不会对临近的光敏电阻产生干扰,并且激光柱通过侧面的空气加湿器可产生丁达尔效应。

(2) 感应部分:主要由光敏电阻和单片机两部分组成。顶部圆孔处放置的一元硬币作为激光的反射界面,激光被反射以后,下方的光敏电阻接收光源信号。

(3) 响应部分:由扬声器构成。感应部分的光敏电阻接收光源信号以后,单片机通过光敏电阻反馈的信号来调节频率,从而控制激光竖琴发出不同音调的声音。

传统工艺与现代科技的结合、科技文化与音乐艺术的交融,这便是对无弦激光竖琴最好的诠释。弹奏激光竖琴的同时结合声、光、电多样特效,给观众呈现的将是一场科技音乐的视听盛宴(见图 9-2-3),不仅可以吸引一大批科技爱好者,而且打破了传统弦类乐器的局限性,使观众在其中既体会了科技的魅力,又感受到了音乐世界的徜徉恣意。

图 9-2-3　作品演示图

9.3　电磁风火轮

电磁风火轮

制作人：张顺、李庆、李立秋。

获奖等级：2017 年辽宁省大学生物理实验竞赛一等奖。

传统的发电机是固定磁铁，利用线圈转动切割磁场线以产生感应电动势。其缺点是电机制作难度较大，使得整个实验装置制作成本高且加工难度大。团队转换了一下思路，即让磁铁旋转以产生变化的磁场，固定线圈，同样能达到线圈切割磁场线的效果。这种方式避免了使用电刷，使整个实验装置的制作难度和成本都大大降低。具体做法是将磁铁放置在自行车车轮上面，利用电机或者人力使自行车车轮转动来产生变化的磁场。在自行车车轮下面放置感应线圈，实验装置如图 9-3-1、图 9-3-2 所示。

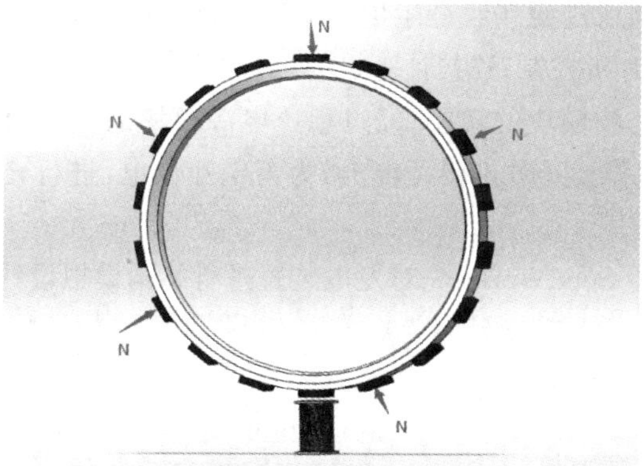

图 9-3-1　车轮工作结构

图 9-3-2　用空载测试线圈产生的感应电动势

9.4　脚踏发电装置

脚踏发电装置

制作人:蔡启文、闫雪、张天舒。

获奖等级:2018 年辽宁省大学生物理实验竞赛一等奖。

踏板发电是通过踩踏装有磁铁的踏板,使磁铁跟随踏板运动,往复运动的磁铁经过安装在底板上的线圈时,使线圈切割磁场线,从而发出电能。将发出的电能采集并存储起来,采用以单片机为核心元件的电压表将电能显示出来,通过电源管理芯片进行控制,可供人们日常充电使用,实现低碳节能。系统模块可划分为发电采集装置部分和前端演示电路部分。

设计方法是利用线圈切割磁场线产生电流,并将电流分为两部分:

一部分由 Arduino 单片机控制,连接计算机的串口绘图器,产生与按压频率相同的实时波形。

另一部分通过整流滤波模块的转换,经过稳压电源模块的修正,使电能演示装置(LED 灯组)与发电装置同频率工作。同时连接蓄电池,为蓄电池供电,进行充电管理。

实验过程如下。

(1) 根据总方案,利用 SolidWorks 先对发电装置进行结构模拟设计,效果图如图 9-4-1 所示。

图 9-4-1　发电装置结构模型效果图

(2) 利用 9 块强力磁铁(稀土钕铁硼磁钢)、漆包线、亚克力板、铝板、复位弹簧、支撑螺栓等材料制作出踏板发电的模型装置，实物图如图 9-4-2 所示。

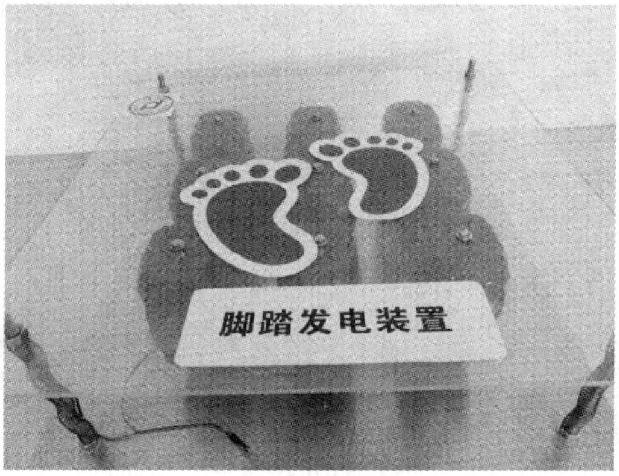

图 9-4-2　踏板发电模型装置实物图

(3) 根据设计方法中的电能使用思路，制作出图 9-4-3 所示的前端演示电路。

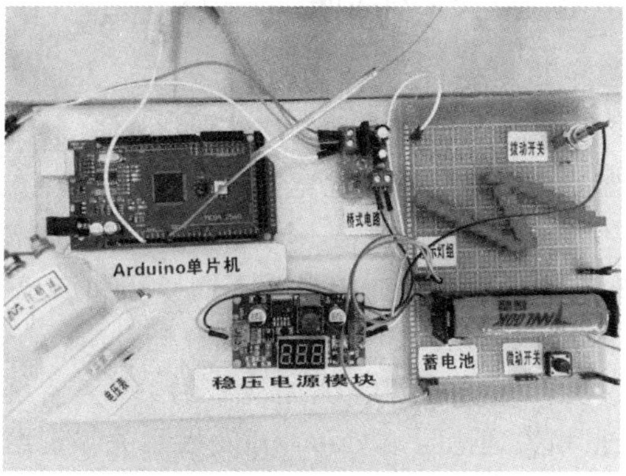

图 9-4-3　前端演示电路

9.5　地球公转演示仪

地球公转演示仪

制作人：金宇轩、王婧、单昱霖。

获奖等级：2019 年辽宁省大学生物理实验竞赛二等奖。

通过单片机控制多个步进电机，按照地球与太阳公转时的相应的轨迹和旋转方向，模拟地球自转以及围绕太阳公转的过程，并通过控制丝杆长短变化来模拟地球行至近日点与远日点的情况，还可查看二十四节气。

利用步进电机控制平台旋转，并控制地球公转和自转的过程。根据地球与太阳的关系对结构和模型进行设计。本仪器采用三组步进电机，分别控制地球的公转、自转，以及近日点和远日点变化。通过单片机生成 PWM(脉冲宽度调制) 来实现对步进电机转动的控制，从而实现相应的功能。地球公转演示仪实物图如图 9-5-1 所示。

图 9-5-1　地球公转演示仪实物图

9.6　火花间隙电报机演示仪

火花间隙电报机演示仪

制作人:张晓庆、刘中意、王涛。

获奖等级:2020 年辽宁省大学生物理实验竞赛一等奖。

发报是电报机按发出信息的要求,而发出不同频率和波长的电流,使发射天线上的电子按照频率不断改变旋转方向,在空间各个方向上形成不同频率和波长的疏密平面"波"。这种波碰到无线电接收天线,便带动其表面自由电子按波的频率和波长绕天线旋进而形成交变电流,这种微弱的电流经过放大,便成为收报机接收的信息。

本作品将早期无线电报相关理论与 Arduino 开发板相关知识结合,制作出无线电报发射原理演示仪以及接收装置。整个装置可以分为逆变、升压、火花间隙、初级线圈,以及 Arduino 制作的摩斯电码解码器和接收器等部分。设计方案如下。

(1) 由于此装置需要使用交流电,而电源供给的是直流电,因此第一步使用零电压开关(Zero Voltage Switch,ZVS) 将电源供给的直流电转换为高频交流电。

(2) 将逆变得到的高频交流电使用变压器升压,得到高压高频交流电,并经过变压器内部的超快恢复高压二极管进行全波整流,得到高压直流电,并将此直流电接入电路中,然后给初级 LC 回路谐振电容充电,充到放电阈值的火花间隙放电导通,初级 LC 回路发生串联谐振。如果给它接一个天线,就可以产生足够强的电磁波,并利用一个谐振频率相等的 LC 电路接收这个电磁波,通过判断电磁波长短就可以判断摩斯电码中的"."和"—"。

(3) 对接收到的电磁波信号通过 NPN 三极管进行三次放大,得到一个足以点亮 LED 的电流,实现电磁波转换为光信号,再将光信号通过光敏电阻传给 Arduino 来判断高低电平持续时间,进而进行解码,并显示在液晶屏上。

电报机作为人类工业革命时期为数不多且可靠的通信方式之一,尽管随着人类通信技术的提升慢慢退出了大众的视野,但在一些特殊领域仍然发挥着自己的作用。本项目采用无线电报相关理论与 Arduino 开发板知识实现了电报机的制作,此装置可以使用按钮开关按压的时间长短来发送摩斯电码,并沿电路传输,发射与接收电磁波,最终在液晶屏上实现信息的显示。此装置为工作过程演示，可以生动形象地展示电报的使用，供人们进行观察学习，也可以在一些科技学习场所进行展示。

9.7　电磁弹射那些事

电磁弹射那些事

制作人：史涵喆、熊华康、宋邵康。

获奖等级：2022 年全国大学生物理实验竞赛一等奖（物理教学资源开发）。

运用模拟实验与现象解释相结合的教学方法，系统地讲解电磁弹射的基本原理与结构组成，涵盖物理电磁学、安培力等内容。介绍我国第一艘配备电磁弹射的航母“福建舰”的基本情况。按照电磁学发展历程，介绍奥斯特实验及安培力的相关知识，同时介绍“福建舰”的技术革新，并表达了对以马伟明院士为代表的工作在一线的全体科研工作者的敬意。运用软件对相关物理实验及电磁弹射过程进行虚拟建模演示，激发观众的学习兴趣。基于模型，运用动画解释物理原理，告别传统抽象的记忆方法，形象地展示了物理知识。将物理课堂同动画制作两个不同学科联系起来，实现寓教于乐；结合时事热点“福建舰”航母下水，介绍电磁弹射的同时讲解电磁学基本原理；介绍“福建舰”的技术优势，扬我国威。

9.8　基于阻尼原理不倒杆的设计与制作

基于阻尼原理不倒杆的设计与制作

制作人：史涵喆、熊华康、宋邵康。

获奖等级：2023 年全国大学生物理实验竞赛二等奖。

调谐质量阻尼器（Tuned Mass Damper，TMD）是一种被广泛应用于结构工程领域的动力学控制装置。它通常由一个质量块、弹簧和阻尼器组成。TMD 的工作原理是将 TMD 连接到被控制的主体结构上，通过技术手段，当主体结构运动时，使 TMD 与主体结构发生相对运动，通过将惯性质量和主体结构控制振型谐振，把主体结构的能量传递给 TMD。此时，TMD 系统相对运动引起的控制力又反作用到主体结构上，从而控制主体结构的振动。当主体结构和阻尼器在相近频率处时，质量块会对主体结构振动产生较大的影响，并且阻尼装置可以更有效地耗散振动能量，从而达到抑制受控结构振动的效果。

不倒杆机械部分采用定制直线往复式电机，往复式电机固定底座由定制亚克力板、4 只定向轮连接而成。精选美观与适用性强的 3 种不同型号的螺母安装于不同位置，力争发挥出最大作用，如图 9-8-1、图 9-8-2 所示。

不倒杆采用 4 根 3 mm×700 mm 实心碳纤维棒充当支撑杆，两只 M12 的不锈钢螺母充当阻尼器，并采用易于固定、韧性强的鱼线作为连接绳。阻尼器效果图如图 9-8-3 所示。碳纤维棒作为一种轻量、高强度的材料，已经在许多领域中得到广泛应用。

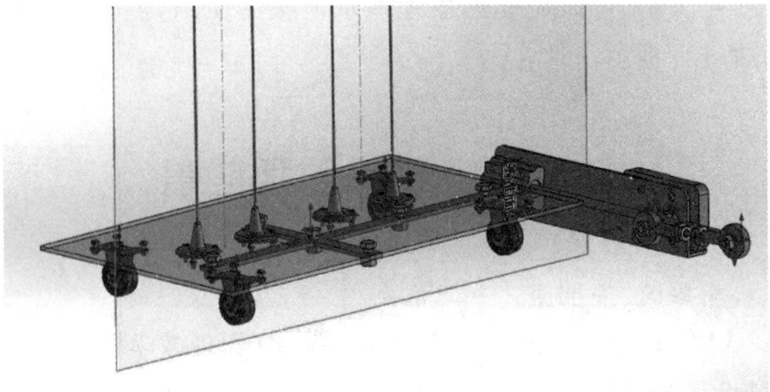

图 9-8-1　初代模拟外力装置模型设计图

图 9-8-2　初代模拟外力装置模型实物图

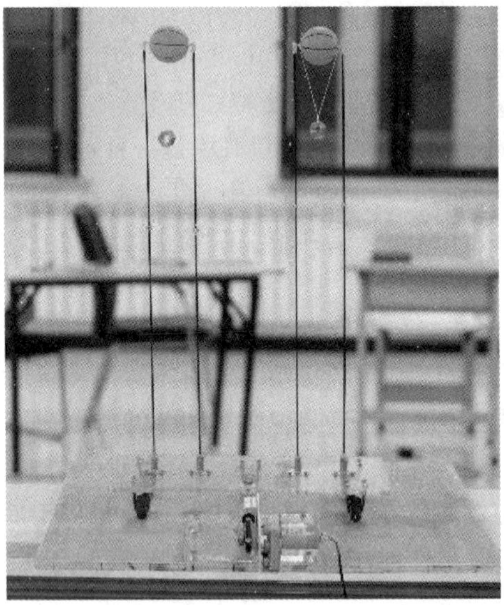

图 9-8-3　阻尼器效果图

辽宁省大学生物理实验竞赛获奖名单(2012—2020)